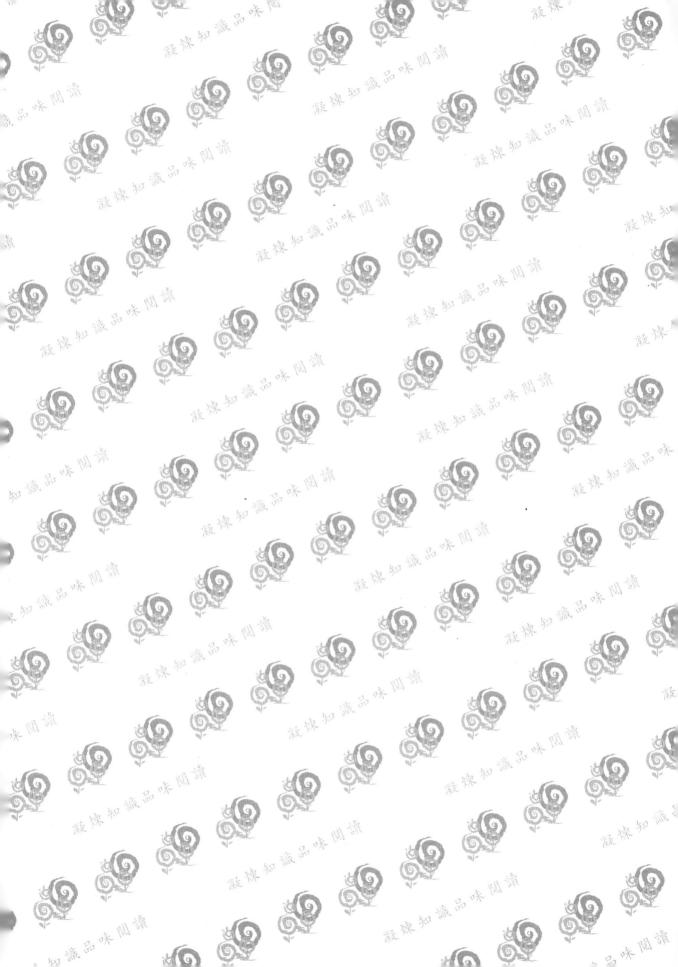

研究&方法

資料探勘：程序與模式
使用Excel實作

葉怡成 著

五南圖書出版公司 印行

作者序

　　本書來自作者多年來在大學授課的教材之編修。第一版開始於 2005 年，其後在 2009 年、2014 年二次大改版，最後在 2016 年重編，並正式出版。本書的特點有三點：

1. 脈絡分明：將資料探勘以「程序」作縱向介紹，以「模式」作橫向介紹，以「個案」作整合介紹，經緯有序，脈絡分明。

2. 上機實作：本書採用 Excel 做為資料探勘軟體，進行教學與自修。使用 Excel 軟體的優點有（1）幾乎所有的電腦都有 Excel，不需另行購買軟體，方便學生課後寫作業或練習。（2）演算過程具透明度，讀者可以徹底了解原理。缺點有（1）不適合處理大型問題（例如數千筆 Data，超過 30 個變數）。（2）使用者介面不夠友善（對資料探勘而言）。但這兩個缺點對一本以教學為目的大學教科書而言，不算什麼缺點。

3. 個案研究：本書以許多個案進行教學，學生可從個案中學習到許多重要觀念。

　　此書的完成要感謝的人實在很多，特別是中華大學、淡江大學各學期上課同學，他們的實作案例豐富了本書的內容，謹致誠摯謝意。

葉怡成

於淡江大學　2017/6/1

連絡方法(e-mail): 140910@mail.tku.edu.tw

目　錄

第 **1** 篇

程序篇

第 **1** 章

資料探勘的概念

您怎麼聚集，處理，並且使用資訊決定您是贏或輸。——比爾·蓋茲

How you gather, manage, and use information will determine whether you win or lose. – Bill Gates

章前提示：資料探勘 vs. 大數據

　　資料探勘和大數據都涉及為企業或其他機構提供收集或處理數據的服務。資料探勘（Data Mining），或稱數據挖掘，是在大量資料中有價值的資訊或知識的搜尋。資料探勘就如同採金礦，開採出來的礦石（資料）經過一連串處理成了黃金（知識）。

　　大數據（Big Data）是大數據集（Large Data Set）的術語。大數據集是那些超越了以前使用的簡單類型的數據庫和數據處理系統的數據集。例如，太大而不能在 Microsoft Excel 試算表中輕易處理的數據集可以被稱為大數據集，如數百個欄位的數十萬筆資料的資料集。

1-1　前言

　　近年來，資料探勘（Data Mining）已成為企業熱門的話題。愈來愈多的企業想導入這項技術，美國的一項研究報告更是將資料探勘視為 21 世紀十大明星產業，可見它的重要性。一般資料探勘較常被應用的領域包括金融業、保險業、零售業、直效行銷業、通訊業、製造業以及醫療服務業等。簡單來說資料探勘就是在龐大的資料庫中尋找出有價值的隱藏訊息，藉由統計及人工智慧的科學技術，將「資料」做深入分析，並根據企業的問題建立不同的模型，找出其中的「知識」，以提供企業進行決策時的參考依據。舉例來說，銀行和信用卡公司可藉由此技術將龐大的顧客資料做統計、分析、歸納及預測，找出哪些是最有貢獻的顧客？哪些是高流失率族群？或是預測一個新的產品或促銷活動可能帶來的響應率，能夠在適當的時間提供適當適合的產品及服務。也就是說，透過資

料探勘企業可以了解它的顧客，掌握他們的喜好，滿足他們的需要。

在競爭激烈的微利時代，客源占有成為決定企業經營成敗的關鍵。企業所能做的，就是盡可能收集顧客的各種靜態及動態資訊，借助各種分析方法，找出顧客及其消費行為的一些規則，藉此預測哪些顧客可能的消費需求，以幫助行銷人員找到正確的行銷對象。例如，資料探勘可以從現有顧客資料中找出他們的規則，再利用這些規則到潛在顧客資料庫裡去篩選出可能的行銷名單，做為行銷的對象。那麼企業就可以只針對這些名單寄發廣告資料，以降低成本，並提高行銷的成功率。

在今日資訊爆炸的時代裡，各個企業都會產生或收集到非常大量的資料。當今對企業最大的挑戰，並不是資料不足，而是如何從汗牛充棟的資料中，發掘出有用的知識，以提高企業的生產力與競爭力，強化顧客服務品質、增加顧客滿意度。資料探勘是一個先進的大量資料分析與處理工具，它可將原先未知的有用資訊或知識，從大量的資料裡發掘出來，並將這些資訊或知識用於公司決策。過去此類高階資料分析工具，僅有政府機構及軍事單位方能使用，拜資訊科技進步之賜，現在許多企業已能以合理的價格運用此類高等技術。今日，資料探勘已是決策支援系統中不可缺少的重要工具，尤其在市場行銷、顧客服務、詐欺防弊、風險偵測與行為預測方面扮演關鍵的角色。

資料探勘利用資料來建立一些模擬真實世界的模式（Model），並利用這些模式來描述資料中的聚類（Clusters）、規則（Rules）、關聯（Association）。以下介紹模式的三種用處：(1)「聚類」可以幫助你做了解，例如：你可以從顧客特性資料區隔出許多聚類，以針對各聚類擬定相應的產品設計、廣告行銷策略。(2)「規則」可以幫助你做預測，例如：你可以從顧客回應資料歸納出許多規則，再用此規則從一份郵寄名單中預測出哪些客戶最可能對你的推銷做回應，所以你可以只對特定的對象做郵購推銷，而不必浪費許多印刷費、郵寄費卻只得到很少的回應。(3)「關聯」可以幫助企業做規劃，例如超級市場或百貨商店可以從顧客消費資料歸納出許多關聯，再用此關聯幫助他們規劃擺設貨品或設計促銷活動。

綜上所言，企業可利用資料探勘從大量資料中，建立相關模型，挖掘有價值的知識，做為擬定規劃或決策的依據，進而改善設計、製造、銷售與服務。

一、資訊的層級

資訊的層級可分成（圖 1-1）：

1. 雜訊：雜訊（Noise）是情報的最原始材料。雜訊係由描述未經過濾、篩選之人、事、時、地、物等事實所組成。

2. 資料：資料（Data）是雜訊經過濾、篩選，且具有意義的情報。

3. 資訊：資訊（Information）是資料經過分解、組合，且具有價值的情報。

4. 知識：知識（Knowledge）是資訊經過歸納、演繹，且可重復使用的情報。

5. 智慧：智慧（Intelligence）是情報的最終產出。

圖 1-1　資訊的層級

　　在過去企業在談到資料的 E 化時，往往把心力專注在如何經由各種的管道收集大量的資料，或是將既有的平面資料轉換成電子化的資料。然而，近幾年來資料產生及收集的技術有了長足的進步，資料庫的各種軟硬體能力迅速向上攀升，讓資料庫所能蒐集的資料量產生了爆炸性的成長，這也使得部分的企業逐漸的感受到，如果無法將現有的「資料」轉換成有效的「資訊」，再進而成為企業所累積的「知識」，即使擁有再龐大的資料庫，也無法為企業產生任何的績效，反而會使得這些軟硬體的投資成為一種資源浪費。

二、資訊系統的層級

　　資訊系統可分成（圖 1-2）：

1. 資料層級系統：用以將雜訊轉換成資料的資訊系統，例如交易處理系統，可用來記錄例行性的交易。

2. 資訊層級系統：用以將資料轉換成資訊的資訊系統，例如資訊管理系統，可用來做出例行性的決策。

3. 知識層級系統：用以將資訊轉換成知識的資訊系統，例如決策支援系統，可用來做出非例行性決策。

資訊階層	決策問題	典型系統	
知識	非例行性決策	決策支援系統 DSS	專家系統 ES
資訊		資訊管理系統 MIS	主管資訊系統 EIS
資料	例行性決策	交易處理系統 TPS	作業資訊系統 OIS

圖 1-2　資訊系統的分類

1-2　資料探勘的定義（What）

　　資料探勘的歷史雖然較短，但從 20 世紀 90 年代以來，它的發展速度很快，加之它是多學科綜合的產物，目前還沒有一個完整的定義，目前為止人們提出了多種 Data Mining 的定義，例如：

1. 在大量資料中，有價值的資訊或知識的搜尋（Search for valuable information in large volumes of data.）。

2. 從大型資料庫中，預測知識的自動擷取（The automated extraction of predictive knowledge from large database.）。

3. 從大型資料庫的資料中，有興趣的模式或樣式的擷取（Extraction of interesting model or patterns from data in large database.）。

4. 從資料中，識別有效的、新奇的、有用的和能理解的樣式的過程（The nontrivial process of identifying valid, novel, potentially useful, and ultimately understandable pattern in data.）（Fayyad, 1996）。

5. 資料探勘是一種知識發現過程（Data Mining is one kind of knowledge discovery processes.）。

6. 資料探勘是快速的統計學（Data mining is statistics at speed.）。

　　綜合上述定義，資料探勘的架構如圖 1-3 所示，它是一個以資料為輸入，以知識為輸

出，以資料探勘（或知識發現）為過程的系統。例如根據一組個人的所得、年齡、學歷、性別、職業等屬性數據，以及是否購買某項產品（例如休旅車）的資料，建構區別某人是否是顧客的知識（圖 1-4）。一旦有了此一知識，便可用在未知資料的分類，以發掘潛在的顧客（圖 1-5）。

圖 1-3　資料探勘的架構

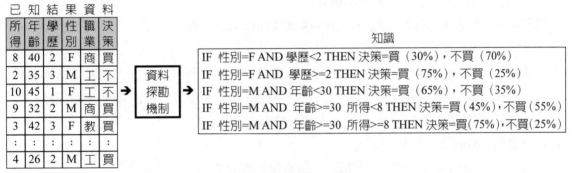

圖 1-4　知識模型的建構

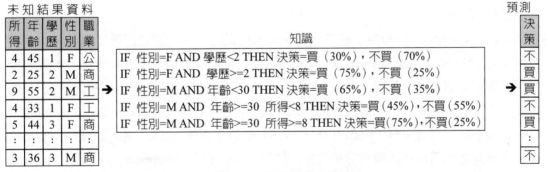

圖 1-5　知識模型的使用

一、資料探勘的中文譯名

Data Mining 的中文譯名常見者有（括號內為 2009 年於 Google 搜尋引擎所得網頁的百分比）：

1. 數據挖掘（95%）。
2. 資料探勘（4%）。
3. 資料採礦（1%）。

但如果限搜尋繁體中文網頁，則：

1. 資料探勘（80%）。
2. 資料採礦（10%）。
3. 資料挖掘（10%）。

因此本書採用繁體中文中最普遍的「資料探勘」一詞。

二、資料探勘的相關名詞

幾個與資料探勘相似的名詞解釋如下：

1. 資料庫知識發現（Knowledge Discovery in Databases, KDD）：是人工智慧學者對資料探勘比較常用的稱呼。

2. 大數據（Big Data）：指的是所涉及的資料量規模巨大到無法透過人工或者計算機，在合理的時間內達到擷取、管理、處理，並整理成為人類所能解讀的資訊的資料集，因此經常需要特殊的演算法來處理。大數據具有以下四個特性：

(1) 巨量性（Volume）：資料量巨大。

(2) 時效性（Velocity）：在許多應用上，新資料需要及時處理與反應。

(3) 多變性（Variety）：資料形態多樣，包含數字、文字、影音、網頁、串流等等結構化、非結構化資料。

(4) 可疑性（Veracity）：在資料不確定性高、可靠度低之下，仍需做出最佳處理。

3. 商業智慧（Business Intelligence, BI）：是指能透過資料的萃取、整合及分析，支援決策過程的技術和商業處理流程。商業智慧最首要的課題是要能將企業內的相關資料，這可能包含了 CRM、ERP、SCM 或是其他的資訊系統所產生異質資料，想辦法由擷取資料、轉換資料、傳送資料（Extract Transform Load）到資料倉儲。完成資料的收集及儲存，才有能力利用各類的資料分析技術、工具，如：報表（Reporting）、線上分析處理（OLAP）、資料探勘來獲得有用的資訊，以應用於銷售、行銷、財務、人力資源、生產、研發等各個層面的決策支援。

另幾個與資料探勘相關，但意義不同的名詞解釋如下：

1. 資料庫管理系統（DBMS）：資料庫管理系統會告訴使用者，資料庫裡有什麼實體（What Happened）。是建立在一系列的記錄，透過查詢得到結果，因此是一個「回想過程」。

2. 線上分析處理（Online Analytical Processing, OLAP）：線上分析處理會告訴使用者，在某條件下資料庫裡的實體會怎樣（What if）。是建立在一系列的規則，透過推演得到結果，因此是一個「演繹過程」。線上分析是一種操作儲存在靜態資料倉儲（Data Warehouse）內廣泛資源的軟體技術。其透過快速、一致、交談式的界面對同一資料提供各種不同的呈現方式，供不同層面的使用者如：分析師、經理及高階主管等使用，使其具備透析資料反應出來資訊的能力。線上分析技術在某種程度上算是資料探勘的範疇，但是它的模式較小，執行起來較容易，投資報酬率也很高。國際知名的亞馬遜網路書店，就是應用這種技術進行客戶的交叉銷售。

  相較之下：

* 資料探勘（Data Mining）：資料探勘會幫助使用者從資料庫裡擷取出有用的知識（If-then），再利用知識預測資料庫裡的實體會怎樣。是建立在一系列的記錄，透過歸納得到規則，再透過推演得到結果，因此是一個「歸納過程」。

  另一個與資料探勘相關的名詞是資料倉儲（Data Warehousing），其定義為：「一個與組織的運作資料庫分開維護的決策支援資料庫。」（A decision support database that is maintained separately from the organization's operational database.）如果我們將一筆筆的資料，按資料庫設計者設計的型態分門別類的依序存放於資料庫中，一段時間之後形成了一個大型的資料庫，我們便可從這些資料當中找尋出可被利用的資訊，而這個經過分門別類所設計出來的資料庫，就成了資料倉儲。資料倉儲就是一種將資料聚集成資訊來源的場所。由於資料倉儲常會對資料做一些處理，而非只是單純的儲存資料，因此資料探勘用以創造知識的資料可取自資料倉儲。但資料探勘的資料也可取自一般資料庫或一般的檔案。

  資料探勘是資料倉儲應用方式中最重要的一種，用來將資料中隱藏的資訊挖掘出來。資料探勘與資料倉儲最大不同之處在於「想像力」。後者雖然功能強大，但須由使用者精準的訴說出要根據何種條件找出什麼，它才能從倉儲裡提供該類資訊。因此資料倉儲是需先訂出假設（Hypothesis），再藉由查詢（Query）或多維向量分析做假設的驗證。若驗證有誤，再擬定其他假設，再次執行驗證。資料探勘省略了假設的擬定，直接透過大量統計與人工智慧等先進的資訊技術，從數以百萬計或千萬計的資料裡，自動辨認它們之間的相互關係，分析出何種訊息有其意義，何者可略過，再將結果精簡成有意義的圖形或樣式供決策判斷用，所強調的是資料關係的發現。此類的發現是基於事實基礎，而非人為的假設，因而更適用於解決企業各式業務難題，例如潛在顧客的發掘。

  對企業來說，資料探勘的精準度建基於資料倉儲的完整性，資料倉儲做完了之後，很多的資料歸類好了，當要探勘工具去不同的主題，抓不同的資料時，抓出來的結果才會準

確。如果探勘的結果不準，有可能是當初的分析變項不夠多，必須再從倉儲裡去抓更多的資料進來。而這些之所以可能，都是奠基於原初的資料倉儲夠完善。舉例來說，對通訊公司來講，客戶的流失率跟門號的播進通數有很大的關係。通常來說，撥進通數多的為較穩定的客戶，因為那表示如果客戶要換門號必須告知很多人。但原有的倉儲系統不一定有很詳細的資料，這時就必須要補充原有的倉儲系統。

　　顧客關係管理（Customer Relationship Management, CRM）是資料探勘的一個常見的應用方式。企業總希望與顧客建立最穩固的關係，並把這種關係轉化為利潤，即留住老顧客、發展新顧客、並鎖定利潤率最高的顧客，這也就是顧客關係管理要重點研究的問題。一般對於顧客關係管理的定義為：「利用資訊科技技術，強化與客戶的關係以鞏固老顧客，吸引新客戶及提高客戶的利潤貢獻度，並且利用與客戶相關的各種資訊，加以分析，來提高對客戶的了解，提供客製化的服務，增加客戶忠誠度和企業營運績效。」因此，顧客關係管理不僅只是單純的提供顧客服務而已，還包含了將顧客所要求服務的相關資料及資訊做收集、儲存、挖掘，並經由分析了解客戶需求趨勢，進而輔助管理者做決策，達到滿足顧客及獲利能力。例如：我們可以由一些原本是我們的客戶，後來卻轉而成為我們競爭對手的客戶群中，分析他們的特徵，再根據這些特徵到現有客戶資料中找出有可能轉向的客戶，然後公司必須設計一些方法將他們留住，因為畢竟找一個新客戶的成本要比留住一個原有客戶的成本要高出許多。

觀念補充：商業智慧（Business Intelligence）

　一些商業智慧的定義如下：

- Business intelligence（BI）is a broad category of technologies that allows for gathering, storing, accessing and analyzing data to help business users make better decisions. （www.oranz.co.uk/glossary_text.htm）
- Business intelligence（BI）is the art of knowing your customers better than they do themselves. （www.ng2consulting.com/glossary.htm）
- Systems that exemplify business intelligence include customer profiling, market basket analysis, market segmentation, and scoring.
- Software systems and tools that seek to extract useful patterns or conclusions from masses of data.

　由這些定義可以看出商業智慧與資料探勘有密切的關係。

- SAS 公司認為商業智慧包括資訊基礎建設、顧客關係管理和儲存資源管理等，主要是架構在線上交易處理之上，也就是企業為了分析性的需求，如交叉銷售分析、詐欺預測與徵信紀錄等，收集線上交易處理的資料，然後建置資料倉儲，再利用特定模型加以分析。
- 微軟公司則認為商業智慧是一個過程，讓決策者快速找到資訊進行決策，而這些決策者包括了高、中、低階人員。在此之前，必須先建立資料倉儲及資料超市，藉此將資料快速進行清理以及轉換。商業智慧連結不同的專業領域，如 CRM、ERP、SCM 等，商業智慧的結果可以支援不同決策分析需求。

觀念補充：線上分析處理（OLAP）

　　資料倉庫建立之後，即可以利用 OLAP 複雜的查詢、對比、抽取和報表能力來進行探測式資料分析了。之所以稱其為探測式資料分析，是因為用戶在選擇相關資料後，通過以下運算對資料進行分析，得到有興趣的資訊：

1. 上鑽（Drill up）：能夠將資料在某個維度上做資訊的整合。
2. 下鑽（Drill down）：能夠將資料在某個維度上做資訊的展開。
3. 上捲（Roll up）：沿某個維度進行加總運算。
4. 切片（Slice）：通過為某些維度選擇一個值來建立一個二維的數據集。
5. 切塊（Dice）：通過為某些維度選擇某些值來建立一個多維的數據集。
6. 旋轉（Pivot）：通過旋轉多維數據集的視角，以查看其各種面向。

　　例如一家公司有銷售量資料庫，統計了城市（甲、乙、丙、丁）、產品（A、 B、C、D）、時間（Q1、Q2、Q3、Q4）的銷售量。

- 上鑽（Drill up）：例如將 Q1 與 Q2 整合成上半年，將 Q3 與 Q4 整合成下半年，建構一個由城市、產品、時間（上半年、下半年）構成的銷售量統計表。
- 下鑽 （Drill down）：例如將 Q1 分成一月、二月、三月等，建構一個由城市、產品、時間（各月份）構成的銷售量統計表。

　　資料探勘與 OLAP 的區別和聯繫是：OLAP 側重於與用戶的交互、快速的回應速度及提供資料的多維視圖；而資料探勘則注重自動發現隱藏在資料中的模式和有用資訊，儘管允許用戶指導這一過程。OLAP 的分析結果可以給資料探勘提供分析資訊做為探勘

的依據，資料探勘可以拓展 OLAP 分析的深度，可以發現 OLAP 所不能發現的更為複雜、細緻的資訊。

觀念補充：資料倉儲（Data Warehouse）

Bill Inmon 這位資料倉儲先驅曾對倉儲有以下的定義：「資料倉儲是一個主題性的、整合性的、時變性的、非易失的資料集合，用在支援管理部門的決策過程。」資料倉儲有幾個特點：

1. 主題性的：通常資料倉儲會有一些主要的訴求，資料庫主於針對主管機關或決策層的資料規模與分析，而非著重於日常操作和交易處理。也就是說資料倉儲會過濾出對於決策沒有用的資料，而僅留下有用的資料。
2. 整合性的：建構資料倉儲是將多個異質資料來源整合在一起，使用資料清理和資料整合技術以確保命名約定、編碼結構、屬性度量等的一致性。
3. 時變性的：資料倉儲儲存不同時間點或期間的資料，在其關鍵結構或多或少都包含時間元素在內。
4. 非易失的：資料倉儲建置時都會將現行操作性系統實體隔開，以確保不會互相影響，也由於如此，資料倉儲不需要有交易處理及回復等機制，所以也不會有資料遺失的可能性。

1-3 資料探勘的目的（Why）

一、資料探勘興起的原因

資料探勘興起的原因有：

1. 電腦計算能力的提升：電腦計算能力呈指數增長，使得大量的計算成為可能。
2. 資料探勘方法的發展：人工智慧與統計等技術的跨領域融合與整合。
3. 資料收集能力的進步：電腦的使用率日漸普及，所以各個行業都普遍使用電腦來收集資料。在資料庫的設計上，收集的欄位可能達上百個，資料筆數容量可能達數百萬。此外，現代科學儀器（如遙測）、商業自動化（如 POS）大幅降低取得大量資料的成本。新的資料不斷的進來，所以時間愈長資料量就愈大，龐大資料庫的形成是可想而知的，

因此，現代是一個「資料爆炸」的時代。然而，許多問題仍缺少可用的知識，因此，現代仍是一個「知識貧乏」的時代。所以，現代人是「淹沒於資料，渴望於知識」。

4. 企業競爭壓力的增加：在競爭激烈的微利時代，客源佔有成為決定服務業經營成敗的關鍵。為了實現這個目標，企業就需要盡可能地了解顧客的行為，但這種了解不可能透過與顧客的一一接觸直接獲得。資料探勘可從大量資料中，挖掘有價值的知識，以強化顧客服務品質、增加顧客滿意度。在製造業方面，成本降低成為決定企業經營成敗的關鍵。資料探勘可從大量工程資料中，挖掘有價值的知識，以提高製程良率、降低生產成本。

二、資料探勘面臨的挑戰

隨著資料的複雜度增加，資料探勘也面臨更大的挑戰：

1. 記錄數量的增加：傳統的統計方法大多處理數十筆到數百筆記錄的資料，現代資料探勘所要處理的問題可能具有數千筆到數萬筆記錄的資料，記錄數量的增加使得記錄的淨化變成一個重要的課題。

2. 資料維度的增加：傳統的統計方法大多處理數個到十多個變數的資料，現代資料探勘所要處理的問題可能具有數十個甚至數百個變數的資料，資料維度的增加使得變數的篩選變成一個重要的課題。事實上，資料維度的增加所帶來的「組合爆炸式」的資料探勘工作複雜度的增加，遠甚於記錄數量的增加所造成的增加，是資料探勘工作的一大困難點。

3. 資料性質的混合：傳統的統計方法大多處理數值型資料，現代資料探勘所要處理的問題可能混雜數值型資料、類別型資料，資料性質的混合使得資料的表達與資料探勘方法的改良變成一個重要的課題。

三、資料探勘的任務

資料探勘依其任務可分成下列二大類五小類：

(一) 描述探勘（Descriptive Data Mining）：

描述探勘的目的在建立一個具有描述能力的資訊模型，依被描述的資訊分成三小類：

1. 敘述探勘（Description）：給予一組資料，每筆資料有一組屬性的值，敘述每個屬性的特性，以及二個屬性間的關係。例如根據表示對某項產品（例如休旅車）有興趣的顧客的年齡、性別、所得等屬性，統計分析各屬性的均數或眾數。又例如對年齡與所得屬性，統計分析屬性間的相關性。

2. 聚類探勘（Clustering）：給予一組資料，每筆資料有一組屬性的值，找出一個能夠以屬性值將資料聚類的模式，使得屬於同一聚類內的資料的相似性最大化，不同聚類間的資料的相似性最小化。例如根據表示對某項產品（例如休旅車）有興趣的顧客的年齡、性別、所得等資料，將顧客區隔成幾個有相同特性的族群，以利市場行銷。又例如將股票依過去漲跌的記錄區隔成不同的類股。

3. 關聯探勘（Association）：給予一組資料，每筆資料記錄一些項目，找出能夠以某些項目出現與否來預測其它項目出現與否的規則。例如買了鐵錘、拔釘器的交易事件中，有 80%買了鐵釘，便是一條「{鐵錘，拔釘器}→{鐵釘} 信賴度=0.80」的關聯規則。又例如修車廠需要零件 A、B 與 C 的修車事件中，有 60%也需零件 D 與 E，便是一條「{A，B，C}→{D，E} 信賴度=0.60」的關聯規則。

（二） 預言探勘（Predictive Data Mining）

　　預言探勘的目的在建立一個具有預言能力的知識模型（圖 1-6），依被預測變數的性質分成二小類：

1. 分類探勘（Classification）：給予一組資料（訓練集），每筆資料有一組屬性的值，與一個類別，找出一個能夠以屬性值將資料正確分類的模式。例如根據個人的年齡、性別、所得等資料，區別是否是某項產品（例如休旅車）的潛在顧客。又例如將股票依過去漲跌的記錄分成未來會漲或會跌二類。

2. 迴歸探勘（Regression）：給予一組資料（訓練集），每筆資料有一組屬性的值，與一個數值，找出一個能夠以屬性值將資料正確預測的模式。例如根據個人的年齡、性別、所得等資料，預測其每年的旅遊支出金額。又例如將股票依過去漲跌的記錄預測未來漲跌幅度。

第 1 組：$x_{11}, x_{12}, \cdots, x_{1k}$　y_1
第 2 組：$x_{21}, x_{22}, \cdots, x_{2k}$　y_2
　：　　　：　：　$\cdots$　：　：
第 n 組：$x_{n1}, x_{n2}, \cdots, x_{nk}$　y_n

$$y = f(x_1, x_2, \cdots, x_k)$$

(a) 建構模型

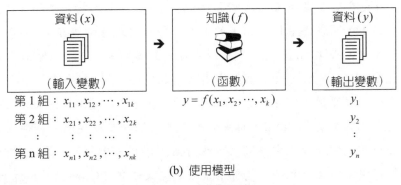

(b) 使用模型

圖 1-6 預言探勘

觀念補充：資料探勘的任務

一、聚類探勘（Clustering）

聚類探勘是將實體分為幾組，其目的是要將組與組之間的差異找出來，同時也要將一個組之中的實體的相似性找出來。聚類相當於行銷術語中的區隔化（Segmentation），但是假定事先未對於區隔加以定義，而資料中自然產生區隔。很多人會把聚類探勘跟分類探勘搞混，其最主要區別是聚類探勘並沒有在事前特別給資料的屬性，而是直接做分群。不同於分類探勘的是其已先定義每群資料，對每群資料的特性事前就知道了，故二者是不同的。聚類探勘可以幫我們找出客戶的一些共同的特徵，藉此區隔客戶群，以幫助行銷人員找到正確的行銷對象。

協力式過濾（Collaborative Filtering），也稱為群體過濾（Group Filtering），是一個與聚類探勘相似的觀念，主要是以屬性或興趣相近的使用者經驗與建議做為提供個人化資訊的基礎。透過記錄與比較使用者產品或服務偏好的資料，將使用者分為數個不同的集群，每一集群中即為相關程度高的使用者。透過協力式過濾有助於彙集具有類似偏好或屬性的會員，並將其意見提供給同一集群中的使用者做為參考，以滿足人們通常在決策之前參考他人意見的心態。

二、關聯探勘（Association）

關聯探勘又稱「購物籃分析」（Market-basket Analysis），主要是用來幫助零售業者了解客戶的消費行為，譬如哪些產品客戶會一起購買，或是客戶在買了某一樣產品之後，在多久之內會買另一樣產品等等。利用關聯探勘，零售業者可以更有效的決定進貨

量或庫存量，或是在店裡要如何擺設貨品，同時也可以用來設計店裡的促銷活動。關聯探勘是要找出在某一事件中會同時出現的東西，即找出這樣的資訊：「如果 Item A 是某一事件的一部分，則 Item B 也出現在該事件中的機率有 X％。」例如，如果一個顧客買了低脂乳酪（Item A），那麼這個顧客同時也買低脂牛奶（Item B）的機率是 60％。又例如，如果一個顧客買了低脂乳酪（Item A1），以及低脂優酪乳（Item A2），那麼這個顧客同時也買低脂牛奶（Item B）的機率是 85％。關聯探勘從所有物件決定哪些相關物件應該放在一起。例如超市中相關之盥洗用品（牙刷、牙膏、牙線），放在同一間貨架上。在客戶行銷系統上，此種功能係用來確認交叉銷售（Cross Selling）的機會以設計出吸引人的產品群組。

序列發現（Sequence Discovery）與關聯探勘關係很密切，所不同的是它的 Item 有時間概念。例如，如果做了 X 手術，則 Y 病菌在手術後感染的機率是 5％。又例如，如果 A 股票在某一天上漲，而且當天股市加權指數下跌，則 B 股票在兩天之內上漲的機率是 68％。

三、分類探勘（Classification）

分類探勘是根據實體的變數的值將實體作分類。分類探勘為資料探勘最為廣泛使用的技術，常被用於預測顧客的行為模式。透過以往的顧客行為記錄，我們可以分析出顧客行為之分類模型為何。分類探勘的第一步是按照分析對象的屬性分門別類加以定義，建立幾個少數的類別（Class）。例如，將顧客分為「可能會回應」或是「可能不會回應」兩類；將信用卡申請者的風險屬性，區分為高度、中度、低度風險申請者。

分類探勘可以從現有客戶資料中找出他們的通則，再利用這些通則到潛在客戶資料庫裡去篩選出可能成為我們客戶的名單，做為行銷人員推銷的對象。我們可用一些已經分類的資料來研究他們的分類模型，然後再根據這些分類模型對其他未經分類或是新的資料做預測。這些我們用來尋找分類模型的已分類資料可能是來自我們現有的歷史性資料，或是將一個完整資料庫做部分取樣，再經由實際的運作來取得資料。譬如，利用一個大的郵寄對象資料庫（包含顧客的特性，如所得、年齡、學歷、性別、職業）的部分取樣進行郵寄，再將顧客的特性與其回應結果（「回應」或是「不回應」）結合，建立資料庫。再用此資料庫建立一個分類模型，最後再利用這個模型到潛在客戶資料庫裡去篩選出可能成為我們客戶的名單，行銷人員就可以只針對這些名單寄發廣告資料，以降低成本，也提高行銷的成功率。過去銀行的行銷活動問卷回收率只有 0.3%～0.5% 的比例，但是在資料倉儲分析找出正確的客戶後，可輔助提高問卷回收率約一倍，有效的降低行

銷成本，進而了解客戶的習慣，而不是單單憑經驗來臆測客戶的行動。

相反地，分類探勘也可以用來篩選出可能有風險的客戶名單，做為風險控管人員避免的對象。以信用卡審核資料為例，經分析後可能找出類似以下的規則「性別為男性，婚姻狀況為離婚，家庭組成為已有小孩，年齡在 41~45 歲，職業為外勤業務員，任職時間未滿一年，且每月還款金額大於$9,000 以上者，則信用卡申請者的風險屬性為高度風險。」規則尋得後，可透過此分類模型來預測顧客的風險類型。

四、迴歸探勘（Regression）

迴歸探勘是根據實體的變數的值為實體的某一未知的連續變數的值作預測。連續變數的值具有連續性，例如顧客的每月信用卡消費量。例如按照信用申請者之所得、年齡、學歷、性別、職業來推估其信用卡消費量。

時間數列預測（Time-series Forecasting）與迴歸探勘關係很密切，所不同的是它的資料有時間概念。它運用歷史資料來預測即將發生的未來資料，即使用一系列的過去數值來預測一個未來的數值。例如由顧客過去之刷卡消費量預測其未來之刷卡消費量。可用的技術包括迴歸分析、類神經網路、時間數列分析。

1-4　資料探勘的方法（How）

一、資料探勘方法的分類

資料探勘方法的分類可以分成三個層級：

- 第一層（任務層）：依知識的任務分類（聚類、關聯、分類、迴歸）。
- 第二層（模式層）：依知識的模型分類。
- 第三層（算法層）：依模型的算法分類。

在此依第一層（任務層）與第二層（模式層）分類如下（表 1-1）：

1. 聚類分析方法：
(1) 均值聚類分析。
(2) 分層聚類分析。
2. 關聯分析方法。
3. 分類分析方法：
(1) 最近鄰居（分類）。

(2) 邏輯迴歸。

(3) 類神經網路（分類）。

(4) 分類樹。

(5) 貝氏分類。

(6) 判別分析。

(7) 支持向量機。

4. 迴歸分析方法：

(1) 最近鄰居（迴歸）。

(2) 迴歸分析。

(3) 類神經網路（迴歸）。

(4) 迴歸樹。

表 1-1　資料探勘方法的分類

技術 任務	統計分析	機器學習	神經網路	演算分析
聚類探勘	• 均值聚類分析 • 分層聚類分析			
關聯探勘				• 推定演算法
分類探勘	• 最近鄰居分類 • 邏輯迴歸 • 貝氏分類 • 判別分析	• 分類決策樹 • 支持向量機	• 倒傳遞網路	
迴歸探勘	• 最近鄰居迴歸 • 迴歸分析	• 迴歸決策樹	• 倒傳遞網路	

觀念補充：分類探勘的技術

　　分類通常會牽涉到兩種統計方法：邏輯迴歸（Logistic Regression）以及判別分析（Discriminant Analysis），然而還有兩種人工智慧方法也十分普遍：類神經網路（Artificial Neural Networks）以及決策樹（Decision Tree）。決策樹與類神經網路也可以用來做迴歸，某些種類的類神經網路甚至可以用來做聚類。雖然這些統計或人工智慧方法本身都十分複雜，所幸資料探勘的使用者並不需要深入這些方法的核心。

1. 類神經網路

類神經網路接受一組輸入值來預測出一個連續值或分類值。每一個節點都是一個函數，這個函數是使用輸入該節點的相鄰節點值的加權總和做運算。在建立一個模式的過程中，我們要用一些資料來「餵」給這個網路，「訓練」它來找到一組能夠產生最佳輸出結果的加權值。有一種最常用的訓練法稱為倒傳遞（Back-propagation），它是把輸出結果與一個已知的正確結果相比。每次相比之後就產生另一組調整過的權，然後再產生一個新的輸出值再與該已知值相比。這個過程經過反覆的執行後，此類神經網路就被訓練得能夠做相當正確的預測了。可是類神經網路有兩個問題。首先是它的「黑箱模式」的特性，也就是它做的預測所根據的因素並不明確。第二，它容易發生「過度學習」現象，即對訓練資料可以做相當正確的預測，但是對驗證資料無法做相當正確的預測之現象。但是現在已經有一些新的技術可以改正這個缺點。

2. 決策樹

決策樹則是利用樹狀分枝結構來判別類別。從樹根經過分枝節點（決策條件），到樹的末端節點（決策），構成一條決策規則。例如，你想把申請貸款的人歸類成「風險高」與「風險低」兩種，可用每月收入、負債金額、目前工作的年數等做為分枝的依據。例如「每月收入 <40000」而且「負債金額 ≥200 萬」的人會被歸為高風險類別，而「每月收入 ≥40000」而且「目前工作的年數 ≥5 年」則會被歸為低風險類別。有了這個決策樹，銀行的放款人員就可以審查申請人的條件，決定該人是屬於高風險或低風險群。決策樹現在相當普遍，因為它所做的預測相當正確，而且又比類神經網路容易了解。

1-5　資料探勘的演進（When）

資料探勘是一門相當新的理論，在 1987 年以前不曾有這個名詞出現，而在 1990 年之前雖然有了這一類的期刊論文，但畢竟為之少數。雖然這個名詞很晚出現，不過它的發展卻極為迅速，而且很多領域都使用這種技術，廣泛的被運用在企業界及科學研究上。

資料探勘興起於 90 年代，但它的三大支柱：資料庫、統計方法、人工智慧（特別是機器學習、類神經網路）早已分別發展茁壯。這些相關技術的發展過程如下：

- 1960 年代——網路式資料模式、通用問題求解器。
- 1970 年代——關聯式資料模式、決策支援系統。
- 1980 年代——高等資料模式、應用導向 DBMS、專家系統。
- 1990 年代——資料倉儲、多媒體資料庫、機器學習、類神經網路、資料探勘。
- 2000 年代——高等資料之資料探勘、應用導向資料探勘。

● 2010 年代——大數據、深度學習快速興起。

資料探勘技術的發展史如表 1-2。

表 1-2 資料探勘技術的發展史

年代	事件
1989	舉辦 IJCAI Workshop on Knowledge Discovery in Databases
1991~1994	舉辦 Workshop on Knowledge Discovery in Databases
1995~1998	舉辦 International Conferences on Knowledge Discovery in Databases and Data Mining（KDD'95~98）
1997	創辦 Journal of Data Mining and Knowledge Discovery
1998 以後	舉辦許多研討會（ACM SIGKDD、PAKDD、PKDD、SAIM-data Mining、ICDM 等）
2000	麻省理工學院 2000 年元月號「科技評論」（Technology Review）預測未來會改變世界的十大新興科技中資料探勘名列第四。
2000	國人第一套自行研發資料探勘之演算法及核心技術正式誕生
2002	第六屆亞太知識發現／資料探勘大會（PAKDD）在台北舉辦
2015	2015 年，D.J. Patil 成為白宮首位首席資料科學家
2016	深度學習（Deep Learning）興起，能夠建構遠遠超過其他技術的複雜模式，它可以幫助解決資料探勘中的許多挑戰。

1-6　資料探勘的用途（Where）

資料探勘的用途十分廣泛，最近幾年來，在：

1. 顧客關係管理（Customer Relation Management）。
2. 網路探勘（Web Mining）。
3. 生物資訊（Bioinformatics）。
4. 國家安全（National Security）。

等方面的應用更是焦點所在。資料探勘的用途依其任務舉例如下：

1. 聚類探勘：

聚類分析經常用來做為市場區隔分析（Market Segmentation）的工具。例如：

(1) 購屋者需求聚類分析。
(2) 休旅車買主聚類分析。
(3) 網路使用者聚類分析。

2. 關聯探勘：

　　關聯分析經常用來做為購物籃分析（Market Basket Analysis）的工具。例如：

(1) 3C 量販店購物籃分析（影響賣場配置與行銷策略）。

(2) 網路書局購物籃分析（影響網頁設計與行銷策略）。

(3) 汽車保養廠零件領用分析（影響倉庫配置與存貨管理）。

(4) 電視購物分析（影響購物目錄設計與行銷策略）。

(5) 疾病關聯分析（影響疾病診斷與預防）。

(6) 職業籃球比賽球員表現分析（影響球員調度與球隊戰術）。

3. 分類探勘：

　　分類分析經常用來做為科學分類、醫學診斷、商業決策的工具。例如：

(1) 潛在顧客開發（交叉銷售分析）。

(2) 風險顧客避免。

(3) 流失顧客挽留。

(4) 再購顧客發掘：汽車消費者再購行為之預測。

(5) 加購顧客發掘：大型醫院的自費健檢客戶之開發。

(6) 價值顧客發掘。

(7) 電信盜打偵測。

(8) 金融詐欺偵測。

(9) 保險詐欺偵測。

(10)天文學類星體判別（SKICAT 系統）。

(11)遙測影像識別。

(12)蛋白質次結構分類。

(13)甲狀腺疾病診斷。

4. 迴歸探勘

　　迴歸分析經常用來做為科學預測、商業預測的工具。例如

(1) 貨品銷售量預測。

(2) 法拍屋價格預測。

(3) 選擇權價格預測。

(4) 晶圓不良率預測。

(5) 河川流量預測。

(6) 材料性質預測。

(一) 資料探勘在各產業的用途

資料探勘在各產業的用途簡述如下：

1. 金融業

資料探勘在台灣的最早應用是在信用卡的流失量偵測系統。在各家銀行衝大發卡量的競爭市場上，如何兼顧發卡量以及壞帳的控制，關鍵便在於是否有良好的信用卡申請審核評分機制。例如建物抵押貸款申請評估可請資深專業人員針對一定數量的申請案件的 (1)建造的施工品質、(2)建築物的位置、(3)申貸人的資產、(4)申貸人的收入、(5)利息支付情況等項目（以上做為自變數），給予評分（因變數），即可利用資料探勘建立一個評分模型。

2. 保險業

保險業的資料探勘應用主要在醫療險詐欺與濫用、保單繼續率維持等。由於目前國內健保在重複就醫，浮報理賠金額等濫用事件層出不窮，而透過預測諮詢系統，強大的即時預測功能，就可以將理賠案件依照濫用詐欺可能性分類處理。

3. 金控業

金控公司的興起讓資料探勘的交叉銷售分析功能有廣大的應用空間，包括壽險、產險、證券、銀行、信用卡消費等。所以各家金控公司目前在態度上都很積極，就算沒有集團內的資料倉儲部門，也有整合行銷處。例如：在消費者借房貸時，一定要跟著保險，這就是很明顯的交叉銷售應用。金控業可能利用資料探勘找出的規則對一位顧客作出下列預測：

客戶等級：VIP。
客戶分群：電子新貴。
白金卡升等機率：72%。
流失機率：66%。
逾期繳款機率：12%。
適合推薦活動 1：Notebook 電腦 12 期分期付款，19%。
適合推薦活動 2：刷卡買基金——科技型，月付 3,000，17%。

4. 電信業

電信業的資料探勘大部分使用在流失率分析上。電信業者目前都碰到大部分是青少年客戶的狀況，青少年的忠誠度低，所以必須思考如何能有效率的維持市場佔有率。電信業的客戶流失率比銀行業的剪卡還要麻煩，因為剪卡可能是假性的流失，但是電信業的客戶流失，很可能是一、兩年內拉不回來的。電信業可能利用資料探勘找出下列規則：

如果	顧客同一個帳號裡只有一個手機，
而且	顧客加入門號新機優惠方案，
而且	顧客屬於高手機更換率者，
則	顧客很可能在三個月後流失（機率=60%）。

5. 零售業

現在的零售業已經不是以往在大街開店的形式，而是會透過很多管道，如網際網路、客服中心等，來預測何種會員會購買什麼產品。不僅使用基本的一對一行銷應用，也會做客戶終身價值分析，然後把這些資訊統合起來，預測何種類型的會員客戶有購買某種商品的潛力。資料探勘能利用過去電話訪談、成交記錄建立預測模型，協助行銷人員找出較有購買意願的潛在客戶。

6. 行銷業

台灣地區直效郵件平均購買率降至 0.3~0.05%，台灣一年有約 100 億封垃圾電子郵件，因此如何提高購買率成為重要的任務。例如，可利用試銷顧客的性別、學歷、年齡、行業等級碼、風險等級、帳單縣市、循環信用額度、婚姻、持卡月數、平均信用評比、累積刷卡次數、平均每月刷卡次數、累積刷卡金額、平均每月刷卡金額（以上做為自變數）、是否有回應（因變數）資料，建立是否有回應的分類模型，從尚未行銷的客戶中找出回應機率高的顧客進行行銷。

7. 製造業

製造業的資料探勘大部分使用在製程分析上，尤其是良率的問題。如果晶圓廠能夠提升 1%的良率，就能賺進許多的利潤。但是台灣的製造業者通常是自己作資料探勘，可能是製造業有較專業的知識或基於保密的考量。

8. 政府機關

推行電子化政府以後，健保醫療、賦財稽徵、犯罪偵查等是可能的應用領域。

觀念補充：資料探勘的應用實例

直銷回應率的提高	英國電信（BT）發布一種新的產品，需要通過電郵的方式向客戶推薦這種產品。通過資料探勘的方法使回應率提高了一倍。
高價值客戶的發現	滙豐銀行（HSBC）需要對不斷增長的客戶群進行分類，對每種產品找出最有價值的客戶。通過資料探勘的方法行銷費用減少了 30%。

顧客的產品喜好的判斷	Bass Export 是世界最大的啤酒進出口商之一，在海外 80 多個市場從事交易，每個星期傳送 23,000 份訂單，這就需要了解每個客戶的習慣，如：品牌的喜好等，Bass Export 用 IBM 的 Ineelligent Miner 很好地解決了上述問題。
商品銷售量的預測	GUS 日用品零售商店需要準確的預測未來的商品銷售量，降低庫存成本。通過資料探勘的方法使庫存成本比原來減少了 3.8%。
顧客的產品喜好的判斷	美國 AutoTrader.com 是世界上最大的汽車銷售站點，每天都有大量的用戶對網站上的資訊點擊。它運用了 SAS 軟體進行資料探勘，每天對資料進行分析，找出用戶的訪問模式，對產品的喜歡程度進行判斷，以提供個人化服務，取得了成功。
資料錯誤的偵測	Reuteres 是世界著名的金融資訊服務公司，其利用的資料大都是外部的資料，這樣資料的品質就是公司生存的關鍵所在，必須從資料中檢測出錯誤的成分。Reuteres 用 SPSS 的資料探勘工具 SPSS/Clementine，建立資料探勘模型，極大地提高了錯誤的檢測，保證了資訊的正確和權威性。
詐欺交易的偵測	美國國防財務部需要從每年上百萬筆的軍火交易中發現可能存在的詐欺現象。通過資料探勘的方法發現可能存在詐欺的交易，進行深入調查，節約了大量的調查成本。
盜刷信用卡的偵測	（聯合信用卡中心 CRIS-NS 盜刷信用卡偵測系統）信用卡盜刷以及持卡人逾期還款一直是發卡銀行的大患。台灣地區因為相關金融法規不足以及刑責過輕，因此造成台灣成為偽卡集團的樂園，據估計，台灣地區每年因信用卡盜刷損失金額高達 10 億以上。目前聯合信用卡中心所推出的 CRIS-NS 系統便是利用資料探勘的演算法之一——類神經網路，來找出盜刷信用卡的特定模式。
申請信用卡的審查	（工研院電通所信用卡審件自動化系統）隨著信用卡業務快速發展，審件自動化系統已成為必然之趨勢，提升效率、降低成本之捷徑。電通所自行研發的工作流程（Workflow）自動化、智慧型代理者（Intelligent Agent）技術與資料探勘核心技術模組，突破資料庫與工作流程結合的困難，使金融服務業之自動智慧化理想得以實現。

1-7　資料探勘的人員（Who）

　　資料探勘的參與人員包括：

1. 資料數據的管理者：負責把相關的資料欄位建置完善。
2. 資料數據的提供者：負責把相關的資料記錄收集充份。
3. 背景知識的提供者：負責提供與主題相關的專業知識。例如：要作銀行業的資料探勘，必須要很了解銀行的客戶之作業型態乃至行為模式的人，才能根據他們的專業知識篩選出重要的欄位項目，供資料探勘之用。
4. 知識模型的建構者：負責從資料把有用知識擷取出來。他必須能清楚地定義出各項探討主題的組成內容，如忠誠度、貢獻度這種抽象名詞的實際資料內容；需要知道在建

立各種模組時需要使用哪些資料探勘技術；必須判斷模型是否為最佳模型，也必須解釋模型所揭露的意義。

5. 知識模型的使用者：負責利用知識提升績效解決問題。例如：根據聚類探勘的結果決定產品定位，或針對特定消費族群設計廣告內容與選擇廣告媒體；根據關聯探勘的結果設計產品組合，或行銷策略。

1-8　資料探勘與知識管理

一、知識的定義與分類

知識（Knowledge）是指經過歸納、演繹，且可重複使用的情報。知識依載體不同可分成顯性（Explicit）與隱性（Tacit）知識：

1. 顯性知識：以語文為載體的知識。如：圖書報告、資訊系統等。其優點為複製容易、保存期長；其缺點為適應性低、創造力低。

2. 隱性知識：以人員為載體的知識。如：專家經驗、學者學識等。其優點為適應性高、創造力高；缺點為複製困難、保存期短。

二、知識管理的定義

知識管理（Knowledge Management）是指為提高組織的知識內容與載體之品質與數量，以及知識之使用的效率，所採取的收集、擷取、儲存、檢索、複製、傳播、創造、更新知識之活動。

三、知識管理的目的

彼得‧杜拉克（Peter Drucker）認為，下一個社會是以知識工作者（Knowledge Worker）為主的知識社會，管理之道不在於管理人，而在於管理知識。知識是無形的資產，但在知識經濟的趨勢下，知識資產的重要性與日俱增，因此知識管理的重要性同樣也與日俱增。

知識管理的目的有二：

1. 提高知識的品質與數量。例如：將過去的專案建檔，提供未來專案的快速參考，以減少出錯的機率；提供組織成員良好的學習環境與創新環境，以利知識的複製與創造。

2. 提高知識的使用效率。例如：將大量的知識加以電子化，並分類歸檔，製作知識地圖，以方便知識的收集、擷取、儲存、檢索、複製、傳播、創造、更新。

四、知識管理的活動

　　員工可以自由來來去去，如果因員工的去職而使得組織賴以運作的知識流失，對組織是一大打擊。更積極來看，如果員工擁有很好的知識或創意，而組織能將之複製，則可提升組織的效能。最後面對競爭與多變的環境，組織必須鼓勵知識的創造。由上述敘述可知，知識管理的活動可分成三種：知識收集、知識複製、知識創造（圖 1-7）。

圖 1-7 知識管理的活動

五、知識管理的工具

　　在知識收集、知識複製、知識創造的三個活動中，學習型組織與資訊科技是知識管理的主要工具；學習型組織有助「隱性知識」的萃取，資訊科技則有益「顯性知識」的轉移（圖 1-8），例如資料探勘就是將顯性資料轉換成顯性知識的主要工具（圖 1-9）。

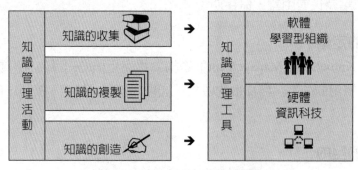

圖 1-8 知識管理的活動與工具

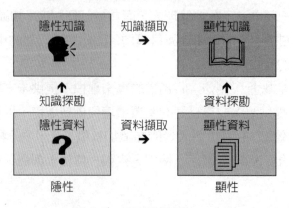

圖 1-9　知識的分類

1-9 本書的軟體

本書採用 Excel 做為資料探勘教學軟體。雖然 Excel 並非專為資料探勘而設計的軟體，但其強大的數字處理能力，以及幾乎無所不在的方便性，是一套不錯的資料探勘教學與入門軟體。本書利用 Excel 建構了下列系統：

1. 均值聚類分析。
2. 最近鄰居分類與迴歸。
3. 邏輯迴歸、迴歸分析（線性與非線性）。
4. 神經網路分類與迴歸。
5. 分類樹與迴歸樹。

這些系統的原理與使用方法請參閱各章的「實作單元」。

1-10 本書的個案

本書以許多個案進行教學（表 1-3），學生可從個案中學習到許多重要觀念。

表 1-3 本書個案

聚類探勘個案（見第 12 章）	分類探勘個案（見第 13 章）
個案 1：暖氣系統市場聚類分析。 個案 2：休旅車市場聚類分析。 個案 3：汽車保險市場聚類分析。 個案 4：健康俱樂部會員聚類分析。 個案 5：在職班學生滿意度聚類分析。 個案 6：公民對公共事務意見聚類分析。 個案 7：上市公司的信用評等聚類分析。 個案 8：台灣上市股票基本面聚類分析。 個案 9：台灣上市股票技術面聚類分析。 個案 10：貸款企業的財務比率聚類分析。 個案 11：農會信用部風險聚類分析。	個案 1：休旅車的潛在顧客開發。 個案 2：汽車保險潛在顧客開發。 個案 3：健身俱樂部會員開發。 個案 4：通信業潛在顧客開發。 個案 5：ERP 系統潛在顧客開發。 個案 6：軟體維護合約續約顧客開發。 個案 7：賽馬比賽勝負預測。 個案 8：在職班學生的滿意度評估。 個案 9：上市公司的風險評估。 個案 10：企業貸款違約風險預測。 個案 11：房屋貸款違約風險預測。 個案 12：信用卡逾期風險預測。 個案 13：農會信用部風險評估。 個案 14：股票報酬率預測。 個案 15：網購退貨顧客偵測（DMC 2004）。 個案 16：網購詐欺顧客偵測（DMC 2005）。 個案 17：捐血者捐血預測。
迴歸探勘個案（見第 14 章）	**關聯探勘個案（見第 15 章）**
個案 1：休旅車市場潛在顧客開發。 個案 2：在職班學生滿意度分析。 個案 3：上市公司的信用評等。	個案 1：商品銷售——以 FoodMart 資料庫為例。 個案 2：商品銷售——以化妝品銷售為例。。 個案 3：商品銷售——以資訊類教科書為例

個案 4：選擇權價格預測。 個案 5：法拍屋拍賣價預測。 個案 6：股票報酬率預測。 個案 7：晶圓不良率預測。	個案 4：網頁資訊——以網路書局為例。 個案 5：網路新聞——以台灣股市為例。 個案 6：證券投資——以台灣股市基本面。 個案 7：產品維修——以 Cable Modem 為例。 個案 8：產品維修——以印表機為例。 個案 9：製程診斷——以導線架為例。 個案 10：製程診斷——以 Touch Panel 為例。

1-11 本書的結構

本書將資料探勘依「程序」作縱向介紹，依「模式」作橫向介紹，脈絡分明；再輔以「軟體」與「個案」強化讀者的實作能力，使讀者能融會貫通。本書結構如圖 1-10。

在第 5、7、8、9、10 章之後有實作單元，讀者可以練習如何用 Excel 建立資料探勘系統，來分析自己的資料；或直接修改一個現有 Excel 檔案（模板），套入自己的資料作分析，這些單元包括：

- 實作單元 A：Excel 資料探勘系統——均值聚類分析。
- 實作單元 B：Excel 資料探勘系統——最近鄰居分類與迴歸。
- 實作單元 C：Excel 資料探勘系統——邏輯迴歸與迴歸分析。
- 實作單元 D：Excel 資料探勘系統——神經網路分類與迴歸。
- 實作單元 E：Excel 資料探勘系統——分類樹與迴歸樹。

本書第 12~15 章的許多個案是用 XLMiner 軟體分析，這些結果可作為讀者的參考，讀者可以用本書的 Excel 試算表系統重新分析這些案例，加以比較。

最後，附錄包含了一些有用的內容，包括一些進階的資料探勘方法：

- 主成份分析
- 聚類分析（三）：自組織映射圖。
- 分類與迴歸（二）：迴歸分析（進階）：診斷與處理。
- 分類與迴歸（五）：貝氏分類。
- 分類與迴歸（六）：判別分析。
- 分類與迴歸（七）：支援向量機。

另外，資料探勘的基本原理是最佳化，因此附錄包含了一些最佳化方法：

- 數值最佳化。
- 搜尋最佳化。
- 遺傳演算法。

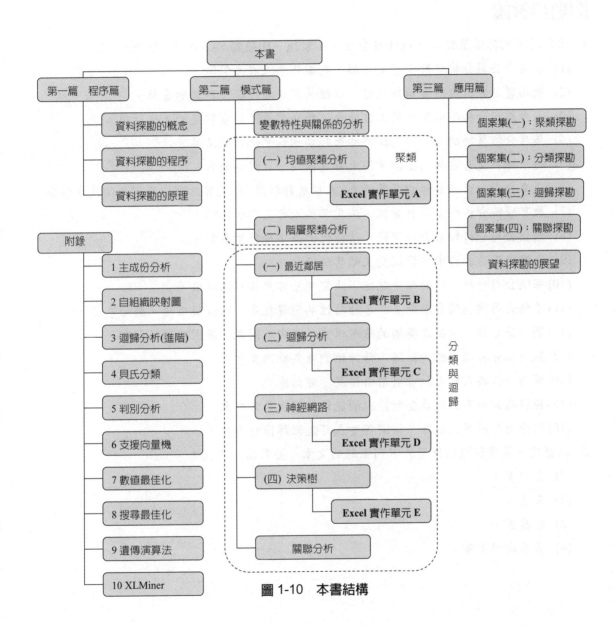

圖 1-10　本書結構

問題與討論

1. 試判別下列應用屬於哪一種任務分類（A 聚類、B 關聯、C 分類、D 迴歸）：

   (1) 信用卡公司分析信用卡歷史資料，判斷哪些人有高風險。

   (2) 網路書局分析消費者購物記錄，以推薦消費者可能感興趣的書籍。

   (3) 人力銀行分析不同客戶的工作歷史，發送客戶可能感興趣的工作資訊。

   (4) 藥房分析醫師的處方，判斷哪些醫師願意購買他們的產品。

   (5) 超市分析交易資料，安排貨架上貨物擺設，以提高銷售。

   (6) 汽車公司分析消費者的消費行為、人口統計特徵，發送客戶可能感興趣的汽車廣告。

   (7) 教育學院分析學生歷史資訊，決定哪些人願意參加培訓。

   (8) 航空公司分析顧客飛行記錄，估計他們每年飛行里程數。

   (9) 在網路交易資料中，發現交叉銷售的機會。

   (10) 保險公司分析以前的客戶記錄，決定哪些客戶具有高風險。

   (11) 手機公司調查消費者對產品各種特性的重視程度，以區隔市場，開發產品。

   (12) 調查局分析不同犯罪集團的旅遊模式，決定不同犯罪集團之間的關聯。

   (13) 旅行社分析顧客旅行記錄，估計他們每年旅遊支出。

   (14) 醫師分析病人歷史和當前用藥情況，開列處方。

   (15) 稅務局分析不同民眾交所得稅的記錄，發現異常現象。

   (16) 調查局分析罪犯記錄，推斷哪些人可能假釋後會再犯。

2. 試選讀一篇資料探勘應用於下列主題的文章，並寫出心得報告。

   (1) 金融業。

   (2) 零售業。

   (3) 服務業。

   (4) 書店與圖書館。

第 **2** 章

資料探勘的程序

欲速則不達。──中諺

章前提示：分類探勘的方法論 CRISP-DM

　　CRISP-DM 是 CRoss-Industry Standard Process-Data Mining 的縮寫，由 SPSS、NCR、Daimler-Benz 在 1996 年制定。CRISP 是當今資料探勘業界通用流行的標準之一，它包含任務理解、資料理解、資料準備、知識建模、知識評價、知識布署等六個程序。

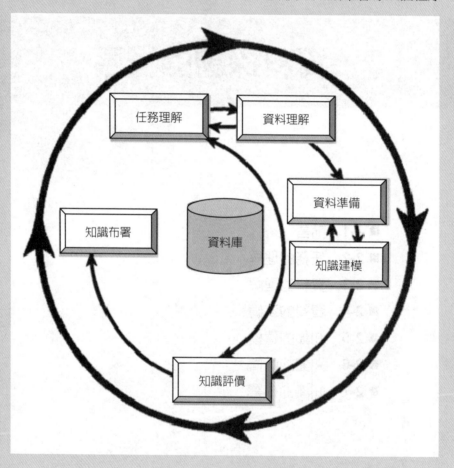

2-1　前言

一、資料探勘的程序

　　資料探勘的程序尚未有標準的方法，較常被使用的方法如表 2-1 所示。本書採用 SPSS

等公司提出的 CRISP 方法論，其資料探勘程序分成（圖 2-1）：

程序 1：任務理解（Business Understanding）。

程序 2：資料理解（Data Understanding）。

程序 3：資料準備（Data Preparation）。

程序 4：知識建模（Knowledge Modeling）。

程序 5：知識評價（Knowledge Evaluation）。

程序 6：知識布署（Knowledge Deployment）。

其中資料準備經常是最費時的程序。

表 2-1　資料探勘的程序

CRISP 方法論 (SPSS 等公司)	SEMMA 方法論 (SAS 公司)	系統工程方法論	所需時間
程序 1：任務理解		系統可行性分析	10%
程序 2：資料理解	資料取樣（Sample Data）	系統分析	10%
	資料探索（Explore Data）		
程序 3：資料準備	資料修改（Modify Data）	系統設計	45%
程序 4：知識建模	知識建模（Model Data）	系統建構	15%
程序 5：知識評價	知識評價（Assess Data）	系統測試	10%
程序 6：知識布署		系統布署	10%

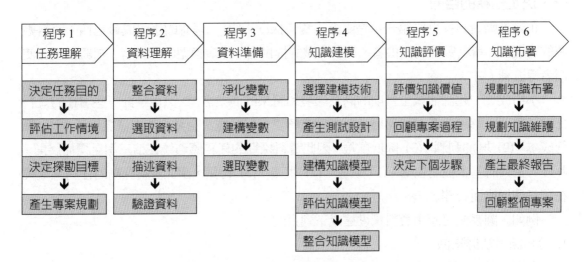

圖 2-1　資料探勘的程序

2-2 任務的理解

任務理解的目的是利用資料探勘術語定義問題，選定目標任務，為業主制定一個專案規劃，幫助業主更好地利用資料和技術來解決商業問題。在組成資料探勘專案小組後，小組應進行下列任務理解的步驟（圖 2-2）：

步驟 1：決定任務目的：發掘一些潛在任務，了解別的公司如何解決相似任務。

步驟 2：評估工作情境：評估與任務主題相關的可用資料、知識、技術資源。

步驟 3：決定探勘目標：估計投資報酬率，制定可以量測的成功標準。

步驟 4：產生專案規劃：推薦合理的資料探勘方法論、軟體工具、解決方案。

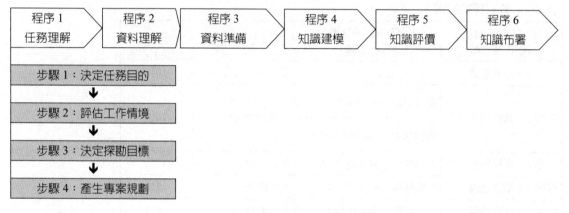

圖 2-2　任務的理解

一、決定任務的目的

企業推動資料探勘的第一步是組織「資料探勘小組」，理想的小組成員包括：資料數據的管理者、資料數據的提供者、背景知識的提供者、知識模型的建構者、知識模型的使用者等五種人才。

小組成員一起評估業主目前的商業環境和將來的商業需求，然後發掘一些潛在的資料探勘任務，了解別的企業如何用資料探勘來解決相似問題。企業的基本目標包括：(1) 降低成本、(2) 增加利潤、(3) 降低風險，因此資料探勘的任務應環繞在這三個目標而展開。此外，企業的基本機能包括：(1) 研發、(2) 生產、(3) 行銷，因此資料探勘的任務應環繞在這三個機能而展開。

例如，圖書館可應用資料探勘達成下列目的：

1. 分析讀者社群關係。
2. 吸引讀者到館借閱。

3. 提升讀者的忠誠度。

4. 提升館藏的借閱率。

5. 提升館藏的流通率。

6. 擬定館藏複本書單。

二、評估工作情境

　　小組成員進行深入討論，並與其他人員進行面談，以對業主機構的資料、知識和技術資源作出一個初步的評估。

1. 工作複雜度

(1) 記錄數量複雜度：如果記錄的數目太少，會不足以建構準確的模型；如果太多，並不會改善模型的準確度，只是增加資料探勘工作的負擔。當記錄的數目太多時，可透過資料探勘的「程序二：資料理解」中「選取資料」步驟，以抽樣降低記錄數量複雜度。

(2) 變數維度複雜度：如果變數的數目太少，可能未能包含所有對因變數具有影響力的自變數；如果太多，雖然較可能包含所有具有影響力的自變數，但也可能包含許多不具影響力的自變數，如此不但增加資料探勘工作的負擔，也降低模型的準確度，與模型之因果關係的解釋能力。一般認為的「盡可能收集最多的自變數，丟給資料探勘系統去跑，就可以產生準確的模型」是錯誤的觀念。事實上，資料維度的增加所帶來的「組合爆炸式」的資料探勘工作複雜度的增加，遠甚於記錄數量的增加所造成的增加，是資料探勘工作的一大困難點。當候選的自變數太多，又缺乏足夠的背景知識來進行篩選時，可透過資料探勘的「程序三：資料準備」中「選取變數」降低變數維度複雜度。

(3) 數據品質純淨度：數據品質的純淨度是指數據的完整性與正確性。如果記錄的各欄數據缺值、錯誤太多，將使資料探勘工作變得困難。此時，必須透過資料探勘的「程序三：資料準備」中「淨化變數」步驟，來改善數據品質的純淨度。

2. 資源充分度

(1) 預算資源：以支應人力、軟體、硬體需求的支出。預算中一部分是分攤固定成本，一部分是負擔變動成本，故企業盡可能運用資料探勘於企業內所有潛在的項目，以充分發揮固定成本效益，提高投資報酬率。

(2) 人力資源：即資料數據的管理者、資料數據的提供者、背景知識的提供者、知識模型的建構者、知識模型的使用者等五種人才。

(3) 系統資源：即軟體、硬體資源，是資料探勘的「工具」，工欲善其事，必先利其器。所幸拜資訊科技進步之賜，現在企業已能以合理的價格取得這些資源。在軟體方面，一套軟體的價格大約是從陽春級的新台幣數萬元，到旗艦級的數十萬元；在硬體方面，除了超大型的應用，一般的 NB 或 PC 就足以勝任，因此通常並不需要額外的投資。

(4) 資料資源：資料是資料探勘的「原料」，巧婦難為無米之炊，數量足與品質高的資料是資料探勘的第一要件。此外資料可能牽涉到所有權、隱私權等法律議題，也必須一併考慮。

(5) 知識資源：對應用領域的背景知識是資料探勘的「佐料」，充足、可靠的背景知識對資料探勘前的自變數的選取、資料探勘後的知識模型的解釋均十分重要，可以簡化、指導、修正資料探勘過程。

三、決定探勘目標與產生專案規劃

小組成員在發掘一些潛在任務，並評估這些任務的可用資料、知識、技術資源後，應聚會討論以：

1. 聚焦於可掌控的、合理的、具體的任務上，並將這些業主的商業任務轉化為具體的資料探勘任務，例如聚類、關聯、分類、迴歸四大類型任務。

2. 在回顧資料探勘技術之後，估計任務的投資報酬率，選出應優先執行的任務做為資料探勘目標。

小組應撰寫一份專案規畫，內容至少要包含：

1. 列出候選任務，並對任務的商業理解做出總結。
2. 分析候選任務的投資報酬率，並排出執行的優先順序。
3. 擬定選定任務的具體目標、可以量測的成功標準。
4. 推薦執行任務的適合資料探勘方法論、軟硬體系統。
5. 規劃執行任務的實施步驟與時程。
6. 列出執行任務的資源需求與預算。

四、實例：書局行銷個案

書局行銷個案[1]是本書最重要的個案，幾乎每一章都會用到它。

> 　　查爾斯讀書俱樂部（CBC）建立在 1986 年，它是經銷商，不出版任何書籍。CBC 集中於販賣專業書籍，其通路主要是透過媒體廣告（電視、雜誌、報紙）和郵寄廣告進行直銷。CBC 建立和維護了一個詳細的會員資料庫。讀者在入會時被要求填好表格並郵寄給 CBC。通過這個過程，產生了包含 500,000 位讀者的資料庫。大部分會員是透過在專業雜誌裡做廣告而獲得。CBC 每月寄發最新商品目錄的郵件給會員。表面上，CBC 看起來非常成功，會員資料庫增大、郵寄量增加、書籍的目錄多樣且成長，但事實上，他們的獲利正在下降中。獲利減少導致 CBC 考慮使用他們原始規劃中的資料庫行銷，改進它的郵寄直銷的生產力，以增加獲利。它正推出一套介紹義大利著名城市佛羅倫斯（Florence）的新書，希望資料探勘能用得上。

　　專案規劃摘要如下：

1. 具體目標：減少郵件的成本，維持足夠的回應。
2. 成功標準：在減少 50%郵寄成本下維持 80%的回應。
3. 方法論：CRISP-DM。
4. 軟體工具：XLMiner。
5. 執行步驟：

(1) 資料的理解：從資料庫中抽出 2,000 位顧客資料進行試銷。建立含下列欄位的資料庫：

代碼	意義	用途
Seq#	序號	非自變數
ID#	識別碼	非自變數
Gender	性別（0=女性，1=男性）	自變數 X1
M (Monetary)	消費金額（元）	自變數 X2
R (Recency)	距離前次消費時間（月）	自變數 X3
F (Frequency)	消費次數（次）	自變數 X4
First Purchase	距離首次購買時間（月）	自變數 X5
Child Books	兒童類書購買數（本）	自變數 X6
Youth Books	青年類書購買數（本）	自變數 X7
Cook Books	食譜類書購買數（本）	自變數 X8
DIY Books	DIY 類書購買數（本）	自變數 X9
Ref Books	參考類書購買數（本）	自變數 X10

Art Books	藝術類書購買數（本）	自變數 X11
Geog. Books	地理類書購買數（本）	自變數 X12
Italy Cook	義大利食譜書購買數（本）	自變數 X13
Italy Atlas	義大利地圖書購買數（本）	自變數 X14
Italy Art	義大利藝術書購買數（本）	自變數 X15
Florence	購買佛羅倫斯這本書（1=是，0=否）	因變數 Y

(2) 資料的準備：對資料庫作淨化變數、建構變數、選擇變數。

(3) 知識的建模：使用神經網路等方法，建立精準的分類探勘模型。

(4) 知識的評價：決定最大獲利的郵寄量，評價知識模型的商業價值。

(5) 知識的布署：利用分類模型從資料庫中篩選出潛在顧客名單進行郵寄。

2-3 資料的理解

一、資料之種類

資料的種類包括：

1. 屬性資料：一般以表格形式存在的資料均為屬性資料。屬性資料是最常見、處理方法最簡單的資料。屬性資料包括：個人的所得、年齡、學歷、性別、職業等資料。

2. 空間資料：大量的訊息以空間幾何、拓樸的形式被記載在各種電子地圖、地理資訊系統中，例如：距離資訊，如鄰近、遠離；拓樸關係，如交會、重疊、分離；空間方位，如右邊、西邊。有空間特性的資料其處理方法與一般屬性資料不同。空間資料包括：連鎖商店的座標、形狀、面積、環境等資料。

3. 時間資料：許多的訊息具有時間順序性，因此可能包含季節性、傾向性、循環性等特徵。有時間順序性的資料其處理方法與一般屬性資料不同。時間資料包括：投資學的股價、生理學的血壓、氣象學的雨量等資料。

4. 文字資料：大量的知識以非結構化的形式被記載在各種文本中，不幸的是人類的語文有複雜的文法與意義，具有高度的處理困難度。文字資料包括：期刊文獻、網路新聞。

5. 影像資料：人類是視覺動物，影像對人類而言包含了豐富的訊息。我們可以從一個人的外貌、穿著推測他的所得、年齡、學歷、性別、職業等資訊。影像資料包括：人物照片、美工圖片等資料。

6. 聲音資料：聲音是生物溝通的重要媒介，即使非生物也會發出各式各樣的聲音。我們可以從一個人的講話語調推測他的情緒等資訊；熟練的技工可以從一輛轎車的引擎聲推測它的毛病。聲音資料包括：歌曲音樂、物體聲響等資料。

二、資料之結構

屬性資料的結構可分成：

1. 縱向的欄：每一欄代表一個變數。
2. 橫向的列：每一列代表一筆記錄。
3. 行列交會：每一列代表一筆記錄的某一變數的數據。

關聯式資料庫資料表格

資料				變數			
	X1	X2	X3	X4	X5	…	X100
1							
2							
3				數據			
4							
5							
6							
7							
⋮							
9999							
10000							

記錄

三、資料的理解

資料理解的目的是整合、選取、描述、驗證資料。在完成任務理解程序後，應進行下列資料理解的步驟（圖 2-3）：

步驟 1：整合資料：當資料散布在不同的資料庫時，將資料整合在一起。

步驟 2：選取資料：當記錄的數量太多時，以抽樣降低記錄數量複雜度。

步驟 3：描述資料：為了對資料有初步的了解，統計變數特性、分析變數關係。

步驟 4：驗證資料：為了判斷資料的正確性，對變數與記錄進行偵測。

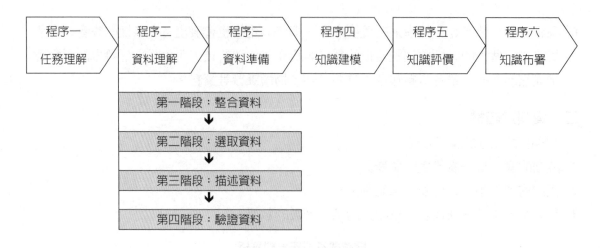

圖 2-3　資料的理解

2-3-1　整合資料

一、資料之類型

商業應用資料類型有三種：

1. 人口資料：年齡、性別、婚姻、教育、收入、住宅、區域等。傳統的分析方式傾向從顧客的人口資料上著手，但這些資料未必與顧客的消費習性相關，且容易造假，因此預測力可能不高。

2. 行為資料：顧客的行為資料可以忠實記錄最新最正確的變異情形，因此預測力可能較高，但它的穩定性低、成本高。

3. 態度資料：顧客的態度資料可以反應顧客的基本心態，因此預測力、穩定性可能介於前二者之間，且結合不同的消費行為資料後，具有適用性廣的優點。例如：知道會員的態度資料後，如果結合手機試銷資料後，可以用來發掘潛在的手機顧客，結合電腦試銷資料後，可以用來發掘潛在的電腦顧客。例如：在問卷中詢問下列問題，問卷填寫以 1 表完全不同意，9 表完全同意。

(1) 當我必須在二者之間選擇，我穿戴為時尚，不為舒適。

(2) 我想要看起來有一點與其他人不同。

(3) 生命太短以至於不能不採取一些賭博。

(4) 我不關注臭氧層。

(5) 對一切我買的我喜歡付現金。

(6) 我喜歡在今天花費而讓明天隨它去。

商業應用資料類型的選用要考量：

1. 預測力：資料能挖掘出準確知識的潛力。具預測力的資料才有使用價值。
2. 穩定性：資料本身保持恆常不變的特性。具穩定性的資料可以長期使用。
3. 成本：資料取得的金錢與時間成本。

各類型商業應用資料的特性如表 2-2(a)。

表 2-2(a) 商業應用資料類型特性

資料類型	預測力	穩定性	成本
人口資料	低	高	低
態度資料	中	中	中
行為資料	高	低	高

二、資料之來源

資料的來源包括：

1. 收錄：以收集記錄的手段取得資料。例如：監測、病歷、氣象、交易、網路等記錄可做為製程控制、醫學診斷、氣象預測、證券投資、電子商務等的資料來源。
2. 問卷：以問卷調查的手段取得資料。如果目的是建構具專家級能力之系統，則問卷對象應為專家；如果是預測一般人的行為，則問卷對象應為一般人。
3. 實驗：以人為實驗的手段取得資料。工業與科學領域常用此手段。例如：要探討製程參數對產能與良率的影響，可進行實驗以取得資料。
4. 模擬：以電腦模擬的手段取得資料。工業與科學領域常用此手段。例如：要探討製程參數對產能與良率的影響，但實驗成本太高，可進行電腦模擬。

資料收集之來源之比較如表 2-2(b)，但這只是概估，應按問題實際狀況評估。實際上，一個問題很可能只有一種方法能用，並無選擇的餘地。

表 2-2(b) 資料來源之比較

來源	適用條件	成本	工作時間	等待時間
登錄	需有資料記錄存在	低	短	長
實驗	需有實驗方法存在	高	長	中
模擬	需有系統模擬方法存在	中	短	短
問卷	需有問卷對象之合作	中	中	中

三、資料之整合

資料的整合分成兩個部分（圖2-4）：

1. 變數的整合

變數應該包括所有與模型相關的變數。如果知識模型的輸入變數未能包括所有模型的重要輸入變數，則所建立的知識模型必不精確，因此輸入變數的整合相當重要。舉例來說，對通訊公司來講，客戶的流失率跟門號的撥進通數有很大的關係。一般來說，撥進通數多的為較穩定的客戶，因為那表示如果客戶要換門號必須告知很多人。但這些資料可能分散在不同的資料庫，這時就需要整合。又例如「累計消費金額」必須從交易資料庫累加獲得。例如：圖書館的圖書推薦系統需要的資料一部分來自圖書館，一部分來自註冊組，因此需要跨資料庫整合。

2. 記錄的整合

一般來說，模型的輸入變數越多，為建構準確模型所需準備的記錄數目也要越多。如果資料庫的記錄未能包括所有模型的重要樣式，則所建立的知識模型必不準確。舉例來說，對通訊公司來講，客戶的流失可能有許多樣式，例如：都會區與鄉村區可能不同，如果資料庫中只有都會區的記錄，則其所建模型必定很難適用在鄉村區。如果原有的資料庫未包含鄉村區的記錄，這時就必須要整合鄉村區的資料庫。此外，記錄必須是獨立的，即一筆記錄不應重複出現，否則在建構模型時會因為相同的記錄同時出現在訓練集與驗證集中，而無法評估模型的普遍性。

資料				變數的整合 →				
	X1	X2	X3	X4	X5	...	X100	
1								
2								
3								
4								
5								
6					數據			
⋮								
10000								

記錄的整合 ↓

圖2-4　資料的整合

2-3-2　選取資料

記錄的選取分成二種：

1. 等比例取樣

當記錄量太豐富遠多於需要的數量時，或者以試銷方式取得記錄時，均需在使樣本盡量接近母體原特性的要求下，以取樣的方式降低記錄的數量。合理的記錄數量並無一定的公式，但顯然與變數的數目有關。二個經驗公式如下：

$$範例數目 \geq 30 \times 輸入變數數目$$
$$範例數目 \geq 30 \times 輸出變數的分類數目$$

假設母體有 N 筆記錄，要取出 n 筆做為分析的資料，取樣的原則是儘量使取樣的統計特性與母體相似。方法有（圖 2-5）：

(1) 隨機取樣法 （Random Sampling）：隨機取出 n 筆記錄。本法可使樣本的統計特性與母體相似。

(2) 循序取樣法 （Sequential Sampling）：循序取第 1~n 筆記錄。但如果原記錄不是隨機排列，本法無法使樣本的統計特性與母體相似。

(3) 系統取樣法 （Systematic Sampling）：每隔一定間隔（N/n）取出一筆記錄。如果間隔未與特定欄位相關，本法可使樣本的統計特性與母體相似。

(4) 等比分層取樣法 （Stratified Sampling）：依某一離散變數的值區分記錄為 k 個集合，第 i 個集合的取樣數 $n_i = N_i \cdot (n / N)$。其中 N_i 為第 i 集合的樣本數。本法可使樣本的統計特性與母體相似，且有相似的分層特性。

(5) 等比聚類取樣法 （Cluster Sampling）：依聚類分析區分記錄為 k 個集合，第 i 集合的取樣數 $n_i = N_i \cdot (n / N)$。其中 N_i 為第 i 集合的樣本數。本法可使樣本的統計特性與母體相似，且有相似的聚類特性。

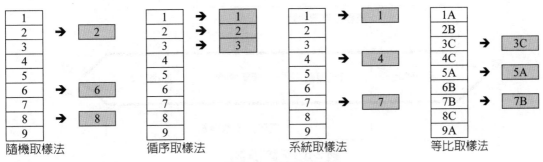

圖 2-5　等比例取樣

2. 等數量取樣

有時記錄的輸出變數各分類比例極不均勻時，需在使樣本各分類比例盡量均勻的要求下，以取樣的方式降低記錄的數量。方法為依輸出變數的分類區分記錄為 k 個集合，各集合的取樣數均為 $n_i=n/k$。

有時記錄的輸出變數為連續變數，其各值域比例極不均勻時，需在使樣本各值域比例盡量均勻的要求下，以取樣的方式降低記錄的數量。方法為將連續變數的最小值與最大值間等間隔分成 k 個區間，各區間的取樣數均為 $n_i=n/k$。

等數量取樣會扭曲統計特性，因此在建立預測模型後，評價知識模型時，要考慮當初取樣的方式來還原之。

2-3-3　描述資料

記錄是由變數所構成之向量所組成。變數可分成四類　（圖 2-6 與表 2-3）：

1. 連續變數（Continuous Variable）：可以進行篩選、排序、計算運算的資料。例如年齡、所得。
2. 等級變數（Ordinal Variable）：可以進行篩選、排序運算的資料。例如評等（甲、乙、丙、丁）、教育程度（國小、國中、高中、大學）。
3. 二元變數（Binary Variable）：具有二個相反意義之值的名目變數。例如性別（男性、女性）、會籍（會員、非會員）。
4. 名目變數（Nominal Variable）：只可進行篩選運算的資料。例如血型（A、B、AB、O）、職業（公、教、農、工、商）。

這四種變數可以排列成圖 2-6 的連續帶，其中等級變數、二元變數可視為廣義的連續變數，也可視為廣義的離散變數。因此當輸出變數為等級變數、二元變數時，可視為迴歸探勘，也可視為分類探勘。

圖 2-6　變數之種類

表 2-3 變數之種類

變數	實例	值域
名目變數	職業	{非技術雇員，技術雇員，高階雇員，公務員，自雇者}
二元變數	性別	{男，女}
等級變數	學歷	{國中以下，高中，大學，研究所以上}
連續變數	所得	{0~30 萬／月}

　　資料的描述分成二部分：

1. 變數特性的統計：參考表 2-4。詳細方法參考第八章。
2. 變數關係的分析：參考表 2-5。詳細方法參考第九章。

表 2-4 變數特性的統計

變數型態	可用的資料描述			可用的資料運算		
	衆數	中數	均數	篩選	排序	計算
名目變數	✓	✗	✗	✓	✗	✗
等級變數	✓	✓	✗	✓	✓	✗
連續變數	✓	✓	✓	✓	✓	✓

表 2-5 變數關係的分析

輸出變數 ＼ 輸入變數	離散變數	連續變數
離散變數	資訊理論	資訊理論
連續變數	變異分析	變異分析

2-3-4 驗證資料

　　例外資料的偵測可驗證資料的正確性。例外資料的偵測分成：

1. 例外數據的偵測：一個「偏極端」的數據可能是例外數據。因此，對於離散變數可統計各離散值的數目，如果某值出現的比率甚低，有可能是例外數據；對於連續變數可以統計其均數與標準差，如果某值位為出現的比率甚低的位置，有可能是例外數據。
2. 例外記錄的偵測：一筆「缺少鄰居」的記錄可能是例外記錄。因此，如果與其他記錄的距離小於預設的 D 值的比率，小於預設的 R 值，則此筆記錄可能是例外記錄。一個簡單可行的作法是將「樣本」依其相似性加以聚類，未能與其他樣本聚為一類的孤立樣本，即「缺少鄰居」的樣本可能是出自偶發的例外、無心的錯誤、人為的詐欺。如

果檢查的結果發現是偶發的例外，並不需要處理；如是無心的錯誤，必須加以更正；如是人為的詐欺，必須加以處理。在這種應用方式中，聚類分析扮演資料準備工具的角色。

2-3-5 實例：書局行銷個案

延續前章的查爾斯讀書俱樂部（CBC）個案。在「資料的理解」程序中進行：

(1) 整合資料：從資料庫中抽出 2,000 位顧客資料進行試銷。試銷結果有大約 1/10 的會員買此套書。建立了一個包含在「任務理解」中考慮的欄位的資料庫。

(2) 選取資料：資料只有 2,000 筆，不需取樣。

(3) 描述資料：參考本書「變數特性與關係的分析」一章。

(4) 驗證資料：資料可靠，不需驗證。

2-4 資料的準備

資料是資料探勘的原料，原料不佳，則巧婦難為無米之炊。因此，高品質的資料是資料探勘的成功關鍵。高品質的資料有下列要件：

1. 變數的一致性（Consistency）：變數的單位、符號必須是前後一致的。例如：一個性別的值是「男」、「男性」對人類而言是一樣的意思，但對電腦而言可能被視為不一樣的意思。

2. 變數的完整性（Completeness）：變數的值必須是完整無缺的。電腦不能接受「空白」的輸入值。少量的變數缺值是可以進行「修補」的；但對大量的缺值強行「修補」將扭曲資料的樣式，導致扭曲的模型。

3. 變數的正確性（Accuracy）：變數的值必須是正確無誤的。例外值必須被檢視，判斷是例外，還是錯誤。少量的數據錯誤可以被視為「雜訊」，大部分的資料探勘模式都容許少量雜訊的存在；但大量的雜訊將扭曲資料的樣式，導致扭曲的模型。「垃圾進，垃圾出」是不變的真理。

4. 變數的相關性（Relevance）：輸入變數應與模型輸出變數相關，才能對提升模型準確度有貢獻。如果模型包含與模型輸出變數無關的輸入變數，不但增加系統處理的負擔，還可能會降低模型的準確度。

5. 變數的獨立性（Independence）：輸入變數應與其他輸入變數獨立，否則即使與模型輸出變數相關，也只需在這群彼此相關的輸入變數擇一做為模型輸入變數。如果模型包

含一群彼此相關的輸入變數，雖然可能不會降低模型的準確度，但可能會降低模型的因果關係的解釋能力。

資料準備的目的是淨化、建構、選取變數。在完成資料理解程序後，應進行下列資料準備的步驟（圖 2-7 與表 2-6）：

步驟 1：淨化變數：為了提升變數的一致性、完整性、正確性，必須對數據進行同化、填補、修正。

步驟 2：建構變數：為了建立準確的分類或迴歸模型，有時應利用現有變數產生新變數。

步驟 3：選擇變數：為了使模型的輸入變數能包含所有對輸出變數有影響者，但又不包含無影響者，且彼此相關的輸入變數只取其一，必須對候選的輸入變數有所取捨。

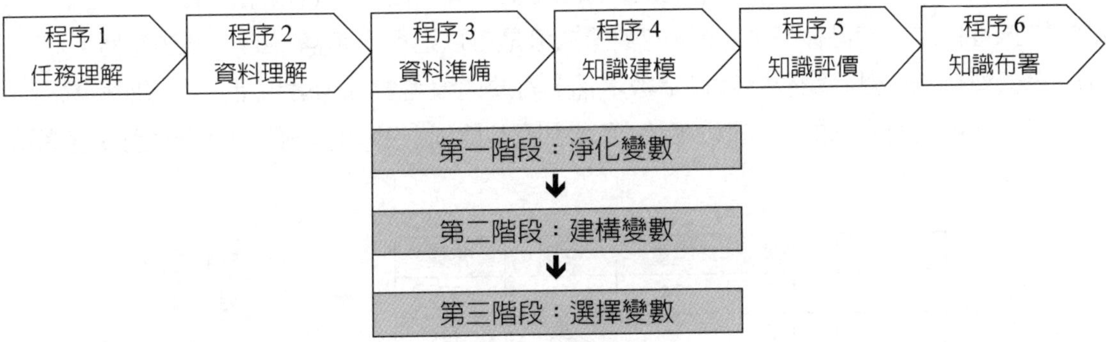

程序 1 任務理解	程序 2 資料理解	程序 3 資料準備	程序 4 知識建模	程序 5 知識評價	程序 6 知識布署

第一階段：淨化變數

↓

第二階段：建構變數

↓

第三階段：選擇變數

圖 2-7　資料的準備

表 2-6　變數的處理

資料的品質	淨化變數	建構變數	選擇變數
變數的一致性	✓		
變數的完整性	✓		
變數的正確性	✓		
自變數與因變數的相關性		✓	✓
自變數與自變數的獨立性		✓	✓

2-4-1　淨化變數

資料的淨化分成三個部分：

1. 數據規格的同化：以提升數據的一致性。
2. 數據遺漏的填補：以提升數據的完整性。

3. 數據例外的修正：以提升數據的正確性。

1. 數據規格的同化

(1) 連續變數：單位不一致的同化。例如一個身高的值是「175 cm」、「68.9 英吋」對人類而言是一樣的意思；但對電腦而言可能被視為不一樣的意思。

(2) 離散變數：符號不一致的同化。例如一個職業的值是「公」、「公務員」對人類而言是一樣的意思；但對電腦而言可能被視為不一樣的意思。

2. 數據遺漏的填補

遺漏值的填補有下列方法：

(1) 變數刪除法（刪一整欄）：對於數據遺漏比例過高的變數可直接刪除之。

(2) 記錄刪除法（刪一整列）：對於數據遺漏比例過高的記錄可直接刪除之。

(3) 數據替代法（補儲存格）：少量的數據缺值是可以進行「修補」的，方法包括：

(a) 單值替代法：對於離散變數以眾數填補，對於連續變數以均數填補。本法簡單易行，但可能會偏離資料的正確值。例如下表中因為性別「男」是多數，因此性別缺值者填「男」。

	身高	體重	性別	會員		性別
1	175	74		否	→	男
2	172	75	男	是		
3	154	48		是	→	男
4	168	62	男	否		
5	162	54	女	否		
6	169	73	男	是		
7	165	55	女	是		
8	165	64		是	→	男
9	163	69	男	是		
10	168	55		否	→	男

(b) 多值替代法：對於分類問題，先統計各分類的資料其各輸入變數的眾數與均數，再據以填補各資料的遺漏值。對於迴歸問題，可先將輸出區分成 5~10 個區間，再統計各區間的資料其各輸入變數的眾數與均數，再據以填補各資料的遺漏值。本法比前法稍複雜，但與前法相比之下較不會偏離資料的正確性。例如下表中因為會員中男性居多數，因此會員的性別缺值者填「男」；非會員中女性居多數，因此非會員的性別缺值者填「女」。

	身高	體重	性別	會員		性別
1	175	74		否	→	女
2	172	75	男	是		
3	154	48		是	→	男
4	168	62	男	否		
5	162	54	女	否		
6	169	73	男	是		
7	165	55	女	是		
8	165	64		是	→	男
9	163	69	男	是		
10	168	55		否	→	女

(c) 個別替代法：將有遺漏值的變數視為輸出變數，以其他變數建立預測模型，來預測其遺漏值的最可能值。本法最為複雜，但最不會偏離資料的正確性。身高高且體重重者的性別缺值者填「男」，反之填「女」。

	身高	體重	性別	會員		性別
1	175	74		否	→	男
2	172	75	男	是		
3	154	48		是	→	女
4	168	62	男	否		
5	162	54	女	否		
6	169	73	男	是		
7	165	55	女	是		
8	165	64		是	→	男
9	163	69	男	是		
10	168	55		否	→	女

(d) 特徵替代法：對於離散變數而言，可將遺漏值視為一種特殊的值而不加以處理。例如將性別視為一個具有三個值——「男性」、「女性」、「未填」——的名目變數。本法適用於值的「遺漏」具有特殊意義的情況。

	身高	體重	性別	會員		
1	175	74		否	→	性別 未填
2	172	75	男	是		
3	154	48		是	→	未填
4	168	62	男	否		
5	162	54	女	否		
6	169	73	男	是		
7	165	55	女	是		
8	165	64		是	→	未填
9	163	69	男	是		
10	168	55		否	→	未填

3. **數據錯誤的修正**

有時數據雖無遺漏但有錯誤在其中，必須加以處理。雖然很難直接判斷數據是否錯誤，但例外值有可能是錯誤，因此必須被檢視，判斷是例外，還是錯誤。

(1) 變數數據例外：輕微例外數據不必加以處理，但嚴重的例外數據可能會造成建模困難。例如一個平均值 100，標準差 10 的變數中出現一個 200 的數值將會造成變數的值集中在值域的一端。此時可用「極限替代法」，即限制變數的值在「平均值加減三倍標準差」範圍內，將該 200 的值以 130 代替。

(2) 變數數據錯誤：應改為正確值，如果正確值未知，可同數據遺漏處理方法處理。但對輸出變數數據錯誤以同數據遺漏處理方法處理，將嚴重扭曲資料的樣式，導致扭曲的模型，而且很可能會低估模型的誤差。因此，對於輸出變數數據錯誤的樣本要能確定數據的正確值，才可加以修正，否則應剔除。

2-4-2 建構變數

為了方便建立準確的分類或迴歸模型，有時應利用現有變數產生新變數。

1. **離散變數的建構**

(1) 離散值的交集化（交集運算）：如果有二個分類變數其可能之值甚少，且有高度的交互作用，則可先加以交集化形成單一個可能值較多的分類變數，例如 A={A1,A2}，B={B1,B2}，可形成一個新變數 AB={A1B1, A1B2, A2B1, A2B2}。

(2) 離散值的群組化（聯集運算）：如果一名目變數可能之值甚多，宜分成 4～6 個有意義的分類。例如：「職業」此一名目變數可分成五種值：{中高級經理人員、專門職業、

軍公教、私人公司職員、勞工}。又例如：郵遞區號應群組化為少數幾個有意義的分群。群組化可基於經驗或以下的數學方法：

(a) 分類型問題：統計離散變數在各個離散值下，二元輸出變數的機率值。依此平均值將各離散值排序。依此排序繪成累計圖。依累計圖將各離散值群組化成比例相近的分群。

(b) 迴歸型問題：統計離散變數在各個離散值下，連續輸出變數的平均值。依此平均值將各離散值排序。依此排序繪成累計圖。依累計圖將各離散值群組化成比例相近的分群。

2. 連續變數的建構

(1) 數值變數平滑化（加法）：有時具有時間連續性的變數因為有不確定性存在，因此以移動平均來表現會更理想。例如：將日營業額以三日移動平均來表達可能更理想。

(2) 數值變數差分化（減法）：有時具有時間連續性的變數以差額來表現會更理想。例如：以氣溫的差額來預測用電量的差額可能更理想。

(3) 數值變數乘積化（乘法）：例如要預測矩形土地的地價，則將長乘以寬得面積，而以面積做為地價的變數之一會比用長與寬二個變數更理想。

(4) 數值變數比例化（除法）：有時二種數值變數結合成一個比例數值變數可能更理想，例如：在評估股票的價值時常用本益比（= 每股股價 / 每股稅後盈餘）、殖利率（= 每股股利 / 每股股價）、股價淨值比（= 每股股價 / 每股淨值）。又如在評估公司的財務與營運狀況時常用流動比率（= 流動資產 / 流動負債）、總資產周轉率（= 營業收入 / 總資產）等比率。

(5) 數值變數次方化：例如要建立以身高預測體重，則以身高的三次方（或二次方）會更理想。

(6) 數值變數對數化：當數值變數的值域跨越數個階次，可用對數化將變數值映射到合理區間。例如：土壤的滲透性係數可能從 0.00000001~10，可取 10 的對數，將變數映到（−8, +1）的區間會更理想。

2-4-3　選擇變數

資料探勘利用一組資料（即輸入變數與輸出變數所組成的表格）建立知識模型（輸入變數與輸出變數間的關係）。如果知識模型的輸入變數未能包括所有模型的重要輸入變數，則所建立的知識模型必不精確。但在建構模型時使用太多的變數不但耗時，甚至反而使建立的模型之準確度降低。變數的選擇要考慮：

1. 變數相關性：輸入變數不宜包括與模型輸出變數無關的變數。
2. 變數獨立性：輸入變數不宜包括與其他輸入變數相關的變數。

變數的選擇有三種方法：

1. 事先法：在「程序三：資料準備」階段篩選「相關」且「獨立」的變數。
2. 事中法：在「程序四：知識建模」階段篩選能建構準確模型的變數組合。
3. 事後法：在「程序五：知識評價」階段篩選「有用」且「經濟」的變數。

因此本節只介紹「事先法」。無論要分析變數的相關性或獨立性都需要相關分析。相關分析依變數的類型分成四種：

1. 連續輸入變數對連續輸出變數。
2. 連續輸入變數對離散輸出變數。
3. 離散輸入變數對連續輸出變數。
4. 離散輸入變數對離散輸出變數。

相關分析方法可參考「變數關係分析」一章。

有了相關分析結果便可進行變數的相關性或獨立性的評估：

1. 變數相關性：如果輸入變數與模型輸出變數間的相關性高，則輸入變數滿足相關性的要求。
2. 變數獨立性：如果輸入變數與其他輸入變數間的相關性低，則輸入變數滿足獨立性的要求。

當輸入變數之間有相關性時，可用下列方法選用獨立的變數：

1. 變數聚類分析：可將輸入變數聚類成許多聚類，如此一來，每一個聚類只要取一個與模型輸出變數相關性最高的輸入變數，即可表現模型的結構。
2. 主要成份分析：可將輸入變數組合成許多新變數，這些新變數彼此之間相互獨立，對模型輸出變數相關性由大到小排列。如此一來，只要取前幾個新變數即可表現模型的結構。主要成份分析請參考本書附錄。

2-4-4　實例：書局行銷個案

延續前章的查爾斯讀書俱樂部（CBC）個案。在「資料的準備」程序中進行下列工作：

1. 淨化變數：資料庫中有少數缺值，以單值替代法處理。例如性別的統計結果顯示大多數的會員是男性，因此當性別缺值時，以填入「男性」來處理。
2. 建構變數：未建構新變數。
3. 選擇變數：自變數只有 15 個，不需選擇。

2-5　知識的建模

　　知識建模的目的是利用資料建立模型，是資料探勘的核心步驟。在完成資料準備程序後，應進行下列知識建模的步驟 （圖 2-8）：

步驟 1：選擇建模技術：資料探勘方法甚多，各有優缺點，因此根據個案的工作複雜度特性（記錄數量複雜度、變數維度複雜度、數據品質純淨度），與專案資源充分度（預算、人力、系統、資料、知識），及專案需求（準確性、有用性、解釋性、新奇性）選擇適合的方法方能事半功倍。

步驟 2：產生測試設計：資料探勘方法常有「過度配適」或稱「過度學習」問題，因此必須將資料區隔成「訓練集」、「驗證集」，甚至更嚴格地區隔出「測試集」，以更客觀地評估知識模型。

步驟 3：建構知識模型：資料探勘方法常有許多參數需要設定，以避免「過度配適」問題。此外，為建構準確又具解釋能力的模型，有時需在建構知識模型過程中篩選能建構準確模型的變數組合。

步驟 4：評估知識模型：資料探勘成果的評估包括準確性、有用性、解釋性、新奇性，其中「準確性」雖最重要，但並非唯一的標準，對一些應用而言，「解釋性」具有相同重要的地位。

步驟 5：整合知識模型：資料探勘方法甚多，且常有許多參數需要設定，方法、參數不同自然產生不同模型。三個臭皮匠勝過一個諸葛亮，如果能適當整合各模型，有可能產生更準確的模型。

　　上述五個步驟除了選擇建模技術之外的其餘四個步驟：產生測試設計、建構知識模型、評估知識模型、整合知識模型，較為複雜，留待下一章再詳述。

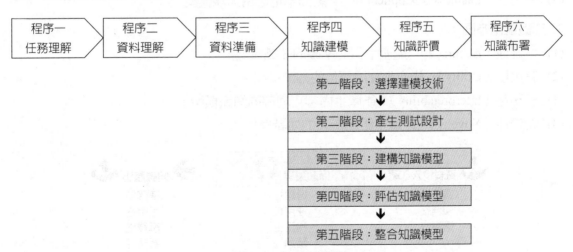

圖 2-8　知識的建模

一、選擇建模技術

資料探勘方法甚多，各有優缺點，因此根據個案的工作複雜度特性（記錄數量複雜度、變數維度複雜度、數據品質純淨度），與專案資源充分度（預算、人力、系統、資料、知識），及專案需求（準確性、有用性、解釋性、新奇性）選擇適合的方法方能事半功倍。選擇資料探勘方法應考慮下列項目（圖 2-9）：

1. 資料投入方面：

(1) 擴展性（Scalability）：能處理有大量變數與記錄的資料。資料的量可分成二個部分：記錄數量複雜度與變數維度複雜度。二者之中，變數維度的增加比記錄數量的增加更會增加知識探勘所需的處理時間。

(2) 強健性（Robustness）：能處理有相當缺值與雜訊的資料。雖然在資料的準備階段會對有缺值與雜訊的資料進行處理，但處理後的資料仍會有一些雜訊存在資料中，不同的資料探勘方法對雜訊的包容能力並不相同。

(3) 適應性（Adaption）：能處理有離散與連續型態的資料。一般資料探勘方法大都比較擅長接受連續或離散變數之一，但經過變數的適當編碼，或演算法的局部修改，通常二種變數都能接受。

2. 探勘過程方面：

(1) 速建性（Speed of Modeling）：能快速地建構知識模型。

(2) 速用性（Speed of Application）：能快速地應用知識模型。

(3) 易建性（Easiness of Modeling）：能簡單地建構知識模型。

(4) 易用性（Easiness of Application）：能簡單地應用知識模型。

3. 知識產出方面：

(1) 準確性（Accuracy）：能產生預測準確的知識模型。

(2) 有用性（Utility）：能產生實用價值的知識模型。

(3) 解釋性（Interpretability）：能產生內容可理解的知識模型。

(4) 新奇性（Novelty）：能產生觀點新穎的知識模型。

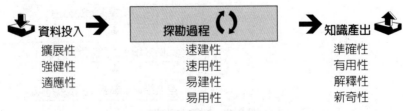

圖 2-9　資料探勘方法的評估項目

表 2-7　資料探勘方法的評估項目

類別	評估項目	說明
資料投入	擴展性（Scalability）	能處理有大量變數與記錄的資料
	強健性（Robustness）	能處理有相當缺值與雜訊的資料
	適應性（Adaption）	能處理有離散與連續型態的資料
探勘過程	速建性（Speed of Modeling）	能快速地建構知識模型
	速用性（Speed of Application）	能快速地應用知識模型
	易建性（Easiness of Modeling）	能簡單地建構知識模型
	易用性（Easiness of Application）	能簡單地應用知識模型
知識產出	準確性（Accuracy）	能產生預測準確的知識模型
	有用性（Utility）	能產生實用價值的知識模型
	解釋性（Interpretability）	能產生內容可理解的知識模型
	新奇性（Novelty）	能產生觀點新穎的知識模型

表 2-8　資料探勘方法的評估

任務	資料探勘方法	擴展性	強健性	適應性	速建性	速用性	易建性	易用性	準確性	解釋性
聚類探勘	均值聚類分析	高	低	連續	快	NA	高	NA	中	低
	階層聚類分析	中	中	連續	慢	NA	中	NA	中~高	高
分類探勘	最近鄰居分類	高	中	連續	無	慢	中	低	中~高	低
	邏輯迴歸	高	中	連續	快	快	高	中	中~高	中
	類神經網路	中	高	連續	慢	快	低	低	高	低~中
	分類決策樹	中	中	離散	慢	快	中	中	中~高	高
	貝氏分類	高	高	離散	快	快	高	高	中	中
	判別分析	高	低	連續	快	快	高	高	中~高	中
迴歸探勘	最近鄰居迴歸	高	中	連續	無	慢	中	低	中~高	低
	迴歸分析	高	低	連續	快	快	高	高	中~高	中~高
	類神經網路	中	高	連續	慢	快	低	低	高	低~中
	迴歸決策樹	中	中	離散	慢	快	中	中	中~高	高

二、變數的編碼

　　資料探勘方法的適應性如表 2-9。不同的資料探勘方法所能接受的輸入變數不同，因此數據必須先轉成適用的格式：

(1) 離散變數數值化編碼

　　當採用的探勘方法只能處理數值時，具 N 個分類值的離散變數必須採 N-1 個二元值的指標變數的方式來表達。例如：婚姻狀態有單身、已婚、離婚、其他四個分類值，可分別用三個二元值：（0,0,0）、（1,0,0）、（0,1,0）、（0,0,1）來表示。

(2) 連續變數離散化編碼

　　當採用的探勘方法只能處理分類時，連續變數必須採 n 個分類值的方式來表達。編碼方法有：

(a) 等數目裝箱法：例如年齡可能從 0~100 歲，則可用四個分類值 Kid、Young、Adult、Old 來表達 0~12、13~20、21~60、61~100 歲等數值，以達成每分類等數目的目的。

(b) 等間隔裝箱法：例如年齡可能從 0~100 歲，則可用四個分類值 Kid、Young、 Adult、Old 來表達 0~25、26~50、51~75、76~100 歲等數值，以達成每分類等間隔的目的。

表 2-9　資料探勘方法的適應性

任務	資料探勘方法	輸入變數		輸出變數		知識型態
		連續型態	離散型態	連續型態	離散型態	
聚類	均值聚類分析	OK	指標編碼			聚類中心座標
	階層聚類分析	OK	指標編碼			系譜樹
分類	最近鄰居分類	OK	指標編碼		OK	無
	邏輯迴歸	OK	指標編碼		OK	公式
	類神經網路	OK	指標編碼		OK	權值網
	分類決策樹	OK	OK		OK	決策樹
	貝氏分類	OK	OK		OK	條件機率表
	判別分析	OK	指標編碼		OK	公式
迴歸	最近鄰居迴歸	OK	指標編碼	OK		無
	迴歸分析	OK	指標編碼	OK		公式
	類神經網路	OK	指標編碼	OK		權值網
	迴歸決策樹	OK	OK	OK		決策樹

2-6　知識的評價

　　知識評價的目的是在將模型應用至實際企業問題時，先將建構出的模型用實際資料進行評價，以客觀評估是否具有實用價值。例如：探勘出來的模型可以先應用在原來的客戶

資料庫，做一個模擬預測的動作。如果這個模型可以準確的預測原先客戶的消費行為，再將它應用在未來的行銷活動中。在完成知識建模程序後，應進行下列知識評價的步驟（圖2-10）：

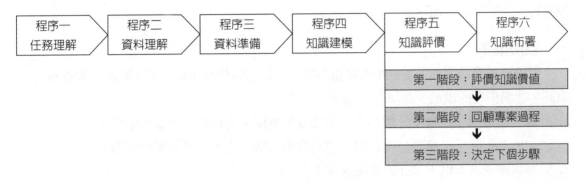

圖 2-10　知識的評價

步驟 1：評價知識價值：對知識模型的價值進行深入評估，以評估是否具有實用價值，以及預估投資報酬率。

步驟 2：回顧專案過程：對專案的前五個程序：任務理解、資料理解、資料準備、知識建模、知識評價作回顧，以評估是否有需改善之處。

步驟 3：決定下個步驟：決定重新啟動某一之前程序以改進知識模型，或確認知識模型已趨完善，到下一程序「知識布署」以運用知識模型。

2-6-1　評價知識價值

知識模型的評估項目包含：

1. 準確性（Accuracy）：能產生預測準確的知識模型。
2. 有用性（Utility）：能產生具有價值的知識模型。
3. 解釋性（Interpretability）：能產生內容可理解的知識模型。
4. 新奇性（Novelty）：能產生觀點新穎的知識模型。

這四項可用「真、善、美、新」四字表明。因此，若所產生的模型為：

1. 不具普遍性，或不符已知常理，即缺少準確性；
2. 缺少實用價值，即缺少有用性；
3. 無法理解意義，即缺少理解性；
4. 不出眾人皆知的範圍，即缺少新奇性。

則可能降低該模型價值。此時可對模型作修正，包括參數之設定、變數之選用、或是其他

探勘方法之採用。

　　前述四個評估項目中，「準確性」與「解釋性」已在前章「知識的建模」中詳加介紹。而「新奇性」是較主觀的知識模型評價觀點，因此本節主要在探討「有用性」，特別是「分類探勘」的知識的有用性。

一、風險成本

　　對於分類問題而言，每一類別被誤判為另一類別的代價可能不同，因此可用風險成本來評估知識模型的價值。計算方法如下：

1. 計算混亂矩陣：以實際分類為列，預測分類為欄，資料數為元素的矩陣。
2. 決定成本矩陣：以實際分類為列，預測分類為欄，成本值為元素的矩陣。
3. 計算風險成本：以下式計算風險成本：

$$Cost = \sum_{i,j} M_{ij} \cdot C_{ij}$$

其中 M_{ij} ＝混亂矩陣元素；C_{ij} ＝成本矩陣元素。

二、獲利圖（Gain圖）

　　對於二元分類問題而言，有時想評價如果依模型推論值由高而低排列記錄進行決策，則獲利情況為何，此時可用獲利圖（Gain Chart）來評價，其橫軸為不論真偽的全部記錄累加數，縱軸為獲利累加值。獲利圖可以提供分類知識是否具有實用價值的評估。獲利值的定義如下：

$$Gain = M \times I - N \times O \tag{2-1}$$

　　其中 M ＝累計的真實分類為真的記錄數；I ＝每筆為真的記錄之收入；N ＝累計的全部記錄數；O ＝每筆記錄之支出。

　　由（2-1）式知獲利大於 0 的條件是：

$$\frac{M}{N} > \frac{O}{I} \tag{2-2}$$

　　獲利圖上有三條曲線：

1. 隨機曲線：代表在隨機情況下的推論結果，為一條直線，其起點（X,Y）＝（0,0），終點（X,Y）＝（全部記錄總數，全部記錄下的總獲利）。

2. 最佳曲線：代表在完美情況下的推論結果，為一條折線，其起點與終點與隨機曲線相同，折點座標（X,Y）=（全部真實分類為真的記錄總數，全部真實分類為真的記錄下的總獲利）。

3. 實際曲線：代表在知識模型下的推論結果，為一條下彎曲線，其起點與終點與隨機曲線相同。實際曲線應在隨機曲線與最佳曲線之間，越貼近最佳曲線代表知識模型的獲利能力越高；反之，越貼近隨機曲線代表知識模型的獲利能力越低。實際曲線繪製方法如下：

(1) 排序：將資料依其預測值由大到小排序。

(2) 統計：計算累計的真實分類為真的資料數。

(3) 計算：計算獲利值 $Gain = M \times I - N \times O$。

(4) 繪圖：以累計的記錄數為橫座標；以獲利值為縱座標，繪得實際曲線。

例題 2-1　評價知識價值

假設已知表 2-10 前四欄，且

$I =$ 每筆為真的記錄之收入 $=10$

$O =$ 每筆記錄之支出 $=4$

解

表 2-10

第(9)欄獲利 $Gain = M \times I - N \times O =$ 第(6)欄 $\times 10 -$ 第(5)欄 $\times 4$

第(10)欄獲利 $Gain = M \times I - N \times O =$ 第(7)欄 $\times 10 -$ 第(5)欄 $\times 4$

第(11)欄獲利 $Gain = M \times I - N \times O =$ 第(8)欄 $\times 10 -$ 第(5)欄 $\times 4$

表 2-10　例題 2-1 計算表

左界 (1)		右界 (2)	真數 (3)	偽數 (4)	累計 數目 (5)	實際 數目 (6)	最佳 數目 (7)	隨機 數目 (8)	實際 獲利 (9)	最佳 獲利 (10)	隨機 獲利 (11)
					0	0	0	0	0	0	0
0.95	~	1	22	3	25	22	25	10.9	120	150	8.5
0.9	~	0.95	6	0	31	28	31	13.5	156	186	10.54
0.85	~	0.9	10	2	43	38	43	18.7	208	258	14.62
0.8	~	0.85	9	1	53	47	53	23.0	258	318	18.02
0.75	~	0.8	16	2	71	63	71	30.8	346	426	24.14

0.7	~	0.75	15	4	90	78	90	39.1	420	540	30.6
0.65	~	0.7	18	1	109	96	109	47.3	524	654	37.06
0.6	~	0.65	43	6	158	139	158	68.6	758	948	53.72
0.55	~	0.6	43	16	217	182	217	94.2	952	1302	73.78
0.5	~	0.55	62	21	300	244	300	130.2	1240	1800	102
0.45	~	0.5	72	50	422	316	422	183.1	1472	2532	143.48
0.4	~	0.45	62	106	590	378	434	256.1	1420	1980	200.6
0.35	~	0.4	34	121	745	412	434	323.3	1140	1360	253.3
0.3	~	0.35	16	122	883	428	434	383.2	748	808	300.22
0.25	~	0.3	4	52	939	432	434	407.5	564	584	319.26
0.2	~	0.25	0	32	971	432	434	421.4	436	456	330.14
0.15	~	0.2	1	7	979	433	434	424.9	414	424	332.86
0.1	~	0.15	1	14	994	434	434	431.4	364	364	337.96
0.05	~	0.1	0	6	1000	434	434	434.0	340	340	340
0	~	0.05	0	0	1000	434	434	434.0	340	340	340
			434	566							

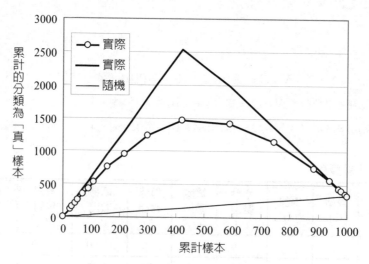

圖 2-11　獲利圖（Gain Chart）

三、知識經濟學

　　有時每個輸入變數值的決定具有高昂的成本，如果此變數對知識模型準確度的貢獻有限，應該將此變數自模型中刪除，再重建模型。如此，即使因此使知識模型準確度略為降低，但知識的經濟價值仍有可能更高。

分類型問題的知識的實施成本與效率和知識的精簡性有關，知識的精簡性可用複雜度加以衡量，複雜度越高，精簡性越低。例如一個較簡單的決策樹其實施成本與效率優於一個較複雜者。複雜度可分成二個部分：

1. 維度複雜度：知識模型使用的變數數目。知識實施成本與維度複雜度成正比。

2. 結構複雜度：知識模型結構的複雜程度。知識實施效率與結構複雜度成反比。

　　因此，知識模型必須有適當的維度複雜度與結構複雜度。

2-6-2　回顧專案過程與決定下個步驟

　　對專案的前五個程序：任務理解、資料理解、資料準備、知識建模、知識評價作回顧，以評估是否有需改善之處。

　　決定重新啟動某一之前程序以改進知識模型，或確認知識模型已趨完善，到下一程序「知識布署」以運用知識模型。

2-6-3　實例：書局行銷個案

　　延續前章的查爾斯讀書俱樂部（CBC）個案。在「知識的評價」程序中進行下列工作：

1. 評價知識價值

(1) 採用不同資料探勘方法後，依驗證範例的 Lift 圖選用最佳模型「邏輯迴歸（逐步迴歸）」的預測結果。

(2) 本題算法原理雖與例題 2-1 相同，但作法不同。例題 2-1 是將資料依預測值的 20 個等間隔區間加以統計；本題則將資料依預測值等分為十分段，每分段含 10%的資料，再加以統計，但二種作法殊途同歸，會產生相同的結果。本題依邏輯迴歸的預測值採十分段統計如表 2-11，其中「平均值」即該分段購買人數佔該分段全部人數的比率，並繪製十分圖（如圖 2-12），其中縱座標為該分段平均值對總體平均值的比值，此比值自然是由左向右遞減。

　　利用表 2-11 進行實際獲利曲線計算得表 2-12，繪製獲利圖如圖 2-13。其中第（3）欄為表 2-11 的「平均值」欄計算而來，例如第一段平均值 0.320，但該段只佔資料庫的 1/10，故累計購買人數佔資料庫比為 0.032；第一段平均值 0.192，故累計購買人數佔資料庫比為 0.032 + 0.192*(1/10) = 0.051。

表 2-11　十分段統計

十分段	平均值
1	0.320
2	0.192
3	0.131
4	0.196
5	0.110
6	0.025
7	0.025
8	0.000
9	0.025
10	0.000

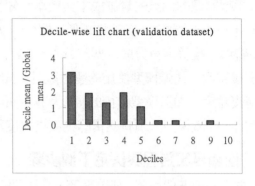

圖 2-12　十分圖

表 2-12　實際獲利曲線計算

(1)	(2)	(3)	(4)	(5)
郵寄人數佔資料庫比率	支出=(1)×10	累計購買人數佔資料庫比率	收入=(3)×120	獲利=收入－支出=(4)－(2)
0.1	1.000	0.032	3.845	2.845
0.2	2.000	0.051	6.150	4.150
0.3	3.000	0.064	7.725	4.725
0.4	4.000	0.084	10.076	6.076
0.5	5.000	0.095	11.400	6.400
0.6	6.000	0.098	11.700	5.700
0.7	7.000	0.100	12.000	5.000
0.8	8.000	0.100	12.000	4.000
0.9	9.000	0.103	12.300	3.300
1.0	10.000	0.103	12.300	2.300

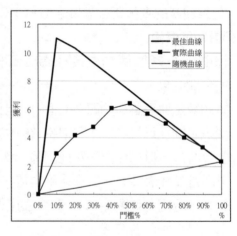

圖 2-13　獲利圖（Gain Chart）

(3) 分類探勘篩選策略下的獲利：由 Gain 曲線可知，最大獲利發生在篩選 50% 最可能買的會員時，此時預計其中有 9.5% 會購買，假設每筆購買收入（已扣除了郵寄廣告成本以外成本）為 120 元，每筆郵寄廣告成本為 10 元，因有 50 萬名會員，預估：

總購買人數 = 9.5%*500,000 = 47,500

總郵寄人數 = 50%*500,000 = 250,000

獲利 = (47,500) (120) − (250,000) (10) = 3,200,000 元

事實上此獲利也可直接將表 6-3 中的最大獲利 6.4 乘以資料庫的尺度 500,000 得獲利 = (6.4) (500,000) = 3,200,000 元。

(4) 地毯式郵寄策略下的獲利：如果採地毯式郵寄，預估：

總購買人數 = 10.25%*500,000 = 51,250

總郵寄人數 = 100%*500,000 = 500,000

獲利 = (51,250) (120) − (500,000)(10) = 1,150,000 元

事實上此獲利也可直接將表 6-3 中的郵寄人數佔資料庫比率 1.0 時的獲利 2.3 乘以資料庫的尺度 500,000 得獲利 = (2.3)(500,000) = 1,150,000 元。

(5) 二種策略下的獲利比較：二種策略下的獲利比例 = 3,200,000/1,150,000 = 2.78 = 278%，可見此分類知識是十分具有商業價值的。

2. 回顧專案過程

回顧專案的前五個程序：任務理解、資料理解、資料準備、知識建模、知識評價，並未發現重大缺失須改善。

3. 決定下個步驟

確認知識模型已趨完善，到下一程序「知識布署」以運用知識模型。

2-7 知識的布署

資料探勘是一個不斷循環的過程，建立的模型與產生的知識若不應用在實際任務上是沒有意義的，因此任務的執行面更為重要，如何將資料探勘結果化為執行力才是資料探勘成功的關鍵。在完成知識評價程序後，應進行下列知識布署的步驟（圖 2-14）：

步驟 1：規劃知識布署：規劃如何將探勘結果與企業流程結合。

步驟 2：規劃知識維護：決定知識維護的時機與方式。

步驟 3：產生最終報告：撰寫一份專案報告給業主。

步驟 4：回顧整個專案：進行專案執行經驗的知識管理。

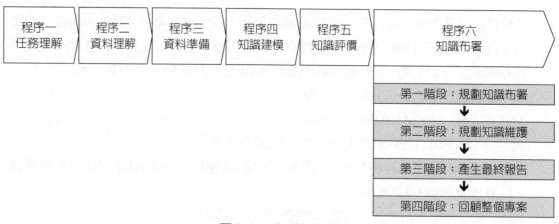

圖 2-14 知識的布署

2-7-1 　　規劃知識布署

　　過去的銀行產品經理，都認為自己的角色就是要拼了命的賣產品，而資料探勘所找到的資訊就要盡力去使用，沒想到公司裡可能有多個部門同時發出許多行銷訊息，導致客戶的不耐。顯見這是企業流程的問題，而不是資料探勘的分析結果好不好。所以資料探勘不可以單獨進行，必須與企業流程結合。

　　規劃知識布署的目的在於規劃如何將探勘結果與企業流程結合。為達此目的，在規劃知識布署時，需要三種人的協同合作：

1. 背景知識的提供者：負責提供與主題相關的專業知識。例如銀行業的風險顧客資料探勘完成後，需要很了解銀行實務的人以其專業知識來運用資料探勘建立的模型與產生的知識。

2. 知識模型的建構者：負責從資料把有用知識擷取出來。例如銀行業的風險顧客資料探勘完成後，需要知識模型的建構者將資料探勘建立的模型與產生的知識，以淺顯易懂的形式轉移給背景知識的提供者或知識模型的使用者。

3. 知識模型的使用者：負責利用知識提升績效解決問題。例如銀行業的風險顧客資料探勘完成後，需要未來真正使用這些成果的人參與，以便他們能充分理解這些成果，並應用在其業務上。

2-7-2 規劃知識維護

一、知識維護的原因

1. 因固定期間而維護：資料探勘雖能幫助使用者建立預測模型，但是市場情勢不是一成不變，因此必須定期評估模型實際效用。

2. 因環境劇變而維護：市場情勢突然劇變，模型就必須重新修正，可是很多人卻沒有這種習慣，因而導致不正確的預測結果。例如市場上的競爭對手突然加入了某行銷手法，而這可能是影響消費者行為的重要因素，那麼就需要重新跑一次模型的建構。又例如911 事件衝擊消費者的飛行行為，如果原來的模型跟這種行為有很大的關係，那麼就必須把這個變數加進來，重新跑一個模型以適應新的市場環境。

3. 因發現偏差而維護：在經過知識評價後確認有用的模型已可應用在未來的行銷活動中。若行銷活動的結果與模型的預測相近，則為一個有效的模型；若與預測有相當大的偏差，則可藉此擴大採樣的基礎，重新作一次模型建構的動作。

二、知識維護的方式

1. 重新（Refresh）：當環境變動小時，可回到「程序四：知識建模」程序，在原有的架構下，收集新的資料，重新執行知識建模程序，以更新知識模型。

2. 重建（Rebuild）：當環境變動大時，須回到「程序二：資料理解」程序，不受原有的架構限制下，收集新的資料，由「資料理解」程序開始，重新執行知識探勘流程，以更新知識模型。

2-7-3 產生最終報告與回顧整個專案

小組應撰寫一份專案報告給業主，內容至少要包含：

1. 任務理解：描述所要解決的企業問題。
2. 資料理解：摘錄資料的整合、選取、描述、驗證。
3. 資料準備：摘錄變數的淨化、建構、選取。
4. 知識建模：詳述建立的模型，並以淺顯易懂的型式表達產生的知識。
5. 知識評價：評價知識的準確性、有用性、解釋性、新奇性，並分析知識模型的投資報酬率。
6. 知識評價：說明資料探勘結果與企業流程結合的規劃，以及知識維護的方式。
7. 結論建議：總結專案得失，並建議下一個優先解決的企業問題。

專案的執行經驗是寶貴的知識，因此應加以適當的「知識管理」。對專案的六個程序：任務理解、資料理解、資料準備、知識建模、知識評價、知識布署作回顧，以評估是否有需要改善之處、有可為典範之處。

2-7-4 實例：書局行銷個案

延續前章的查爾斯讀書俱樂部（CBC）個案。在「知識的布署」程序中進行下列工作：

1. 規劃知識布署：決定以「邏輯迴歸」產生的迴歸公式做為知識模型，並從資料庫篩選 50%最可能買的會員做為郵寄對象。

2. 規劃知識維護：在郵寄時，只先從篩選出來的會員中隨機抽取 20%做為郵寄對象。若回應率與原先預期相近，則為一個有效的模型；若有相當大的偏差，則針對這些郵寄對象重新作一次模型建構的動作。

3. 產生最終報告：專案報告內容大要如下：

採用不同資料探勘方法後，依驗證範例的 Lift 圖選用最佳模型「邏輯迴歸（逐步迴歸）」做為知識模型，其模型如下：

Input variables	Coefficient	Std. Error	p-value
Constant term	-1.9424	0.6627	0.00338
R (Recency)	-0.0801	0.0470	0.08833
F (Frequency)	0.4146	0.1618	0.01040
YouthBks	-1.7581	0.9820	0.07342
CookBks	-1.2865	0.5331	0.01581
DoItYBks	-1.9003	0.8450	0.02451
ArtBks	1.1365	0.6570	0.08368

由邏輯迴歸的知識模型可知：

如果會員是：

(1) 距離前次消費時間（Recency）短；

(2) 消費次數（Frequency）多；

(3) 青年類書購買數（YouthBks）少；

(4) 食譜類書購買數（CookBks）少；

(5) DIY 類書購買數（DoItYBks）少；

(6) 藝術類書購買數（ArtBks）多；

則其購買的可能性大。

由獲利圖可知，最大獲利發生在篩選 50%最可能買的會員時，此時預計其中有 9.5%會購買，假設每筆購買收入（已扣除了郵寄廣告成本以外成本）為 120 元，每筆郵寄廣告成本為 10 元，因有 50 萬名會員，預估獲利 3,200,000 元。如果採地毯式郵寄，預估獲利 1,150,000 元，提升比例 = 3,200,000/1,150,000 = 278%。顯然這是相當好的投資。

(1) 步驟 4：回顧整個專案：略。

問題與討論

1. 近來電話公司、信用卡公司、保險公司、股票交易商，以及政府單位對於詐欺行為的偵測（Fraud Detection）都很有興趣，這些行業每年因為詐欺行為而造成的損失都非常可觀。如何應用資料探勘找出可能的詐欺交易，減少損失？

2. 一家信用卡公司提出下列問題：「我們信用卡的市場定位與其他家不同，壞帳風險規則真的可以一體適用嗎？」一家顧問公司回答：「資料探勘中的演算法能夠分析大量的交易資料，並找出其中規則，以判斷未來的壞帳戶與盜刷交易。另一方面，由於是使用公司的交易資料來進行建模，也因此能夠符合因為市場定位、目標客層不同所造成的行為差異。同時資料探勘具有自我學習，隨著時間的增加，更能夠面對層出不窮的盜刷手法翻新以及因景氣變換所造成的壞帳戶的挑戰。」試評論之。

3. 「景氣的影響造成許多原本的還款正常戶逾時繳款，而被歸入壞帳。這些壞帳與一般壞帳相比是比較容易催收的。但是在目前的催繳流程中，不論是銀行自行催繳或者是委託催款公司執行，都將所有壞帳一視同仁。透過資料探勘，可以利用歷史交易記錄以及個人繳款記錄行為，篩選可能被催收的名單，同時並透過催收成功機率以及催回款項期望值的推估，做為催收呆帳的排序以及人力調度的依據。不但能夠提供催繳執行部門進行催繳人力的最佳化，同時也能夠將惡意欠款者的特徵提供給核卡部門，以避免類似事件的再發生。」試解析此任務的內容。

4. 試說明資料探勘在下列領域的應用：
   (1) Customer Profiling。
   (2) Targeted Marketing。
   (3) Market-basket Analysis。

5. 試在網路上找出資料探勘的下列一種應用，並寫出心得報告。
   (1) 郵購回函客戶分析。
   (2) 股市交易最佳化規則。
   (3) 化妝品偏好分析。
   (4) 超市購物籃分析。
   (5) 手機忠誠客戶與游離客戶分析。
   (6) 零售店位置特徵與營業額分析。
   (7) 共同基金潛在客戶開發。

(8) 銀行活期存款帳戶流失。

(9) 背部手術成敗關鍵因素發掘。

(10)磁磚釉料配比設計。

(11)商品交叉銷售（Cross-selling）。

(12)氮氧化物去除效率之建模。

(13)油氣探勘。

6. 試在網路上找出資料探勘在下列一家公司或機構或產業的應用，並寫出心得報告。

　　(1)　Fidelity Investment。

　　(2)　First USA Bank。

　　(3)　Capital One。

　　(4)　First Union。

　　(5)　Safeway。

　　(6)　Walmart。

　　(7)　美國政府。

　　(8)　財政部。

　　(9)　保險業。

　　(10)電信業。

　　(11)半導體業。

7. 試說明名目變數、二元變數、等級變數、連續變數之意義，並各舉一例。

8. 一電信業者想要建立手機顧客流失預測模型，試問可能需要哪些顧客資料？

9. 一大學圖書館想要利用資料探勘改善圖書館的績效，試從聚類、分類、迴歸、關聯四種資料探勘任務說明可能的應用。

10.有一分類問題其資料如下表，其中 NA 表示缺值，如何處理？

	X1	X2	X3	X4	X5	X6	X7	X8	X9	Y
1	1.5	3.8	6.9	5.9	2	6	1	1	8	0
2	2.3	6.8	7.1	8.7	2	3	7	1	2	0
3	3.1	5.6	NA	5.4	5	1	10	2	0	0
4	6.7	5.9	16.0	3.4	0	5	1	1	8	1
5	2.5	7.6	4.5	3.9	2	2	8	1	4	0
6	NA	8.8	NA	9.0	5	9	6	0	9	1
7	3.1	4.4	2.2	1.0	1	8	NA	1	7	0
8	8.1	6.9	10.8	1.2	2	5	NA	0	5	1
9	8.1	2.6	2.2	6.0	3	2	NA	1	0	1
10	0.7	2.6	19.2	6.4	5	1	NA	1	2	1
11	6.0	3.7	13.6	9.0	3	9	NA	0	5	0
12	7.4	5.8	17.4	3.4	3	2	0	1	0	0
13	9.0	2.7	17.2	0.6	2	6	10	1	4	1
14	5.4	9.9	18.8	3.7	4	6	2	0	9	1
15	7.4	1.2	12.4	0.4	4	8	1	1	8	NA
16	4.8	5.4	NA	3.8	0	6	2	1	8	0
17	6.3	9.8	0.7	6.9	1	1	9	1	8	1
18	3.3	9.3	0.8	7.5	1	7	9	2	8	1
19	4.1	6.1	0.1	3.1	3	9	9	1	8	0
20	9.9	8.0	17.4	7.8	4	5	8	1	3	1
21	7.0	5.0	17.4	1.3	4	8	4	0	6	0
22	2.8	4.6	15.9	5.9	3	3	10	1	5	1
23	9.5	5.7	NA	9.8	5	9	1	1	4	0
24	3.6	2.2	11.3	9.4	1	5	1	2	8	0
25	4.1	9.5	19.7	2.6	2	2	2	0	3	0
26	1.7	9.1	13.9	2.2	4	9	7	2	3	1
27	5.1	5.9	17.8	8.3	4	1	NA	0	8	1
28	6.9	10.0	9.2	4.9	3	4	1	0	6	0
29	6.4	8.0	18.6	7.9	3	4	8	0	4	1
30	7.2	9.2	13.1	1.2	2	8	4	1	7	1
31	NA	NA	2.8	6.9	NA	NA	NA	1	9	0
32	2.1	9.6	16.2	6.3	5	3	5	1	6	1
33	8.9	3.1	1.9	3.6	5	3	7	2	9	1
34	6.2	1.4	3.3	0.4	0	4	2	2	1	1
35	7.9	6.0	16.2	9.5	1	8	3	1	4	0
36	3.1	NA	NA	1.1	5	NA	NA	0	10	1
37	8.3	2.6	10.1	1.5	5	8	3	1	6	0
38	2.2	9.2	17.9	1.6	2	4	9	1	4	1

11. 有一迴歸問題其相關係數如下表，試從「自變數與因變數的相關性」、「自變數與自變數的獨立性」討論應選哪些變數做為模型的輸入變數？

	X1	X2	X3	X4	Y
X1	1.00				
X2	0.75	1.00	對稱		
X3	0.20	0.30	1.00		
X4	0.10	0.05	-0.05	1.00	
Y	0.80	0.85	0.80	0.05	1.00

12. 試完成下表中空白的格子：

	資料探勘以前	資料探勘以後	差別
發信的數量	1,000,000	750,000	
成本	$1,000,000		
回應的數量	10,000	9,000	
每個回應的毛利	$125	$125	
總毛利	$1,250,000		
淨利潤	$250,000		
建模的費用	$0	$40,000	
最終的利潤	$250,000		

13. 一家精品店每個月要寄給五萬名會員直效郵件廣告，以一份直效郵件成本 20 元來算，每個月需要持續付出 100 萬花費。因為行銷人員不足，也不會算投資報酬率，到底有多少效益自己也不清楚，只認為大家都在用的行銷方式就是有效的行銷策略。但是擁有資料探勘技術之後，只要寄其中 30% 的郵件，就能達到 80% 的效果。假設每份回應貢獻 150 元的利潤，整體回應率 10%，試完成下表：

	原本的地毯式行銷	資料探勘的精準式行銷	差別
行銷成本			
行銷毛利			
行銷淨利			

參考文獻

[1] This Dataset is part of a case prepared by Ms. Vinni Bhandari, a data mining consultant and Dr. Nitin Patel, a visiting professor of Operations Research at the MIT Sloan School of Management. The case has been derived from a Case Study in Database Marketing titled 'BBB-The Bookbinders Club' prepared by Nissan Levin and Jacob Zahavi, Tel Aviv University for the Direct Marketing Educational Foundation, Inc. (March 1995)

第 **3** 章

資料探勘的原理

不管黑貓白貓，能抓老鼠，就是好貓。——鄧小平 (1904~1997)

章前提示：資料探勘的原理

　　資料探勘的方法很多，但大多數方法──從傳統的迴歸分析到當代的神經網路──這些原理都可以分成四個部分：知識的原料處理、表現架構、評價函數、優化技術。例如：神經網路的原理 = 輸入、輸出變數正規化處理 + 權值網路架構 + 誤差平方和函數 + 最陡坡向法優化技術。

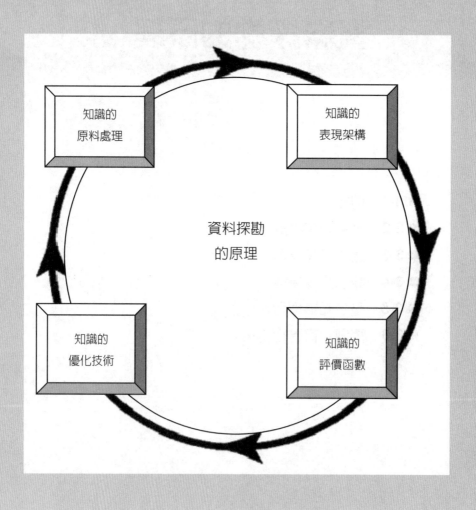

3-1 前言

3-1-1 資料探勘方法的要素

資料探勘方法的要素包括（圖 3-1）：

- 知識的原料處理。
- 知識的表現架構。
- 知識的評價函數。
- 知識的優化技術。

圖 3-1 資料探勘方法的要素

一、知識的原料處理

資料探勘的原料為「資料」，資料的屬性性質可分成二大類：

1. 數值型資料：具有順序的資料，又可分成：

(1) 連續屬性：例如年齡、所得。

(2) 等級屬性：例如評等（甲、乙、丙、丁）、教育程度（國小、國中、高中、大學）。

2. 類別型資料：不具順序的資料，又可分成：

(1) 二元屬性：例如性別（男性、女性）、會籍（會員、非會員）。

(2) 名目屬性：例如血型（A、B、AB、O）、職業（公、教、農、工、商）。

二、知識的表現架構

資料探勘的結果為「知識」，知識的表現架構分成二大類（表 3-1）：

1. 函數型架構：以數值函數表現的知識，又可依知識的目的分成：

(1) 函數迴歸型：包括迴歸分析、類神經網路（迴歸）。

(2) 函數分類型：包括邏輯迴歸、類神經網路（分類）、判別分析、支援向量機。

2. 邏輯型架構：以邏輯結構表現的知識，又可依知識的目的分成：

(1) 邏輯迴歸型：包括迴歸決策樹。

(2) 邏輯分類型：包括分類決策樹、貝氏分類。

表 3-1　知識表現的方式

知識目的 知識結構	迴歸	分類
函數型	迴歸分析 類神經網路（迴歸）	邏輯迴歸 類神經網路（分類） 判別分析 支援向量機
邏輯型	迴歸決策樹	分類決策樹 貝氏分類

三、知識的評價函數

　　資料探勘的目標為產生高品質的知識，知識的評價觀點如表 3-2。其中準確性是最重要的評價觀點，依知識的目的之不同，準確性的評價函數分成二大類：

1. 迴歸型評價函數：例如誤差均方根。
2. 分類型評價函數：例如誤判百分率。

表 3-2　知識評價的方式

觀點	評價特性	意義
真	準確性（Accuracy）	能產生預測準確的知識模型
善	有用性（Utility）	能產生實用價值的知識模型
美	解釋性（Interpretability）	能產生內容可理解的知識模型
新	新奇性（Novelty）	能產生觀點新穎的知識模型

四、知識的優化技術

　　資料探勘的過程為一個優化過程，知識的優化技術分成二大類：

1. 數值式優化技術：例如最陡坡降法。
2. 搜尋式優化技術：例如登山搜尋法。

3-1-2　資料探勘方法的準則

　　知識建模的目的是利用資料建立模型，是資料探勘的核心步驟。在建構知識模型中，所要評估的重點是知識準確性與解釋性。就影響準確性與解釋性的因素討論如下：

一、準確性（Accuracy）

　　準確性是指能產生預測準確的知識模型。知識模型的準確性要從二方面看：

1. 重現性（Repeat）：預測已被用來建立預測模式的資料（訓練集，Train Set）之能力。
   重現性是模式準確性的必要條件，但不是充分條件。

2. 普遍性（Generality）：預測未被用來建立預測模式的資料（驗證集，Validation Data）
   之能力。普遍性是模式準確性的必要條件，也是充分條件。

　　一般而言，知識模型複雜度愈高，重現性愈高，但普遍性在模型複雜性高過一臨界值
後會降低。此種知識模型複雜性過高，而導致的重現性高，但普遍性低的現象稱過度配適
（Overfitting）或過度學習（Overlearning）（圖 3-2）。在重現性高，但普遍性低的情況下，
模型可能是靠「記憶」來預測資料，因此它曾經學習過的資料誤差小，但它不曾學習過的
資料誤差大。但高普遍性才是準確性的充分條件，因此，為了使知識模型達到最高的準確
性，有必要控制知識模型的複雜度。

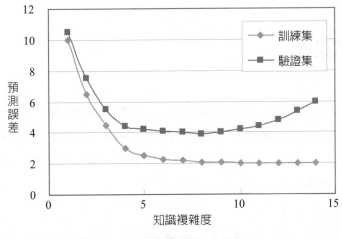

圖 3-2　**過度學習**(Overfitting)

二、解釋性（Interpretability）

　　解釋性是指能產生內容可理解的知識模型。知識模型的解釋性與二個因素有關：

1. 知識的表現架構：不同的資料探勘方法有不同的知識表現架構，不同的知識表現架構
   有不同程度的解釋能力。例如：

(1) 對分類問題而言，決策樹就比類神經網路有更高的解釋能力。

(2) 對迴歸問題而言，迴歸分析就比類神經網路有更高的解釋能力。

2. 知識的複雜程度：知識模型的解釋性與其「複雜度」有很大的關係，複雜度愈高，解
   釋性愈低，即模型愈精簡，其解釋性愈佳。因此，在近似的準確性下，應盡可能降低

知識模型的複雜度，以達到簡化知識模型，提升知識解釋性的效益。不同的知識表現架構有不同的複雜度計算方法。例如：

(1) 對決策樹歸納而言，決策樹中變數的數目愈多，決策樹愈大，則複雜度愈高。

(2) 對類神經網路而言，網路中輸入層變數的數目愈多，網路連結的數目愈多，則複雜度愈高。

(3) 對迴歸分析而言，迴歸公式中變數的數目愈多，公式的項次數目愈多，則複雜度愈高。

　　資料探勘的目的是建立具有預測能力的模型，因此要克服「過度配適」問題。克服此問題的基本原理為控制知識模型複雜度達到最適中的狀態。這需要四個技術來達成：

1. 產生測試設計。

2. 建構知識模型。

3. 評估知識模型。

4. 整合知識模型。

3-2　產生測試設計

一、資料的分割

　　雖然在建構知識模型後，所要評估的重點是知識準確性與解釋性，但知識探勘的最主要目的還是在於建立準確的預測模式，因此準確性比解釋性更重要。知識模型的準確性與模型的「重現性」與「普遍性」有關。為了衡量模型的「重現性」與「普遍性」，資料須分成三種（圖 3-3 與圖 3-4）：

1. 訓練資料（Training Data）

　　用以建構知識模型的資料。知識模型若對其誤差小，只能說知識模型具有「重現性」，並不代表具有「普遍性」（預測訓練資料以外資料的能力）。

2. 驗證資料（Validation Data）

　　用以驗證知識模型的資料。知識模型若對其誤差小，代表模型「可能」具有「普遍性」。強調「可能」一詞是因為在建構知識模型過程中，驗證資料雖未「直接」用以建構知識模型，但建構知識模型的參數是依使驗證資料誤差達最小化的原則來調整，因此驗證資料可說已「間接」地用以建構知識模型，故其誤差有低估知識模型真實誤差的可能。

3. 測試資料（Test Data）

　　用以嚴格測試知識模型可靠度的資料。知識模型若對其誤差小，代表模型「極可能」具有「普遍性」。強調「極可能」一詞是因為在建構知識模型過程中，測試資料不「直接」

或「間接」用以建構模型,即在模型已依使驗證資料誤差達最小化的原則建構完成後,再將測試資料載入模型,評估測試資料的誤差,並且不可再依其誤差調整建構知識模型的參數。因為測試資料不「直接」或「間接」建構模型,所以模型不可能是靠「記憶」來預測測試資料,因此如果知識模型對其誤差小,應當可以確認知識模型已具有「普遍性」。測試資料可與訓練、驗證資料同時收集,或待模型已經過訓練、驗證並定案後再收集。

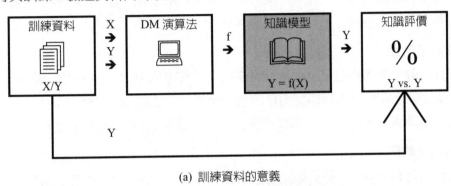

(a) 訓練資料的意義

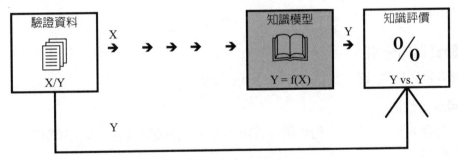

(b) 驗證資料的意義

圖 3-3　訓練資料、驗證資料之比較

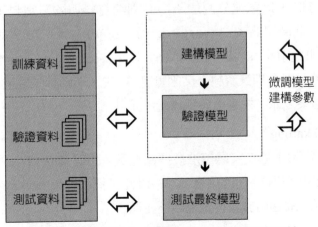

圖 3-4　訓練資料、驗證資料、測試資料之比較

各種資料所需數目之原則如下：

1. 訓練資料之數目

訓練資料數目要大到足以確保所建構的模型具有普遍性為原則，這必須訓練資料數涵蓋所有具有代表性的資料才能達到。一般而言，訓練資料愈多，愈有可能涵蓋具有代表性的資料，因此訓練資料愈多，對知識模型的準確度可能愈有助益，但超過一定數量後，其助益將極為有限。另外要注意訓練資料數目愈少，愈容易發生過度學習現象。

2. 驗證資料之數目

驗證資料數目要大到足以確保測試結果的可信賴度為原則，但只要能確保可信賴度即足夠，更多的驗證資料對知識模型的精確性並無助益。函數型問題應有 100 個，而分類型問題每一種分類應有 50 個以上之驗證資料，以確保測試結果的可信賴度。

3. 測試資料之數目

測試資料可有可無，它是對知識模型準確度的進一步確認。如有測試資料，其數目的原則同驗證資料。

二、一般資料的分割

訓練資料與驗證資料的產生方法如下（圖 3-5）：

1. 隨機單純分割法

將資料隨機分成二份，一份做訓練資料，另一份做驗證資料。本法簡單易行，適用於資料量充分時。

2. k 區交叉驗證法（k-fold Cross Validation）

當資料不是很多時，以單純分割法所得的訓練資料與驗證資料不足時，就必須想辦法充分利用資料。此時可將資料均分成 k 份，每次取（k－1）份做訓練資料，剩餘一份做驗證資料，如此重複 k 次。因此又稱 Leave-some-out 法。本法較複雜，但每次可用（k－1）/k 的資料為訓練資料，又因實施 k 次，其累計的驗證資料總數等於全部資料數，因此驗證結果可靠，故適用於資料量不足時。

3. 小刀分割法（Jackknifing）

當資料很少時，可將 k 區交叉驗證法發揮到極致，即每次取（N－1）筆資料做訓練資料，剩餘 1 筆資料做驗證資料，如此重複 N 次。因此又稱 Leave-one-out 法。本法最複雜，但最能充分利用資料，故適用於資料量極度不足時。

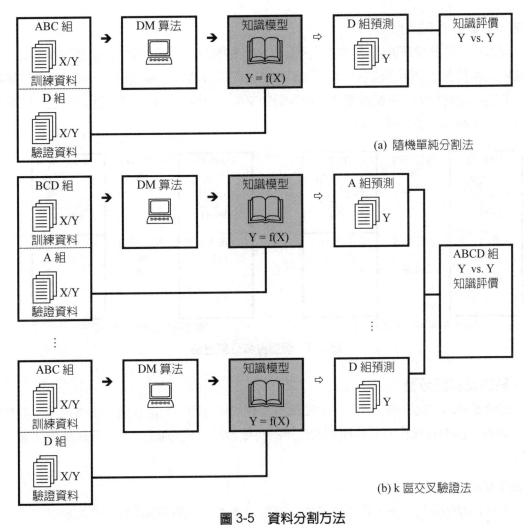

(a) 隨機單純分割法

(b) k 區交叉驗證法

圖 3-5　資料分割方法

三、偏態資料的分割

在金融業的徵信紀錄分析，行銷業的潛在顧客分析，或電信業的流失率分析時，因為在上百萬的會員中風險顧客、潛在顧客或流失顧客可能只佔極少數，各類別的資料之比例嚴重失衡。如果資料未加篩選就用這些資料去建構分類模型，很可能會出現偏差。例如在資料庫中有 1 萬人，其中只有 1% 是風險顧客，在這種資料下建構的模型，資料庫中的風險顧客也很容易被判定為非風險顧客。

許多分類問題經常遭遇各類別比例極不平均困境，例如：

1. 未支付者常遠少於支付者。
2. 未回應者常遠多於回應者。

3. 未生病者常遠多於生病者。

　　然而一般的分類探勘方法很容易因為佔 99% 的類別，而把只佔 1% 的類別掩蓋掉了，造成所建模型對稀少類別錯誤分類。為了避免因偏態資料產生偏差模型，可用抽樣技術解決，即將訓練資料依「等量取樣法」使各類別平衡，但驗證資料依「等比取樣法」使各類別之比例保持原比例（圖 3-6）。

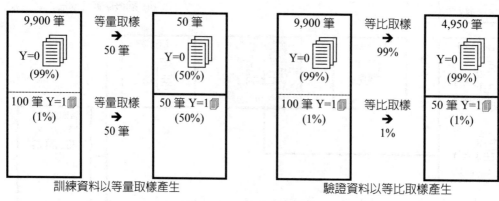

圖 3-6　偏態資料分割方法

四、時序資料的分割

　　當所處理的問題有時序性時，即知識模型有依時而變的可能性時，不適合採「隨機單純分割法」，因為這樣作有低估模型的誤差的可能性，為不正確的作法。正確的方法有（圖 3-7）。

1. 循序單純分割法

　　將資料循序分成二份，時序較早的一份做訓練資料，時序較晚的一份做驗證資料。本法簡單易行，適用於資料量充分時。

2. k 區移動驗證法（k-fold Move Validation）

　　將資料循序分成二份，時序較早的一份做訓練資料，時序較晚的一份做驗證資料，但這些驗證資料分成 k 區。第一次執行時，以第一區的資料為驗證資料；第二次執行時，將第一區的資料加入原訓練資料，並在原訓練資料丟棄等量的時序最早的資料，以第二區的資料為驗證資料；第三次執行時，將第二區的資料加入原訓練資料，並在原訓練資料丟棄等量的時序最早的資料，以第三區的資料為驗證資料；如此直到第 k 次執行時，將第 k－1 區的資料加入原訓練資料，並在原訓練資料丟棄等量的時序最早的資料，以第 k 區的資料為驗證資料。本法較複雜，但每次可用較新的資料為訓練資料，又因實施 k 次，其累計的驗證資料總數等於全部資料數，因此驗證結果可靠，故適用於資料量不足時。

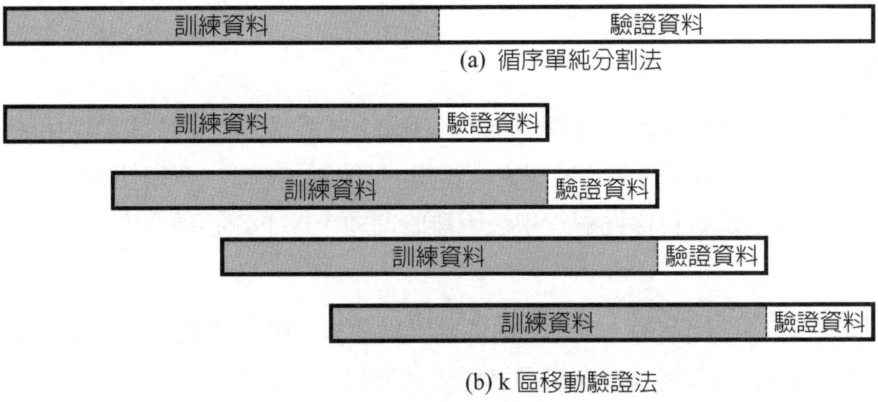

(a) 循序單純分割法

(b) k 區移動驗證法

圖 3-7 時序資料分割方法

3-3 建構知識模型

資料探勘方法常有許多參數需要設定，以避免「過度配適」問題。此外，為建構準確又具解釋能力的模型，有時需在建構知識模型過程中篩選能建構準確模型的變數組合。兩個主題分述如下。

一、模型參數的決定

大部分的資料探勘方法都要設定一些參數，以達成下列目的：

1. 提升知識探勘速度。
2. 提升知識準確程度。

這些參數中有許多都與控制知識複雜程度有關，因為控制了複雜度也會控制演算法的執行時間，而且在適度的複雜度下，知識將有最佳的準確性。在本書「模式篇」中，將會逐一介紹各種資料探勘方法的相關參數。

以分類決策樹為例，其基本的演算法如下：

1. 將各自變數分別作決策樹的分枝分析，選擇預測模型最佳之自變數，並產生分枝。
2. 對各分枝，將各自變數分別嘗試作第二層決策樹的分枝分析，選擇預測模型最佳之自變數，並產生分枝。
3. 仿照步驟 2，直到各分枝均滿足終止條件為止。

在上述演算法中，要先決定一些終止分枝的參數值，以控制決策樹的成長。在適當的

參數值下，演算法可在合理的執行時間內，產生有適度複雜度，且有最佳的準確性的決策樹。

二、模型變數的決定

大部分的資料探勘方法都要預設定一個模型結構，例如：在迴歸分析中要決定採用哪些變數做模型的輸入變數。因為模型的準確度與模型結構，即變數的組合，有密切的關係，因此預設定一個模型結構經常是資料探勘過程中最困難的問題。以下介紹幾個方法：

1. 事先篩選法

第一個可能方法是在資料準備階段，事先評估個別變數對模型輸出變數的相關性，以篩選出可能的因子。但由於下列二個因素會使得這種方法變得不可靠：

(1) 曲率作用：變數本身可能有曲率作用存在。所謂曲率作用是指一個變數本身對輸出變數不具相關性，但其二次方、三次方、或對數等非線性轉換，對輸出變數具相關性。因此，有時不易用線性的相關分析去判斷一個變數是否適宜放在模型之中。

(2) 交互作用：變數之間可能有交互作用存在。所謂交互作用是指二個變數本身對輸出變數不具相關性，但二者同時出現在模型中的情況下，對輸出變數具相關性。因此，有時不易用個別變數的相關分析去判斷一個變數是否適宜放在模型之中。

2. 事先組合法

第二個可能的方法是將所有變數及其非線性轉換、交互作用項均放入模型。但由於下列二個因素使得這種方法變得不可靠：

(1) 相依作用：變數之間可能有相依作用存在。所謂相依作用是指二個輸入變數間具有相關性。相依作用會造成模型的解釋能力降低，即雖然模型仍可正確的預測輸出變數，但個別變數或項對輸出變數的關係並不正確。

(2) 過度配適：大量的變數可能在建模過程引發過度配適。所謂過度配適是指模型對訓練資料有很好的預測能力（重現性），但對驗證資料有低劣的預測能力（普遍性）。過度配適將造成模型的預測能力降低。

3. 事後篩選法

第三個可能的方法是將所有變數及其非線性轉換、交互作用項均放入模型，建立模型後，依變數的顯著性檢定篩選出重要的變數，再重新建模。雖然此法簡單易行，但在變數與項太多的情況下並不可靠，可能會丟棄不該丟棄的變數與項，而不能得到最佳的模型。

4. 地毯式搜尋法

　　第四個可能的方法是將所有變數及其非線性轉換、交互作用項的可能組合都加以嘗試，以決定最佳的模型結構。然而當變數與項增多時，會因組合爆炸作用而難以逐一測試。例如當有 10 個變數時，其組合約有 1,000 種；當有 20 個變數時，其組合約有 100 萬種；當有 30 個變數時，其組合約有 10 億種。

5. 啟發式搜尋法

　　第五個可能的方法是將所有變數及其非線性轉換、交互作用項放在模型的候選集合中，以經驗法則法在合理的時間內得到近似的最佳解。這個方法是上述方法中最合理的方法。常用的經驗法則是登山法（或稱最陡坡降法），此法又可分成：(1)建設法（前向選擇法，Forward Selection）：變數由少而多；(2)破壞法（後向刪減法，Backward Elimination）：變數由多而少；(3)混合法（雙向增刪法）：變數由少而多，再由多而少。

　　分述如下：

(1) 建設法（前向選擇法，Forward Selection）

　　建設法的原理是先使用單一變數建立模型，選擇最佳的單一變數。再於包含此單一變數下，使用二個變數建立模型，選擇最佳的二個變數。再於包含此二個變數下，使用三個變數建立模型，選擇最佳的三個變數。如此持續進行，變數由少而多，直到加入更多的變數不能改善模型的準確性為止。雖然這種方法不能保證找到最佳的模型，但可以在合理的時間內找到近似最佳的模型。

　　以迴歸分析為例：

步驟 1：將各自變數分別作單變數迴歸分析，選擇預測模型最佳之自變數 X_1。

步驟 2：在包含 X_1 下，將各自變數分別嘗試作二變數迴歸分析，選擇預測模型最佳之自變數 X_2。

步驟 3：在包含 X_1 及 X_2 下，將各自變數分別嘗試作三變數迴歸分析，選擇預測模型最佳之自變數 X_3。

步驟 4：仿照步驟 3，不斷擴大自變數的數目，直到增加更多的自變數，卻不能明顯改善預測模型為止。

(2) 破壞法（後向刪減法，Backward Elimination）

　　破壞法的原理是先使用全部 N 個變數建立模型。再嘗試丟棄一個變數，使用 N－1 個變數建立模型，選擇最佳的 N－1 個變數。再於包含此 N－1 個變數下，嘗試丟棄一個變數，使用 N－2 個變數建立模型，選擇最佳的 N－2 個變數。如此持續進行，變數由多而少，直到減少更多的變數不能改善模型的準確性為止。雖然這種方法不能保證找到最佳的

模型，但可以在合理的時間內找到近似最佳的模型。

與建設法比較，破壞法比較耗時，因為它是從複雜的模型開始嘗試。但當二個變數本身對輸出變數不具相關性，但其交互作用具相關性下，建設法可能不會選取這二個變數而錯失建立更準確模型的機會；但在此條件下，因丟棄這二個變數的任一變數都會降低模型的準確性，因此破壞法不會丟棄任一變數，故不會錯失建立更準確模型的機會。

以迴歸分析為例：

步驟 1：用所有 N 個自變數建立一迴歸分析模式。分別在丟棄一個自變數下，以 N－1 個自變數建立迴歸分析模式，選擇其中誤差最小的模式，並命名其丟棄的自變數為 X_1。

步驟 2：在丟棄 X_1 下，分別再丟棄一個自變數下，以 N－2 個自變數建立迴歸分析模式，選擇其中誤差最小的模式，並命名其丟棄的自變數為 X_2。

步驟 3：在丟棄 X_1 及 X_2 下，分別再丟棄一個自變數下，以 N－3 個自變數建立自變數模式，選擇其中誤差最小的模式，並命名其丟棄的自變數為 X_3。

步驟 4：仿照步驟 3，不斷減少自變數的數目，直到減少更多的自變數，會明顯劣化預測模型為止。

(3) 混合法（雙向增刪法）

例題 3-1　四變數問題的最佳模型

假設有 A、B、C、D 等四個變數，如果要用「地毯式搜尋法」找到最佳模型必須嘗試下列變數組合（圖 3-8）：

一變數模式：A、B、C、D，共 4 個。

二變數模式：AB、AC、AD、BC、BD、CD，共 6 個。

三變數模式：ABC、ABD、ACD、BCD，共 4 個。

四變數模式：ABCD，共 1 個。

合計 15 個。

如果採「啟發式搜尋法──建設法」則需（圖 3-9）

一變數模式：A、B、C、D，共 4 個，假設選取 A。

二變數模式：AB、AC、AD，共 3 個，假設選取 AB。

三變數模式：ABC、ABD，共 2 個，假設選取 ABC。

四變數模式：ABCD，共 1 個。

合計 10 個，比起全部組合法省下了 5 個。

如果採「啟發式搜尋法——破壞法」則需（圖 3-10）。

四變數模式：ABCD，共 1 個。

三變數模式：ABC、ABD、ACD、BCD，共 4 個，假設選取 ABC。

二變數模式：AB、AC、BC，共 3 個，假設選取 AB。

一變數模式：A、B，共 2 個，假設選取 A。

合計 10 個，比起全部組合法省下了 5 個。

看起來節省有限，但如考慮大量的變數，其節省量是驚人的。因為「地毯式搜尋法」需要測試的組合有：

$$\sum_{k=1}^{n}\binom{n}{k}=\sum_{k=1}^{n}\frac{n!}{k!(n-k)!}$$

但「啟發式搜尋法」，無論建設法或破壞法，只需：

$$\sum_{k=1}^{n}k$$

當有 20 個變數時，「地毯式搜尋法」需要測試的組合有：

$$\sum_{k=1}^{n}\binom{n}{k}=\sum_{k=1}^{n}\frac{n!}{k!(n-k)!}=1048575$$

而「啟發式搜尋法」只需：

$$\sum_{k=1}^{n}k=210$$

二者相差約 5,000 倍，可見建設法或破壞法可以節省大量的計算時間。

如果變數是 30 個，則「地毯式搜尋法」需要測試的組合有 10 億個，但無論建設法或破壞法只需 465 個，二者相差約 200 萬倍，可見此時採用「地毯式搜尋法」根本不可行，而建設法或破壞法能在需要測試的組合增加有限的情況下得到近似的最佳解。

A	AB	ABC	ABCD
B	AC	ABD	
C	AD	BCD	
D	BC	ACD	
	BD		
	CD		

圖 3-8　四變數問題的「地毯式搜尋法」需要測試的組合

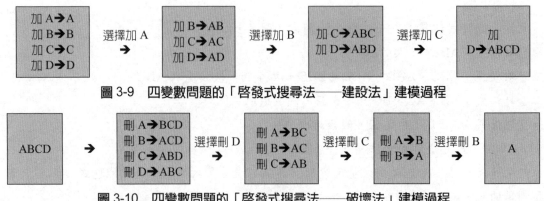

圖 3-9　四變數問題的「啓發式搜尋法——建設法」建模過程

圖 3-10　四變數問題的「啓發式搜尋法——破壞法」建模過程

3-4 評估知識模型

評估知識模型的基準有：

1. 準確性（Accuracy）：能產生預測準確的知識模型。
2. 有用性（Utility）：能產生實用價值的知識模型。
3. 解釋性（Interpretability）：能產生內容可理解的知識模型。
4. 新奇性（Novelty）：能產生觀點新穎的知識模型。

但知識探勘的最主要目的還是在於建立準確的預測模式，因此準確性通常是最重要的基準。評估知識模型準確性的主要指標有二：

1. 分類型問題

$$誤判率 = \frac{誤分類資料數}{資料數} \tag{3-1}$$

2. 迴歸型問題

$$誤差均方根 = \sqrt{\frac{\sum_j (Y_j - \hat{Y}_j)^2}{N}} \tag{3-2}$$

其中 Y_j = 第 j 個資料的實際值；$\hat{Y}_j$ = 第 j 個資料的預測值。

分類型問題的知識可用下列工具加以評估：

工具一：假說判斷表與比率分析

對於分類問題可利用假說判斷表與比率分析，進一步分析各分類的可靠度。例如要建立「胃潰瘍」的假說判斷表，可將所有測試範例可依其目標分類分成「真」、「偽」二類，

凡其「目標」分類為胃潰瘍者視為真，否則為偽；另外再依其推論分類分成「正」、「負」二類，凡其「推論」分類為胃潰瘍者視為正，否則為負。如此可分成四類，如表 3-3，統計這四類的範例數可得如表 3-4 所示之假說判斷表。利用假說判斷表可計算得表 3-5 的比率。

　　這些比率的意義可用醫學疾病診斷為例來說明，如表 3-6 所示。顯然，如果此疾病極為嚴重，寧信其有，不可信其無，則應要求較低的偽負率與負錯率，而容許較高的偽正率與正錯率。

表 3-3　假說判斷表名詞定義

簡寫	名稱	別名	定義
TP	True Positive	Hit	假說為「真」，且判斷為「正」之範例數目
TN	True Negative	Correct Rejection	假說為「偽」，且判斷為「負」之範例數目
FP	False Positive	False Alarm、Type I Error	假說為「偽」，且判斷為「正」之範例數目
FN	False Negative	Miss、Type II Error	假說為「真」，且判斷為「負」之範例數目

表 3-4　假說判斷表（Contingency Table）

資料\模型		實際 真	實際 偽	合計
預測	正	TP	FP	P
	負	FN	TN	N
合計		T	F	

表 3-5　比率分析

簡寫	名稱	別名	定義
TPR	True Positive Rate 真正率	Detection Rate（偵出率）、Hit Rate、Recall、Sensitivity	$TPR = TP / T = TP / (TP + FN)$
TNR	True Negative Rate 真負率	Specificity	$TNR = TN / F = TN / (FP + TN)$
PPV	Positive Predictive Value 正對率	Precision	$PPV = TP / P = TP / (TP + FP)$
NPV	Negative Predictive Value 負對率		$NPV = TN / N = TN / (TN + FN)$
ACC	Accuracy 準確率		$ACC = (TP + TN) / (P + N)$
FNR	False Negative Rate 偽負率		$FNR = FN / T = FN / (TP + FN)$ $= 1 - TPR$
FPR	False Positive Rate 偽正率	False Alarm Rate（誤警率）、Fall-out	$FPR = FP / F = FP / (FP + TN)$ $= 1 - TNR$
PMR	Positive miss rate 正錯率	False Discovery Rate	$PMR = FP / P = FP / (TP + FP)$ $= 1 - PPV$
NMR	Negative Miss rate 負錯率		$NMR = FN / N = FN / (TN + FN)$ $= 1 - NPV$

表 3-6 各比率的意義以醫學疾病診斷為例說明

簡寫	名稱	各比率的意義以醫學疾病診斷為例說明
FNR	False Negative Rate 偽負率	確實「有」某疾病，卻被誤診為「無」之比率
FPR	False Positive Rate 偽正率	確實「無」某疾病，卻被誤診為「有」之比率
PMR	Positive Miss Rate 正錯率	被診斷為「有」某疾病，實際上「無」之比率
NMR	Negative Miss Rate 負錯率	被診斷為「無」某疾病，實際上「有」之比率

例題 3-2 比率分析

如表 3-7 之假說判斷表，其比率分析結果如表 3-8。

表 3-7 假說判斷表 (Contingency Table)

資料\模型		實際		合計
		真	偽	
預測	正	42 (TP)	6 (FP)	48 (P)
	負	8 (FN)	194 (TN)	202 (N)
合計		50 (T)	200 (F)	250

表 3-8 比率分析

簡寫	名稱	計算
TPR	真正率	TP/(TP+FN) = 42/(42+8) = 0.84
TNR	真負率	TN/(FP+TN) = 194/(6+194) = 0.97
PPV	正對率	TP/(TP+FP) = 42/(42+6) = 0.875
NPV	負對率	TN/(FN+TN) = 194/(194+8) = 0.96
ACC	準確率	(TP+TN)/(TP+FP+FN+TN) = (42+194)/(42+6+8+194) = 0.944
FNR	偽負率	FN/(TP+FN) = 1.0 − 真對率 = 0.16
FPR	偽正率	FP/(FP+TN) = 1.0 − 偽對率 = 0.03
PMR	正錯率	FP/(TP+FP) = 1.0 − 正對率 = 0.125
NMR	負錯率	FN/(FN+TN) = 1.0 − 負對率 = 0.04

工具二：接受者操作特徵曲線

　　對於分類問題，可利用接受者操作特徵曲線，進一步改善各分類的可靠度，其步驟如下：

1. 取不同的門限值（例如：0.05、0.10、0.15、…、0.95）建立不同的假說判斷表，並作比率分析，即計算其：

(1) 偵出率（Detection Rate）= TP / T。

(2) 誤警率（False Alarm Rate）= FP / F。

　　上二式中 T = 分類為「真」的總數，F = 分類為「偽」的總數，二者都與門限值無關；而 TP（假說為「真」，且判斷為「正」之範例數目）與 FP（假說為「偽」，且判斷為「正」之範例數目）與門限值成正比。當門限值愈大時，被判斷為正的機會愈小，故 TP 與 FP 都愈小；因此偵出率愈低，但誤警率也愈低；反之，當門限值愈小時，被判斷為正的機會愈大，因此偵出率愈高，但誤警率也愈高。例如圖 3-11(a)(b)為分類為「真」與「偽」的樣本其模型預測輸出值的分布，可知 TP 與 FP 與門限值成正比。

2. 以誤警率為橫座標，偵出率為縱座標可繪出曲線圖（參考圖 3-11(c)）。當曲線愈彎向左上方，代表模型的分類能力愈佳。此外，可以計算 ROC 曲線下所佔面積（Area Under the ROC, AUC），此值在 0~1 之間，AUC 值愈大代表模型的分類能力愈佳。

3. 根據需求，由圖上取得合適之門限值。通常可依特定誤警率或偵出率決定合適之門限值。

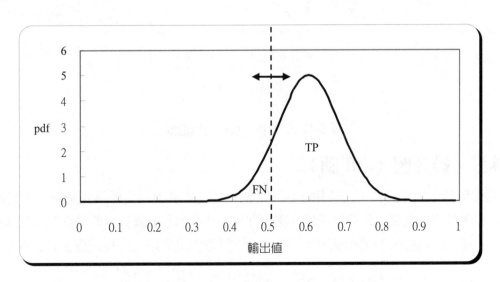

圖 3-11(a)　分類為「真」的樣本其模型預測輸出值的分布

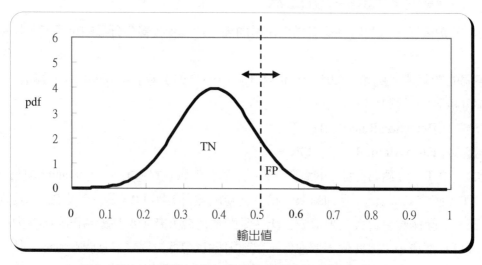

圖 3-11(b) 分類為「偽」的樣本其模型預測輸出值的分布

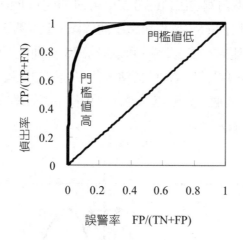

圖 3-11(c) 接受者操作特徵曲線

工具三：提升圖（Lift 圖）

對二元分類問題而言，有時想評估如果依模型推論值由高而低排列記錄，則記錄為「真」的累計過程為何，此時可用提升圖來評估，其橫軸為不論真偽的全部記錄累加數，縱軸為「真」記錄累加數。提升圖可以提供比誤判率更精細的評估。提升圖上有三條曲線：

1. 隨機曲線：代表在隨機情況下的推論結果，為一條直線，其起點（X,Y）=(0,0)，終點（X,Y）=（全部記錄總數，真記錄總數）。

2. 完美曲線：代表在完美情況下的推論結果，為一條折線，其起點與終點與隨機曲線相同，從起點起以 45 度直線直到縱座標為真記錄總數後，轉為水平線。

3. 實際曲線：代表在知識模型下的推論結果，為一條下彎曲線，其起點與終點與隨機曲線相同。實際曲線應在隨機曲線與最佳曲線之間，愈貼近最佳曲線代表知識模型的預測能力愈高；反之，愈貼近隨機曲線代表知識模型的預測能力愈低。實際曲線的繪製方法如下：

(1) 排序：將資料依其預測值由大到小排序。

(2) 統計：計算累計的真實分類為真的資料數。

(3) 繪圖：以累計的記錄數為橫座標；以累計的真實分類為真的記錄數為縱座標，繪得實際曲線。

(4) 評估：實際曲線（Lift 曲線）與隨機曲線（Random 曲線）之間所包圍的弓形面積除以完美曲線（Perfect 曲線）與隨機曲線之間所包圍的三角形面積，稱為「面積比率」。此一比率最小為 0.0，最大為 1.0。愈大代表分類的能力愈佳。

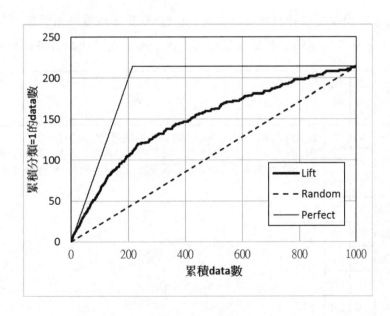

圖 3-12　提升圖（面積比率 = 0.50）

工具四：混亂矩陣

　　對於多元分類問題而言，可用混亂矩陣來評估模型，即以實際分類為列，預測分類為欄，計算出列欄交叉的元素之資料數。混亂矩陣可以提供比誤判率更精細的評估，它可以指出哪些類別之間易於混淆。

		預測類別				
		A	B	C	D	E
實際類別	A					
	B					
	C					
	D					
	E					

圖 3-13　混亂矩陣

例題 3-3　評估知識模型

已知一個二元分類問題使用神經網路建模後，其 1,000 筆驗證資料依神經網路預測值區分成 20 個區間，分在各區間的資料實際類別為「真」與「偽」的數目統計如下：

左界 (1)		右界 (2)	真數 (3)	偽數 (4)	備註
0.00	～	0.05	0	0	第(1)欄與第(2)欄=分類模型推論值的區間之左界與右界。
0.05	～	0.10	0	6	第(3)欄=分類模型推論值在該區間內，而資料記錄為「真」的數目。
0.10	～	0.15	1	14	第(4)欄=分類模型推論值在該區間內，而資料記錄為「偽」的數目。
0.15	～	0.20	1	7	
0.20	～	0.25	0	32	
0.25	～	0.30	4	52	
0.30	～	0.35	16	122	
0.35	～	0.40	34	121	
0.40	～	0.45	62	106	
0.45	～	0.50	72	50	

0.50	~	0.55	62	21
0.55	~	0.60	43	16
0.60	~	0.65	43	6
0.65	~	0.70	18	1
0.70	~	0.75	15	4
0.75	~	0.80	16	2
0.80	~	0.85	9	1
0.85	~	0.90	10	2
0.90	~	0.95	6	0
0.95	~	1.00	22	3

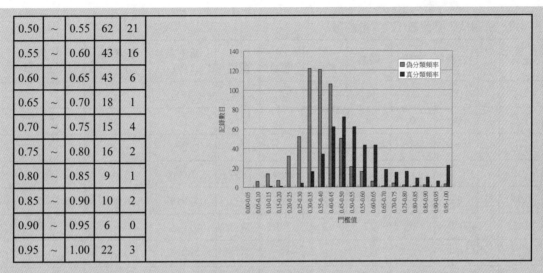

解

表 3-9 各欄計算如下：

第(5)欄：FN 數目＝第(3)欄中小於左界的總和，即第(3)欄由上而下累加。

第(6)欄：FP 數目＝第(4)欄中大於等於右界的總和，即第(4)欄由下而上累加。

第(7)欄：TP 數目＝全部「真」樣本－FN 數目

第(8)欄：偵出率＝TP 數目/全部「真」樣本

第(9)欄：誤景率＝FP 數目/全部「偽」樣本

第(10)欄：錯誤率＝（FN＋FP）/全部樣本

表 3-10 各欄計算如下：

第(5)欄：累計數目＝第(3)(4)欄中小於右界的總和，即第(3)欄由上而下累加。

第(6)欄：實際數目＝第(3)欄中小於右界的總和，即第(3)欄由上而下累加。

第(7)欄：最佳數目＝同第(5)欄，但小於「全部真樣本數目」

第(8)欄：隨機數目＝第(5)欄 ×（全部真樣本數目/全部樣本數目）

圖 3-14 為錯誤率與門檻關係，圖 3-15 為 ROC 曲線圖，圖 3-16 為提升圖。

表 3-9　例題 3-2 計算表(ROC 曲線圖)

左界		右界	真數	偽數	FN 數目	FP 數目	TP 數目	偵出率 TP/T	誤警率 FP/F	錯誤率 (FN+FP)/(T+F)
(1)		(2)	(3)	(4)	(5)	(6)	(7)	(8)	(9)	(10)
0	~	0.05	0	0	0	566	434	1.000	1.000	0.566
0.05	~	0.1	0	6	0	566	434	1.000	1.000	0.566
0.1	~	0.15	1	14	0	560	434	1.000	0.989	0.56
0.15	~	0.2	1	7	1	546	433	0.998	0.965	0.547
0.2	~	0.25	0	32	2	539	432	0.995	0.952	0.541
0.25	~	0.3	4	52	2	507	432	0.995	0.896	0.509
0.3	~	0.35	16	122	6	455	428	0.986	0.804	0.461
0.35	~	0.4	34	121	22	333	412	0.949	0.588	0.355
0.4	~	0.45	62	106	56	212	378	0.871	0.375	0.268
0.45	~	0.5	72	50	118	106	316	0.728	0.187	0.224
0.5	~	0.55	62	21	190	56	244	0.562	0.099	0.246
0.55	~	0.6	43	16	252	35	182	0.419	0.062	0.287
0.6	~	0.65	43	6	295	19	139	0.320	0.034	0.314
0.65	~	0.7	18	1	338	13	96	0.221	0.023	0.351
0.7	~	0.75	15	4	356	12	78	0.180	0.021	0.368
0.75	~	0.8	16	2	371	8	63	0.145	0.014	0.379
0.8	~	0.85	9	1	387	6	47	0.108	0.011	0.393
0.85	~	0.9	10	2	396	5	38	0.088	0.009	0.401
0.9	~	0.95	6	0	406	3	28	0.065	0.005	0.409
0.95	~	1	22	3	412	3	22	0.051	0.005	0.415
1		合計	434	566				0	0	0.434

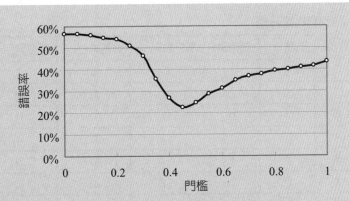

圖 3-14　錯誤率與門檻關係

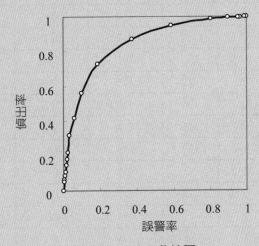

圖 3-15　ROC 曲線圖

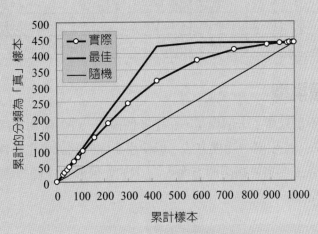

圖 3-16　提升圖

表 3-10　例題 3-2 計算表(提升圖)

左界(1)		右界(2)	真數(3)	偽數(4)	累計數目(5)	實際數目(6)	最佳數目(7)	隨機數目(8)
					0	0	0	0
0.95	~	1	22	3	25	22	25	10.9
0.9	~	0.95	6	0	31	28	31	13.5
0.85	~	0.9	10	2	43	38	43	18.7
0.8	~	0.85	9	1	53	47	53	23.0
0.75	~	0.8	16	2	71	63	71	30.8
0.7	~	0.75	15	4	90	78	90	39.1
0.65	~	0.7	18	1	109	96	109	47.3
0.6	~	0.65	43	6	158	139	158	68.6
0.55	~	0.6	43	16	217	182	217	94.2
0.5	~	0.55	62	21	300	244	300	130.2
0.45	~	0.5	72	50	422	316	422	183.1
0.4	~	0.45	62	106	590	378	434	256.1
0.35	~	0.4	34	121	745	412	434	323.3
0.3	~	0.35	16	122	883	428	434	383.2
0.25	~	0.3	4	52	939	432	434	407.5
0.2	~	0.25	0	32	971	432	434	421.4
0.15	~	0.2	1	7	979	433	434	424.9
0.1	~	0.15	1	14	994	434	434	431.4
0.05	~	0.1	0	6	1000	434	434	434.0
0	~	0.05	0	0	1000	434	434	434.0
			434	566				

3-5　整合知識模型

　　資料探勘經常不是只產生一個模型，而是多個模型。例如使用神經網路與決策樹均可建立分類模型。此外，使用同一建模方法，但使用不同的訓練集也可建立不同模型。對知識模型的整合的研究主要集中在兩個方面，即 (1) 如何產生多個知識模型，以及 (2) 如何整合多個知識模型。

一、知識模型的個體之產生

在知識模型個體的產生方面，有三個方法可建立不同模型：

1. 使用不同建模方法，例如以神經網路、決策樹等來建構模型。
2. 使用不同建模參數，例如以不同的終止分枝的參數值來建構決策樹；以不同的目標函數、隱藏層神經元數目、初始權值等來建構神經網路。
3. 使用不同「訓練集」，例如以決策樹建模方法，但使用不同的「訓練集」取樣法（如 Boosting 或 Bagging）來產生「訓練集」，建構模型。

前二個方法簡單易懂，以下只介紹第三個方法。「訓練集」取樣法中最重要的方法是 Boosting 和 Bagging。

1. 自助整合法（Bootstrap Aggregating）（圖 3-17）

自助法（Bootstrapping），又譯為拔靴法，是一個當代、計算密集、通用的驗證方法，可用來估計評估指標的信賴區間。英文 Bootstrap 做名詞時是「拔靴帶」，做形容詞時為依靠自己力量的意思。此法依靠自身樣本做為取樣的唯一來源，是一個樣本放回的抽樣方法。設有一個大小為 n 的標準訓練集 D，自助法從 D 中以可重複抽樣取出 m 個大小為 n 的自助（Bootstrap）訓練集。如果 n 夠大，預計將有 63.2 %的標準訓練集 D 的樣本被抽中一次（含）以上，有 36.8%未被抽中。利用這 m 個自助訓練集以特定的分類方法建立 m 個模型，並以一個標準的測試集評估這 m 個模型的誤判率等評估指標，即可得到這些指標的標準差與信賴區間的估計值。

自助整合法（Bootstrap Aggregating，縮寫為 Bagging）是一種提高分類或迴歸模型穩定性和準確度的通用方法。它是一種特殊型態的模型平均法，可減少預測的變異，並有助於避免過度配適（Overfitting）。雖然它通常適用於決策樹模型，但亦可用於任何類型的模型。它同前述的自助法一樣以 m 個自助訓練集用特定的分類方法建立 m 個模型。在對標準的測試集內樣本作預測時，如是分類模型，可用多數決投票法決定最後的分類；如是迴歸模型，可用平均法決定最後的預測值。此法透過重新選取訓練集增加了模型的差異度，並透過多數決投票法或平均法提高模型的穩定性和準確度。穩定性是此法能否發揮作用的關鍵因素，自助整合法能提高「不穩定」學習演算法的預測精度，而對「穩定」的學習演算法效果不明顯，有時甚至使預測精度降低。學習演算法的穩定性是指如果訓練集有較小的變化，學習結果不會發生較大變化，例如，k 最近鄰方法是穩定的，而決策樹、神經網路等方法是不穩定的。

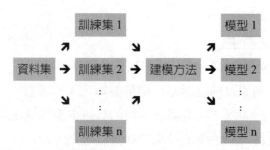

圖 3-17　自助整合法（Bootstrap Aggregating）

2. 提升法（Boosting）（圖 3-18）

　　提升法（Boosting）是一種用弱分類法建立一系列模型，並以加權平均法提高預測準確度的方法。這一系列模型的訓練集取決於前一個模型的表現，即被前一個模型錯誤判斷的樣本將以較大的概率出現在新模型的訓練集中，利用這個新訓練集以特定的分類方法建立下一個模型，新模型將能夠較好地預測對前一模型來說很困難的樣本。透過這種程序可以產生一系列模型。在對標準的測試集內樣本作預測時，如是分類模型，可用加權多數決投票法決定最後的分類；如是迴歸模型，可用加權平均法決定最後的預測值。各模型預測值的權值與各模型的誤差成反比。雖然此法可能增強模型對困難樣本的預測能力，但是也有可能使模型過分偏向於某幾個特別困難的樣本。因此，此方法可能不太穩定，有時能起到很好的作用，有時卻沒有效果。

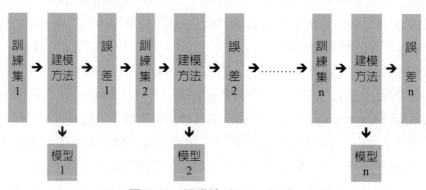

圖 3-18　提升法（Boosting）

　　自助整合法與提升法的區別在於：

(1) 自助整合法的各個模型的訓練集隨機建立的，各訓練集之間相互獨立；而提升法的訓練集的產生是相依的，各訓練集的樣本選取與前一模型的學習結果有關。

(2) 自助整合法的各個模型的預測值的地位相等，沒有權重；而提升法的各個模型地位不等，是有權重的。

(3) 自助整合法的各個模型可以並行生成；而提升法的各個模型只能順序生成。對於像神經網路這樣極為耗時的學習方法，自助整合法可通過並行訓練節省大量時間耗費。

二、知識模型的個體之整合

當產生多個知識模型個體後，整合這些知識模型的方法有二種：

1. 擇優式知識整合

選用最佳模型的預測結果。例如神經網路的驗證資料誤判率 5%，決策樹誤判率 8%，則採用神經網路的預測值。

2. 綜合式知識整合

綜合各個模型的預測結果。當各模型的準確性大約相等時，分別用這些知識模型個體對未知資料進行預測，再整合這些預測做為最終預測，可能因充分利用各知識模型得到比「擇優式知識整合」更準確的結果。但使用「綜合式知識整合」有二個要件，第一是各模型的準確性大約相等，如果差距懸殊，「擇優式知識整合」比較好；第二是各模型之間越是彼此獨立，整合的效果愈好，這就好像一群意見永遠相同的顧問沒有集思廣益的效果。例如：整合神經網路、決策樹，可能會比整合二個不同建模參數產生的神經網路來得好。綜合式知識整合可分成二種情形（圖 3-19）：

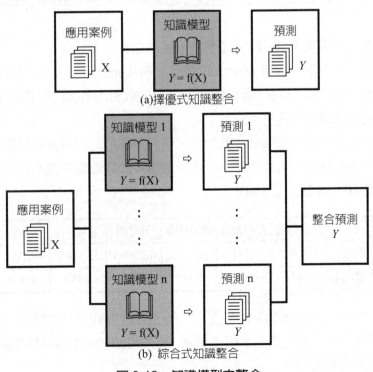

圖 3-19　知識模型之整合

(1) 分類型知識模型：當知識模型用於分類時，整合的輸出通常由各知識模型的輸出通過簡單投票法或加權投票法產生。誤判率愈小的模型在加權投票法中應該擁有愈大的權值，因此權值可採誤判率的倒數。這就好像一群水平不同的顧問，高水平的顧問應該擁有較大的投票權。例如使用不同「訓練集」產生十個決策樹，分別用這些決策樹對一筆未知資料進行預測，在簡單投票法中，預測出來的類別最多者，即此資料的最終預測類別；在加權投票法中，預測出來的類別須考慮一個投票的權值，加權計算後最多者，即此資料的最終預測類別。

(2) 迴歸型知識模型：當知識模型用於迴歸時，整合的輸出通常由各網路的輸出通過簡單平均法或加權平均法產生。因為誤差愈小的模型在加權平均中應該擁有愈大的權值，因此權值可採誤差均方根平方的倒數。雖然有學者認為，採用加權平均法可以得到比簡單平均更好的普遍化能力，但是也有學者提倡使用簡單平均法。

3-6　實例：書局行銷個案

　　延續前章的查爾斯讀書俱樂部（CBC）個案。在「知識的建模」程序中進行下列工作：

1. 選擇建模技術：採用最近鄰居、邏輯迴歸、神經網路、分類樹等四種分類探勘方法。
2. 產生測試設計：共有 2,000 筆記錄，隨機分成兩部分，1,000 筆作訓練範例，另 1,000 筆作驗證範例。
3. 建構知識模型：參考第 7 章~第 10 章的 Part A 的個案二。
4. 評估知識模型：參考第 10 章的 Part A 的個案二最後面的「各種方法比較」。由驗證範例提升圖面積比率來看，以神經網路最佳。各自變數對因變數的影響的結論相當一致，可見這些分析方法具有一定的可信度。
5. 整合知識模型：如果採用擇優式知識整合，可選擇驗證範例的提升圖最佳的「神經網路」模型。如果採用綜合式知識整合，將四個模型的驗證範例預測值取平均值，再繪提升圖如圖 3-20，其面積比率如下：

	最近鄰居	邏輯迴歸	神經網路	分類樹	四合一	完美
面積	21,739.5	23,117.5	23,805.5	18,587.5	25,418.5	46,195.5
面積比率	0.471	0.500	0.515	0.402	0.550	1.000

　　無論面積比率或提升曲線都可以發現「四合一」比四個模型都要好，可見整合知識模型可以改善預測能力。因此在未來實際應用時，可先用四個模型得到四個預測值，再取其平均值作為判斷分類的依據。

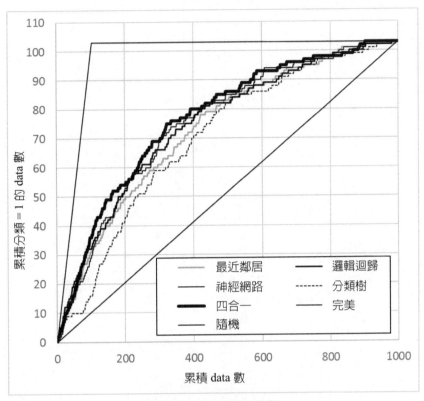

圖 3-20　實例之提升圖

問題與討論

1. 一分類問題有二分類（是／否），「是」分類有 200 筆，「是」分類有 8,400 筆，如果要分割成訓練、驗證、測試資料，應如何分割？

2. 一問題有五個自變數 A、B、C、D、E，假設其對因變數的影響力依序是 D、B、C、A、E，如採用「建設法」與「破壞法」，其變數選取過程可能為何？

3. 如下表之假說判斷表，試做比率分析。

資料\\模型		實際		合計
		真	偽	
預測	正	85	26	
	負	17	46	
合計				

4. 光碟中有「CH03 習題書局行銷例題 Lift 圖」等檔案，試做其提升圖與 ROC 曲線。

5. 光碟中有「CH03 實例：書局行銷個案（整合知識模型）」檔案，可以調整個模型的預測值的權重產生更準確的模型嗎？

第 **2** 篇

模式篇

第 **4** 章

變數特性與關係的分析

*　一圖勝千字。───西諺*

章前提示：價值股與成長股的資料視覺化

　　效率市場假說認為，市場中所有可能影響股票漲跌的因素，都能即時且完全反應在股票漲跌上面。但是各式各樣的異常效應都指出效率市場假說未必成立。其中最常被討論的異常效應為價值股效應，即低股價淨值比（P/B）的股票有較高的報酬率，以及成長股效應，即高股東權益報酬率（ROE）的股票有較高的報酬率。要探討這兩個因子的異常效應是否存在，可以使用資料視覺化技術來觀察股市的歷史數據，找出清楚明白，一目了然的視覺化證據（詳情參考本章例題 4-7、4-8、4-9 與 4-10）。

Part A　變數特性分析
4-1　簡介

　　在第二章「資料理解」中的「步驟 3：描述資料」，指出為了對資料有初步的了解，要統計變數特性、分析變數關係。本章 Part A 將討論「統計變數特性」，Part B 將討論「分析變數關係」。變數最重要的統計特性是其中央特性與散布特性，連續變數與離散變數的這些特性的統計方法不同。

4-2　變數敘述統計

一、連續變數

　　連續變數的中央特性與散布特性可用下列數值來描述：

1. 平均值（Mean）：變數值的總和除以變數值的個數值之值，但對例外值較敏感。
2. 中位值（Median）：變數值大於、小於此值的頻率相等，但對例外值較不敏感。
3. 最小值、最大值：變數的值域，可描述散布特性，但對例外值較敏感。
4. 標準差：變數值對平均值的偏差之均方根，可描述散布特性，但對例外值較不敏感。

　　平均值與標準差是隨機變數的基本統計量，如果數據取自全體樣本者稱母體平均值與母體標準差，取自部分樣本者稱樣本平均值與母體標準差：

$$母體平均值：\quad \mu = \frac{\sum X}{N} \tag{4-1}$$

$$母體標準差： \sigma = \sqrt{\frac{\sum (X-\mu)^2}{N}} \tag{4-2}$$

$$樣本平均值： \overline{X} = \frac{\sum X}{n} \tag{4-3}$$

$$樣本標準差： s = \sqrt{\frac{\sum (X-\overline{X})^2}{n-1}} \tag{4-4}$$

二、離散變數

離散變數的中央特性與散布特性可用下列數值來描述：

1. 眾數（Mode）：頻率最大的類別，可描述中央特性。例如 A、B、O、AB 型血型各佔 26、27、40、7%，則 O 型即血型的眾數。
2. 類別的頻率：各類別的頻率，可描述散布特性。

4-3 機率分布型態之性質

變數經常具有隨機的性質，例如連續變數中的身高，離散變數中的血型。常態分布函數（如圖 4-1）是連續隨機變數的一種分布函數，也是最重要的分布型態。

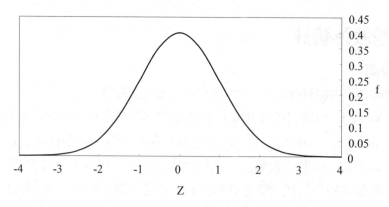

圖 4-1 常態分布函數

對常態分布函數而言，有二個參數：平均值與標準差。當這二個參數已知時，要計算此隨機變數 X 小於某值 x 的機率可用下式：

$$P(X < x) = \Phi(Z) \tag{4-5}$$

$$其中 \quad Z = \frac{x - \mu}{\sigma}$$

當 Z 值愈大時，此隨機變數小於 X 值的機率愈大，例如 Z = −3 時，有 0.135% 的機率，Z = 0 時，有 50% 的機率，Z = 3 時，有 99.865% 的機率。

表 4-1 常態分布函數累積機率

Z	−3	−1.96	−1.65	−1	0	1	1.65	1.96	3
機率	0.135%	2.5%	5%	15.9%	50%	84.1%	95%	97.5%	99.865%

4-4 機率分布參數之估計

各種隨機變數的分布函數有其獨特的參數用以描述其分布，對常態分布函數而言有二個參數：平均值與標準差。理論上，我們永遠不知道一個隨機變數的參數值，因為母體的樣本數有無限多個，但我們可以估計其參數值。由於一個隨機變數的平均值之估計值本身也是個隨機變數，因此可以只估其最可能值，稱為點估計；或估其可能範圍，稱為區間估計。常態分布函數的參數估計公式如下：

一、點估計

$$平均值的點估計公式：\overline{X} = \frac{\sum X}{n} \tag{4-6}$$

$$標準差的點估計公式：s = \sqrt{\frac{\sum (X - \overline{X})^2}{n-1}} \tag{4-7}$$

二、區間估計

一個隨機變數的平均值之估計值本身也是個隨機變數，其平均值即前述之點估計公式，標準差為：

$$s_{\overline{X}} = \frac{s}{\sqrt{n}} \tag{4-8}$$

因此平均值的區間估計即平均值之平均值加減 Z 倍的標準差：

$$(\overline{X} - Z \cdot s_{\overline{X}}, \overline{X} + Z \cdot s_{\overline{X}}) \tag{4-9}$$

Z 愈大則愈有把握平均值會落在區間內，例如 Z = 1.65 將有 90% 的機率平均值會落在估計的範圍，Z = 1.96 將有 95% 的機率平均值會落在估計的範圍。

4-5 機率分布參數之測試

與前節相反的問題是：判斷一個隨機變數的參數值大於或小於某一值的機率，或落在某區間的機率，此問題稱假說測試。例如要判斷一個常態分布的隨機變數的平均值小於某值的機率可用區間估計的逆觀念，即計算 Z 值：

$$Z = \frac{x - \overline{X}}{s_{\overline{X}}}$$

(4-10)

當 Z 值愈大時，此隨機變數的平均值小於 x 值的機率愈大，例如 Z = 1.65 時，有 95% 的機率；Z = 1.96 時，有 97.5% 的機率。

如要判斷一個常態分布的隨機變數的平均值落在某區間的機率可用 Z 的絕對值，此值愈大則愈有把握平均值會落在區間內，例如 Z = 1.65 時，有 90% 的機率；Z = 1.96 時，有 95% 的機率。

4-6 機率分布型態之測試

要判斷某隨機分布是否屬於某分布函數可使用奇方適合度試驗（Chi-square goodness-of-fit Test），公式為：

$$\sum_{i=1}^{k} \frac{(n_i - e_i)^2}{e_i} < \chi^2_{1-\alpha, k-1}$$

(4-11)

其中 n_i = 第 i 個區間中的實際出現次數，e_i = 第 i 個區間中的理論出現次數。左式的值愈小，則待判斷的隨機分布愈有可能屬於該理論分布函數，當值為 0 時，代表待判斷的隨機分布等同該理論分布函數。右式之值可查 $\chi^2_{1-\alpha, k-1}$ 分布表。

例如在圖 4-2 中，白色是常態分布的理論頻率值，灰色是某隨機變數的實際頻率值，當二種分布的（4-11）式的值愈小，代表二種分布愈可能是同一種分布。

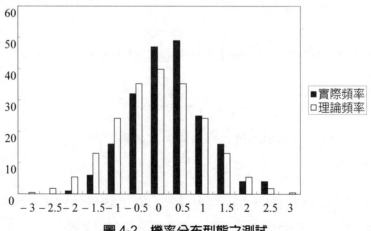

圖 4-2 機率分布型態之測試

4-7 資料視覺化

為了易於發掘隱藏在資料之間的相互關係及趨勢，在發現知識過程中進行人機互動，和使發現的知識易於理解，可使用資料視覺化技術。資料視覺化可用圖像來顯示多維的資料，幫助對資料含義的深入理解，是資料探勘的重要輔助工具。

一、連續變數

連續變數的資料視覺化技術包括：

1. 箱形圖（Box Plot）：可用來了解數據的分布，由下而上為最小值、1/4 位值、1/2 位值（中位值）、3/4 位值、最大值，此外以刻槽表現平均值。
2. 直方圖（Histogram）：可用來了解數據的分布（圖 4-3）。
3. 常態機率圖：可用來了解數據是否是常態分布（圖 4-4）。
4. 時間數列圖：可用來了解時間數列數據的趨勢。

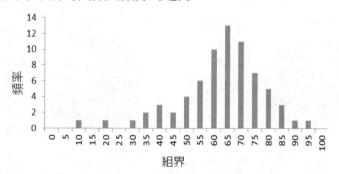

圖 4-3　直方圖 (Histogram)：大學某科目的期中考成績分布

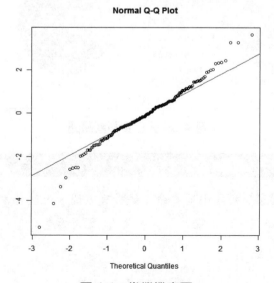

圖 4-4　常態機率圖

二、離散變數

　　離散變數的資料視覺化技術包括：

1. 直條圖：可用來了解數據的絕對分布。

2. 圓餅圖：可用來了解數據的相對分布。例如圖 4-5 可使網路投票者的人口統計特性一目了然。

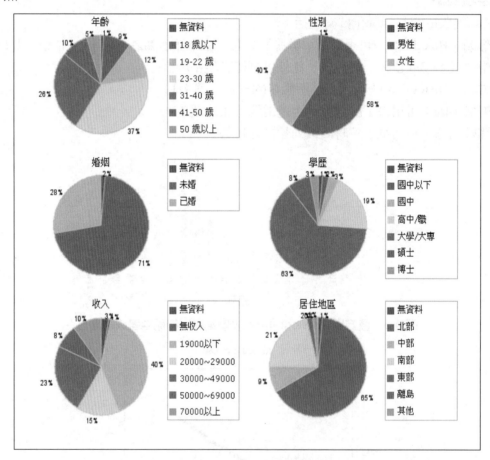

圖 4-5　人口資料圓餅圖

例題 4-1　世界各國國民平均壽命之統計

圖 4-6 是世界 190 個國家的國民平均壽命之統計直方圖。一些基本的統計結果如下：

樣本數＝190，樣本最小值＝36.5 歲，樣本最大值＝77.8 歲。

樣本平均值 $\overline{X} = \dfrac{\sum X}{n} = 63.78$ 歲。

樣本標準差 $s = \sqrt{\dfrac{\sum (X - \overline{X})^2}{n-1}} = 11.06$ 歲。

樣本值 95% 區間估計：

$(\overline{X} - Z \cdot s, \overline{X} + Z \cdot s) = (63.74 - 1.96(11.06), 63.78 + 1.96(11.06)) = (42.1, 85.5)$。

樣本值小於 65 歲的機率：

$Z = \dfrac{X - \overline{X}}{s} = \dfrac{65 - 63.78}{11.06} = 0.11$，查表得 0.544，即有 54.4% 的機率會小於 65 歲。

樣本平均值之期望值 $\overline{X} = \dfrac{\sum X}{n} = 63.78$ 歲。

樣本平均值之標準差 $s_{\overline{X}} = \dfrac{s}{\sqrt{n}} = \dfrac{11.06}{\sqrt{190}} = 0.80$。

樣本平均值 95% 區間估計：

$(\overline{X} - Z \cdot s_{\overline{X}}, \overline{X} + Z \cdot s_{\overline{X}}) = (63.74 - 1.96(0.80), 63.78 + 1.96(0.80)) = (62.21, 65.35)$。

樣本平均值小於 65 歲的機率：

$Z = \dfrac{X - \overline{X}}{s_{\overline{X}}} = \dfrac{65 - 63.78}{0.80} = 1.53$，查表得 0.937，即有 93.7% 的機率會小於 65 歲。

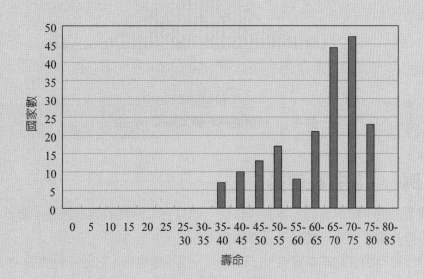

圖 4-6　世界各國國民平均壽命之直方圖

例題 4-2 股東權益報酬率頻率直方圖

台灣股市從 2000 年第一季~2012 年第三季（共 12.75 年，51 季）的股東權益報酬率的統計如圖 4-7，顯示股東權益報酬率（季）的中位數為 1.81%，有 50% 的機率會落在 −0.16~4.05% 之間，有 26% 的機率小於 0。如以年為期間，則年股東權益報酬率的中位數為 7.4%，有 50% 的機率會落在 −0.64~17.2% 之間。一個有趣的現象是，整個股東權益報酬率的分布很像常態分布，但在接近 0 而偏正的地方很奇特，出現的頻率似乎突然高上去了。一個可能的原因是所謂的「盈餘管理」，公司的經營階層很不喜歡股東看到負值的股東權益報酬率，有時會利用會計上的彈性操縱一下盈餘，使實際上微負的股東權益報酬率調整到微正的值，讓財報不要太難看。

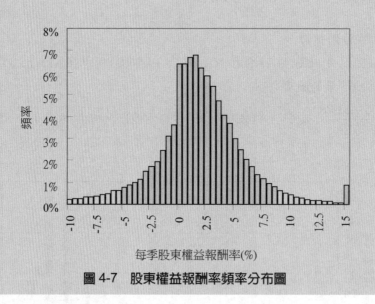

圖 4-7　股東權益報酬率頻率分布圖

4-8　實例一：旅行社個案

為讓讀者易於了解演算法，本書特設計一個只含二個變數的小例題「旅行社個案」。此個案是本書的重要個案，幾乎每一章都會用到它。

陽光旅行社有顧客的基本資料，它正推出一種旅遊專案，它從資料庫中抽出部分顧客資料進行試銷。此外也詢問他們的每年旅遊預算。本書光碟中的第四章 A 實例一的試算表檔案中有下列欄位：

代碼	意義	用途
Age	年齡（歲）	自變數 X1
Income	月收入（萬）	自變數 X2
Yes	購買旅遊專案 1（購買者）；0（非購買者）	因變數（分類問題時）
Expense	每年旅遊預算（萬）	因變數（迴歸問題時）

　　檔案中有 100 筆記錄。表 4-2 是統計特性結果，圖 4-8~圖 4-9 是箱形圖與直方圖。

表 4-2　實例一之統計特性結果

統計特性	Age	Income
平均值	45.48	9.54
平均值標準差 $s_{\overline{X}}$	1.52	0.495
中間值	45	9
眾數	48	12
標準差 s	15.21	4.95
變異數	231.60	24.59
峰度係數	− 0.7617	− 0.7401
偏態係數	− 0.0803	0.0344
範圍	58	20
最小值	16	0
最大值	74	20
總和	4548	954
個數	100	100

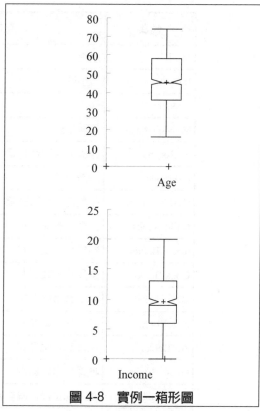

圖 4-8　實例一箱形圖

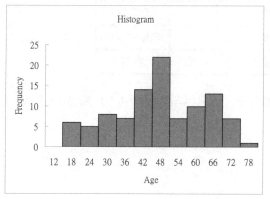

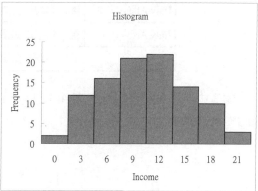

圖 4-9　實例一直方圖

4-9　實例二：書局行銷個案

　　書局行銷個案是本書的重要個案，幾乎每一章都會用到它。個案背景參見第二章最後一節。書局正推出一套介紹義大利著名城市佛羅倫斯（Florence）的新書，它從資料庫中抽出 2,000 位顧客資料進行試銷。試銷結果有約 1/10 的會員買這套書。本書光碟中的第四章 A 實例二的試算表檔案中有下列欄位：

代碼	意義	用途
Seq#	序號	非自變數
ID#	識別碼	非自變數
Gender	性別	自變數 X1
M (Monetary)	消費金額	自變數 X2
R (Recency)	距離前次消費時間	自變數 X3
F (Frequency)	消費次數	自變數 X4
First Purchase	距離首次購買時間（月）	自變數 X5
Child Books	兒童類書購買數	自變數 X6
Youth Books	青年類書購買數	自變數 X7
Cook Books	食譜類書購買數	自變數 X8
DIY Books	DIY 類書購買數	自變數 X9
Ref. Books	參考類書購買數	自變數 X10
Art Books	藝術類書購買數	自變數 X11
Geog. Books	地理類書購買數	自變數 X12
Italy Cook	義大利食譜書購買數	自變數 X13
Italy Atlas	義大利地圖書購買數	自變數 X14
Italy Art	義大利藝術書購買數	自變數 X15
Florence	購買佛羅倫斯這本書（1 =是，0 =否）	因變數 Y

　　檔案中有 2,000 筆記錄，表 4-3 是全部變數的統計特性結果，圖 4-10~圖 4-11 是其中四個變數的箱形圖與直方圖。

表 4-3 實例二之統計特性結果（基於 200 筆訓練資料）

變數＼特性	Gender	M	R	F	First Purchase	Child Books	Youth Books	Cook Books
平均數	0.76	210.57	13.13	3.90	25.96	0.69	0.29	0.73
標準誤	0.03	6.67	0.54	0.25	1.22	0.07	0.04	0.08
中間值	1.00	216.00	12.00	2.00	20.00	0.00	0.00	0.00
眾數	1.00	265.00	16.00	2.00	16.00	0.00	0.00	0.00
標準差	0.43	94.34	7.65	3.49	17.29	1.03	0.58	1.07
變異數	0.19	8899.11	58.48	12.15	298.81	1.07	0.34	1.15
峰度	-0.58	-0.49	0.91	-0.13	0.41	3.15	6.58	2.21
偏態	-1.19	0.14	1.00	1.13	1.04	1.82	2.39	1.61
範圍	1.00	421.00	34.00	11.00	82.00	5.00	3.00	5.00
最小值	0.00	31.00	2.00	1.00	2.00	0.00	0.00	0.00
最大值	1.00	452.00	36.00	12.00	84.00	5.00	3.00	5.00
總和	151.00	42114.0	2626.00	780.00	5192.00	137.00	57.00	146.00
個數	200	200	200	200	200	200	200	200

表 4-3 實例二之統計特性結果（基於 200 筆訓練資料）（續）

變數＼特性	DIY Books	Ref. Books	Art Books	Geog. Books	Italy Cook	Italy Atlas	Italy Art	Florence
平均數	0.390	0.225	0.295	0.380	0.100	0.035	0.060	0.105
標準誤	0.051	0.040	0.047	0.050	0.024	0.015	0.018	0.022
中間值	0	0	0	0	0	0	0	0
眾數	0	0	0	0	0	0	0	0
標準差	0.714	0.571	0.671	0.713	0.332	0.210	0.258	0.307
變異數	0.510	0.326	0.450	0.508	0.111	0.044	0.067	0.094
峰度	4.349	8.968	16.261	4.529	12.455	48.449	22.509	4.790
偏態	2.022	2.916	3.404	2.070	3.480	6.640	4.583	2.597
範圍	4	3	5	4	2	2	2	1
最小值	0	0	0	0	0	0	0	0
最大值	4	3	5	4	2	2	2	1
總和	78	45	59	76	20	7	12	21
個數	200	200	200	200	200	200	200	200

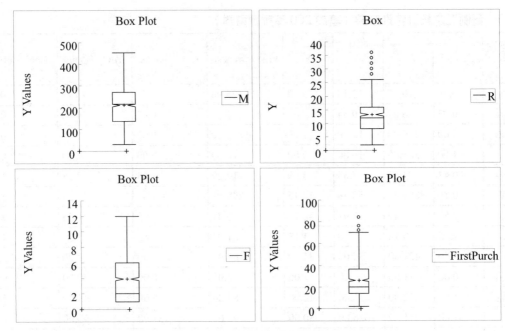

圖 4-10 實例二箱形圖

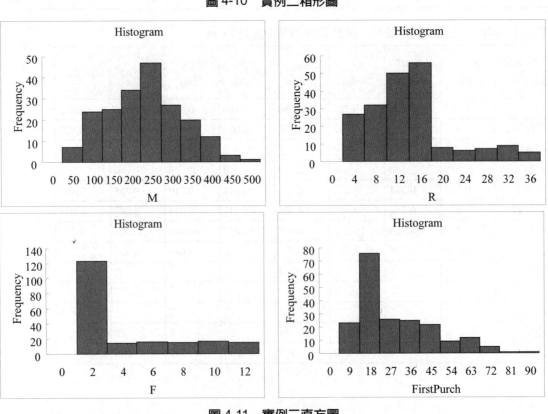

圖 4-11 實例二直方圖

<table>
<tr><td colspan="2" style="text-align:center">知　識</td></tr>
</table>

	知　識
	方　塊　Excel 變數特性分析

Excel 提供兩個重要的變數特性分析功能：

- 敘述統計：在 Excel 的增益集中的「分析工具箱」提供許多有用的統計工具，其中「敘述統計」可以針對多個變數計算它們的重要統計參數，例如表 4-2 為「旅行社個案」的敘述統計，可參考光碟中的檔案。
- 直方圖：「分析工具箱」中的「直方圖」可以方便地繪出變數的直方圖。例如圖 4-9 為「旅行社個案」的 Age 與 Income 的直方圖，可參考光碟中的檔案。

Part A 問題與討論

1. 某大學籃球社近兩年來共來了 80 名新生，入社時都記錄了身高、體重、年齡、彈性、球技、耐力等六項資料，試對各變數特性進行分析。檔案見本書光碟中的第四章習題。

某大學籃球社社員資料

	身高	體重	年齡	彈性	球技	耐力	分數
1	1.92	64	18.9	44	94	24	97
2	1.67	49	18.2	71	9	95	57
3	1.81	62	19.5	44	55	85	55
4	1.75	54	18.1	28	61	7	52
5	1.84	70	19.6	29	88	8	96
:	:	:	:	:	:	:	:
36	1.70	61	18.8	31	43	72	54
37	1.66	53	18.1	55	92	58	96
38	1.66	63	19.9	61	88	50	96
39	1.79	71	18.7	32	83	93	99
40	1.78	56	18.4	97	82	8	95

	身高	體重	年齡	彈性	球技	耐力	分數
41	1.66	63	18.8	80	96	63	99
42	1.87	62	19.7	74	44	12	52
43	1.72	64	18.2	24	26	67	54
44	1.68	49	19.4	49	8	91	55
45	1.68	64	18.7	54	32	65	56
:	:	:	:	:	:	:	:
76	1.78	64	19.7	67	60	15	58
77	1.68	60	18.9	60	16	6	59
78	1.69	63	18.4	65	60	59	59
79	1.76	56	18.5	60	93	14	97
80	1.93	82	19.7	5	91	82	94

Part B 變數關係分析
4-10 簡介

在第二章「資料理解」中的「步驟 3：描述資料」，指出為了對資料有初步的了解，要統計變數特性、分析變數關係。本章 Part B 將討論「分析變數關係」。二變數之間的關係依這二個變數是連續變數或離散變數而有不同的分析方法，包括：

- 連續輸入與連續輸出的關係：連續變異分析。
- 離散輸入與連續輸出的關係：離散變異分析。
- 離散輸入與離散輸出的關係：離散資訊分析。
- 連續輸入與離散輸出的關係：連續資訊分析。

4-11 連續輸入與連續輸出的關係

一、判定係數

要判斷二個連續變數間是否相關可用判定係數 R^2，其定義為解釋方差和佔總方差和之比例：

$$R^2 = \frac{SS_R}{SS_T} = \frac{SS_T - SS_E}{SS_T} = 1 - \frac{SS_E}{SS_T} \tag{4-12}$$

其中

$$總方差和 = SS_T = \sum_{i=1}^{n}(y_i - \overline{y})^2 \tag{4-13}$$

$$殘差方差和 = SS_E = \sum_{i=1}^{n}(y_i - \hat{y}_i)^2 \tag{4-14}$$

$$解釋方差和 = SS_R = \sum_{i=1}^{n}(\hat{y}_i - \overline{y})^2 \tag{4-15}$$

$\overline{y}$＝輸出變數平均值；y_i＝第 i 筆樣本的輸出變數值；$\hat{y}_i$＝第 i 筆樣本的單變數線性迴歸預測值＝$ax_i + b$。

判定係數介於 0 到 1 之間，判定係數愈大代表模型對變異的解釋能力愈大。

二、相關係數

要判斷二個隨機變數間是否線性相關可用相關係數：

$$母體相關係數：\rho = \frac{\sum(x_i - \mu_x)(y_i - \mu_y)}{n \cdot \sigma_X \sigma_Y} \tag{4-16}$$

$$樣本相關係數：r = \frac{\sum(x_i - \overline{X})(y_i - \overline{Y})}{(n-1)s_X s_Y} \tag{4-17}$$

其中 x_i = 第 i 筆樣本的輸入變數值；y_i = 第 i 筆樣本的輸出變數值。

相關係數在 $-1 \sim +1$ 之間，相關係數為正則為正相關，為負則為負相關，絕對值愈大則線性相關性愈強。圖 4-12 表示了相關係數為 0.9、0.5、0、-0.5、-0.9 等幾種情況。但要注意相關係數的絕對值小並不代表二變數間不相關，只是沒有線性相關，但仍可能有曲線相關的可能性，例如圖 4-12(f)。當有二個以上的數值變數時，可使用相關係數矩陣加以分析，但要注意相關係數的絕對值小並不代表二變數間不相關，只是沒有線性相關，但仍可能有曲線相關的可能性。

當樣本數相當大（例如大於 30）時，相關係數與判定係數有如下近似關係。

$$r^2 = R^2 \tag{4-18}$$

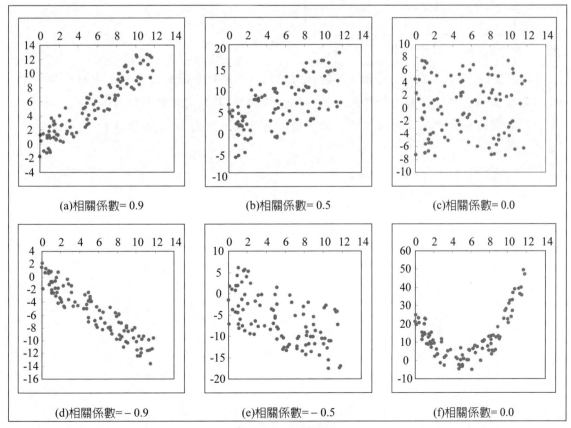

(a)相關係數= 0.9   (b)相關係數= 0.5   (c)相關係數= 0.0

(d)相關係數=－0.9   (e)相關係數=－0.5   (f)相關係數= 0.0

圖 4-12　相關係數

例題 4-3　連續輸入與連續輸出之關係

已知九筆樣本如下表，試分析其變數關係。

	月收入（X1）	學歷（X2）	支出（Y）
1	2.0	3	30
2	2.5	5	20
3	3.2	2	35
4	4.0	4	60
5	4.5	3	75
6	5.5	2	70
7	6.0	6	73
8	7.0	5	80
9	7.2	1	66
平均值	4.66	3.44	56.56

解

月收入（X1）對支出（Y）、學歷（X2）對支出（Y）的散布圖如圖 4-13。由圖可知「月收入對支出高度線性相關，學歷對支出無線性相關」。其判定係數的計算如下表。由表可知「月收入對支出高度線性相關，學歷對支出無線性相關」，這和圖 4-13 的直觀的結論是相同的。

	總方差和	殘差方差和	
		月收入（X1）	學歷（X2）
1	705.20	0.00	688.54
2	1336.31	224.11	1418.28
3	464.64	48.72	421.48
4	11.86	100.17	9.30
5	340.20	400.07	351.94
6	180.75	24.88	209.38
7	270.42	8.88	214.04
8	549.64	0.00	499.08
9	89.20	257.16	124.99
總和	3948.22	1063.99	3937.02
判定係數		0.7305	0.0028

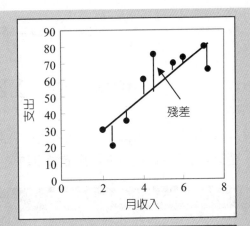

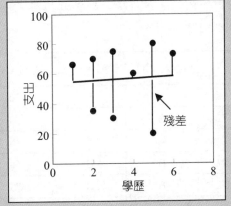

圖 4-13　例題 4-3

4-12　離散輸入與連續輸出的關係

要判斷具有 m 個離散值的輸入變數與連續輸出變數間是否相關可用判定係數 R^2，其定義為解釋方差和佔總方差和之比例：

$$R^2 = \frac{SS_R}{SS_T} = \frac{SS_T - SS_E}{SS_T} = 1 - \frac{SS_E}{SS_T} \tag{4-19}$$

其中

$$總方差和 = SS_T = \sum_{i=1}^{m} \sum_{j=1}^{n_i} (y_{ij} - \overline{y})^2 \tag{4-20}$$

$$殘差方差和 = SS_E = \sum_{i=1}^{m} \sum_{j=1}^{n_i} (y_{ij} - \overline{y}_i)^2 \tag{4-21}$$

$$解釋方差和 = SS_R = \sum_{i=1}^{m} \sum_{j=1}^{n_i} (\overline{y}_i - \overline{y})^2 = \sum_{i=1}^{m} n_i \cdot (\overline{y}_i - \overline{y})^2 \tag{4-22}$$

$\overline{y}$ = 輸出變數平均值；y_{ij} = 輸入變數為第 i 個離散值下第 j 筆樣本的輸出變數值；$\overline{y}_i$ = 輸入變數為第 i 個離散值下輸出變數平均值。

例題 4-4　離散輸入與連續輸出之關係

延續前一例題，但將輸入變數轉換成三個水準的離散變數，其九筆樣本如下表，試分析其變數關係。

	月收入（X1）	學歷（X2）	支出（Y）
1	A	B	30
2	A	C	20
3	A	A	35
4	B	B	60
5	B	B	75
6	B	A	70
7	C	C	73
8	C	C	80
9	C	A	66
平均值			56.56

解

月收入（X1）對支出（Y）、學歷（X2）對支出（Y）的散布圖如圖 4-14。由圖可知「月收入對支出高度線性相關，學歷對支出無線性相關」。其判定係數的計算如下表。由表可知「月收入對支出」的判定係數 $R^2 = 0.916$，顯示高度線性相關；「學歷對支出」的判定係數 $R^2 = 0.003$，顯示無線性相關」。這和圖 4-14 的直觀的結論是相同的。

	總方差和	殘差方差和	
		月收入(X1)	學歷(X2)
1	705.20	2.78	625.00
2	1336.31	69.44	1418.78
3	464.64	44.44	484.00
4	11.86	69.44	25.00
5	340.20	44.44	400.00
6	180.75	2.78	169.00
7	270.42	0.11	235.11
8	549.64	53.78	498.78
9	89.20	44.44	81.00
總和	3948.22	331.67	3936.67
	判定係數	0.9160	0.003

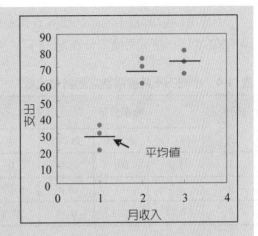

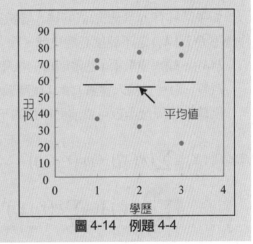

圖 4-14　例題 4-4

4-13　離散輸入與離散輸出的關係

要判斷離散輸入與離散輸出變數間是否相關可用資訊理論，首先定義一個離散資訊系統 $Y = \{Y1, Y2, \ldots, Yn\}$ 的不純度函數（Impurity Function），可定義成如下幾種函數：

1. Gini 函數(Gini-index Function）

$$Gini(Y) = 1 - \sum_j P(Y_j)^2 \tag{4-23}$$

2. 熵函數（Entropy Function）

$$INFO(Y) = -\sum_j P(Y_j) \log_2 P(Y_j) \tag{4-24}$$

　　不純度函數值愈小表示此離散資訊系統的分布情形愈純，例如：一個離散資訊系統 Y = {Y1,Y2,Y3}，在不同機率分布狀況下，各種不純度函數值如表 4-4 所示。

表 4-4　不同的不純度函數之函數值比較

分布狀況	機率分布			不純度函數		備註
	P(Y1)	P(Y2)	P(Y3)	熵	Gini	
1	1.0	0.0	0.0	0	0	完全純化
2	0.9	0.1	0.0	0.469	0.18	相當純化
3	0.34	0.33	0.33	1.58	0.67	極為不純

　　如果某具有 m 個離散值的輸入變數確實與具有 n 個離散值的輸出變數相關，則其條件機率 $P(Y_j \mid X_i)$ 之不純度必然更低。今：

$P(X_i)$ = 輸入變數第 i 個離散值的機率。

$P(Y_j \mid X_i)$ = 在輸入變數為第 i 個離散值下，輸出變數為第 j 個離散值的條件機率。

　　則條件不純度函數可依前面所述的不純度函數，定義成如下幾種函數：

$$
\begin{aligned}
Gini(Y \mid X) &= \sum_i \left(P(X_i) \cdot Gini(Y \mid X_i) \right) \\
&= \sum_i \left(P(X_i) \cdot [1 - \sum_j P(Y_j \mid X_i)^2] \right)
\end{aligned}
\tag{4-25}
$$

$$
\begin{aligned}
INFO(Y \mid X) &= \sum_i \left(P(X_i) \cdot INFO(Y \mid X_i) \right) \\
&= \sum_i \left(P(X_i) \cdot \sum_j [P(Y_j \mid X_i) \cdot \log_2 P(Y_j \mid X_i)] \right)
\end{aligned}
\tag{4-26}
$$

例題 4-5　離散輸入與離散輸出之關係

延續前一例題，但將輸入變數與輸出變數均轉換成離散變數，其九筆樣本如下表，試分析其變數關係。

	月收入（X1）	學歷（X2）	支出（Y）
1	A	B	0
2	A	C	0
3	A	A	0
4	B	B	0
5	B	B	1
6	B	A	1
7	C	C	1
8	C	C	1
9	C	A	0

解

月收入（X1）對支出（Y）、學歷（X2）對支出（Y）的散布圖如圖 4-15。由圖可知「月收入對支出高度相關，學歷對支出低度相關」。

月收入（X1）	Y = 0	Y = 1
A	•••	φ
B	•	••
C	•	••

學歷（X2）	Y = 0	Y = 1
A	••	•
B	••	•
C	•	••

圖 4-15　例題 4-5

其 Gini 函數與熵函數（INFO）的計算如下。

原 Gini 函數與熵函數（INFO）

P(Y = 0)	P(Y = 1)	$Gini(Y)$	$INFO(Y)$
5/9	4/9	0.494	0.991

月收入對支出的 Gini 函數

X_i	$P(X_i)$	$P(Y=0|X_i)$	$P(Y=1|X_i)$	$Gini(Y|X_i)$	$P(X_i) \cdot Gini(Y|X_i)$
A	1/3	3/3	0/3	0.000	0.000
B	1/3	1/3	2/3	0.444	0.148
C	1/3	1/3	2/3	0.444	0.148
					$Gini(Y|X) = 0.296$

月收入對支出的熵函數（INFO）

X_i	$P(X_i)$	$P(Y=0\|X_i)$	$P(Y=1\|X_i)$	$INFO(Y\|X_i)$	$P(X_i)\cdot INFO(Y\|X_i)$
A	0.333	1.000	0.000	0.000	0.000
B	0.333	0.333	0.667	0.918	0.306
C	0.333	0.333	0.667	0.918	0.306
					$INFO(Y\|X)=0.611$

學歷對支出的 Gini 函數

X_i	$P(X_i)$	$P(Y=0\|X_i)$	$P(Y=1\|X_i)$	$Gini(Y\|X_i)$	$P(X_i)\cdot Gini(Y\|X_i)$
A	0.333	0.667	0.333	0.444	0.148
B	0.333	0.667	0.333	0.444	0.148
C	0.333	0.333	0.667	0.444	0.148
					$Gini(Y\|X)=0.444$

學歷對支出的熵函數（INFO）

X_i	$P(X_i)$	$P(Y=0\|X_i)$	$P(Y=1\|X_i)$	$INFO(Y\|X_i)$	$P(X_i)\cdot INFO(Y\|X_i)$
A	0.333	0.667	0.333	0.918	0.306
B	0.333	0.667	0.333	0.918	0.306
C	0.333	0.333	0.667	0.918	0.306
					$INFO(Y\|X)=0.917$

總結上述分析，計算 Gini 函數與熵函數（INFO）的降低率如下表：

	月收入	學歷
Gini 函數	$Gini(Y\|X)\%$ $=\dfrac{0.494-0.296}{0.494}=40\%$	$Gini(Y\|X)\%$ $=\dfrac{0.494-0.444}{0.494}=10\%$
熵函數	$INFO(Y\|X)\%$ $=\dfrac{0.991-0.611}{0.991}=38\%$	$INFO(Y\|X)\%$ $=\dfrac{0.991-0.917}{0.991}=7\%$

由表可知「月收入對支出」的 Gini 函數 0.296，降低率為 40%，顯示高度相關；「學歷對支出」的 Gini 函數 0.444，降低率為 10%，低度相關。如果不純度函數採用熵函數，也得到相同的結論。這和圖 4-15 的直觀的結論是相同的。

4-14 連續輸入與離散輸出的關係

要判斷連續輸入與離散輸出變數間是否相關可用資訊理論，資訊理論詳述如上節。唯一的差別是必須要將連續輸入 X 離散化：

$$當 X < a 時, \widetilde{X} = 0 \tag{4-27}$$

$$當 X \geq a 時, \widetilde{X} = 1 \tag{4-28}$$

不同的界限值 a 會產生不同的相關度，可用相關度最大的界限值 a 為準。

例題 4-6 連續輸入與離散輸出之關係

延續前一例題，但將輸出變數轉換成 0 與 1 二個水準的離散變數，高支出者為 1，低支出者為 0，其九筆樣本如下表，試分析其變數關係。

	月收入（X1）	學歷（X2）	支出（Y）
1	2.0	3	0
2	2.5	5	0
3	3.2	2	0
4	4.0	4	0
5	4.5	3	1
6	5.5	2	1
7	6.0	6	1
8	7.0	5	1
9	7.2	1	0
平均值	4.66	3.44	

解

月收入（X1）對支出（Y）、學歷（X2）對支出（Y）的散布圖如圖 4-16。由圖可知「月收入對支出高度相關，學歷對支出無相關」。

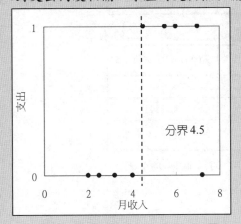
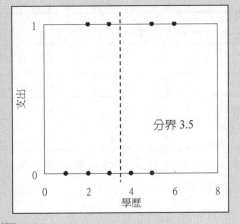

圖 4-16 例題 4-6

其 Gini 函數與熵函數（INFO）的計算如下表。

原 Gini 函數與熵函數（INFO）

P(Y = 0)	P(Y = 1)	Gini (Y)	INFO (Y)
5/9	4/9	0.494	0.991

月收入對支出的 Gini 函數（以 $a=4.5$ 將月收入離散成 A 與 B 二個水準）

X_i	$P(X_i)$	$P(Y=0\|X_i)$	$P(Y=1\|X_i)$	$Gini(Y\|X_i)$	$P(X_i)\cdot Gini(Y\|X_i)$
A	5/9	4/5	1/5	0.320	0.178
B	4/9	1/4	3/4	0.375	0.167
					$Gini(Y\|X) = 0.344$

月收入對支出的熵函數（INFO）（以 $a=4.5$ 將月收入離散成 A 與 B 二個水準）

X_i	$P(X_i)$	$P(Y=0\|X_i)$	$P(Y=1\|X_i)$	$INFO(Y\|X_i)$	$P(X_i)\cdot INFO(Y\|X_i)$
A	5/9	4/5	1/5	0.320	0.401
B	4/9	1/4	3/4	0.375	0.361
					$INFO(Y\|X) = 0.762$

學歷對支出的 Gini 函數（以 $a=3.5$ 將學歷離散成 A 與 B 二個水準）

X_i	$P(X_i)$	$P(Y=0\|X_i)$	$P(Y=1\|X_i)$	$Gini(Y\|X_i)$	$P(X_i)\cdot Gini(Y\|X_i)$
A	5/9	3/5	2/5	0.480	0.267
B	4/9	2/4	2/4	0.500	0.222
					$Gini(Y\|X) = 0.489$

學歷對支出的熵函數（INFO）（以 $a=3.5$ 將學歷離散成 A 與 B 二個水準）

X_i	$P(X_i)$	$P(Y=0\|X_i)$	$P(Y=1\|X_i)$	$INFO(Y\|X_i)$	$P(X_i)\cdot INFO(Y\|X_i)$
A	5/9	4/5	1/5	0.971	0.539
B	4/9	1/4	3/4	1.000	0.444
					$INFO(Y\|X) = 0.984$

總結上述分析，計算 Gini 函數與熵函數（INFO）的降低率如下表：

	月收入	學歷
Gini 函數	$Gini(Y\|X)\%$ $=\dfrac{0.494-0.344}{0.494}=30\%$	$Gini(Y\|X)\%$ $=\dfrac{0.494-0.489}{0.489}=1\%$
熵函數	$INFO(Y\|X)\%$ $=\dfrac{0.991-0.762}{0.991}=23\%$	$INFO(Y\|X)\%$ $=\dfrac{0.991-0.984}{0.991}=1\%$

由表可知「月收入對支出」的 Gini 函數 0.344，降低率為 30%，顯示高度相關；「學歷對支出」的 Gini 函數 0.489，降低率為 1%，低度相關。如果不純度函數採用熵函數，也會得到相同的結論。這和圖 4-16 的直觀的結論是相同的。

4-15 資料視覺化

　　為了易於發掘隱藏在資料之間的相互關係及趨勢，在發現知識過程中進行人機互動，和使發現的知識易於理解，可使用資料視覺化技術。資料視覺化可用圖像來顯示多維的資料，幫助對資料含義的深入理解，是資料探勘的重要輔助工具。

　　變數之間的關係因變數是連續變數或離散變數而有不同的資料視覺化方法。

一、連續變數 vs. 連續變數

　　二連續變數之間關係的資料視覺化技術包括：

1. 散布圖：以二個連續變數為縱橫座標，以「點」標記資料點。
2. 矩陣式散布圖：當有三個以上變數時可以兩兩成對繪散布圖排成矩陣。
3. 散布圖+直方圖：除了散布圖，在縱橫軸加上變數的直方圖。

　　三連續變數之間關係的資料視覺化技術包括：

1. 三維點狀圖：以三個連續變數為 XYZ 座標，以「點」標記資料點。
2. 三維網格圖：以二個連續變數為 XY 座標，以第三變數值為網格 Z 座標。
3. 三維曲面圖：以二個連續變數為 XY 座標，以第三變數值為曲面 Z 座標。
4. 等高線圖：以二個連續變數為 XY 座標，以第三變數值繪等高線。

二、離散變數 vs. 連續變數

　　離散變數與連續變數之間關係的資料視覺化技術包括：

- 箱形圖：資料以一個離散變數區分為群，各群資料各自繪同一連續變數的箱形圖，以發掘離散變數與連續變數之間關係。

三、離散變數 vs. 離散變數

二離散變數之間關係的資料視覺化技術包括：

- 三維直條圖：以二個離散變數為 XY 座標，以資料頻率為直條高度。

例題 4-7　價值股與成長股的報酬率：三維柱狀圖

效率市場假說認為，市場中所有可能影響股票漲跌的因素都能即時且完全反應在股票漲跌上面。但是各式各樣的異常效應都指出效率市場假說未必成立。其中最常被討論的異常效應為價值股效應，即低股價淨值比（P/B）的股票有較高的報酬率，以及成長股效應，即高股東權益報酬率（ROE）的股票有較高的報酬率。股價淨值比（P/B）代表市場評價；股東權益報酬率（ROE）代表公司獲利能力。

Fama 與 French 兩位學者在其著名的「三因子模型」中以淨值股價比（每股淨值除以股價）大者為價值股，小者為成長股，並以實證證明價值股的報酬率高於成長股。事實上價值股並無一致的定義，常見者除了淨值股價比以外，益本比（每股盈餘除以股價）也是常用的定義；即益本比大者為價值股，小者為成長股。不論那種定義，基本上都是將「價值」與「成長」視為對立的特徵，即高價值股必為低成長股；低價值股必為高成長股。

但近年來許多學者認為價值與成長並非對立的特徵，而是兩個不同的特徵。他們以淨值股價比或益本比為價值因子，而以股東權益報酬為成長因子，將傳統的「價值—成長」一維空間擴張為「低價值—高價值」與「低成長—高成長」二維空間，把股票區分為四種類型：低成長／低價值股、低成長／高價值股、高成長／低價值股、高成長／高價值股。

許多研究指出，高成長（高 ROE）股票的報酬率高於低成長（低 ROE）股票，此即所謂成長股效應。此外，也指出同時具有「高價值」與「高成長」特性的股票獲利遠高於單純具有高價值或高成長特性的股票。簡單地說，投資人選擇具有「高成長」特徵的股票能夠確保買到高獲利的公司；選擇具有「高價值」特徵的股票可以確保以合理的價格買到。

為了證明價值特徵與成長特徵都會影響股票報酬率，我們將股票依它們在第 t 季的 BPR 與 ROE 的值各分五等分，形成 5×5 = 25 的投資組合，並計算各投組的 t + 2 季的股

票報酬率的排序值（Rank）的平均值如圖 4-17。排序值是指一組數據經排序後的最小值、最大值之排序值為 0.0、1.0，其餘依排序位置在 0~1 之間，例如：中位數之排序值為 0.5。圖 4-17 顯示，具有最大價值特徵與最大成長特徵的投資組合（圖中 BPR5 與 ROE5 的組合）具有最高的報酬率排序值的平均值，即「高價值、高成長」投資策略有很好的投資績效。相反地，具有最小價值特徵與最小成長特徵的投資組合（BPR1 與 ROE1 的組合）有最差的投資績效。

　　不過由統計各投資組合內的股票數目（圖 4-18）可知，大多數的股票分布在「高價值、低成長」（圖中 BPR5 與 ROE1 的組合）與「低價值、高成長」（BPR1 與 ROE5 的組合）的對角線上。「高價值、高成長」（BPR5 與 ROE5 的組合）與「低價值、低成長」（BPR1 與 ROE1 的組合）的股票十分稀少。這就如同市場上同時存在著大量高品質高價格、低品質低價格的商品，但極少高品質低價格、低品質高價格的商品，特別是前者更是罕見，因為如果有的話早就被搶購一空，供不應求，導致價格上漲，不再是高品質低價格了。

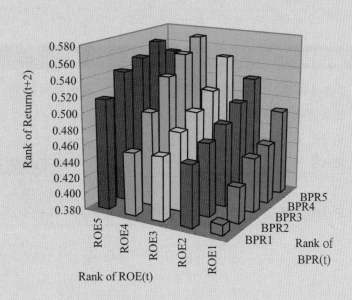

圖 4-17　BPR 與 ROE 的排序值五等分下 t+2 季報酬率排序值平均值

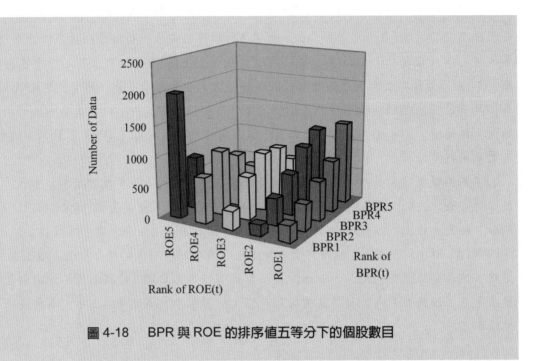

圖 4-18　BPR 與 ROE 的排序值五等分下的個股數目

例題 4-8　價值股與成長股的報酬率：三維大頭針圖

　　為了證明價值特徵與成長特徵都會影響股票報酬率，我們採用下列作法：

1. 首先以每季的股東權益報酬率將股票排序成十等分，每一個等分再以季底的股價淨值比將股票排序成十等分，一共產生 100 個投資組合。

2. 計算每一個投資組合內所有股票的每季股東權益報酬率、季底的股價淨值比的平均值。

3. 再計算這些組合在形成投資組合後的隔兩季的季報酬率 R(t+2)。

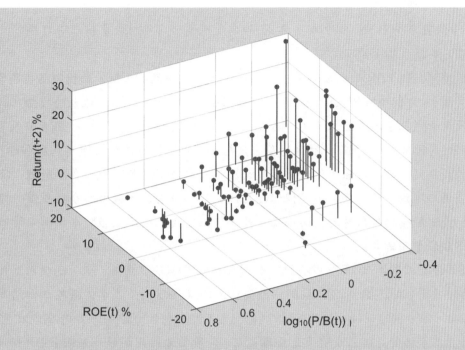

圖 4-19 形成組合時的股東權益報酬率（X）與股價淨值比（Y）以及隨後第二季的報酬率（Z）之三維大頭針圖

　　將上述 100 組投資組合的數據繪於三維散布圖，如圖 4-19，其中圓點為投資組合在形成組合時的股東權益報酬率（X）與股價淨值比（Y），以及隨後第二季的報酬率（Z）數據之三維（X,Y,Z）位置，線段的另一端投影到 Z＝0 平面，故圓點在線段下端時，代表隨後第二季的報酬率 R(t+2) 為負值。注意其中的 Y 軸取以 10 為底之對數，值為 0 時，代表 P/B ＝1.0。可以發現，$\log_{10}$(P/B)最小且 ROE 最大的股票有最高的報酬率。

例題 4-9　股票的價值與成長特徵的一維動態歷程

　　為了探討股價淨值比 PBR 和股東權益報酬率 ROE 這兩個因子對股票的股價與報酬率的變化過程有何不同，可以採用排序法，即對第 t 季的股票資料以一個特定因子進行排序，排序後將股票分成十等分投組，然後統計這十個投組內的股票的包含前、後十季，即第 t－10, t－9,... t－2, t－1, t, t+1, t+2,... t+9, t+10 等 21 季的股價與報酬率的平均值。這個程序會滾動式地對研究期間內的每一季進行上述分析。最後將所有的第 t－10, t－9,... t－2, t－1, t, t+1, t+2,... t+9, t+10 等 21 季的股價與報酬率的平均值進行總平均，得到十個投組的以因子排序當季為中心，前、後十季的股價與報酬率的變化過程。

　　以台灣股市從 1996~2009 年，共 13 年的上市櫃公司年財報資料為研究範圍，結果如圖 4-20~4-23，結論如下：

1. 以股價淨值比 PBR 形成投組，在形成投組當季股價最高（低）的投組隨後股價會遞減（增），即股價有均數回歸的現象（圖 4-20）；報酬率最高（低）的投組，到了次季反而會成為報酬率最低（高）的投組，接著會逐漸遞增（遞減），顯示有反應過度的特性（圖 4-21）。所謂「反應過度」是指股票市場對好消息或壞消息反應過度。即股價因為好消息而上漲，但股價過度反應，高過該消息所隱含的合理股價；反之，股價因為壞消息而下跌，但股價過度反應，低過該消息所隱含的合理股價。接著而來的是對股價過度反應的反向修正，此一修正造成了過度上漲股票報酬率最低，過度下跌股票報酬率最高。

2. 以股東權益報酬率 ROE 形成投組，在形成投組當季股價最高（低）的投組隨後股價會持續遞增（減）（圖 4-22）；報酬率最高（低）的投組，到了次季仍為報酬率最高（低）的投組，但會快速下降（上升），顯示有反應不足的特性（圖 4-23）。所謂「反應不足」是指股票市場對好消息或壞消息反應不足。即股價雖因此類好消息而上漲，但股價反應不足，仍低於該消息所隱含的合理股價；反之，股價因為此類壞消息而下跌，但股價反應不足，仍高過該消息所隱含的合理股價。接著而來的是對股價的持續修正，造成了上漲不足的股票報酬率最高，下跌不足的股票報酬率最低。

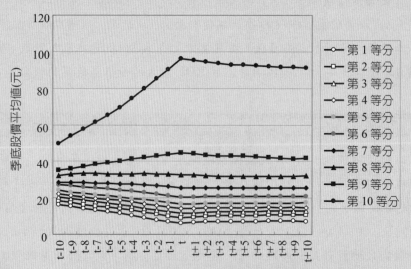

圖 4-20　以 PBR 十等分形成的投組之股價過度反應現象（前後各十季）

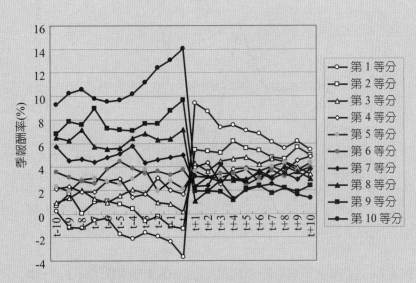

圖 4-21　以 PBR 十等分形成的投組之報酬率驟變現象（前後各十季）

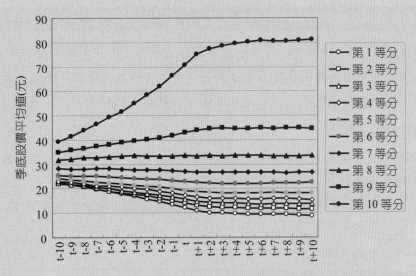

圖 4-22　以 ROE 十等分形成的投組之股價不足反應現象（前後各十季）

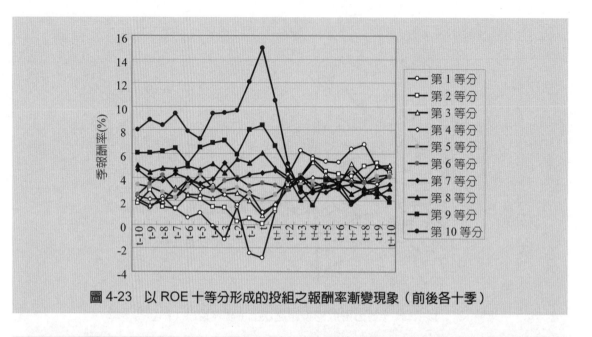

圖 4-23　以 ROE 十等分形成的投組之報酬率漸變現象（前後各十季）

例題 4-10　股票的價值與成長特徵的二維動態歷程

股價淨值比（P/B）代表市場評價，股東權益報酬率（ROE）代表公司獲利能力。探討這兩個因子之間的動態過程關係對了解股市的效率性意義重大。為了探討此一關係，我們採用下列資料視覺化方法，這個方法可以分成兩個部分：

一、排序與計算

1. 首先以每季的股東權益報酬率將股票排序成十等分，每一個等分再以季底的股價淨值比將股票排序成十等分，一共產生 100 個投資組合。
2. 計算每一個投資組合內所有股票的每季股東權益報酬率、季底的股價淨值比的平均值。
3. 再計算這些組合的後續數季，例如 4 季，投資組合內所有股票的每季股東權益報酬率、季底的股價淨值比的平均值。

上述過程可以是一個滾動式過程，即當第 t 季（形成期）為 1999 年 Q1 時，隨後的第 t+1~t+4 季（觀察期）為 1999 年 Q2~2000 年 Q1；而當第 t 季為 1999 年 Q2 時，隨後的第 t+1~t+4 季為 1999 年 Q3~2000 年 Q2，依此類推。最後，將所有第 t 季（形成期）、隨後的第 t+1~t+4 季（觀察期）各自加總平均，可得到更為可靠的總平均值。這種滾動式過程可以消除市場多空波段的影響，使數據呈現單純的代表公司獲利能力的股東權益報酬率，與代表市場評價的股價淨值比的關係。

　　由於經濟景氣的榮枯，全體企業的 ROE 會有波動；股市的氛圍的多空，全體股票的 P/B 也會有起伏。例如在股市的氛圍趨向多頭時，即使市場評價不高的公司其股價淨值比仍可達到 1.5 倍；但在空頭時，因為 P/B 普遍偏低，只有市場評價高的公司其股價淨值比才可達到 1.5 倍。因此在多頭與空頭市場 P/B 為 1.5 倍其隱含的意義不同。為了消除這些影響，可以用當季排序值（Rank Value）來算平均值。當季排序值是指股票的特徵（股東權益報酬率、股價淨值比）在當季所有股票中最小者與最大者，其當季排序值分別為 0.0 與 1.0，其餘數值依排序順序在 0~1 之間內插。

二、視覺化展示

　　以視覺化技術觀察這些組合在未來數季的股東權益報酬率、股價淨值比的變化過程：

1. 在第 t 季形成 100 個投資組合，以其每季股東權益報酬率（ROE）平均值為橫座標，以季底的股價淨值比（P/B）平均值為縱座標，繪於二維圖形上。

2. 再將這些組合的後續數季的 ROE、P/B 平均值也繪於圖上，並加以連線與標示開始與結束端點，使觀察者易於發現這兩個因子之間的動態關係的特徵與樣態。

　　在形成組合時當季、隨後 1~4 季的股東權益報酬率與股價淨值比如圖 4-24，其中線段的圓圈端為隨後第 4 季位置，轉折點為隨後第 1~3 季位置，另一端為形成組合時的位置。從圖可以得到以下觀察：

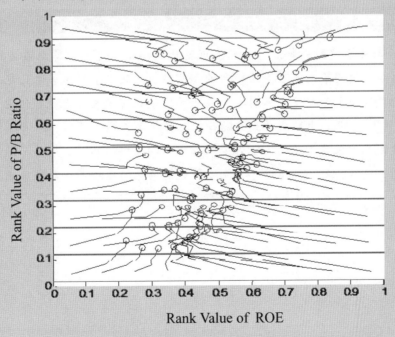

圖 4-24　在形成組合時當季、隨後一季~四季的股東權益報酬率與股價淨值比

1. 往對角線區域集中

在第 t 季排序形成的組合，將觀察的長度延伸到第 t+4 季，可以發現每一季的修正幅度愈來愈小，但整體而言，變動趨勢有相當的群體一致性，大趨勢都是往中心區域集中，展現了二維均值回歸的特徵。

2. 前期修正以水平方向為主，後期以垂直方向為主

在第 t 季排序形成的組合，如果位在中間的對角線上，則有沿著對角線往區域中心運動的現象，顯示對角線的中心點是一個穩態的點。如果位在中間的對角線右下方，前期的修正以水平方向（ROE）為主，後期則以垂直方向（P/B）為主。換言之，前期以修正代表公司本質的股東權益報酬率（ROE）為主，後期則以修正代表市場評價的股價淨值比（P/B）為主。同理，位在中間的對角線左上方的組合，也有相似的現象。股價淨值比（P/B）代表市場評價；股東權益報酬率（ROE）代表公司獲利能力，因此只有修正市場的評價（P/B）才代表市場對股價的定價錯誤，市場無效率。由於在第 t 季排序形成的組合，無論位在中間的對角線的哪一側，其修正都是先以修正公司的本質（ROE）為主，再以修正市場的評價（P/B）為主。可見市場相當有效率，但仍存在一些無效率的現象。

例題 4-11　房地產的每坪單價的空間分布

房地產的每坪單價與許多因子有關，包括代表運輸功能的影響之最近捷運站的距離，代表生活功能的影響之徒步生活圈內的超商數，代表房子室內居住品質的影響之屋齡，代表市場趨勢的影響之交屋年月，以及表示空間位置的影響之地理位置（縱座標、橫座標）。圖 4-25 為新北市新店區北區的每坪單價等高線圖，可以發現有五個明顯的高價區，對照捷運站的位置由北而南正好是新店線上的大坪林站、七張站、區公所站、新店站，以及西側支線上的小碧潭站，可見「最近捷運站的距離」是影響房地產每坪單價的重要因素。

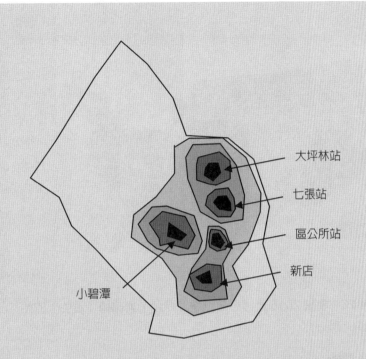

圖 4-25　新北市新店區北區的每坪單價等高線圖

（顏色由深而淺分別是 50、45、40、35、30 萬元／坪）

例題 4-12　政治版圖的空間分布

　　美國 2016 大選，政治素人川普獲勝，許多美國媒體與百姓，甚至全世界許多人都深感驚訝，因為選前所有媒體、民調幾乎一面倒地預測川普會輸。圖 4-26 顯示川普獲勝（深色）與輸掉（淺色）的州，顯示川普只輸在兩個區域：西南部與東北部。西南部地區，拉丁裔人不少；東北部是美國的發源地，也是政經發達的區域。顯示美國的政治有很高的地域性。此外圖 4-27 顯示各州的人口密度，此一指標可以顯示經濟發達程度。比較這兩張圖可以發現，經濟較發達的地區投給了川普的對手，川普在經濟相對落後的地區普遍獲勝。顯示高舉反全球化、反自由貿易大旗的川普確實獲得經濟弱勢者的支持。

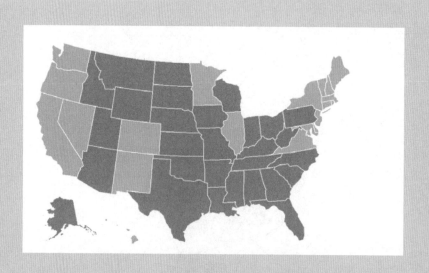

圖 4-26　美國 2016 大選川普獲勝（深色）與輸掉（淺色）的州

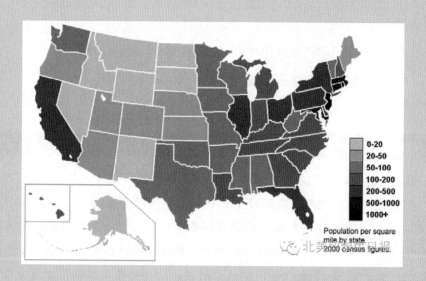

圖 4-27　美國各州人口密度 (http://www.theshare.cn/article/detailp/1381)

4-16　實例一：旅行社個案

延續前面的「陽光旅行社」個案。

方法一：相關係數

本題的「支出」因變數是連續變數，故相關係數可提供有用資訊。圖 4-28 為相關係數矩陣，由矩陣知：

1. 年齡與收入無線性關係。
2. 年齡與支出無線性關係。
3. 收入與支出有線性關係，收入高族群的支出較高。

	Age	Income	Expense
Age	1.00		
Income	-0.06	1.00	
Expense	0.12	0.55	1.00

圖 4-28　相關係數矩陣

方法二：箱形圖（圖 4-29）

由箱形圖知：

1. 顧客（Yes = 1）的年齡大約在中段（40~50 歲），但非顧客（Yes = 0）的年齡很分散。
2. 顧客（Yes = 1）的收入較集中在較高區間，且普遍高於非顧客（Yes = 0）族群。

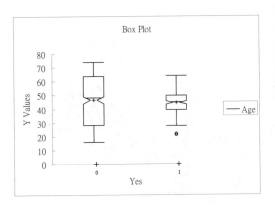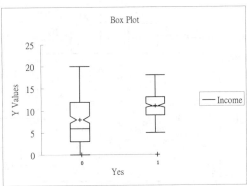

圖 4-29　實例一箱形圖

方法三：矩陣式散布圖（圖 4-30）

由矩陣式散布圖知：

1. 年齡與收入有曲線關係，中等年齡族群的收入較高。
2. 年齡與支出有曲線關係，中等年齡族群的支出較高。
3. 收入與支出有曲線關係，中等收入族群的支出較高。

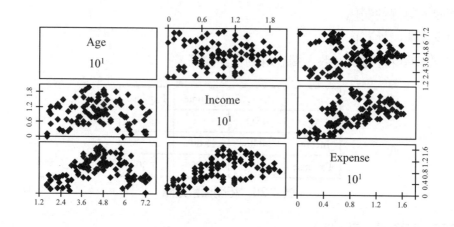

圖 4-30　實例一矩陣式散布圖

方法四：散布圖+直方圖（圖 4-31）

由「散布圖+直方圖」知年齡與收入有曲線關係，中等年齡族群的收入較高。

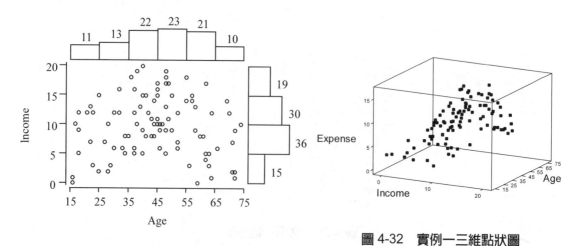

圖 4-31　實例一散布圖+直方圖

圖 4-32　實例一三維點狀圖

方法五：三連續變數之間關係的資料視覺化技術

由圖 4-32 三維點狀圖、圖 4-33 三維網格圖、圖 4-34 三維曲面圖、圖 4-35 等高線圖，可知中等年齡、中等收入者的支出最大。

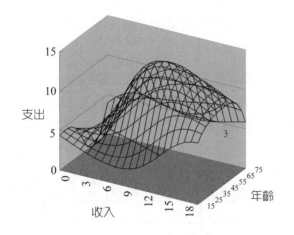

圖 4-33　實例一三維網格圖

圖 4-34　實例一三維曲面圖

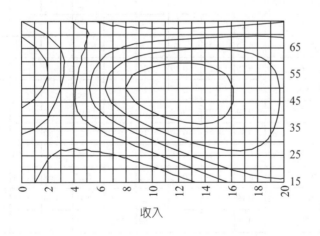

圖 4-35　實例一等高線圖

4-17 實例二：書局行銷個案

延續前面的「書局行銷個案」。

方法一：相關係數

雖然本題的因變數是離散變數，但相關係數仍可提供有用資訊。圖 4-36 為相關係數矩陣，由矩陣知：

1. R(−)、CookBks(−)、ArtBks(+)、ItalArt(+)可能是影響 Florence 的重要變數。

2. ArtBks、ItalArt 高度相關（相關係數= 0.36），二者可能只需其中之一，而且 ArtBks 與 ItalArt 對 Florence 的相關係數分別為 0.19 與 0.11，因此可能只需使用 ArtBks 作為預測變數。

	Gender	M	R	F	First Purch	Child Books	Youth Books	Cook Books	DIY Books	Ref. Books	Art Books	Geog. Books	Italy Cook	Italy Atlas	Italy Art	Florence
Gender	1.00															
M	− 0.04	1.00														
R	− 0.15	0.10	1.00													
F	− 0.01	0.47	0.02	1.00												
First Purchase	− 0.10	0.43	0.43	0.85	1.00											
Child Books	− 0.09	0.45	0.11	0.73	0.69	1.00										
Youth Books	0.14	0.24	0.16	0.50	0.44	0.24	1.00									
Cook Books	− 0.05	0.22	0.17	0.71	0.70	0.42	0.22	1.00								
DIY Books	− 0.06	0.30	0.04	0.56	0.50	0.29	0.26	0.39	1.00							
Ref. Books	− 0.02	0.29	0.17	0.50	0.54	0.25	0.41	0.34	0.25	1.00						
Art Books	0.01	0.19	0.15	0.50	0.47	0.29	0.25	0.30	0.21	0.17	1.00					
Geog. Books	− 0.06	0.32	0.24	0.62	0.63	0.51	0.16	0.50	0.19	0.16	0.23	1.00				
Italy Cook	− 0.04	0.24	0.18	0.42	0.42	0.31	0.16	0.36	0.26	0.20	0.20	0.39	1.00			
Italy Atlas	− 0.02	0.19	0.15	0.29	0.29	0.21	0.29	0.11	0.21	0.44	0.28	0.08	0.31	1.00		
Italy Art	0.04	0.13	0.14	0.34	0.32	0.18	0.22	0.17	0.23	0.28	0.36	0.20	0.51	0.70	1.00	
Florence	− 0.07	0.05	0.15	0.05	− 0.04	0.06	− 0.03	− 0.10	− 0.07	− 0.08	0.19	0.02	0.04	− 0.06	0.11	1.00

圖 4-36　相關係數矩陣

方法二：資訊分析（Gini 函數與熵函數）

其 Gini 函數與熵函數（INFO）的計算如下表。

原 Gini 函數與熵函數（INFO）

P(Y = 0)	P(Y = 1)	*Gini* (*Y*)	*INFO* (*Y*)
178/200	22/200	0.196	0.500

以變數 M（Monetary）作分割，分割界線 $a = 171$。

Gini 值之計算

X_i	$P(X_i)$	$P(Y=0\|X_i)$	$P(Y=0\|X_i)$	$Gini(Y\|X_i)$	$P(X_i)\cdot Gini(Y\|X_i)$
<171	88/200	80/85	5/85	0.111	0.049
>171	112/200	98/115	17/115	0.252	0.141
					$Gini(Y\|X) = 0.190$

INFO 值之計算

X_i	$P(X_i)$	$P(Y=0\|X_i)$	$P(Y=0\|X_i)$	$INFO(Y\|X_i)$	$P(X_i)\cdot INFO(Y\|X_i)$
<171	88/200	80/85	5/85	0.323	0.142
>171	112/200	98/115	17/115	0.604	0.338
					$INFO(Y\|X) = 0.480$

　　其他三個變數 R（Recency）、F（Frequency）、First Purchase 也可同上計算，彙集如表 4-5。但由於分割界線不同，計算得到 Gini 函數與熵函數不同，因此不能由表斷定 R（Recency）是 4 個變數中對因變數最相關的變數，必須每個變數都以「最佳」分割界線為基準方能比較。其他 11 個變數的計算過程可自行練習，在此不加贅述。

表 4-5　實例二 Gini 值與 INFO 值分析

	分界值	Gini 值	INFO 值
未分割前	NA	0.196	0.500
M（Monetary）	171	0.190	0.480
R（Recency）	9	0.184	0.459
F（Frequency）	3.5	0.193	0.491
First Purchase	31	0.193	0.491

方法三：箱形圖（圖 4-37）

　　由箱形圖知：R(−)、F(+)、CookBks(−)、DoItYBks(−)、ArtBks(+)可能是影響 Florence 的重要變數。例如 R（Recency）在 Florence ＝ 1 時，其箱形圖的範圍與中心都明顯比在

Florence＝0 時來得小，因此預期 R（Recency）愈小，Florence 愈可能為 1。同理，ArtBks 在 Florence＝1 時，其箱形圖的範圍與中心都明顯比在 Florence＝0 時來得大，因此預期 ArtBks 愈大，Florence 愈可能為 1。

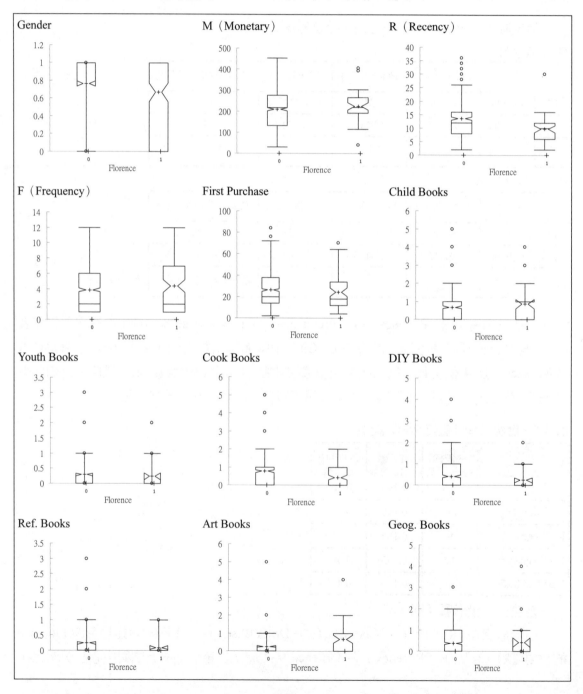

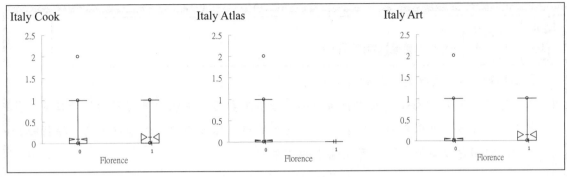

圖 4-37 實例二箱形圖

方法四:矩陣式散布圖(圖 4-38)

繪出 M(Monetary)、R(Recency)、F(Frequency)、First Purchase 等四個變數的矩陣式散布圖知:

(1) M 與 F、First Purchase 正相關。

(2) R 與 First Purchase 正相關。

(3) F 與 M 正相關、F 與 First Purchase 高度正相關。

這些結論與相關係數矩陣的結論相同。

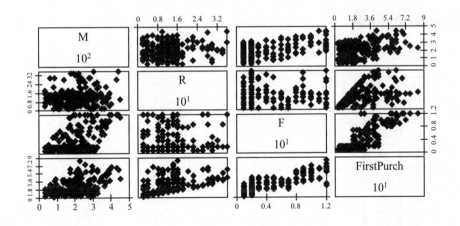

圖 4-38 實例二矩陣式散布圖

知　識
方　塊　Excel 變數關係分析

　　Excel 提供兩個重要的變數關係分析功能：

1. 相關係數矩陣：在 Excel 的增益集中的「分析工具箱」提供許多有用的統計工具，其中「相關係數」可以針對多個變數計算它們的相關係數矩陣。例如以下為「旅行社個案」的相關係數矩陣，可參考光碟中的檔案。

	Age	Income	Expense
Age	1		
Income	-0.05727	1	
Expense	0.117816	0.553985	1

2. 散布圖：在 Excel 的圖表的「散布圖」可以方便地繪出二個變數之間的散布圖。例如「旅行社個案」的 Income 與 Expense 的散布圖，可參考光碟中的檔案。

3. 其他：三維柱狀圖、曲面圖等也是很有用的資料視覺化工具。

Part B 問題與討論

1. 試計算下表 X1 與 X2 對 y 的影響力。

	X1	X2	Y
1	A	B	73
2	A	C	80
3	A	A	66
4	B	B	60
5	B	B	55
6	B	A	70
7	C	C	30
8	C	C	25
9	C	A	20

2. 試計算下表 X1 與 X2 對 y 的影響力（Gini 函數）

	X1	X2	Y
1	A	B	1
2	A	C	1
3	A	A	1
4	B	B	0
5	B	B	0
6	B	A	1
7	C	C	0
8	C	C	0
9	C	A	0

3. 同 Part A「籃球社社員」習題，試對各變數之間的關係進行分析。

4. 當二個變數之間是「連續輸入與離散輸出的關係」時，除了可用課文中的不純度函數（Impurity Function）來分析外，還有一個有效的指標：「提升圖面積比率」，方法如下：

(1) 將自變數（連續輸入）由小而大排序，繪出因變數（離散輸出）的提升圖。

(2) 計算面積比率，取絕對值。此值愈大，代表自變數對排序的影響力愈大。

(3) 由於上述提升圖面積比率是指將自變數由小而大排序下，因變數分類＝1 的提升圖的面積比率，故面積比率＞0 代表自變數與因變數是反比關係；面積比率＜0 代表正比關係。

　　試用提升圖面積比率對「籃球社社員」習題的六個自變數與因變數之間的關係進行分析。

第 **5** 章

聚類分析（一）：均值聚類分析

物以類聚。——中諺

章前提示：聚類探勘—手機顧客區隔之應用

　　手機公司可透過問卷調查來了解顧客的區隔。例如在問卷中就清晰滿意、付費合理、服務效率、服務人員、整體服務、手機品牌、手機外型、手機功能、手機整體、電磁波等項目的重視程度給予 1~5 的分數。經過聚類分析，發現顧客可分成：

1. 引領風潮者。
2. 健康主義者。
3. 流行擁護者。
4. 中庸型顧客。
5. 挑剔型顧客。

　　有了這些顧客的特徵，為行銷產品提供了明確的指引。

5-1　模型架構

某大學某系有 100 名學生「管理學」與「程式設計」課程的成績如圖 5-1 表示。顯然存在著三個「聚類」，如圖 5-1。其中：

1. 左上方聚類：管理學成績中等，程式設計成績優等。
2. 右下方聚類：管理學成績優等，程式設計成績中等。
3. 左下方聚類：管理學成績不佳，程式設計成績不佳。

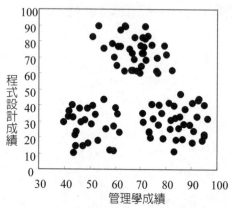

圖 5-1(a)　學生「管理學」與「程式設計」課程的成績

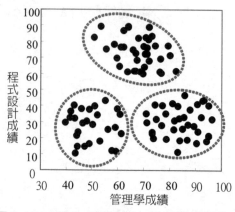

圖 5-1(b)　學生「管理學」與「程式設計」課程的成績（三個聚類）

一、聚類分析的定義

聚類分析（又稱分群分析、同質分組）可定義為「給予一組資料，每筆資料有一組屬性的值。找出一個能夠以屬性值將資料聚類的模式，使得屬於同一聚類內的資料的距離最小化（相似性最大化），不同聚類內的資料的距離最大化（相似性最小化）」。即：

$$\text{Min} \quad \sum_{i=1}^{N} \min_{all} d_{ij}^2 \qquad (5\text{-}1)$$

其中

$d_{ij}^2 = \sum_{k=1}^{n} (x_{ik} - x_{jk}) = $ 第 i 個樣本距第 j 個聚類中心的距離。

$x_{ik} = $ 第 i 個樣本的第 k 個變數值。

$x_{jk} = $ 第 j 個聚類中心的第 k 個變數值。

$\min_{all} d_{ij}^2 = $ 第 i 個樣本距各聚類中心的距離之最小值。

$\sum_{i=1}^{N} \min_{all\ j} d_{ij}^2 = $ 各樣本距各聚類中心的距離最小值之平方和。

聚類分析的特點是它並無一個分類或數值的出變數，其目的在於以「物以類聚」的原理將事物分成許多具有共同特性的聚類。

二、聚類分析的應用

聚類分析的應用可分成二大類：

(一) 樣本聚類

將「樣本」依其相似性加以聚類。又可分為三小類：

1. 當做單獨使用的聚類發掘工具：將「樣本」依其相似性加以聚類，可用來分析樣本間的相關性，從中發現有意義的聚類及其特性。例如應用聚類分析作顧客分群、市場區隔即屬此類應用，也是最常見的應用類型。在這種應用方式中，聚類分析扮演獨立的知識發掘工具的角色。

2. 當做偵測例外的資料處理工具：將「樣本」依其相似性加以聚類，未能與其它樣本聚為一類的孤立樣本，即「缺少鄰居」的樣本可能是出自偶發的例外、無心的錯誤、人為的詐欺。如果檢查的結果發現是偶發的例外，並不需要處理；如是無心的錯誤，必須加以更正；如是人為的詐欺，必須加以處理。在這種應用方式中，聚類分析扮演記錄前處理工具的角色。

3. 當做分類問題的前端處理工具：將尚無「類別」的「樣本」依其相似性加以聚類，再將明顯的聚類定義為「類別」，再以分類探勘處理。例如對購買休旅車的顧客加以聚類，再將聚類定義為「家族型顧客」、「運動型顧客」、「玩家型顧客」等類別，再以分類探勘處理，產生能夠將顧客分類的知識模型。在這種應用方式中，聚類分析扮演分類探勘前處理工具的角色。

（二）變數聚類

將「變數」依其相似性加以聚類。可用來分析變數間的相關性，篩選出具有獨立性的變數，降低問題的維次。在這種應用方式中，聚類分析扮演變數前處理工具的角色。

聚類分析的應用實例舉例如下：

1. 市場區隔：根據表示對某項產品（例如休旅車）有興趣的顧客的年齡、性別、所得等資料，將顧客區隔成幾個有相同特性的族群，以利市場行銷。
2. 房產開發：根據顧客有興趣的房屋總價、地坪、建坪、車位數、地段、類型、公設，組成不同社區開發方案，以利行銷。
3. 旅遊開發：根據顧客有興趣的行程，組成套裝旅遊方案，以利行銷。
4. 證券投資：根據過去漲跌的記錄，將股票區隔成不同的類股，以利投資分析。
5. 地震研究：根據地震震央位置，將震央聚類，以發掘斷層位置。
6. 都市計劃：根據房屋的類型、價格、位置，將房屋聚類，以利社區營造。
7. 土地使用：根據農業土地的地壤的性質，將土地聚類，以利土地利用。
8. 網際網路：根據 Web Log 的記錄，將網路使用型態聚類，以利網頁設計。
9. 知識管理：根據文件的關鍵字，將文件聚類，以利文件的利用與管理。

三、聚類分析與顧客分群

在講究成本控管的條件下，大眾化散彈打鳥的行銷方式逐漸式微。取而代之的是針對小眾化市場提供更貼近顧客需求的產品，甚至是個人化的行銷方式。而要正確的傳達行銷訊息給目標族群，首先便要找出現有顧客的群集特性以建立市場區隔的基礎。

顧客分群（Customer Clustering）便是協助從龐大的顧客資料中，自動依其顧客屬性（性別、年齡、居住地、收入、職業、學歷、消費額、消費地點、消費商品等）集中的程度，分成特定之群集，以供行銷人員擬定有效的行銷策略。分群後隸屬同一群的顧客，即代表他們在整體的屬性上是較為類似者，由此可作為區隔行銷目標之依據。例如在信用卡資料中透過分群分析，或許我們可以找出這樣的族群——「男性科技新貴型」，再分析其特性為高收入、低消費但忠誠度高，表示我們有一群為數不少優質顧客需要刺激消費。

四、聚類分析的方法

聚類分析方法可分成二大類：

1. 分割法（Partitioning Algorithms）：產生無層級結構的聚類。例如「均值聚類分析」、「自組織映射圖」即典型的方法。

2. 階層法（Hierarchical Algorithms）：產生具層級結構的聚類。又分成二小類（圖 5-2）：

(1) 分裂法（Divisive Approach）：視所有樣本為一個大聚類，逐次分割為較小聚類，直到單一樣本。但實際上很少聚類分析方法採用這種方式。

(2) 結合法（Agglomerative Approach）：視每個樣本為一個小聚類，逐次組合為較大聚類，直到單一聚類。例如「分層聚類分析」即典型的方法。

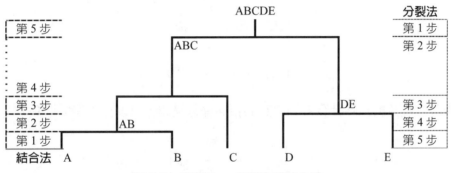

圖 5-2　階層法：分裂法與結合法

五、聚類分析方法的要求

理想的聚類分析方法應具備表 5-1 的性質。

表 5-1　理想的聚類分析方法應具備的性質

強健性（Robustness）	能處理有相當缺值與雜訊的資料
適應性（Adaption）	能處理有離散與連續型態的資料 能處理具有任意形狀聚類的資料
尺度性（Scalability）	能處理有大量變數與記錄的資料
速度性（Speed）	能快速地建構知識模型 能快速地應用知識模型
方便性（Convenience）	能簡單地建構知識模型 能簡單地應用知識模型
解釋性（Interpretability）	能產生內容可理解的知識模型
簡單性（Simplicity）	能產生結構精簡的知識模型

六、聚類分析的資料結構

聚類分析的資料結構可分成三種：

1. 資料矩陣：直接以樣本的數據構成，是主要的方式，可以分析樣本聚類與變數聚類。

$$\begin{bmatrix} x_{11} & x_{12} & .. & x_{1p} \\ x_{21} & x_{22} & .. & x_{2p} \\ : & : & : & : \\ x_{n1} & x_{n2} & .. & x_{np} \end{bmatrix}$$

2. 距離矩陣：由資料矩陣計算得到樣本的距離構成，可以分析樣本聚類。

$$\begin{bmatrix} 0 & & 對 & \\ d_{21} & 0 & .. & 稱 \\ : & : & : & : \\ d_{n1} & d_{n2} & .. & 0 \end{bmatrix}$$

3. 相關矩陣：由資料矩陣計算得到變數的相關係數構成，可以分析變數聚類。

$$\begin{bmatrix} 1 & & 對 & \\ r_{21} & 1 & .. & 稱 \\ : & : & : & : \\ r_{p1} & r_{p2} & .. & 1 \end{bmatrix}$$

5-2 模型建立

k-means 聚類分析（k-means Cluster Analysis），即「均值聚類分析」，是聚類分析中應用最廣泛的方法之一，凡具有數值特徵的變量和樣本都可以採用，選擇不同的距離度量方法可以獲得滿意的數值聚類效果。其聚類步驟如下：

步驟 1：對變數進行變換處理。

步驟 2：決定聚類的數目 k，以隨機的方式或預先指定的方式決定每個樣本的聚類編號 1, 2,…, k。

步驟 3：計算各聚類的形心。

步驟 4：計算各樣本對各聚類的形心之距離。

步驟 5：依對各聚類的形心之距離最短為原則，將各樣本歸屬各聚類。

步驟 6：重複步驟 3~5 直到步驟 5 沒有變化為止。

上述演算法有幾點補充說明：

1. 在聚類分析之前，必須對變數進行篩選，即選擇了那些相關性很顯著的變數，而剔除了相關性不顯著的變數。

2. 在步驟 1 中提到必須對變數進行變換，其方法甚多，例如標準正規化變換，這部分請參考下一章。

3. 在步驟 2 中提到必須先決定 k 值，一個可行的方法是以遞增的方式增加 k 值，直到當再遞增下去，聚類內距離減少的幅度突然減緩為止。

4. 在步驟 3 中提到形心計算，如果是連續變數，則可計算各變數的平均值做為形心；如果是離散變數，則可計算各變數的眾數做為形心，此法稱 k-modes 聚類分析，或取一個使聚類內樣本對其總距離最小的樣本為聚類中心，此法稱 k-medoids 聚類分析。

5. 在步驟 4 中提到距離計算，其方法甚多，例如歐氏距離，這部分請參考下一章。

表 5-2 均值聚類分析特性

特性	意義	評估
強健性（Robustness）	能處理有相當缺值與雜訊的資料	差
適應性（Adaption）	能處理有離散與連續型態的資料 能處理具有任意形狀聚類的資料	差 差
尺度性（Scalability）	能處理有大量變數與記錄的資料	佳
速度性（Speed）	能快速地建構知識模型 能快速地應用知識模型	佳 佳
方便性（Convenience）	能簡單地建構知識模型 能簡單地應用知識模型	差（k 值不易定） 佳
解釋性（Interpretability）	能產生內容可理解的知識模型	差
簡單性（Simplicity）	能產生結構精簡的知識模型	佳

例題 5-1 均值聚類分析

假設以下五個樣本，試以均值聚類分析聚類之。

	X1	X2
A	1	5
B	2	5
C	2	3
D	5	2
E	4	1

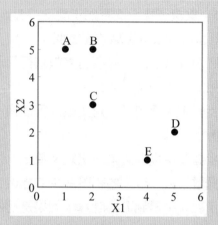

1. 決定聚類的數目 k = 2，以隨機的方式將上述五個樣本分為二群：A、C、E 為聚類 1，
   B、D 為聚類 2，如下表：

	原隨機聚類
A	1
B	2
C	1
D	2
E	1

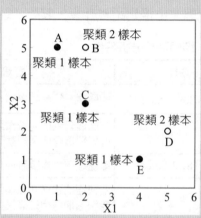

2. 計算各聚類形心如下表：

	X1	X2
聚類 1	2.33	3.00
聚類 2	3.50	3.50

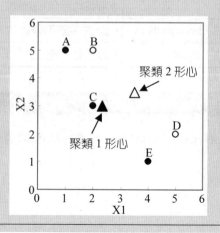

3. 計算各樣本對各聚類的形心之距離如下表：

	聚類 1 距離	聚類 2 距離
A	2.40	2.92
B	2.03	2.12
C	0.33	1.58
D	2.85	2.12
E	2.60	2.55

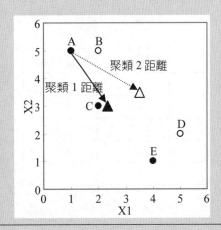

例如 A 點距聚類 1 的距離 2.40，距聚類 2 的距離 2.92。

4. 依對各聚類的形心之距離最短為原則，將各樣本歸屬各聚類。

	第一次聚類
A	1
B	1
C	1
D	2
E	2

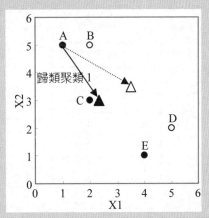

例如 A 點距聚類 1 的距離最小，故歸為聚類 1。

5. 重新計算各聚類形心如下表：

	X1	X2
聚類 1	1.67	4.33
聚類 2	4.50	1.50

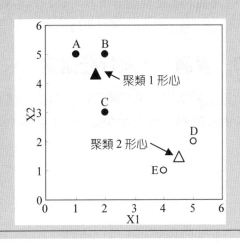

6. 計算各樣本對各聚類的形心之距離如下表：

	聚類 1 距離	聚類 2 距離
A	0.94	4.95
B	0.75	4.30
C	1.37	2.92
D	4.07	0.71
E	4.07	0.71

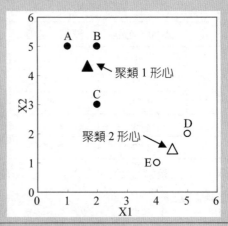

7. 依對各聚類的形心之距離最短為原則，將各樣本歸屬各聚類。

	第二次聚類
A	1
B	1
C	1
D	2
E	2

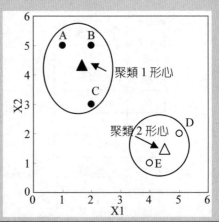

8. 因為第二次聚類後的樣本之聚類歸屬與第一次聚類後者相同，故結束。

5-3 實例一：旅行社個案

延續前章的「陽光旅行社」個案。採 Excel 的 k-means 聚類分析作顧客分群。100 位客戶的年齡與月收入數據的分布如圖 5-3。

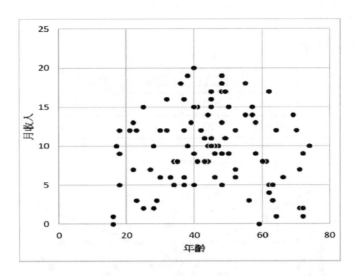

圖 5-3 **實例一之數據分布（圖中的 Age 與 Income 為原始尺度）**

客戶的年齡與月收入數據的統計如下：

	年齡	所得
平均值	45.48	9.54
標準差	15.219	4.9593

變數採用標準正規化變換：

X' = (X − 平均值) / 標準差

採 k = 3，其結果如下：

1. 聚類中心

　　正規化的聚類中心如下：

	聚類 1	聚類 2	聚類 3
Age	− 1.054	0.043	1.037
Income	− 0.462	0.970	− 0.681
樣本比例	32%	37%	31%

　　圖 5-4 顯示各聚類中心與距離最近的樣本之分布圖，可見各聚類中心確實位於各樣本群之中心附近。因為變數採用標準正規化變換，因此可採用下式進行還原變換：

X = X'*標準差+平均值

因此還原的聚類中心如下：

	聚類 1	聚類 2	聚類 3
Age	29.4	46.1	61.3
Income	7.25	14.35	6.16

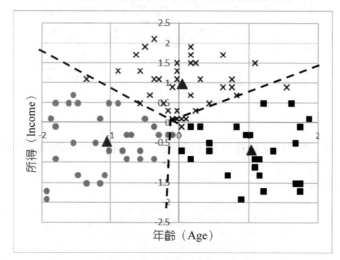

圖 5-4　實例一之聚類結果（圖中的 Age 與 Income 已經採用標準正規化變換）

2. 各聚類之意義如表 5-3。

表 5-3　各聚類的意義

Cluster	Age	Income	意義
Cluster-1	29.4	7.2	年齡小，月收入低
Cluster-2	46.1	14.4	年齡中，月收入高
Cluster-3	61.3	6.2	年齡大，月收入低

5-4　實例二：書局行銷個案

延續前章的「書局行銷個案」。採 Excel 的 k-means 聚類分析作顧客分群。共有 2,000 筆資料。採 k = 4，其結果如下：

1. 聚類中心

正規化的聚類中心如下：

	特性	聚類 1	聚類 2	聚類 3	聚類 4
Gender	性別	0.645	0.010	− 0.002	− 1.549
M	消費金額	− 0.303	0.539	0.844	− 0.298
R	距離前次消費時間	− 0.011	0.143	0.170	− 0.040
F	消費次數	− 0.547	1.150	1.461	− 0.522
FirstPurch	距離首次購買時間（月）	− 0.483	0.905	1.331	− 0.467
ChildBks	兒童類書購買數	− 0.400	0.892	1.038	− 0.367
YouthBks	青年類書購買數	− 0.276	0.521	0.807	− 0.317
CookBks	食譜類書購買數	− 0.385	0.670	1.219	− 0.376
DoltYBks	DIY 類書購買數	− 0.362	0.364	0.885	− 0.321
RefBks	參考類書購買數	− 0.320	2.188	0.629	− 0.304
ArtBks	藝術類書購買數	− 0.314	0.445	0.902	− 0.298
GeogBks	地理類書購買數	− 0.389	0.655	1.013	− 0.333
ItalCook	義大利食譜書購買數	− 0.260	1.548	0.578	− 0.108
ItalHAtlas	義大利地圖書購買數	− 0.190	4.874	− 0.188	− 0.190
ItalArt	義大利藝術書購買數	− 0.215	1.638	0.231	− 0.189
樣本比例	人數%	51%	4%	24%	21%

2. 各聚類之意義的解讀如下：

代碼	特性	Cluster-1	Cluster-2	Cluster-3	Cluster-4
Gender	性別	男性	中性	中性	女性
M (Monetary)	消費金額	少	大	大	少
R (Recency)	距離前次消費時間	中	中	中	中
F (Frequency)	消費次數	少	多	多	少
First Purchase	距離首次購買時間（月）	近	遠	遠	近
Child Books	兒童類書購買數	少	多	多	少
Youth Books	青年類書購買數	少	多	多	少
Cook Books	食譜類書購買數	少	多	多	少
DIY Books	DIY 類書購買數	少	多	多	少
Ref Books	參考類書購買數	少	多	多	少
Art Books	藝術類書購買數	少	多	多	少
Geog. Books	地理類書購買數	少	多	多	少
Italy Cook	義大利食譜書購買數	少	多	中	少
Italy Atlas	義大利地圖書購買數	少	多	少	少
Italy Art	義大利藝術書購買數	少	多	中	少
樣本比例	人數%	51%	4%	24%	21%

3. 各聚類的意義如下（圖 5-5）：

(1) Cluster-1 的特徵是消費金額小，消費次數少，距離首次購買時間近，男性消費族群，約佔全體的 1/2。

(2) Cluster-2 的特徵是消費金額大，消費次數多，距離首次購買時間遠，且對藝術類、義大利相關書籍有興趣的族群，是具特殊興趣的消費族群，約佔全體的 1/20。

(3) Cluster-3 的特徵是消費金額大，消費次數多，距離首次購買時間遠，是重要的消費族群，約佔全體的 1/4。

(4) Cluster-4 的特徵是消費金額小，消費次數少，距離首次購買時間近，女性消費族群，約佔全體的 1/5。

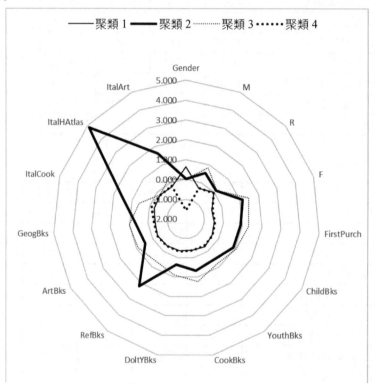

圖 5-5　聚類特徵圖（雷達圖）（圖中的變數已經採用標準正規化變換）

5-5　實例三：公民意見分析個案

　　雅虎奇摩為了 2008 年的立委選舉特別推出了一個新企劃「立場量表」（表 5-4），一共有 20 個公民關心的公共事務，每一個問題都有五種態度選項：「1 非常同意、2 同意、3 沒意見、4 不同意、5 非常不同意」。本個案是要由公民回答這些問題，以便對選民進行市

場區隔，可做為政黨擬定政綱、候選人行銷政見的參考。共有 340 筆問卷，問卷的對象是大學部學生約佔 70%，碩士生 15%，在職碩士生 15%。

表 5-4　問卷題目

問卷題目	非常同意	同意	沒意見	不同意	非常不同意
1. 請問您贊成同性別伴侶結婚或認養子女嗎？	☐	☐	☐	☐	☐
2. 請問您贊成安樂死嗎？	☐	☐	☐	☐	☐
3. 請問您贊成死刑嗎？	☐	☐	☐	☐	☐
4. 請問您贊成走向高福利、高稅率的社會嗎？	☐	☐	☐	☐	☐
5. 請問您贊成性交易合法化嗎？	☐	☐	☐	☐	☐
6. 請問您贊成承認中國大陸高等教育學歷嗎？	☐	☐	☐	☐	☐
7. 請問您贊成政府改成內閣制嗎？	☐	☐	☐	☐	☐
8. 請問您贊成政府訂定基本薪資嗎？	☐	☐	☐	☐	☐
9. 請問您贊成政府補助生育嗎？	☐	☐	☐	☐	☐
10. 請問您贊成政府編列赤字預算嗎？	☐	☐	☐	☐	☐
11. 請問您贊成限制各級選舉的經費上限嗎？	☐	☐	☐	☐	☐
12. 請問您贊成降低個人所得稅嗎？	☐	☐	☐	☐	☐
13. 請問您贊成高等教育普及化嗎？	☐	☐	☐	☐	☐
14. 請問您贊成健保只保大病嗎？	☐	☐	☐	☐	☐
15. 請問您贊成國中基測採用一綱多本嗎？	☐	☐	☐	☐	☐
16. 請問您贊成採取募兵制嗎？	☐	☐	☐	☐	☐
17. 請問您贊成調降遺產稅及贈與稅嗎？	☐	☐	☐	☐	☐
18. 請問您贊成學校教師體罰學生嗎？	☐	☐	☐	☐	☐
19. 請問您贊成興建蘇花高嗎？	☐	☐	☐	☐	☐
20. 請問您贊成鞭刑嗎？	☐	☐	☐	☐	☐

　　以本書提供的均值聚類分析試算表，預設四個聚類進行分析，得到表 5-5 聚類。依其特性分成四種公民，他們的人數各約 1/4。以下分析使用了理性、保守、傳統、理想、現實等用語並無褒貶之意，不涉及價值判斷（圖 5-6）。以下括號內的數字為問卷問題的編號。

1. 理想傾向公民（D1）：他們的特徵是主張高福利（支持 8、9，反對 14）、低稅賦（支持 12、17），強烈反對「高福利、高稅率的社會」（4），這些主張顯得矛盾，充滿理想主義色彩。

2. 冷淡傾向公民（D2）：他們的特徵是對所有問題都回答「沒意見」。這有幾種可能性：（a）他們真的沒意見（b）他們對政治冷漠（c）他們不想答問卷。但無論如何，基本上可以歸類為冷淡傾向公民。

3. 現實傾向公民（D3）：他們的特徵是雖然也主張高福利（支持 8、9，反對 14）、低稅賦（支持 12、17）這些矛盾的主張，但強度較低。更重要的是，他們支持「高福利、高稅率的社會」（4）這個具有合理性的政策。此外，這群人主張嚴厲處罰脫序行為（支持 3、18、20），以及支持安樂死（支持 2），反對同性別伴侶結婚（1），反對國中基測採用一綱多本（15），因此比較傳統與保守。

4. 理性傾向公民（D4）：他們的特徵是雖然也主張高福利（支持 8、9），但對「健保只保大病」無意見，對低稅賦的支持度也比上述理想傾向公民低很多（略為支持 12、17）。更重要的是，他們支持「高福利、高稅率的社會」（4）這個具有合理性的政策。此外，這群人雖然也支持死刑，但反對鞭刑，支持安樂死、性交易合法化（支持 2、5），但不反對同性別伴侶結婚，因此比較溫和理性。

表 5-5　均值聚類分析，預設四個聚類。

問卷題目	D1	D2	D3	D4	AVG 樣本間	STD 樣本間	STD 聚類間
1. 請問您贊成同性別伴侶結婚或認養子女嗎？	2.6	2.8	3.3	2.6	2.83	1.17	0.33
2. 請問您贊成安樂死嗎？	2.3	3.0	2.0	2.0	2.30	1.02	0.49
3. 請問您贊成死刑嗎？	1.8	3.2	1.4	2.2	2.12	1.09	0.78
4. 請問您贊成走向高福利、高稅率的社會嗎？	3.7	3.2	2.4	2.2	2.79	1.09	0.68
5. 請問您贊成性交易合法化嗎？	3.6	3.6	2.7	2.4	2.98	1.17	0.63
6. 請問您贊成承認中國大陸高等教育學歷嗎？	3.5	3.2	3.0	2.7	3.07	1.10	0.33
7. 請問您贊成政府改成內閣制嗎？	3.1	3.2	2.8	2.7	2.92	0.86	0.22
8. 請問您贊成政府訂定基本薪資嗎？	2.2	2.8	2.0	2.1	2.24	0.97	0.40
9. 請問您贊成政府補助生育嗎？	1.7	2.8	1.8	1.9	2.05	0.98	0.50
10. 請問您贊成政府編列赤字預算嗎？	3.1	3.1	3.0	2.3	2.83	1.04	0.38
11. 請問您贊成限制各級選舉的經費上限嗎？	1.7	2.9	1.9	1.6	2.02	0.97	0.60
12. 請問您贊成降低個人所得稅嗎？	1.6	2.7	2.2	2.6	2.30	1.04	0.47
13. 請問您贊成高等教育普及化嗎？	2.4	3.0	2.8	2.3	2.63	1.07	0.31
14. 請問您贊成健保只保大病嗎？	4.2	3.2	3.8	2.8	3.46	1.20	0.62
15. 請問您贊成國中基測採用一綱多本嗎？	3.7	3.3	4.1	3.2	3.59	1.12	0.40
16. 請問您贊成採取募兵制嗎？	3.1	2.8	2.1	2.0	2.43	1.13	0.53
17. 請問您贊成調降遺產稅及贈與稅嗎？	2.0	3.0	2.6	2.4	2.50	1.10	0.44
18. 請問您贊成學校教師體罰學生嗎？	2.8	3.4	2.0	3.0	2.77	1.18	0.58
19. 請問您贊成興建蘇花高嗎？	2.6	3.5	2.9	2.6	2.89	1.11	0.39
20. 請問您贊成鞭刑嗎？	3.3	3.7	1.9	3.8	3.16	1.32	0.86
人數比例	21%	23%	27%	29%			
傾向	理想	冷淡	現實	理性			

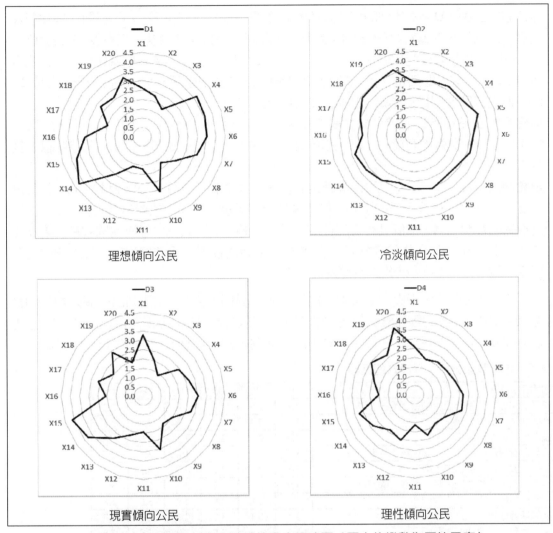

圖 5-6　四聚類分析的聚類的特徵之雷達圖（圖中的變數為原始尺度）

以六個聚類進行分析得如表 5-6 聚類。依其特性分成六種公民（圖 5-7）。

1. 冷淡傾向公民（D1）：他們的特徵是對多數問題回答「沒意見」，只有少數幾項明確表態。這些人可以歸類為冷淡傾向公民。

2. 理性傾向公民（D2）：他們的特徵是主張高福利（支持 8、9），但對「健保只保大病」無意見。其特徵與 D4 聚類相當接近。

3. 冷淡傾向公民（D3）：他們的特徵是對多數問題回答「反對」。其特徵與 D1 聚類相當接近。

4. 理性傾向公民（D4）：他們的特徵是雖然也主張高福利（支持 8、9），但對「健保只保大病」無意見，對低稅賦的支持度也比上述理想傾向公民低很多（只有微弱支持 12、17）。更重要的是，他們強烈支持「高福利、高稅率的社會」（4）這個具有合理性的政策。此外，這群人雖然也支持死刑，但反對鞭刑，支持安樂死、性交易合法化（支持 2、5），但支持同性別伴侶結婚，因此比較溫和理性。

5. 理想傾向公民（D5）：他們的特徵是主張高福利（支持 8、9，強烈反對 14）、低稅賦（支持 12、17），反對「高福利、高稅率的社會」（4），這些主張顯得矛盾，充滿理想主義色彩。

6. 現實傾向公民（D6）：他們的特徵是雖然也主張高福利（支持 8、9，反對 14）、低稅賦（支持 12、17）這些矛盾的主張，但強度較低。更重要的是，他們略為支持「高福利、高稅率的社會」（4）這個具有合理性的政策。此外，這群人主張嚴厲處罰脫序行為（支持 3、18、20），以及支持安樂死（支持 2），反對同性別伴侶結婚（1），反對國中基測採用一綱多本（15），因此比較傳統與保守。

　　為了比較四個聚類下與六個聚類下的結果有何異同，圖 5-8 左側列出四個聚類下的雷達圖，將六個聚類下的雷達圖相似者置於右側，可以發現無論四個聚類或六個聚類，基本上都找出四種公民：理想、理性、現實、冷淡傾向公民，兩種分析的結論十分相似。

表 5-6　均值聚類分析，預設六個聚類

問卷題目	D1	D2	D3	D4	D5	D6
1. 請問您贊成同性別伴侶結婚或認養子女嗎？	3.4	2.9	2.4	2.0	2.9	3.2
2. 請問您贊成安樂死嗎？	3.3	2.4	2.6	1.5	2.5	2.1
3. 請問您贊成死刑嗎？	3.9	2.7	2.3	1.8	2.0	1.4
4. 請問您贊成走向高福利、高稅率的社會嗎？	3.9	2.7	2.8	1.8	3.3	2.7
5. 請問您贊成性交易合法化嗎？	4.3	2.9	3.2	1.9	3.5	2.7
6. 請問您贊成承認中國大陸高等教育學歷嗎？	3.9	2.8	2.5	2.7	3.6	3.2
7. 請問您贊成政府改成內閣制嗎？	3.7	2.8	2.9	2.9	3.0	2.8
8. 請問您贊成政府訂定基本薪資嗎？	3.1	2.1	3.2	2.0	2.0	1.9
9. 請問您贊成政府補助生育嗎？	3.7	1.9	3.0	1.9	1.5	1.8
10. 請問您贊成政府編列赤字預算嗎？	3.3	2.2	3.3	2.2	3.1	3.0
11. 請問您贊成限制各級選舉的經費上限嗎？	3.1	2.0	2.6	1.7	1.8	1.8
12. 請問您贊成降低個人所得稅嗎？	3.0	2.7	2.3	2.8	1.6	2.1
13. 請問您贊成高等教育普及化嗎？	3.4	2.5	2.7	3.0	2.2	2.7
14. 請問您贊成健保只保大病嗎？	2.8	2.8	3.0	3.2	4.4	3.7
15. 請問您贊成國中基測採用一綱多本嗎？	3.3	2.9	3.8	3.4	3.7	4.0
16. 請問您贊成採取募兵制嗎？	2.9	2.7	2.7	1.7	2.5	2.3
17. 請問您贊成調降遺產稅及贈與稅嗎？	3.3	2.4	3.0	2.7	1.8	2.6
18. 請問您贊成學校教師體罰學生嗎？	3.6	2.6	3.3	2.7	3.4	1.9
19. 請問您贊成興建蘇花高嗎？	3.6	2.2	3.6	3.4	2.6	2.9
20. 請問您贊成鞭刑嗎？	3.6	3.9	3.3	3.7	3.7	1.8
人數比例	6%	19%	14%	13%	21%	26%
傾向	冷淡	理想	冷淡	理性	理想	現實

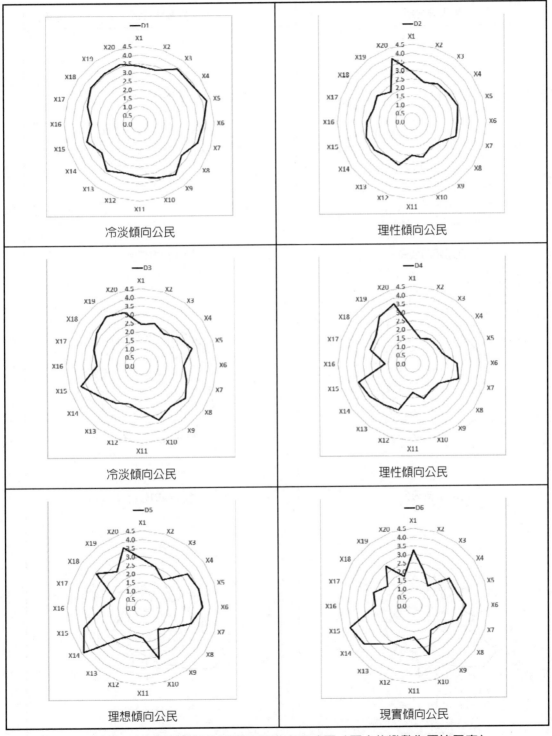

圖 5-7 六聚類分析的聚類的特徵之雷達圖（圖中的變數為原始尺度）

四聚類分析	六聚類分析
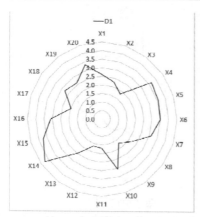 理想傾向公民	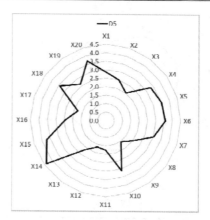 理想傾向公民
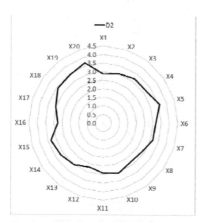 冷淡傾向公民	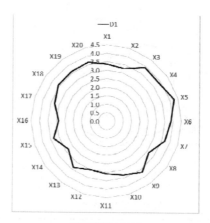 冷淡傾向公民
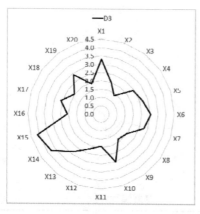 現實傾向公民	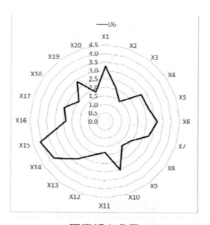 現實傾向公民

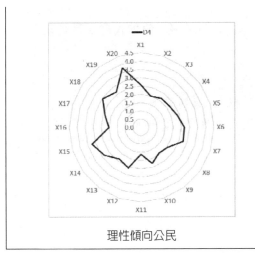 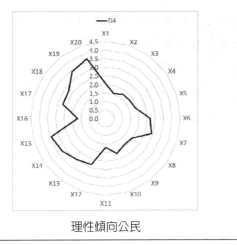

理性傾向公民　　　　　　　　　　　　理性傾向公民

圖 5-8　四聚類分析與六聚類分析的比較

問題與討論

1. 一聚類問題的樣本如下表，試以 k-means 聚類分析（設 k = 3）。

	X1	X2	原隨機聚類
A	3	6	1
B	2	3	2
C	0	1	1
D	1	3	2
E	5	2	1
F	6	3	2

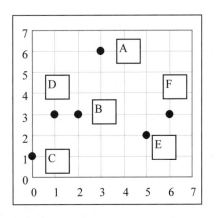

　　一家銀行提供信用卡產品供銀行客戶借貸。這家銀行希望根據歷史資料來建立一個模型，並預測持卡人「下個月是否會逾期繳款（違約）」。資料共有 2,000 筆，有 23 個自變數（各自變數的意義請參考第七章 Part A 的練習個案）。請參考「實作單元 A」，

利用本書提供的均值聚類分析 Excel 試算表模板，以「修改系統」的方式建立聚類模型。
相關檔案放置在：

  資料：「第 5 章 聚類（一）均值聚類分析（data）」資料夾。

  模板：「第 5 章 聚類（一）均值聚類分析（模板）」資料夾。

  完成：「第 5 章 聚類（一）均值聚類分析（模板+data）」資料夾。

實作單元 A：Excel 資料探勘系統——均值聚類分析

一、原理

直接以非線性規劃法最小化各樣本距各聚類中心的距離最小值之平方和，得到聚類中心座標。

$$\text{Min} \quad \sum_{i=1}^{N} \min_{all\ j} d_{ij}^2$$

其中

$d_{ij}^2 = \sum_{k=1}^{n} (x_{ik} - x_{jk})^2 =$ 第 i 個樣本距第 j 個聚類中心的距離平方。

$x_{ik} =$ 第 i 個樣本的第 k 個變數值。

$x_{jk} =$ 第 j 個聚類中心的第 k 個變數值。

$\min_{all\ j} d_{ij}^2 =$ 第 i 個樣本距各聚類中心的距離平方之最小值。

$\sum_{i=1}^{N} \min_{all\ j} d_{ij}^2 =$ 各樣本距各聚類中心的距離最小值之平方之總和。

二、方法

上述原理指出，均值聚類分析可以視為一個「最佳化問題」，透過最小化各樣本距各聚類中心的距離最小值之平方和，可以得到各聚類中心（圖 A-1）。

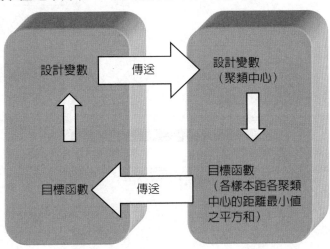

圖 A-1　以 Excel 的規劃求解執行均值聚類分析的原理

　　在 Excel 的增益集中的「規劃求解」提供許多有用的最佳化工具。透過「規劃求解」，使用者可以為單一儲存格（稱為目標儲存格）中的公式尋找最佳化值（最大值或最小值），而且必須滿足作表上其他公式儲存格之值的限制。「規劃求解」運用一組儲存格（稱為決策變數或變數儲存格）以計算目標儲存格與限制儲存格中的公式。規劃求解會調整決策變數儲存格中的值，以符合限制儲存格的限制，並產生期望的目標儲存格結果。Excel 提供了三種規劃求解方法（圖 A-2）：

(1) 一般化縮減梯度（Generalized Reduced Gradient, GRG）：用於平滑非線性的問題。此法優點是計算效率高，缺點是不適用於非平滑的問題。

(2) 進化（Evolutionary）：用於非平滑的問題，此法優點是適用於非平滑的問題，缺點是計算效率低。

(3) LP 單形法（LP Simplex）：用於線性的問題。

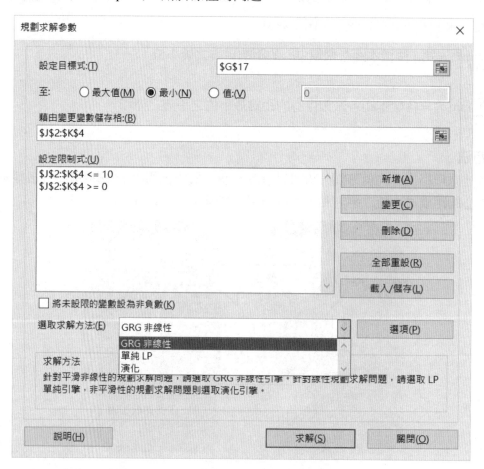

圖 A-2　　Excel 提供了三種規劃求解方法

理論上，由於 $\sum_{i=1}^{N} \min_{all\ j} d_{ij}^2$ 因為有 min 運算，因此並非平滑函數，因此需用上述的「進化（Evolutionary）」規劃求解方法。然而當樣本很多時，此非平滑函數已近似平滑函數，因此仍可用上述的「一般化縮減梯度（GRG）」規劃求解方法。

當樣本很少時，目標函數呈現非平滑現象時，如果仍要用上述的「一般化縮減梯度（GRG）」規劃求解方法，可用以下的 softmin 代替 min 運算，使目標函數平滑化：

$$\text{softmin}(x_1, x_2, \ldots, x_n) = \frac{x_1^{-2} + x_2^{-2} + \cdots + x_n^{-2}}{x_1^{-3} + x_2^{-3} + \cdots + x_n^{-3}}$$

例如下列四個例子中，softmin 代替 min 運算，可以達到類似 min 的結果。

	X1	X2	X3	softmin (X1,X2,X3)	min (X1,X2,X3)
Case 1	1.000	1.100	1.200	1.082	1.000
Case 2	1.000	2.000	3.000	1.171	1.000
Case 3	1.000	3.000	9.000	1.082	1.000
Case 4	1.000	10.000	100.000	1.009	1.000

三、實作

以一個人為假設的「3 聚類」例題為例，有 15 個樣本，兩個變數（X,Y）。其散布圖如圖 A-3，很明顯有三個聚類。本例題因為所有變數的尺度相當，因此不需正規化，直接用原值進行聚類。如果題目本身無法滿足所有變數的尺度相當的要求，必須進行標準正規化，即原始值減去平均值後，再除以標準差。變數尺度化方法可參考實作單元 D。

No.	樣本 X	樣本 Y
1	1.267	2.662
2	1.188	2.044
3	1.492	2.589
4	1.723	2.802
5	1.409	2.235
6	3.447	0.008
7	3.905	0.048
8	3.087	0.013
9	3.433	0.432
10	3.736	0.525
11	2.578	5.846
12	3.080	5.041
13	3.060	5.606
14	3.264	5.218
15	3.209	5.604

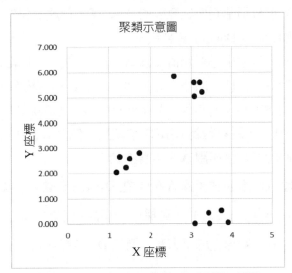

圖 A-3　一個人為假設的「3 聚類」例題

四、實作一：新建系統

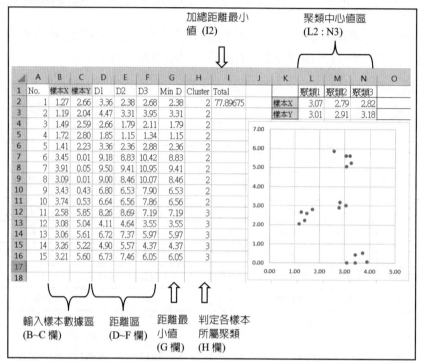

加總距離最小
值 (I2)

聚類中心值區
(L2：N3)

輸入樣本數據區
(B~C 欄)

距離區
(D~F 欄)

距離最
小值
(G 欄)

判定各樣本
所屬聚類
(H 欄)

圖 A-4　均值聚類分析試算表的各區功能概述

　　均值聚類分析試算表的各區功能概述如圖 A-4。從頭開始做起的實作步驟如下：

(1) 輸入樣本數據（圖 A-5(a)）：開啟新試算表，將存放資料的試算表中的樣本編號、X、Y 值分別貼到新試算表的 A~C 欄。存放資料的試算表在「第 5 章 聚類（一）均值聚類分析（Data）」資料夾。

(2) 輸入聚類中心初始值（圖 A-5(b)）：在 L~M 欄設三個聚類的中心的初始值，方法是先計算所有樣本的總中心，然後以中心點為基準，加上一個小的隨機亂數。例如計算得到總中心大約為 X = 3、Y = 3，可設三個聚類的中心的初始值：「= 3 + (RAND () − 0.5) * 0.5」。注意因為 RAND 會產生一個介於 0~1 的隨機亂數，因此產生的三個聚類的中心的初始值與圖 A-5 不會吻合。

(3) 輸入距離公式（圖 A-6）：在 D、E、F 欄設各樣本對三個聚類的中心的距離公式 $d_{ij}^2 = \sum_{k=1}^{n}(x_{ik} - x_{jk})^2$，可採用一個高效率的 Excel 函數 SUMXMY2，它會傳回兩個陣列中對應數值差的平方和。例如 D2 儲存格公式「= SUMXMY2 ($B2 : $C2,L$2 : L$3)」。

(4) 輸入距離最小值公式（圖 A-7）：在 G 欄設各樣本對三個聚類的中心的距離最小值公式 $\min\limits_{all\ j} d_{ij}^2$，例如 G2 儲存格公式「= MIN(D2:F2)」。

(5) 輸入判定各樣本所屬聚類公式（圖 A-8）：在 H 欄設判定各樣本屬於哪一個聚類的公式，例如在 H2 儲存格公式「= IF(G2 = D2,1,IF (G2 = E2,2,3))」。

(6) 輸入加總距離最小值公式（圖 A-8）：在 I2 儲存格加總各樣本對三個聚類的中心的距離最小值 $\sum\limits_{i=1}^{N} \min\limits_{all\ j} d_{ij}^2$，公式「= SUM(G2:G16)」。

(7) 為了求解可最小化加總距離最小值的聚類中心值，開啟 Excel 的「規劃求解」設定參數，並執行求解（圖 A-9）。其中：

(a)設定目標式：設定要最小化的目標，即加總距離最小值（I2）。

(b)藉由變更變數儲存格：設定要調整的聚類中心值（L2:N3）。

(c)設定限制式：設定要調整的聚類中心值的上下限。這些限制並非必要，可以省略。

(d)選項：開啟「選項」設定參數，並確定。其中最大時限（秒）通常可設 300，反覆運算次數一般可設 5~200。本例題取 100 次。

五、結果

可以得到如圖 A-10 的結果，可以發現 J、K 欄的三個聚類的中心的值已經改變，分別位於三個樣本聚類的中心處。存放建構完成的試算表放置在「第 5 章 聚類（一）：均值聚類分析（模板+ data）」資料夾。

	A	B	C	D	E	F	G	H
1	No	X	Y					
2	1	1.267	2.662					
3	2	1.188	2.044					
4	3	1.492	2.589					
5	4	1.723	2.802					
6	5	1.409	2.235					
7	6	3.447	0.008					
8	7	3.905	0.048					
9	8	3.087	0.013					
10	9	3.433	0.432					
11	10	3.736	0.525					
12	11	2.578	5.846					
13	12	3.080	5.041					
14	13	3.060	5.606					
15	14	3.264	5.218					
16	15	3.209	5.604					
17								

圖 A-5(a)　將存放資料的試算表中的樣本編號、X、Y 值分別貼到 A~C 欄

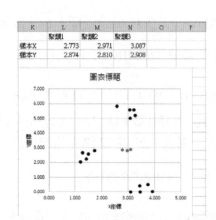

圖 A-5(b)　三個聚類的中心的初始值

No	X	Y	D1	D2	D3				
1	1.267	2.662	2.313	2.925	3.372				
2	1.188	2.044	3.204	3.768	4.355				
3	1.492	2.589	1.724	2.238	2.648				
4	1.723	2.802	1.109	1.559	1.873				
5	1.409	2.235	2.272	2.773	3.271				
6	3.447	0.008	8.668	8.076	8.540				
7	3.905	0.048	9.269	8.501	8.850				
8	3.087	0.013	8.285	7.836	8.382				
9	3.433	0.432	6.398	5.866	6.250				
10	3.736	0.525	6.447	5.807	6.102				
11	2.578	5.846	8.868	9.371	8.888				
12	3.080	5.041	4.790	4.991	4.550				
13	3.060	5.606	7.545	7.826	7.279				
14	3.264	5.218	5.733	5.884	5.366				
15	3.209	5.604	7.639	7.861	7.280				

圖 A-6　在 D、E、 F 欄設各樣本對三個聚類的中心的距離公式

No	X	Y	D1	D2	D3	最小距離			
1	1.267	2.662	2.313	2.925	3.372	2.313			
2	1.188	2.044	3.204	3.768	4.355	3.204			
3	1.492	2.589	1.724	2.238	2.648	1.724			
4	1.723	2.802	1.109	1.559	1.873	1.109			
5	1.409	2.235	2.272	2.773	3.271	2.272			
6	3.447	0.008	8.668	8.076	8.540	8.076			
7	3.905	0.048	9.269	8.501	8.850	8.501			
8	3.087	0.013	8.285	7.836	8.382	7.836			
9	3.433	0.432	6.398	5.866	6.250	5.866			
10	3.736	0.525	6.447	5.807	6.102	5.807			
11	2.578	5.846	8.868	9.371	8.888	8.868			
12	3.080	5.041	4.790	4.991	4.550	4.550			
13	3.060	5.606	7.545	7.826	7.279	7.279			
14	3.264	5.218	5.733	5.884	5.366	5.366			
15	3.209	5.604	7.639	7.861	7.280	7.280			

圖 A-7　在 G 欄設各樣本對三個聚類的中心的距離最小值公式

No	X	Y	D1	D2	D3	最小距離	Cluster	總最小距離
1	1.267	2.662	2.310	2.920	3.370	2.310	1	80.03546
2	1.188	2.044	3.200	3.760	4.350	3.200	1	
3	1.492	2.589	1.722	2.234	2.646	1.722	1	
4	1.723	2.802	1.107	1.556	1.872	1.107	1	
5	1.409	2.235	2.268	2.766	3.267	2.268	1	
6	3.447	0.008	8.665	8.065	8.526	8.065	2	
7	3.905	0.048	9.267	8.491	8.837	8.491	2	
8	3.087	0.013	8.282	7.824	8.368	7.824	2	
9	3.433	0.432	6.396	5.857	6.238	5.857	2	
10	3.736	0.525	6.445	5.798	6.091	5.798	2	
11	2.578	5.846	8.872	9.384	8.902	8.872	1	
12	3.080	5.041	4.793	5.001	4.560	4.560	3	
13	3.060	5.606	7.549	7.839	7.292	7.292	3	
14	3.264	5.218	5.737	5.895	5.377	5.377	3	
15	3.209	5.604	7.644	7.875	7.293	7.293	3	

圖 A-8　在 G16 儲存格加總各樣本對三個聚類的中心的距離最小值

圖 A-9　開啟 Excel 的「規劃求解」設定參數

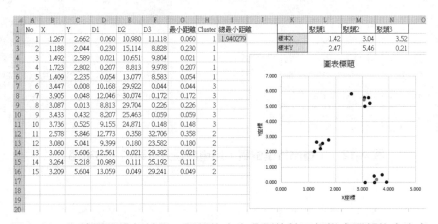

圖 A-10　均值聚類分析結果：聚類的中心分別位於三個樣本聚類的中心處

六、實作二：修改系統

如果不想從頭開始做起，一個更簡單的方法是修改一個現成的檔案。本書提供了「書局行銷個案」均值聚類分析範例（圖 A-11 與圖 A-12），此範例有 15 個變數，2,000 筆 Data，並且分成 4 個、6 個、8 個聚類等三個版本。如果讀者的應用問題的變數少於 15 個，資料少於 2,000 個，可以先複製範例檔案，再修改變數與 Data 的數目來做聚類分析。

	A	B	C	D	E	F	G	H	I	J	K	L	M	N	O	P	Q	R	S
1		Gender	M	R	F	FirstPurch	ChildBks	YouthBk	CookBk	DoItYBk	RefBks	ArtBks	GeogBk	ItalCook	ItalHAtl	ItalArt	D1	D2	D3
2		-1.549	-0.689	1.7872	-0.28	0.6793	-0.692	1.141	-0.68	0.784	-0.48	-0.49	0.761	-0.33	-0.19	-0.24	14.4956	54.3103	21.80
3		0.645	0.3399	0.0753	-0.844	-0.707	0.2812	-0.52	-0.68	-0.55	-0.48	-0.49	-0.54	-0.33	-0.19	-0.24	1.28481	53.2244	24.74
4		0.645	-1.102	-0.903	-0.562	-0.92	-0.692	-0.52	-0.68	-0.55	-0.48	-0.49	-0.54	-0.33	-0.19	-0.24	1.97209	58.7898	31.54
5		0.645	1.4292	-1.392	0.8483	0.5727	0.2812	1.141	0.295	-0.55	1.298	-0.49	0.761	-0.33	-0.19	-0.24	14.9191	39.8624	11.25
6		-1.549	0.3298	0.809	-0.562	0.0396	-0.692	-0.52	0.295	-0.55	-0.48	-0.49	0.761	-0.33	-0.19	-0.24	8.18697	51.8449	20.76
7		0.645	0.471	-0.414	0.0023	-0.387	0.2812	-0.52	-0.68	-0.55	-0.48	1.112	-0.54	-0.33	-0.19	-0.24	3.79727	49.4697	18.6
8		0.645	-0.89	0.3199	-0.844	-0.6	-0.692	1.141	-0.68	-0.55	-0.48	-0.49	-0.54	-0.33	-0.19	-0.24	2.85318	56.3673	27.8
9		0.645	1.2073	0.0753	-0.562	-0.28	-0.692	1.141	-0.68	-0.55	1.298	-0.49	-0.54	-0.33	-0.19	-0.24	7.22331	46.5247	21.8
10		0.645	0.4307	-0.169	-0.28	-0.387	0.2812	-0.52	-0.68	0.784	-0.48	-0.49	-0.54	-0.33	-0.19	-0.24	2.64866	49.7759	19.24
11		0.645	0.8845	-0.414	2.2583	1.6389	3.1998	1.141	3.205	-0.55	-0.48	-0.49	2.063	-0.33	-0.19	-0.24	47.9137	58.2318	17.6
12		0.645	0.9551	-1.392	-0.562	-1.24	-0.692	-0.52	-0.68	-0.55	-0.48	-0.49	-0.54	-0.33	-0.19	-0.24	4.41	58.8023	30.5
13		0.645	0.1281	2.2764	-0.562	0.6793	-0.692	-0.52	0.295	-0.55	-0.48	-0.49	0.761	-0.33	-0.19	-0.24	8.79663	53.3525	21.8
14		-1.549	0.2088	2.0318	-0.562	0.3594	0.2812	-0.52	-0.68	-0.55	-0.48	1.112	-0.54	-0.33	-0.19	-0.24	12.6857	55.1007	23.9
15		0.645	1.2274	1.5427	2.2583	1.8521	1.254	4.453	-0.68	2.115	4.851	2.718	-0.54	-0.33	9.297	7.472	234.448	96.2601	188.
16		0.645	-1.536	0.0753	-0.28	-0.28	0.2812	1.141	0.295	-0.55	-0.48	-0.49	-0.54	-0.33	-0.19	-0.24	4.69398	52.0065	21.9
17		0.645	-0.104	-1.392	2.2583	-0.067	0.2812	1.141	1.265	-0.55	-0.48	-0.49	2.063	-0.33	-0.19	-0.24	21.2962	49.9529	14.4
18		0.645	-1.193	-0.414	-0.562	-0.6	-0.692	-0.52	0.295	-0.55	-0.48	-0.49	-0.54	-0.33	-0.19	-0.24	1.69396	55.5775	27.0

圖 A-11　「書局行銷個案」均值聚類分析範例（左半部）

	P	Q	R	S	T	U	V	W	X	Y		Z	AA	AB	AC
1	ItalArt	D1	D2	D3	D4	Min D	Cluster	Total				聚類1	聚類2	聚類3	聚類4
2	-0.24	14.4956	54.3103	21.8057	9.72505	9.72505	4	18063.8		Gender		0.645	0.010	-0.002	-1.549
3	-0.24	1.28481	53.2244	24.7491	6.16169	1.28481	1			M		-0.303	0.539	0.844	-0.298
4	-0.24	1.97209	58.7898	31.5404	6.86277	1.97209	1			R		-0.011	0.143	0.170	-0.040
5	-0.24	14.9191	39.8624	11.2531	19.4891	11.2531	3			F		-0.547	1.150	1.461	-0.522
6	-0.24	8.18697	51.8449	20.7608	3.33749	3.33749	4			FirstPurch		-0.483	0.905	1.331	-0.467
7	-0.24	3.79727	49.4697	18.6749	8.54038	3.79727	1			ChildBks		-0.400	0.892	1.038	-0.367
8	-0.24	2.85318	56.3673	27.8789	7.95439	2.85318	1			YouthBks		-0.276	0.521	0.807	-0.317
9	-0.24	7.22331	46.5247	21.8551	12.2081	7.22331	1			CookBks		-0.385	0.670	1.219	-0.376
10	-0.24	2.64866	49.7759	19.2474	7.36202	2.64866	1			DoItYBks		-0.362	0.364	0.885	-0.321
11	-0.24	47.9137	58.2318	17.6022	52.1035	17.6022	3			RefBks		-0.320	2.188	0.629	-0.304
12	-0.24	4.41	58.8023	30.5949	9.26258	4.41	1			ArtBks		-0.314	0.445	0.902	-0.298
13	-0.24	8.79663	53.3525	21.8712	13.6413	8.79663	1			GeogBks		-0.389	0.655	1.013	-0.333
14	-0.24	12.6857	55.1007	23.9949	7.9485	7.9485	4			ItalCook		-0.260	1.548	0.578	-0.108
15	7.472	234.448	96.2601	188.556	238.618	96.2601	2			ItalHAtlas		-0.190	4.874	-0.188	-0.190
16	-0.24	4.69398	52.0065	21.9539	9.6663	4.69398	1			ItalArt		-0.215	1.638	0.231	-0.189
17	-0.24	21.2962	49.9529	14.4168	25.7232	14.4168	3			N		51%	4%	24%	21%
18	-0.24	1.69396	55.5775	27.0199	6.58447	1.69396	1								

圖 A-12　「書局行銷個案」均值聚類分析範例（右半部）

實作步驟詳述如下：

(1) 輸入樣本數據：根據預定的聚類數目，選擇複製一個「書局行銷個案」均值聚類分析範例的試算表檔案。清除（不是刪除）存放自變數的範圍內的資料（B1:P2001）。將問題的資料貼到此一範圍最靠左上方的位置。

(2) 輸入聚類中心初始值：清除（不是刪除）多餘的聚類中心的列的資料（以四個聚類為例，位於 Y1:AC16）。例如只有 5 個自變數，只需保留第 Y1:AC6 範圍的聚類中心。同新建系統一樣，在此一範圍內貼上適當的初始聚類中心。

(3) 輸入距離公式：「書局行銷個案」有 15 個變數，如果距離採用「= ($B2 – $Z$2)^2 + ($C2 – $Z$3)^2 +…+ = ($P2 – $Z$16)^2」的公式會很沒效率，因此採用一個高效率的 Excel 函數「= SUMXMY2($B2 : $P2,Z$2 : Z$16)」。調整此公式以配合問題的實際自變數數目。

(4) 輸入距離最小值公式：檢查存放樣本對各聚類的中心的距離最小值公式的欄內公式是否正確。

(5) 加總距離最小值：檢查存放加總樣本對各聚類的中心的距離最小值公式的儲存格內公式是否正確。

(6) 開啟 Excel 的「規劃求解」設定參數，並執行求解。注意要設定「目標式」內的儲存格為存放加總樣本對各聚類的中心的距離最小值公式的儲存格，「變數儲存格」內的範圍為存放聚類中心的範圍（圖 A-13）。

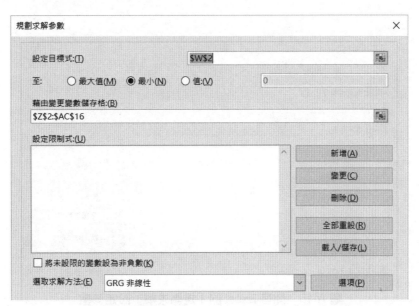

圖 A-13　開啓 Excel 的「規劃求解」設定參數

例如上述三球聚類問題採用「修改系統」完成的試算表在執行規劃求解前如圖 A-14，三個聚類中心在圖的中央附近。開啟 Excel 的「規劃求解」設定參數如圖 A-15，執行規劃求解後如圖 A-16，可以發現三個聚類的中心已經分別位於三個樣本聚類的中心處。此檔案放置在「第 5 章 聚類（一）：均值聚類分析（模板+ Data）」資料夾。

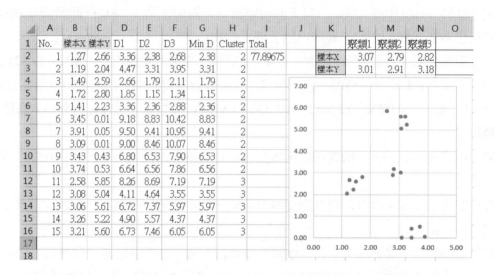

圖 A-14 三球聚類問題採用「修改系統」完成的試算表（執行規劃求解前）

圖 A-15 開啟 Excel 的「規劃求解」設定參數

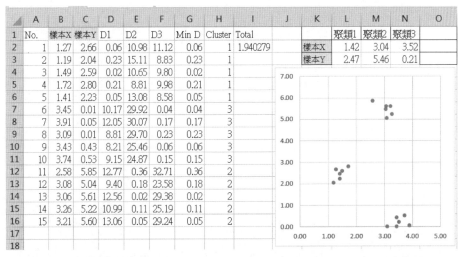

圖 A-16 三球聚類問題採用「修改系統」完成的試算表（執行規劃求解後）

隨堂練習

(1) 嘗試將聚類數目改為 2、4，看看「總最小距離」有何變化？聚類中心有何變化？

(2) 嘗試改用進化（Evolutionary）規劃求解方法，看看是否能找到聚類中心。

(3) 嘗試改用 softmin 代替 min，並使用進化規劃求解方法，效果如何？

第 **6** 章

聚類分析（二）：階層聚類分析

勝兵先勝而後求戰，敗兵先戰而後求勝。──孫子兵法

章前提示：聚類探勘──選民區隔之應用

雅虎奇摩為了 2008 年的立委選舉特別推出了一個新企劃──「立場量表」，請各網友、立委候選人和政黨作答，每一個問題都有五種態度選項：「1 非常同意、2 同意、3 沒意見、4 不同意、5 非常不同意」。有了這些選民的特徵，對於網友投票、政黨行銷政見提供了明確的指引。結果發現了四種傾向的公民：理性、現實、理想、冷淡。

題目
1. 請問您贊成同性別伴侶結婚或認養子女嗎？
2. 請問您贊成安樂死嗎？
3. 請問您贊成死刑嗎？
4. 請問您贊成走向高福利、高稅率的社會嗎？
5. 請問您贊成性交易合法化嗎？
6. 請問您贊成承認中國大陸高等教育學歷嗎？
7. 請問您贊成政府改成內閣制嗎？
8. 請問您贊成政府訂定基本薪資嗎？
9. 請問您贊成政府補助生育嗎？
10. 請問您贊成政府編列赤字預算嗎？
11. 請問您贊成限制各級選舉的經費上限嗎？
12. 請問您贊成降低個人所得稅嗎？
13. 請問您贊成高等教育普及化嗎？
14. 請問您贊成健保只保大病嗎？
15. 請問您贊成國中基測採用一綱多本嗎？
16. 請問您贊成採取募兵制嗎？
17. 請問您贊成調降遺產稅及贈與稅嗎？
18. 請問您贊成學校教師體罰學生嗎？
19. 請問您贊成興建蘇花高嗎？
20. 請問您贊成鞭刑嗎？

選民區隔

6-1　模型架構

　　階層聚類分析（Hierarchical Cluster Analysis），又譯為分層聚類分析或層級聚類分析，是聚類分析中應用最廣泛的方法之一，凡具有數值特徵的變量和樣本都可以採用，選擇不同的距離與聚類方法可以獲得滿意的數值聚類效果。

　　分層聚類法是把 n 個個體逐個地合併成一些子集，直至整個整體都在一個集合之內為止。首先，計算(n-1)n/2 個距離，其次把具有最小距離的兩個樣本合併成含兩個元素的聚類，接著按照某種聚類間距離的計算基準，計算這個新聚類和其餘樣本或聚類之間的距離，然後把具有最小距離的兩個樣本或聚類合併成新的聚類，再回到計算這個新聚類和其餘樣本或聚類之間的距離，這樣一直持續下去，直至所有樣本與聚類合併為一個聚類為止。其詳細步驟如下：

　　步驟 1：對變數進行變換處理。

　　步驟 2：計算各樣本之間的距離。

　　步驟 3：各樣本自成一聚類（n 個樣本一共有 n 個聚類），並將距離最近的兩聚類合併。

　　步驟 4：計算新產生的聚類與其他聚類之間的距離。

　　步驟 5：將距離最近的兩聚類合併。

　　步驟 6：如果聚類的個數大於 1，則回到步驟 4，否則到步驟 7。

　　步驟 7：繪製分層聚類譜係圖。

　　上述演算法有幾點補充說明：

1. 在聚類分析之前，必須對變數進行篩選，即選擇了那些相關性很顯著的變數，而剔除了相關性不顯著的變數。

2. 在步驟 1 中提到必須對變數進行變換，其方法甚多，例如：標準差正規化變換，這部分請參考下一節。

3. 在步驟 2 中提到樣本之間的距離計算，其方法甚多，例如：歐氏距離，這部分請參考下一節。

4. 在步驟 4 中提到聚類之間的距離計算，其方法甚多，例如：最小距離法，這部分請參考下一節。

6-2　模型建立

　　由前節可知，階層聚類分析需要三種計算：

1. 各變數的變換處理。

2. 樣本間距離的計算。

3. 聚類間距離的計算。

分述如下。

一、各變數的變換處理

在聚類分析處理過程中，首先對原始數據矩陣進行變換處理。由於在抽取樣本對變數進行量度處理時，不同變數一般都有不同的量綱，並且有不同的數量級單位，為了使不同量綱、不同數量級的變數能放在一起比較，通常需要對變數進行變換處理。

不同變數型態的變換處理方式如下：

1. 連續變數：連續變數變換處理的原則是將變數正規成平均值為 0，而分散度（標準差或平均絕對偏差）為 1 的變數，首先減去平均值進行中心化，然後除以分散度進行標準化：

$$x'_{ij} = \frac{x_{ij} - \bar{x}_j}{s_j} \quad \begin{array}{l} (i = 1, \ 2, \ \cdots n) \\ (j = 1, \ 2, \ \cdots m) \end{array} \tag{6-1}$$

其中，n = 記錄數目；m = 變數數目；

$$\bar{x}_j = \frac{1}{n} \sum_{i=1}^{n} x_{ij} = \text{平均值} \tag{6-2}$$

s_j = 分散度，可為標準差或平均絕對偏差：

(1) 標準差

$$s_j = \sqrt{\frac{1}{n-1} \sum_{i=1}^{n} \left(x_{ij} - \bar{x}_j \right)^2} \quad (j = 1, \ 2, \ \cdots m) \tag{6-3}$$

(2) 平均絕對偏差（Mean Absolute Deviation）

$$s_j = \frac{1}{n-1} \sum_{i=1}^{n} \left| x_{ij} - \bar{x}_j \right| \quad (j = 1, \ 2, \ \cdots m) \tag{6-4}$$

通過變換處理後，數據矩陣各行的平均值為 0，分散度為 1。如果是尺度大小極懸殊的變數，可先將變數取對數，再依連續變數方法處理。

2. 等級變數：處理的原則同連續變數。

3. 二元變數：將二元變數表現成{0,1}。

4. 名目變數：將名目變數表現成二元的指標變數。例如血型 A、B、AB、O 可以分別用三個指標變數以 (0, 0, 0)、(1, 0, 0)、(0, 1, 0)、(0, 0, 1) 來表現。

二、樣本間距離的計算

樣本間距離的計算基準常用的有（圖 6-1）：

1. 絕對值距離（即一階 Minkowski 距離，又稱 Manhattan 度量或網格度量）：

$$d_{ij}(1) = \sum_{k=1}^{m} \left| x_{ik} - x_{jk} \right| \qquad (i, j = 1, 2, \cdots n) \tag{6-5}$$

2. 歐氏距離（即二階 Minkowski 距離）：

$$d_{ij}(2) = \left[\sum_{k=1}^{m} \left| x_{ik} - x_{jk} \right|^2 \right]^{1/2} \qquad (i, j = 1, 2, \cdots n) \tag{6-6}$$

3. 明科夫斯基距離（即 q 階 Minkowski 距離）：

$$d_{ij}(q) = \left[\sum_{k=1}^{m} \left| x_{ik} - x_{jk} \right|^q \right]^{1/q} \qquad (i, j = 1, 2, \cdots n) \tag{6-7}$$

4. 相關係數：

$$r_{ij} = \frac{\sum_{k=1}^{n} (x_{ki} - \bar{x}_i)(x_{kj} - \bar{x}_j)}{\left\{ \left[\sum_{k=1}^{n} (x_{ki} - \bar{x}_i)^2 \right] \left[\sum_{k=1}^{n} (x_{kj} - \bar{x}_j)^2 \right] \right\}^{1/2}} \tag{6-8}$$

相關係數的值在$(-1, +1)$之間。

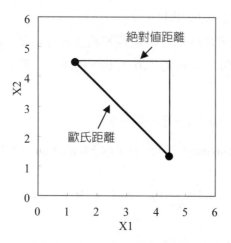

圖 6-1　樣本間距離的計算基準

三、聚類間距離的計算

常用的聚類間距離的計算基準有五種，包括（圖 6-2）

1. 最小距離法（Single Linkage）：一個聚類中的樣本與另一個聚類中的樣本的距離之最小值。本法傾向形成帶狀聚類。此外，因聚類距離由所有樣本配對距離的最小值決定，故對例外樣本較敏感。

2. 最大距離法（Complete Linkage）：一個聚類中的樣本與另一個聚類中的樣本的距離之最大值。本法傾向形成空間直徑相近的聚類。此外，因聚類距離由所有樣本配對距離的最大值決定，故對例外樣本較敏感。

3. 平均距離法（Average Linkage）：一個聚類中的樣本與另一個聚類中的樣本的距離之平均值。本法因聚類距離由所有樣本配對距離的平均值決定，故對例外樣本較不敏感。

4. 中位距離法（Median Linkage）：一個聚類中的樣本與另一個聚類中的樣本的距離之中位值。本法因聚類距離由所有樣本配對距離的中位值決定，故對例外樣本最不敏感。

5. 形心距離法（Centroid Linkage）：一個聚類的形心與另一個聚類的形心的距離。本法因聚類距離由聚類形心間的距離決定，故對例外樣本較不敏感。

6. 總和距離法（Ward Linkage）：二個聚類中的樣本與二個聚類的共同形心的距離平方和。本法傾向形成樣本數目相近的聚類。本法因聚類距離由所有樣本對新聚類形心的距離平方和決定，故對例外樣本較不敏感。

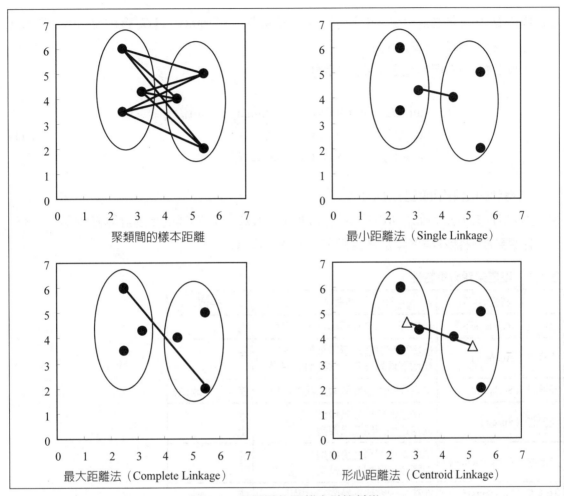

聚類間的樣本距離

最小距離法（Single Linkage）

最大距離法（Complete Linkage）

形心距離法（Centroid Linkage）

圖 6-2　聚類間的距離之計算基準

以最小距離法為例，設 d_{ij} 表示樣本 x_i 與 x_j 之間的距離。設 D_{ij} 表示聚類 G_i 與 G_j 之間的距離。最小距離法是把兩個聚類之間的距離定義為一個聚類的所有個體與另一個聚類的所有個體之間距離的最小者。即聚類 G_p 與聚類 G_q 之間的距離 D_{pq} 定義為：

$$D_{pq} = \min_{x_i \in G_p, \ x_j \in G_q} d_{ij}$$

(6-9)

最小距離法的聚類步驟是：

(1) 計算樣本之間的距離，得一距離矩陣 $D(0)$，這時每個樣本自成一聚類，顯然

$$D_{pq} = d_{pq}$$

(6-10)

(2) 尋找 $D(0)$ 的非主對角線上的最小元素，設為 D_{pq}，則將 G_p 與 G_q 合併成一個新聚類，記為 G_r，即 $G_r = \{ G_p, G_q \}$。

(3) 計算新聚類 G_r 與其他聚類 G_k 的距離：

$$D_{rk} = \min_{\substack{x_r \in G_r \\ x_j \in G_k}} d_{rj} = \min \left\{ \min_{\substack{x_i \in G_p \\ x_j \in G_k}} d_{ij}, \quad \min_{\substack{x_i \in G_q \\ x_j \in G_k}} d_{ij} \right\} = \min \left\{ D_{pk}, \quad D_{qk} \right\} \tag{6-11}$$

所得到的距離矩陣記為 $D(1)$。

(4) 對 $D(1)$ 重複施行對於 $D(0)$ 的步驟得 $D(2)$，由 $D(2)$ 按同樣的步驟計算得 $D(3)$……這樣直到所有樣本與聚類都被合併在同一個聚類為止。

表 6-1　階層聚類分析特性

特性	意義	評估
強健性（Robustness）	能處理有相當缺值與雜訊的資料	差
適應性（Adaption）	能處理有離散與連續型態的資料 能處理具有任意形狀聚類的資料	差 佳
尺度性（Scalability）	能處理有大量變數與記錄的資料	差（平方成長）
速度性（Speed）	能快速地建構知識模型 能快速地應用知識模型	差 佳
方便性（Convenience）	能簡單地建構知識模型 能簡單地應用知識模型	差 差
解釋性（Interpretability）	能產生內容可理解的知識模型	佳
簡單性（Simplicity）	能產生結構精簡的知識模型	差

例題 6-1　階層聚類分析

延續前一章例題 5-1 的五個樣本，試以階層聚類分析聚類之。

1. 各變數的變換處理：無。

2. 樣本間距離的計算：絕對值距離。

3. 聚類間距離的計算：

　(1) 最小距離法（Single-link）

	A	B	C	D	E
A	0				
B	1	0			
C	3	2	0		
D	7	6	4	0	
E	7	6	4	2	0

→合併(A, B)

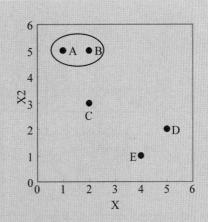

	AB	C	D	E
AB	0			
C	2	0		
D	6	4	0	
E	6	4	2	0

→合併(D, E)

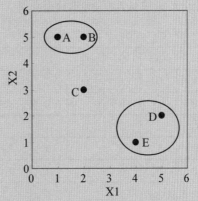

	AB	C	DE
AB	0		
C	2	0	
DE	6	4	0

→合併(AB, C)

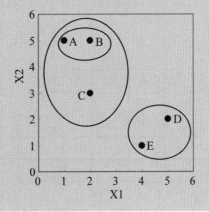

	ABC	DE
ABC	0	
DE	4	0

➔合併(ABC, DE)

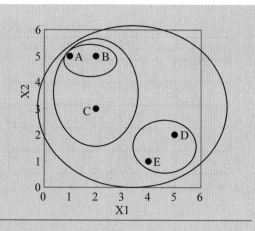

(2) 最大距離法（Complete-link）

	A	B	C	D	E
A	0				
B	1	0			
C	3	2	0		
D	7	6	4	0	
E	7	6	4	2	0

➔合併(A, B)

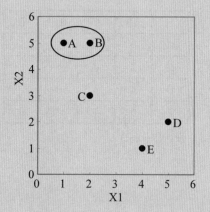

	AB	C	D	E
AB	0			
C	3	0		
D	7	4	0	
E	7	4	2	0

➔合併(D, E)

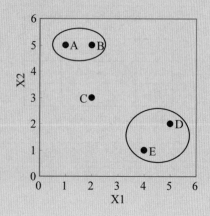

	AB	C	DE
AB	0		
C	3	0	
DE	7	4	0

→合併(AB, C)

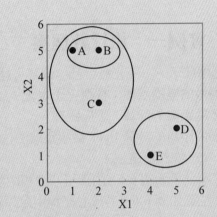

	ABC	DE
ABC	0	
DE	7	0

→合併(ABC, DE)

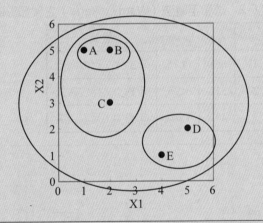

最小距離法的聚類樹與最大距離法的聚類樹分別如圖 6-3 與圖 6-4 所示。

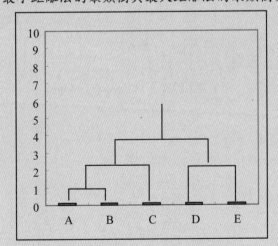

圖 6-3　例題 6-1 最小距離法的聚類樹

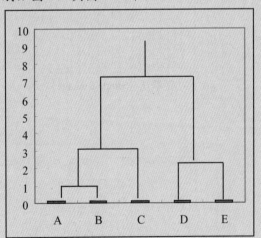

圖 6-4　例題 6-1 最大距離法的聚類樹

6-3 實例一：旅行社個案

延續前章的「陽光旅行社」個案。採 XLMiner 階層聚類分析作顧客分群。

1. 各變數的變換處理：標準差正規化。
2. 樣本間距離的計算：歐氏距離。
3. 聚類間距離的計算：(1) 最小距離法、(2) 最大距離法、(3) 平均距離法、(4) 形心距離法、(5) 總和距離法。

聚類結果如圖 6-5。由圖可知總和距離法（Ward Linkage）之聚類樹明顯有三個聚類，其形心位置如圖 6-6，其形心座標與聚類意義如表 6-2。

表 6-2　總和距離法（Ward Linkage）之聚類形心與意義

Cluster	Age	Income	意義
1	65.0	4.75	年齡大，月收入低
2	35.5	8.25	年齡小，月收入低
3	49.8	15.59	年齡中，月收入高

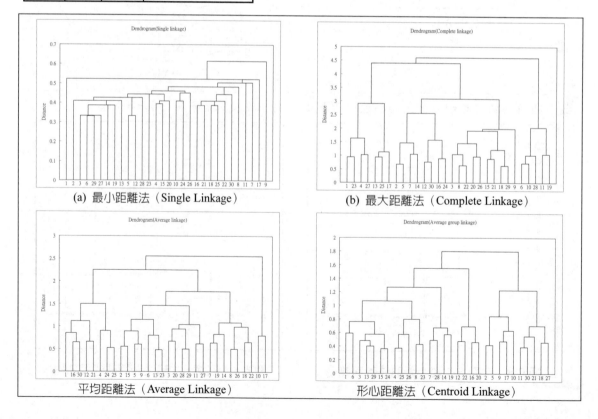

(a) 最小距離法（Single Linkage）

(b) 最大距離法（Complete Linkage）

平均距離法（Average Linkage）

形心距離法（Centroid Linkage）

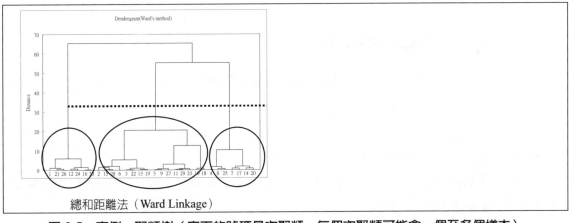

圖 6-5　實例一聚類樹（底下的號碼是次聚類，每個次聚類可能含一個至多個樣本）

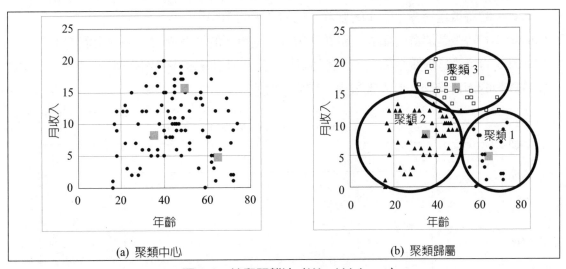

圖 6-6　總和距離法（Ward Linkage）

均值聚類分析 vs. 階層聚類分析

　　比較本章與前章可知，均值聚類分析的 Cluster-1 與階層聚類分析的 Cluster-1 是相似的聚類，為年齡大、月收入低族群；均值聚類分析的 Cluster-2 與階層聚類分析的 Cluster-2 是相似的聚類，為年齡小、月收入低族群；均值聚類分析的 Cluster-3 與階層聚類分析的 Cluster-3 是相似的聚類，為年齡中、月收入高族群。均值聚類分析與階層聚類分析可能有相似的聚類結果，但注意，本實例的二種聚類分析的聚類結果，其聚類意義相似者聚類編號正好相同，只能算是一個巧合。

6-4 實例二：書局行銷個案

延續前章的「書局行銷個案」。採 XLMiner 階層聚類分析作顧客分群。

1. 各變數的變換處理：標準差正規化。

2. 樣本間距離的計算：歐氏距離。

3. 聚類間距離的計算：總和距離法。

聚類結果如圖 6-7。可知聚類樹明顯有三個聚類，其形心座標如表 6-3，聚類特徵圖（雷達圖）如圖 6-8。

各聚類特性如表 6-4。分析如下：

1. Cluster-1 的特徵是消費金額小的族群，約佔全體的 70%。

2. Cluster-2 的特徵是消費金額大，消費次數多，是重要的消費族群，約佔全體的 1/4。

3. Cluster-3 的特徵是消費金額大，且對藝術類、義大利相關書籍特別有興趣的族群，是具特殊興趣的消費族群，但人數很少，約佔全體的 3%。

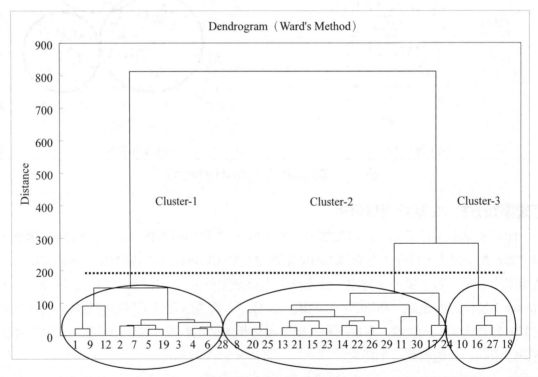

圖 6-7 總和距離法（Ward Linkage）聚類樹（底下的號碼是次聚類，每個次聚類可能含一個至多個樣本）

表 6-3　三個聚類的形心座標

Cluster	Gender	M	R	F	FirstPurch
Cluster-1	0.76	186.97	12.67	1.96	17.40
Cluster-2	0.76	259.18	13.37	8.49	46.04
Cluster-3	0.67	360.00	22.00	11.17	59.33

Cluster	ChildBks	YouthBks	CookBks	DoItYBks	RefBks
Cluster-1	0.26	0.13	0.27	0.13	0.08
Cluster-2	1.67	0.59	1.86	1.02	0.49
Cluster-3	2.50	1.33	2.00	1.17	1.50

Cluster	ArtBks	GeogBks	ItalCook	ItalHAtlas	ItalArt
Cluster-1	0.08	0.13	0.01	0.01	0.00
Cluster-2	0.78	1.00	0.22	0.00	0.12
Cluster-3	1.33	1.17	1.17	1.00	1.00

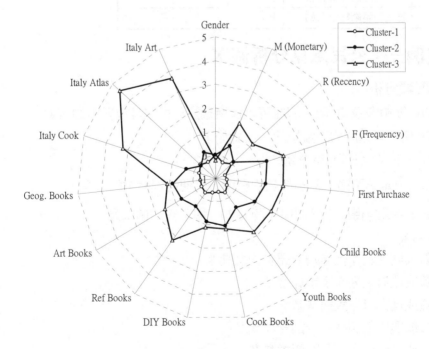

圖 6-8　聚類特徵圖（雷達圖）

表 6-4 各聚類特性

代碼	特性	Cluster-1	Cluster-2	Cluster-3
	人數%	71.5%	25.5%	3%
Gender	性別	中性	中性	中性
M（Monetary）	消費金額	小	中	大
R（Recency）	距離前次消費時間	近	近	遠
F（Frequency）	消費次數	少	多	多
First Purchase	距離首次購買時間（月）	近	遠	遠
Child Books	兒童類書購買數	少	多	多
Youth Books	青年類書購買數	少	中	多
Cook Books	食譜類書購買數	少	多	多
DIY Books	DIY 類書購買數	少	多	多
Ref Books	參考類書購買數	少	中	多
Art Books	藝術類書購買數	少	中	多
Geog. Books	地理類書購買數	少	多	多
Italy Cook	義大利食譜書購買數	少	少	多
Italy Atlas	義大利地圖書購買數	少	少	多
Italy Art	義大利藝術書購買數	少	少	多

6-5 實例三：公民意見分析個案

一、變數聚類分析

本題的自變數多達 20 個，因此可以採用聚類分析來發現變數的聚類。

計算 20 個變數之間的距離矩陣，公式如下：

$D = (1 - r^2)^4$ 其中 r ＝ 相關係數。

採用四次方是為了擴大相關係數的影響，以便發現變數的聚類。

以階層聚類分析得如下聚類樹（圖 6-9），顯示有四個聚類：

聚類 1：綜合類

1. 請問您贊成同性別伴侶結婚或認養子女嗎？
2. 請問您贊成政府編列赤字預算嗎？
3. 請問您贊成健保只保大病嗎？
4. 請問您贊成國中基測採用一綱多本嗎？
5. 請問您贊成調降遺產稅及贈與稅嗎？
6. 請問您贊成興建蘇花高嗎？
7. 請問您贊成走向高福利、高稅率的社會嗎？

8. 請問您贊成承認中國大陸高等教育學歷嗎？

9. 請問您贊成政府改成內閣制嗎？

10. 請問您贊成採取募兵制嗎？

聚類2：經濟公平類

1. 請問您贊成降低個人所得稅嗎？

2. 請問您贊成高等教育普及化嗎？

聚類3：經濟保障類

1. 請問您贊成政府訂定基本薪資嗎？

2. 請問您贊成政府補助生育嗎？

聚類4：社會倫理類

1. 請問您贊成安樂死嗎？

2. 請問您贊成死刑嗎？

3. 請問您贊成性交易合法化嗎？

4. 請問您贊成限制各級選舉的經費上限嗎？

5. 請問您贊成學校教師體罰學生嗎？

6. 請問您贊成鞭刑嗎？

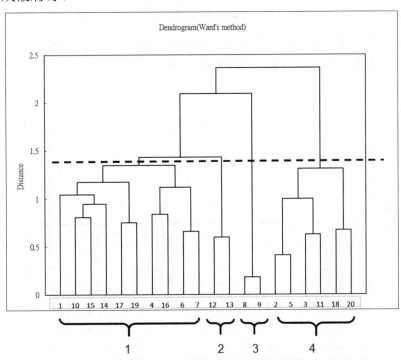

圖 6-9　階層聚類分析得到的「變數」聚類樹（四聚類）

二、樣本聚類分析

　　以階層聚類分析得圖 6-10 的聚類圖，取四個聚類進行分析得表 6-5 為各聚類特性，圖 6-11 為各聚類特性的雷達圖。依其特性分成四種公民。

(1) 理性傾向公民（C1）：他們的特徵是雖然也主張高福利（支持 8、9），但對「健保只保大病」無意見，對低稅賦的支持度也比理想傾向公民低很多（略為支持 12、17）。更重要的是他們支持「高福利、高稅率的社會」（4）這個具有合理性的政策。此外，這群人雖然也支持死刑，但反對鞭刑，支持安樂死、性交易合法化（支持 2、5），但不強烈反對同性別伴侶結婚，因此比較溫和理性。

(2) 冷淡傾向公民（C2）：他們的特徵是對所有問題都回答「沒意見」。可以歸類為冷淡傾向公民。

(3) 理想傾向公民（C3）：他們的特徵是主張高福利（支持 8、9，反對 14）、低稅賦（支持 12、17），強烈反對「高福利、高稅率的社會」（4），這些主張顯得矛盾，充滿理想主義色彩。

(4) 現實傾向公民（C4）：他們的特徵是雖然也主張高福利（支持 8、9，反對 14）、低稅賦（支持 12、17）這些矛盾的主張，但強度較低。更重要的是，他們支持「高福利、高稅率的社會」（4）這個具有現實性的政策。此外，這群人主張嚴厲處罰脫序行為（支持 3、18、20），以及支持安樂死（支持 2），強烈反對同性別伴侶結婚（1），強烈反對國中基測採用一綱多本（15），因此比較傳統與保守。

　　綜合來看，階層聚類分析與均值聚類分析產生的四個聚類完全可以一一對應的，都能發現四種公民：理想、理性、現實、冷淡傾向公民。

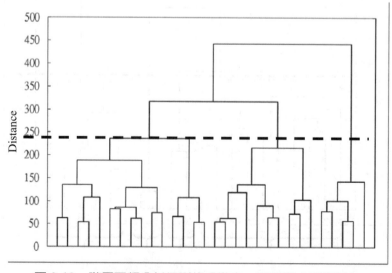

圖 6-10　階層聚類分析得到的「樣本」聚類樹（四聚類）

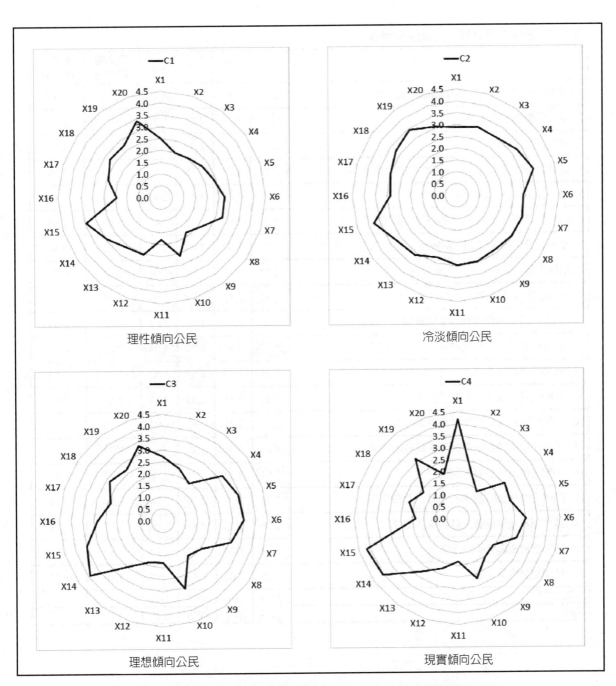

圖 6-11　四聚類分析的聚類的特徵之雷達圖（圖中的變數為原始尺度）

表 6-5 階層聚類分析，預設四個聚類。

	C1	C2	C3	C4	樣本間平均值	樣本間標準差
1. 請問您贊成同性別伴侶結婚或認養子女嗎？	2.49	2.89	2.71	4.19	2.83	1.17
2. 請問您贊成安樂死嗎？	1.98	3.03	2.32	1.97	2.30	1.02
3. 請問您贊成死刑嗎？	2.04	3.00	1.93	1.41	2.12	1.09
4. 請問您贊成走向高福利、高稅率的社會嗎？	2.22	3.27	3.18	2.54	2.79	1.09
5. 請問您贊成性交易合法化嗎？	2.40	3.55	3.42	2.41	2.98	1.17
6. 請問您贊成承認中國大陸高等教育學歷嗎？	2.75	2.92	3.49	3.00	3.07	1.10
7. 請問您贊成政府改成內閣制嗎？	2.78	3.02	3.08	2.70	2.92	0.86
8. 請問您贊成政府訂定基本薪資嗎？	2.13	2.95	2.06	1.92	2.24	0.97
9. 請問您贊成政府補助生育嗎？	1.83	2.85	1.83	2.03	2.05	0.98
10. 請問您贊成政府編列赤字預算嗎？	2.60	2.94	3.03	2.68	2.83	1.04
11. 請問您贊成限制各級選舉的經費上限嗎？	1.78	2.97	1.79	1.84	2.02	0.97
12. 請問您贊成降低個人所得稅嗎？	2.53	2.76	1.84	2.22	2.30	1.04
13. 請問您贊成高等教育普及化嗎？	2.58	3.11	2.37	2.78	2.63	1.07
14. 請問您贊成健保只保大病嗎？	2.96	3.21	3.92	4.03	3.46	1.20
15. 請問您贊成國中基測採用一綱多本嗎？	3.44	3.76	3.48	4.16	3.59	1.12
16. 請問您贊成採取募兵制嗎？	1.94	2.86	2.85	1.86	2.43	1.13
17. 請問您贊成調降遺產稅及贈與稅嗎？	2.42	2.98	2.39	2.24	2.50	1.10
18. 請問您贊成學校教師體罰學生嗎？	2.75	3.23	2.83	1.86	2.77	1.18
19. 請問您贊成興建蘇花高嗎？	2.73	3.44	2.67	3.14	2.89	1.11
20. 請問您贊成鞭刑嗎？	3.41	3.06	3.33	1.97	3.16	1.32
人數比例	35%	19%	35%	11%		
傾向	理性	冷淡	理想	現實		

如果取六個聚類進行分析，即將圖 6-10 的分割門檻（虛線）降低（圖 6-12），將原來的聚類 C1 與 C3 各自分類成二個聚類。表 6-6 為各聚類特性，圖 6-13 為各聚類特性的雷達圖。依其特性分成六種公民：

1. 理性傾向公民（C1）：他們的特徵是雖然也主張高福利（支持 8、9），但支持「健保只保大病」，對低稅賦的支持度也比理想傾向公民低很多（只有微弱支持 12、17）。更重要的是，他們強烈支持「高福利、高稅率的社會」（4）這個具有合理性的政策。此外，這群人雖然也支持死刑，但對鞭刑無意見，支持安樂死（支持 2），因此比較溫和理性。

2. 冷淡傾向公民（C2）：同階層聚類分析取四個聚類分析的 C2 聚類。

3. 理想傾向公民（C3）：他們的特徵是主張高福利（支持 8、9，強烈反對 14）、低稅賦（支持 12、17），反對「高福利、高稅率的社會」（4），這些主張顯得矛盾，充滿理想主義色彩。

4. 理想傾向公民（C4）：與 C3 聚類相似，最大的差別是他們反對「學校教師體罰學生」、「鞭刑」，對「死刑」的支持度也遠比 C3 低，可以說理想主義色彩比 C3 更為濃厚。

5. 理性傾向公民（C5）：與 C1 聚類相似，最大的差別是他們反對「健保只保大病」、「國中基測採用一綱多本」、「鞭刑」，在理性中帶一點理想主義色彩。

6. 現實傾向公民（C6）：同階層聚類分析取四個聚類分析的 C4 聚類。

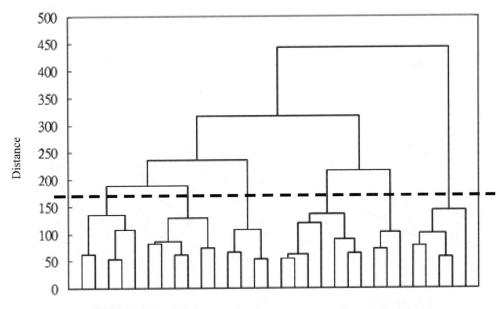

圖 6-12　階層聚類分析得到的「樣本」聚類樹（六聚類）

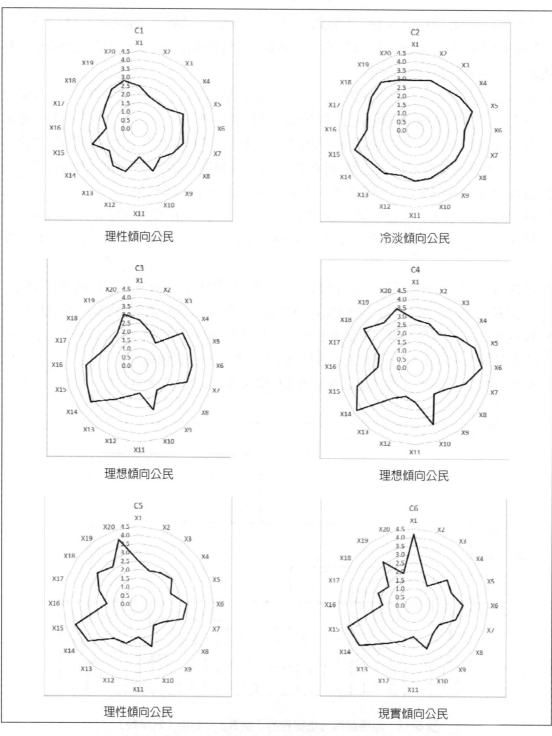

圖 6-13　四聚類分析的聚類的特徵之雷達圖（圖中的變數為原始尺度）

表 6-6　階層聚類分析，預設六個聚類

	C1	C2	C3	C4	C5	C6
1. 請問您贊成同性別伴侶結婚或認養子女嗎？	2.48	2.89	2.67	2.79	2.50	4.19
2. 請問您贊成安樂死嗎？	1.93	3.03	2.08	2.68	2.03	1.97
3. 請問您贊成死刑嗎？	1.85	3.00	1.64	2.38	2.24	1.41
4. 請問您贊成走向高福利、高稅率的社會嗎？	1.98	3.27	3.25	3.06	2.47	2.54
5. 請問您贊成性交易合法化嗎？	2.77	3.55	3.24	3.70	2.02	2.41
6. 請問您贊成承認中國大陸高等教育學歷嗎？	2.60	2.92	3.19	3.94	2.90	3.00
7. 請問您贊成政府改成內閣制嗎？	2.77	3.02	3.06	3.11	2.79	2.70
8. 請問您贊成政府訂定基本薪資嗎？	2.45	2.95	1.97	2.19	1.79	1.92
9. 請問您贊成政府補助生育嗎？	2.10	2.85	1.78	1.91	1.55	2.03
10. 請問您贊成政府編列赤字預算嗎？	2.60	2.94	2.74	3.49	2.60	2.68
11. 請問您贊成限制各級選舉的經費上限嗎？	1.65	2.97	1.63	2.04	1.91	1.84
12. 請問您贊成降低個人所得稅嗎？	2.63	2.76	1.88	1.79	2.41	2.22
13. 請問您贊成高等教育普及化嗎？	2.68	3.11	2.46	2.23	2.48	2.78
14. 請問您贊成健保只保大病嗎？	2.23	3.21	3.68	4.30	3.71	4.03
15. 請問您贊成國中基測採用一綱多本嗎？	2.97	3.76	3.39	3.62	3.93	4.16
16. 請問您贊成採取募兵制嗎？	1.98	2.86	3.26	2.21	1.90	1.86
17. 請問您贊成調降遺產稅及贈與稅嗎？	2.35	2.98	2.47	2.26	2.48	2.24
18. 請問您贊成學校教師體罰學生嗎？	2.47	3.23	2.21	3.79	3.03	1.86
19. 請問您贊成興建蘇花高嗎？	2.82	3.44	2.33	3.19	2.64	3.14
20. 請問您贊成鞭刑嗎？	2.92	3.06	3.15	3.60	3.91	1.97
人數比例	18%	19%	21%	14%	17%	11%
傾向	理性	冷淡	理想	理想	理性	現實

問題與討論

1. 一聚類問題的距離矩陣如下表，試以最小距離法、最大距離法聚類之。

	A	B	C	D	E	F
A	0					
B	7	0				
C	6	1	0			
D	8	2	1	0		
E	4	4	4	3	0	
F	5	8	6	6	2	0

2. 一聚類問題的樣本如下表，試以最小距離法、最大距離法聚類之。

樣本

	X1	X2
A	3	6
B	2	3
C	0	1
D	1	3
E	5	2
F	6	3

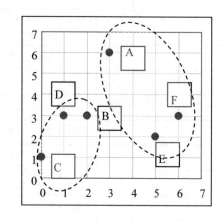

第 **7** 章

分類與迴歸（一）：最近鄰居

遠親不如近鄰。——中諺

近朱者赤，近墨者黑。——中諺

章前個案：信用卡客戶風險評估

　　一家銀行提供信用卡產品供銀行客戶借貸。這家銀行希望根據歷史資料來建立一個模型，並預測持卡人「下個月是否會逾期繳款（違約）」。資料共有 2,000 筆（訓練範例 1,000 筆，測試範例 1,000 筆）。使用的自變數如下：信用額度、性別、教育程度、婚姻狀況、年齡、過去幾個月付款的狀況、過去幾個月賬單金額、過去幾個月付款金額等。結果發現，這個月的付款的狀況、上個月的付款金額是最重要的因子，這個月的付款的狀況愈差（付款延遲的時間愈長）、上個月的付款金額愈小，則「下個月逾期繳款（違約）」的可能性愈高（詳情參考本章 Part A 練習個案）。

Part A　最近鄰居：分類

7-1　模型架構

　　最近鄰居分類法（k-Nearest-Neighbor Classification）是分類探勘中最簡單的方法，因此常做為比較的基準。但它有幾個缺點：

1. 在資料量不是很大的情況下，準確性比較差。
2. 所建模型缺乏解釋能力。

7-2　模型建立

　　最近鄰居分類法的基本原理是「相似的輸入有相似的輸出」。它的基本步驟如下：

步驟 1：對變數進行變換處理（例如：標準差正規化變換）。

步驟 2：決定分類時所參考的最近鄰居數目 k。

步驟 3：計算未知分類的樣本對已知分類的樣本之距離。

步驟 4：找出 k 個距離最短的已知分類的樣本，以擁有最多樣本的分類為未知分類的樣本之預測分類。

上述演算法有幾點補充說明：

1. 在步驟 1 中提到必須對變數進行變換，其方法甚多，例如：標準差正規化變換，這部分請參考第 6 章。

2. 在步驟 2 中提到必須先決定 k 值，一個可行的方法是以嘗試錯誤的方式決定能使驗證範例誤差最小的 k 值。

3. 在步驟 3 中提到樣本之間的距離計算，其方法甚多，例如：歐氏距離，這部分請參考第 6 章。k-NN 方法的關鍵在距離的計算，當維度很大時，距離容易被扭曲。距離被扭曲的原因與其克服的方法如下：

(1) 要消除變數尺度不一之影響：可用統計分析來分析變數的中央值與分散性來正規化各變數。

(2) 要消除不獨立的變數之影響：可用聚類分析來分析變數間的相關性，多個相關的變數中，只取一個變數為代表，刪除其餘變數。

(3) 要消除不相關的變數之影響：可用變異分析來分析變數與分類的相關性，刪除不相關的變數。

(4) 要考慮重要程度不一之影響：可用變異分析來分析變數與分類的相關性，相關性高者給予較大的權值，例如：以 1~10 的數值分別指派給不重要到很重要的變數，以計算加權距離。

4. 在步驟 4 中提到「以擁有最多樣本的分類為未知分類的樣本之分類」，事實上，k-NN 方法中決定分類的方法包括：

(1) 簡單多數法：找出 k 個距離最短的已知分類的樣本，以擁有最多樣本的分類為未知分類的樣本之分類。

(2) 加權多數法：找出 k 個距離最短的已知分類的樣本，以距離的倒數為權值，以加權平均法決定未知分類的樣本之分類。

k-NN 方法也可推廣到「迴歸探勘」：

1. 簡單平均法：找出 k 個距離最短的已知樣本，以平均值為未知樣本之預測值。

2. 加權平均法：找出 k 個距離最短的已知樣本，以距離的倒數為權值，以加權平均值為未知樣本之預測值。

將 k-NN 方法推廣到迴歸探勘的細節將在本章 Part B 中詳述。

表 7-1　k-NN 方法與其他分類方法的比較

	懶惰學習法（Lazy Learning） （k-NN 方法）	熱心學習法（Eager Learning） （決策樹或貝氏分類）
建構知識模型的速度	快	慢
應用知識模型的速度	慢	快
知識模式的特性	多個局部模式	單一總體模式

例題 7-1　最近鄰居分類

　　圖 7-1 中，有白點、黑點二類。×記號為未知點，從圖上來看，似乎屬於白點較合理。在圖(a)中：

1. 當設 k＝3（最內圈），距未知點距離最短的三個已知分類的樣本全為白點，因此未知點被分類成「白點」。

2. 當設 k＝7（第二圈），有五個白點、二個黑點，因此被分類成「白點」。

3. 當設 k＝14（最外圈），有六個白點、八個黑點，因此被分類成「黑點」。

　　在圖(b)中：

1. 當設 k＝1（最內圈），距未知點（×）距離最短的一個已知分類的樣本為黑點，因此未知點被分類成「黑點」。

2. 當設 k＝4（第二圈），三個白點、一個黑點，因此被分類成「白點」。

3. 當設 k＝17（最外圈），有六個白點、十一個黑點，因此被分類成「黑點」。

　　由上述二個例子可知，k 值太大或太小均易造成誤判，在適當的 k 值下才能使誤判率降到最低。

　　從上述的例題可知，最近鄰居數目 k 的影響很大，不適當的數目可能產生不佳的分類結果。一個改善的方法是改用加權平均的方式，即第 i 個驗證樣本的因變數的預測值：

$$\hat{Y}_i = \frac{\sum_{j=1}^{N} W_{ij} \times Y_j}{\sum_{j=1}^{N} W_{ij}} \tag{7-1}$$

其中

Y_j＝第 j 個訓練樣本的因變數（對分類問題為 0 或 1）；

W_{ij}＝第 i 個驗證樣本的第 j 個訓練樣本的權重，公式如下：

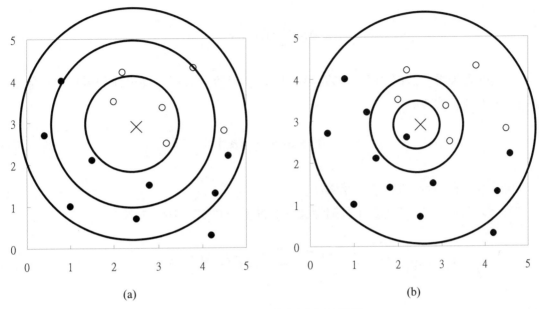

圖 7-1　最近鄰居分類法示意圖

$$W_{ij} = \exp\left(-\frac{\delta_{ij}^2}{\sigma^2}\right) \tag{7-2}$$

其中第 i 個驗證樣本對第 j 個訓練樣本的距離平方。

$$\delta_{ij}^2 = \sum_{k=1}^{n} W_k (X_{ik} - X_{jk})^2 \tag{7-3}$$

其中 W_k = 第 k 個自變數權重；σ^2 = 影響半徑的平方。

顯然影響半徑的平方 σ^2 與最近鄰居數目 k 的角色相似，它的值愈小，對分類有影響的範圍愈小，與最近鄰居數目 k 愈小的效果相當。此外，上述公式多出了「自變數權重」的設計，可以對較重要的變數給予較大的權重，使最近鄰居的範圍不再是圓形而是橢圓形，達到提升分類準確度的目的。

為了提高分類的準確度，必須決定最佳的自變數權重、影響半徑的平方這兩種參數。因為對分類問題而言，主要的目標是降低誤判率，因此可以將誤判率視為目標，但此目標是一個離散的函數，因此無法使用傳統的最佳化方法來執行最佳化。但誤判率與誤差平方和經常是高度相關的，即誤差平方和愈小，誤判率也會愈小，因此可採用傳統的最佳化方法來執行最小化誤差平方和來決定自變數權重係數、影響半徑係數。

$$Min\sum_{i=1}^{N}(\hat{Y}_i - Y_i)^2 \tag{7-4}$$

因為樣本權重公式(7-2)中，影響半徑的平方 σ^2 位於分母，在最佳化過程中可能會出現問題，因此公式改成：

$$W_{ij} = \exp(-Q \times \delta_{ij}^2) \tag{7-5}$$

其中 Q ＝影響半徑的平方的倒數。

因此第 i 個驗證樣本的第 j 個訓練樣本的權重公式如下：

$$W_{ij} = \exp\left(-\frac{\sum_{k=1}^{n}W_k(X_{ik} - X_{jk})^2}{\sigma^2}\right) = \exp\left(-Q\sum_{k=1}^{n}W_k(X_{ik} - X_{jk})^2\right) \tag{7-6}$$

7-3 實例一：旅行社個案

延續前章的「陽光旅行社」個案。檔案中有 100 筆記錄，採用 1/2 作訓練範例（50 筆），另 1/2 作驗證範例（50 筆）。其所有樣本分類如圖 7-2。

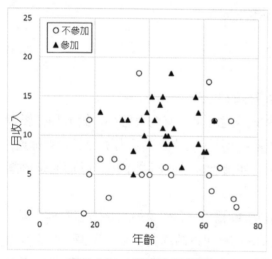

圖 7-2(a) 訓練樣本分類

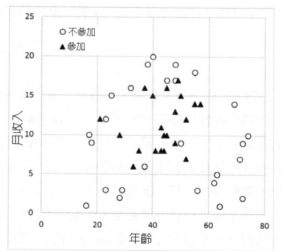

圖 7-2(b) 驗證樣本分類

一、方法一：使用人工優化法最小化誤判率

為了讓讀者了解變數權重、半徑平方倒數這兩種參數的影響，我們使用人工優化法來

最小化誤判率。首先在固定變數權重為 1.0 下，變化半徑平方倒數從 0.1~5，發現誤判率從 56% 降低到 18%（表 7-2）。

接著嘗試在固定半徑平方倒數為 3.0 下，變化變數權重為(2,1)與(1,2)兩組，發現(2,1)的誤判率較低（16%）。

最後在固定變數權重為(2,1)下，變化半徑平方倒數為 3、5、10，發現誤判率從 18% 降低到 14%，驗證範例的提升圖、模型對驗證範例的分類如圖 7-3。

表 7-2　使用人工優化法最小化誤判率

參數組合	X1（年齡）權重	X2（月收入）權重	半徑平方倒數	誤判率
1	1	1	0.1	56%
2	1	1	0.2	44%
3	1	1	0.5	32%
4	1	1	1	30%
5	1	1	2	22%
6	1	1	3	18%
7	1	1	4	18%
8	1	1	5	18%
9	2	1	3	18%
10	1	2	3	20%
11	2	1	5	16%
12	2	1	10	14%

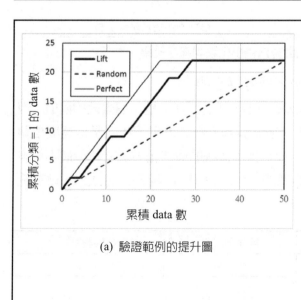

(a) 驗證範例的提升圖

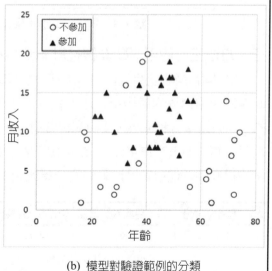

(b) 模型對驗證範例的分類

圖 7-3　實例一之使用人工優化法最小化誤判率之結果

二、方法二：使用演化計算法最小化誤判率

因為對分類問題而言，主要的目標是降低誤判率，因此可以將誤判率視為目標，但此目標是一個離散的函數，因此採用演化計算來執行最佳化（參考實作單元）。結果如下表，雖然 X1、X2 變數權重的絕對值與上述人工優化法不同，但相對大小近似，都是 X1 的權重大於 X2，最低誤判率都是 14%，驗證範例的提升圖、模型對驗證範例的分類如圖 7-4。

X1（年齡）權重	X2（月收入）權重	半徑平方倒數	誤判率
7.08	5.54	18.64	14%

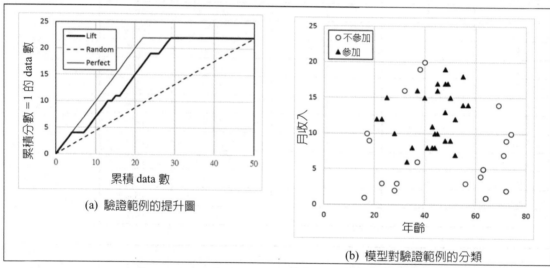

(a) 驗證範例的提升圖

(b) 模型對驗證範例的分類

圖 7-4　實例一之使用演化計算法最小化誤判率之結果

三、方法三：使用 GRG 非線性計算法最小化誤差平方和

雖然對分類問題而言，主要的目標是降低誤判率，但是誤判率是一個離散的函數，因此無法使用傳統的最佳化方法來執行最佳化。所幸誤判率與誤差平方和經常是高度相關的，即誤差平方和愈小，誤判率也會愈小，因此可採用傳統的最佳化方法來執行最小化誤差平方和（參考實作單元）。結果如下表，最低誤判率都是 18%，略高於方法二。驗證範例的提升圖、模型對驗證範例的分類如圖 7-5。

X1（年齡）權重	X2（月收入）權重	半徑平方倒數	誤差平方和	誤判率
2.91	2.92	4.94	0.3690	18%

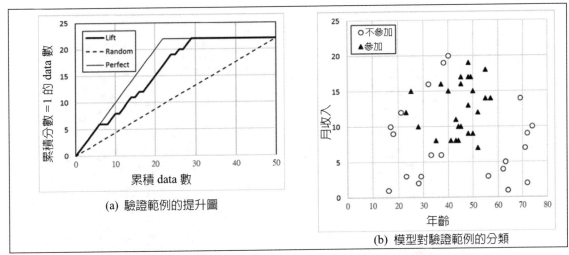

(a) 驗證範例的提升圖

(b) 模型對驗證範例的分類

圖 7-5　實例一之使用 GRG 非線性計算法最小化誤差平方和之結果

四、半徑平方倒數的影響

　　為了瞭解半徑平方倒數的影響，使用方法三的自變數權重，然後將半徑平方倒數設為 0.1、0.5、2、5、20，得到驗證範例誤差均方根、誤判率如圖 7-6，繪出模型對驗證範例的分類如圖 7-7。顯示一開始，分類邊界為近似直線（半徑平方倒數=0.1），逐漸變成開放曲線（半徑平方倒數=0.5），最後變成封閉曲線（半徑平方倒數>2）。可發現半徑平方倒數太小時，分類邊界較粗略，無法精細分類；太大時，分類邊界較複雜，其分類易受雜訊干擾。

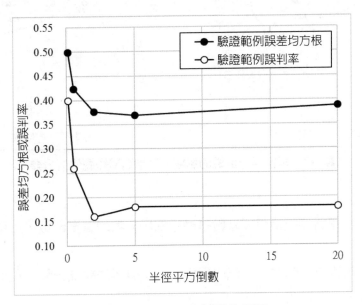

圖 7-6　半徑平方倒數的影響

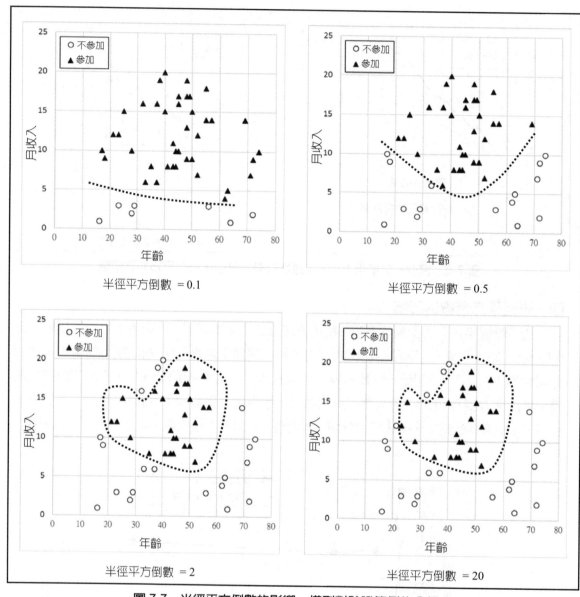

圖 7-7　半徑平方倒數的影響：模型對驗證範例的分類

五、結論

1. 變數權重、半徑平方倒數這兩種參數是最近鄰居分類的重要參數，可用最佳化方法找出最佳值。

2. 半徑平方倒數愈大其分類愈受雜訊的影響，愈小愈無法精細分類。在適當的數值下，可建立最精確的分類模式。

7-4　實例二：書局行銷個案

延續前章的「書局行銷個案」。共 2,000 筆資料，前 1,000 筆資料作訓練範例，後 1,000 筆資料作驗證範例。雖然自變數有 15 個，但實際上只有一部分是重要的變數，因此參考後面幾章的其他分類方法的結果，只用下列重要的六個變數當自變數：

Gender	性別
M (Monetary)	消費金額
R (Recency)	距離前次消費時間
F (Frequency)	消費次數
First Purchase	距離首次購買時間(月)
Geog. Books	地理類書購買數

一、方法一：使用人工優化法最小化誤判率

為了讓讀者了解變數權重、半徑平方倒數這兩種參數的影響，我們使用人工優化法來最小化誤判率。在固定變數權重為 1.0 下，變化半徑平方倒數從 0.1~10，發現誤判率在半徑平方倒數 0.1 時，降低到最小值 10.3%（表 7-3）。

表 7-3　使用人工優化法最小化誤判率

組合	變數權重						半徑平方倒數	誤差平方和	誤判率
	性別	消費金額	距離前次消費時間	消費次數	距離首次購買時間	地理類書購買數			
1	1	1	1	1	1	1	0.1	90.2	10.3%
2	1	1	1	1	1	1	0.2	89.0	10.3%
3	1	1	1	1	1	1	0.5	87.9	10.4%
4	1	1	1	1	1	1	1	89.3	10.5%
5	1	1	1	1	1	1	2	96.0	11.5%
6	1	1	1	1	1	1	3	102.5	12.1%
7	1	1	1	1	1	1	4	107.2	12.1%
8	1	1	1	1	1	1	5	110.8	12.5%
9	1	1	1	1	1	1	10	120.8	14.0%

二、方法二：使用演化計算法最小化誤判率

採用演化計算來執行最佳化（參考實作單元）。結果如下表，變數權重顯示「地理類書購買數」、「距離前次消費時間」分居最重要的變數前二名，最低誤判率達到 10.3%。

變數權重						半徑 平方 倒數	誤差 平方和	誤判率
性別	消費 金額	距離前次 消費時間	消費 次數	距離首次 購買時間	地理類書 購買數			
1.0583	1.8769	9.2853	1.9258	3.0061	9.584	0.1023	87.1651	10.30%

三、方法三：使用 GRG 非線性計算法最小化誤差平方和

採用傳統的最佳化方法來執行最小化誤差平方和（參考實作單元）。結果如下表，變數權重顯示「地理類書購買數」、「距離前次消費時間」分居最重要的變數前二名，最低誤判率達到 10.5%。這些結果與方法二十分相似。

變數權重						半徑 平方 倒數	誤差 平方和	誤判率
性別	消費 金額	距離前次 消費時間	消費 次數	距離首次 購買時間	地理類書 購買數			
0.973	0.1	10	0.732	0.1	1.305	0.405	85.85	10.5%

上述三種方法的驗證範例的提升圖如圖 7-8，方法三的提升圖最佳，因此是最佳的分類模型。

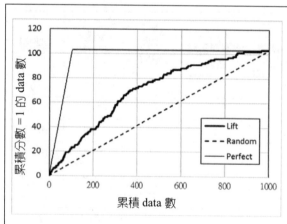

方法一：使用人工優化法最小化誤判率

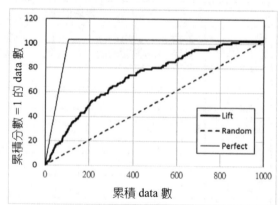

方法二：使用演化計算法最小化誤判率

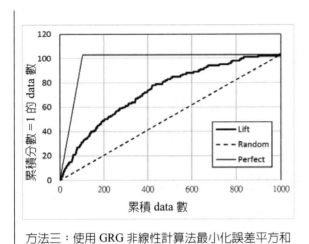

方法三：使用 GRG 非線性計算法最小化誤差平方和

圖 7-8　驗證範例的提升圖

四、結論

1. 變數權重、半徑平方倒數這兩種參數是最近鄰居分類的重要參數，可用最佳化方法找出最佳值。

2. 只用重要的變數而捨棄不重要的變數，可建立更精確的模式。

7-5　結論

總結最近鄰居分類特性如表 7-4。

表 7-4　最近鄰居分類特性

特性	意義	評估
強健性（Robustness）	能處理有相當缺值與雜訊的資料	優
適應性（Adaption）	能處理有離散與連續型態的資料	差
尺度性（Scalability）	能處理有大量變數與記錄的資料	優
速度性（Speed）	能快速地建構知識模型 能快速地應用知識模型	優 差
方便性（Convenience）	能簡單地建構知識模型 能簡單地應用知識模型	優 差
準確性（Accuracy）	能產生預測準確的知識模型	中
解釋性（Interpretability）	能產生內容可理解的知識模型	差
簡單性（Simplicity）	能產生結構精簡的知識模型	差

問題與討論

1. 最近鄰居分類法在計算距離時，為何先要對各變數正規化？

2. 當資料中雜訊大時，k 值宜大或宜小？為什麼？

3. 所有變數權重=1，半徑平方倒數=1，這組參數的效果與所有變數權重=2，半徑平方倒數=2 相同，為什麼？提示：

$$W_{ij} = \exp\left(-\frac{\sum_{k=1}^{n} W_k (X_{ik} - X_{jk})^2}{\sigma^2}\right) = \exp\left(-Q\sum_{k=1}^{n} W_k (X_{ik} - X_{jk})^2\right)$$

4. 過度配適（Overfitting）是建立預測模型的主要困難，對最近鄰居分類法而言以下哪些說法是正確的：

   (1) 訓練範例愈多，愈可能發生過度配適。

   (2) 驗證範例愈多，愈可能發生過度配適。

   (3) 自變數愈多，愈可能發生過度配適。

   (4) 半徑平方倒數愈大，愈可能發生過度配適。

   (5) 自變數進行非線性轉換比不轉換更可能發生過度配適。

   (6) 自變數進行標準正規化比不正規化更可能發生過度配適。

練習個案：信用卡違約預測

　　一家銀行提供信用卡產品供銀行客戶借貸。這家銀行希望根據歷史資料來建立一個模型，並預測持卡人「下個月是否會逾期繳款（違約）」。資料共有 2,000 筆（訓練範例 1,000 筆，測試範例 1,000 筆）。使用的自變數如下：

- X1：信用額度（NTD）
- X2：性別 1＝男，2＝女
- X3：教育程度 1＝研究所；2＝大學；3＝高中；0、4、5、6＝其他
- X4：婚姻狀況 1＝已婚；2＝單身；3＝離婚；0＝其他
- X5：年齡（歲）
- X6~X11：過去付款的歷史。X6＝2005 年 9 月的還款狀態；X7＝2005 年 8 月的還款狀態；… X11＝2005 年 4 月的還款狀態。還款狀態的意義為 −2＝無消費；−1＝全額付款； 0＝使用循環信貸；1＝一個月的付款延遲；2＝付款延遲兩個月；… 8＝付款延

遲 8 個月；9＝九個月及以上的付款延遲。

- X12~X17：賬單金額（NTD）。X12＝2005 年 9 月的賬單金額；X13＝2005 年 8 月的賬單金額；… X17＝2005 年 4 月的賬單金額。

- X18~X23：先前付款金額（NTD）。X18＝2005 年 9 月支付的金額； X19＝2005 年 8 月支付的金額；… X23＝2005 年 4 月支付的金額。

- Y：客戶的行為。0＝未違約，1＝違約。

　　請參考「實作單元 B」，利用本書提供的最近鄰居分類 Excel 試算表模板，以「修改系統」的方式建立分類模型。相關檔案放置在：

1. 資料：「第 7 章 分類與迴歸（一）最近鄰居 A 分類（data）」資料夾。

2. 模板：「第 7 章 分類與迴歸（一）最近鄰居 A 分類（模板）」資料夾。

3. 完成：「第 7 章 分類與迴歸（一）最近鄰居 A 分類（模板＋data）」資料夾。

　　提示：只選用以下變數：X5、X6、X7、X12、X18、X19（即 AGE、PAY_1、PAY_2、BILL_AMT1、PAY_AMT1、PAY_AMT2）。自變數需要進行標準正規化，因變數不需要。

Part B 最近鄰居：迴歸

7-6 模型架構

最近鄰居迴歸法（k-Nearest-Neighbor Regression）是迴歸探勘中最簡單的方法。但它有幾個缺點：

1. 在資料量不是很大的情況下，準確性比較差。

2. 所建模型缺乏解釋能力。

最近鄰居迴歸法與最近鄰居分類法（k-Nearest-Neighbor Classification）十分相似，都是基於「相似的輸入有相似的輸出」之原理，唯一的差別是分類的輸出變數是離散變數；迴歸者為連續變數，因此它的基本步驟也十分相似，只有在產生預測值時，分類者採「多數法」，相當於取眾數；迴歸者採「平均法」，相當於取均數。它的基本步驟如下：

1. 對變數進行變換處理（例如：標準差正規化變換）。

2. 決定迴歸時所參考的最近鄰居數目 k。

3. 計算未知數值的樣本對已知數值的樣本之距離。

4. 找出 k 個距離最短的已知數值的樣本，以已知樣本的數值之平均值為未知樣本的預測數值。

本章介紹上述方法的兩個極端的變形：k = 1 時的「單一鄰居法」，k = N 時（N = 全部訓練範例數）的「全體加權法」。

7-7 模型建立

一、單一鄰居法

首先介紹相關術語：

1. 自變數權重 W_i：第 i 個輸入變數對範例選取決定的影響程度。加權值愈大表示此變數對範例選取的影響愈大。

2. 範例距離 D_k：未知範例對第 k 個已知範例的相異程度。建議如下公式：

$$D_k = \left\{ \frac{\sum_{i=1}^{Ninp} W_i \times \left| \frac{S_i - X_i^k}{\max X_i - \min X_i} \right|^\beta}{\sum_{i=1}^{Ninp} W_i} \right\}^{1/\beta} \tag{7-7}$$

其中 $Ninp$＝輸入變數個數；D_k＝第 k 個訓練範例與待推範例的距離值；β＝距離係數，通常取 1 或 2；W_i：第 i 個輸入變數的自變數權重；X_i^k：第 k 個訓練範例的第 i 個輸入變數；S_i：待推範例的第 i 個輸入變數。

　　也就是將範例距離值定義為兩範例經過尺度化的各項變數差的加權平均值，距離愈小者，範例愈相似。尺度化是將變數差除以此變數範圍（最大值－最小值），使介於 0~1 之間；目的是避免距離值受變數值域大小不同的影響。當然也可以採用標準正規化，效果相似。

　　總結「單一鄰居法」過程如下：

1. 計算範例距離：將問題的輸入變數與各訓練範例的輸入變數相比較，以(7-7)式計算其範例距離。

2. 尋找最近鄰居：尋找範例距離最小的訓練範例的輸出變數值為預測值。

　　在上述演算法中，自變數權重扮演相當重要的角色，舉一例如下：

例題 7-2　自變數權重之重要性

　　以一橢圓方程式 $Y = 10X_1^2 + X_2^2$，$X_1, X_2 \in \{\pm 1\}$ 為例，於±1 範圍中隨機選取 30 點之 X_1、X_2，與其對應的 Y 值，得到 30 組訓練範例。另於±1 範圍中隨機選取 30 點為 X_1 值，固定 $X_2 = 0.5$，與其對應的 Y 值組成 30 組驗證範例，以「單一鄰居法」預測驗證範例的輸出值。為了說明自變數權重對預測結果的影響，設定三種不同的加權值組合進行預測：W ＝ {1,1}、{1,10}、{10,1}。結果如圖 7-9 所示。以第三種加權值組合 W ＝ {10,1} 最佳，說明第一個輸入變數 X_1 對範例選取的影響較大；第二種加權值組合 W{1,10}＝幾乎無法預測正確的期望輸出值。由此可知自變數權重對預測結果的準確性影響甚鉅。

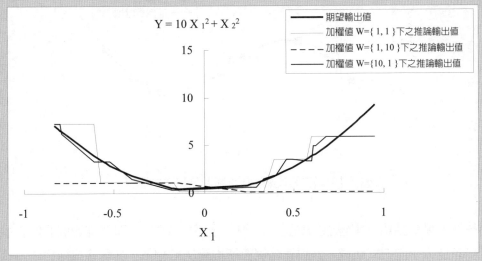

圖 7-9　自變數權重對範例預測的影響圖

二、全體加權法

一般而言，「單一鄰居法」的應用受到以下二個因素所限制：

1. 需要龐大的範例庫： 在範例庫中要找到與待推範例輸入變數向量十分相似的機率極小。以一個十個輸入變數的問題為例，欲找到每個輸入變數距離均在值域 ±5% 以內的相似範例的機率為 $1/(0.1)^{10} = 10^{10}$，因此只用最相似範例的解答來作為問題的解答，需要極龐大的範例庫。

2. 無容錯能力：若範例庫中有錯誤的範例解答則會誤導預測結果。舉一個簡單的一維非線性方程式的例子作說明：

例題 7-3　錯誤訓練範例對鄰近預測法之影響

以一維非線性方程式

$$Y = \sin X + \frac{X}{3} \tag{7-8}$$

為例，假設有 10 個訓練範例及 100 個驗證範例，其中訓練範例有二個錯誤的範例解答。以鄰近預測方法預估 100 個驗證範例的輸出變數 Y，其結果如圖 7-10。顯示在有訓練範例的部分皆能作準確的預測，而其中二個錯誤範例的誤導使鄰近範例的預測結果誤差很大。且由於訓練範例數目少以致預測曲線呈現明顯的階梯狀。

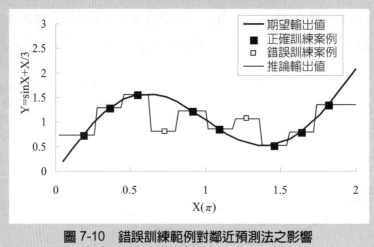

圖 7-10　錯誤訓練範例對鄰近預測法之影響

為改善上述二點單一鄰居法的缺點，可用「全體加權法」，即待推範例的解答由所有訓練範例以加權平均方式組成。因訓練範例與待推範例愈相似，其解答愈適合作為待推範例之解答，故待推範例之解答可用下式得到：

$$T_j = \frac{\sum_{k=1}^{Ntrain} F_k \times Y_j^k}{\sum_{k=1}^{Ntrain} F_k} \tag{7-9}$$

其中 T_j = 第 j 個預測輸出變數；Y_j^k = 第 k 個訓練範例之第 j 個輸出變數；F_k = 第 k 個訓練範例之範例加權值。

範例加權值 F_k 是由範例距離值而定的係數，代表第 k 個訓練範例對合成待推範例解答的權重；愈相似的範例距離值愈小，修正加權係數愈大。建議如下公式：

$$F_k = \exp\left(-\left(\frac{D_k}{\delta}\right)^{\alpha}\right) \tag{7-10}$$

其中 α：形狀係數，通常取 1 或 2，α 的影響如圖 7-11 所示。δ：平滑係數，$0 < \delta < 1$。δ 的影響如圖 7-12 所示。

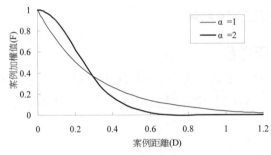

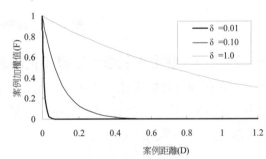

圖 7-11　形狀係數 α 對範例距離（D）與範例　　圖 7-12　平滑係數 δ 對範例距離（D）與範例
　　　　　加權值（F）關係之影響　　　　　　　　　　　　加權值（F）關係之影響

總結「全體加權法」過程如下：

1. 計算範例距離：將問題輸入變數與各訓練範例的輸入變數相比較，以公式(7-7)計算其範例距離。
2. 計算範例加權值：用範例距離值以公式(7-10)計算各訓練範例之範例加權值。
3. 計算合成預測值：用各訓練範例的輸出變數及其範例加權值，以公式(7-9)計算出待推範例之預測值。

事實上，上述距離公式(7-7)、加權平均公式(7-9)、加權係數公式(7-10)在本質上分別與公式(7-1)、(7-3)、(7-6)相似。此外，最近鄰居迴歸與最近鄰居分類的原理相同，前面用來建立分類模型的公式(7-1)~(7-6)也可以用來建立迴歸模型，因此在「實作單元」中，仍以這些公式來實作。

7-8 實例一：旅行社個案

延續前章的「陽光旅行社」個案。檔案中有 100 筆記錄，採用 1/2 作訓練範例（50 筆），另 1/2 作驗證範例（50 筆）。其所有樣本的支出（Expense）如圖 7-13。

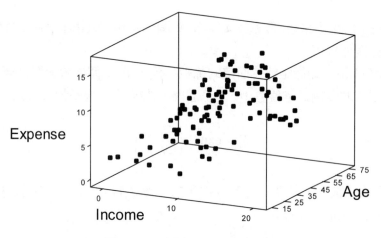

圖 7-13　實例一的三維點狀圖

一、方法一：使用人工優化法最小化誤差平方和

首先在固定變數權重為 1.0 下，變化半徑平方倒數從 0.1~5，發現誤差平方和在 5 時最小（表 7-5）。接著嘗試在固定半徑平方倒數為 5.0 下，變化變數權重為(2,1)與(1,2)兩組，發現誤差平方和均比(1,1)下更高。

表 7-5　使用人工優化法最小化誤判率

參數組合	X1（年齡）權重	X2（月收入）權重	半徑平方倒數	誤差平方和
1	1	1	0.1	3.7237
2	1	1	0.2	3.5337
3	1	1	0.5	3.0583
4	1	1	1	2.6225
5	1	1	2	2.2794
6	1	1	3	2.1592
7	1	1	4	2.1175
8	1	1	5	2.1096
9	1	1	6	2.1171
10	1	1	10	2.1897
11	2	1	5	2.1092
12	1	2	5	2.2522

二、方法二：使用 GRG 非線性計算法最小化誤差平方和

採用傳統的最佳化方法來執行最小化誤差平方和（參考實作單元）。結果如下表，最低誤差平方和略低於方法一的最佳解。

X1（年齡）權重	X2（月收入）權重	半徑平方倒數	誤差平方和
2.53	0.99	2.66	2.0495

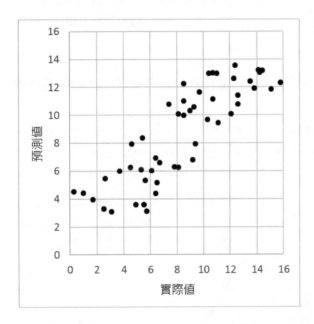

圖 7-14　使非線性計算法最小化誤差平方和之驗證範例的實際值與預測值

三、半徑平方倒數的影響

為了瞭解半徑平方倒數的影響，使用方法二的自變數權重，然後將半徑平方倒數設為 0.1、0.2、0.5、1、2、5、10、20、50、100、200，得到驗證範例誤差均方根如圖 7-15，可以發現無論半徑平方倒數太小或太大，其誤差平方和均較大；在適當的大小下，誤差平方最小。

繪出驗證範例的實際值與模型的預測值之散布圖如圖 7-16，顯示：

1. 一開始（半徑平方倒數< 0.5），預測值有「趨中」現象，無論實際值高低都預測一個不會偏離總體平均值太多的值，顯示預測值受多數樣本影響。

2. 接著，預測值逐漸擺脫趨中現象，實際值高（低）者預測值高（低），顯示預測值由「鄰近」鄰居的加權平均值來估計。

3. 最後（半徑平方倒數 > 200），雖然維持實際值高（低）者預測值高（低），但實際值與預測值的差異變大，顯示預測值由極少數「最鄰近」的鄰居的值控制，當這些極少數「最鄰近」的鄰居是雜訊時，預測值失準。

　　因此，半徑平方倒數小，可以避免受雜訊的干擾，但不利於運用「鄰近」的鄰居的加權平均值來估計預測值；半徑平方倒數大，有利於運用「鄰近」的鄰居的加權平均值來估計預測值，但易受雜訊的干擾。在適當的大小下，兩者取得平衡，可充分運用「鄰近」鄰居的加權平均值來估計預測，但可避免受到太多雜訊的干擾，使準確性達到最高。

四、結論

1. 變數權重、半徑平方倒數這兩種參數是最近鄰居迴歸的重要參數，可用最佳化方法找出最佳值。

2. 半徑平方倒數在適當的大小下，可以充分運用「鄰近」鄰居的加權平均值來估計預測，但可避免受到太多雜訊的干擾，建立最精確的迴歸模式。

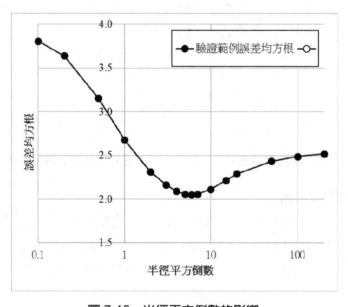

圖 7-15　半徑平方倒數的影響

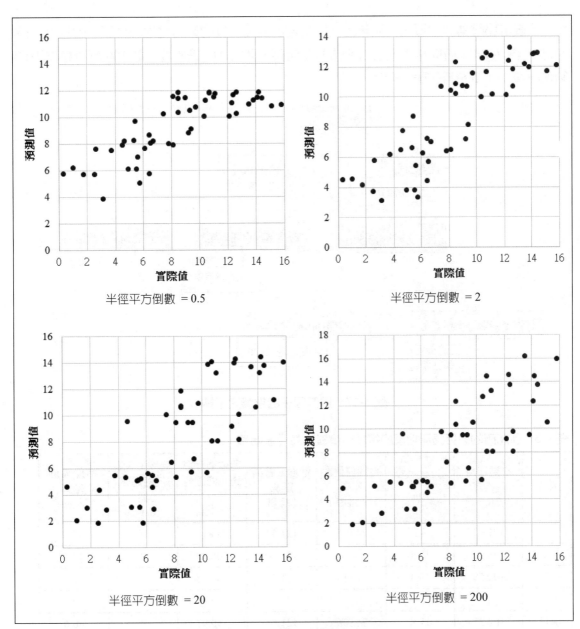

圖 7-16　半徑平方倒數的影響

7-9　實例二：房地產估價個案

　　房地產的每坪單價與許多因子有關，包括代表運輸功能的影響之距離最近捷運站的距離，代表生活功能的影響之徒步生活圈內的超商數，代表房子室內居住品質的影響之屋

齡，代表市場趨勢的影響之交屋年月，以及表示空間位置的影響之地理位置（縱座標、橫座標）（圖 7-17）。研究樣本取自新北市的新店區，共有 414 筆數據，前 300 筆資料作訓練範例，後 114 筆資料作驗證範例。

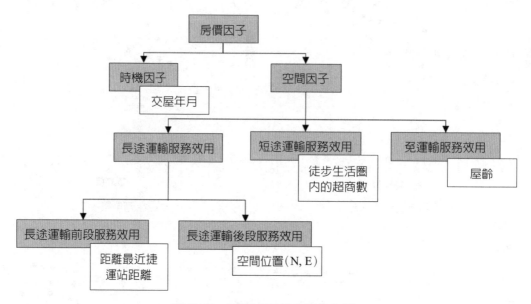

圖 7-17　房價因子的意義之架構

表 7-6　新北市的新店區房地產的每坪單價資料集（原始值）

No	交屋年月 （民國年） Time	屋齡（年） Age	地理位置縱座標 N（緯度）	地理位置橫座標 E（經度）	距離最近捷運站的距離 （m） MRT	徒步生活圈內的超商 （個） Market	每坪單價 （萬/坪） Price
1	101.92	32	24.983	121.54	84.879	10	37.9
2	101.92	19.5	24.98	121.54	306.59	9	42.2
3	102.58	13.3	24.987	121.54	561.98	5	47.3
⋮	⋮	⋮	⋮	⋮	⋮	⋮	⋮
412	102.25	18.8	24.979	121.54	390.97	7	40.6
413	102.00	8.1	24.967	121.54	104.81	5	52.5
414	102.50	6.5	24.974	121.54	90.456	9	63.9

表 7-7　新北市的新店區房地產的每坪單價資料集（標準正規化後）

No	交屋年月（民國年）Time	屋齡（年）Age	地理位置縱座標 N（緯度）	地理位置橫座標 E（經度）	距離最近捷運站的距離（m）MRT	徒步生活圈內的超商（個）Market	每坪單價（萬/坪）Price
1	-0.8237	1.2541	1.1241	0.4482	-0.7915	2.005	37.9
2	-0.8237	0.1569	0.9113	0.4007	-0.6159	1.6655	42.2
3	1.5404	-0.3873	1.4851	0.6874	-0.4135	0.3075	47.3
⋮	⋮	⋮	⋮	⋮	⋮	⋮	⋮
412	0.358328	0.095452	0.821899	0.42346	-0.54901	0.9865	40.6
413	-0.52821	-0.84376	-0.18453	0.476238	-0.77575	0.307513	52.5
414	1.244867	-0.98421	0.427062	0.634573	-0.78712	1.665488	63.9

一、方法一：使用人工優化法最小化誤差平方和

　　首先在固定變數權重為 1.0 下，變化半徑平方倒數從 0.1~10，發現誤差平方和在 1.0 時最小（表 7-8）。

表 7-8　使用人工優化法最小化誤判率

交屋年月（民國年）Time	屋齡（年）Age	地理位置縱座標 N（緯度）	地理位置橫座標 E（經度）	距離最近捷運站的距離（m）MRT	徒步生活圈內的超商（個）Market	半徑平方倒數	誤差平方和
1	1	1	1	1	1	0.1	10.3
1	1	1	1	1	1	0.2	9.14
1	1	1	1	1	1	0.5	7.80
1	1	1	1	1	1	1	7.47
1	1	1	1	1	1	2	7.52
1	1	1	1	1	1	3	7.61
1	1	1	1	1	1	4	7.75
1	1	1	1	1	1	5	7.90
1	1	1	1	1	1	7	8.22
1	1	1	1	1	1	10	8.61

二、方法二：使用 GRG 非線性計算法最小化誤差平方和

　　採用傳統的最佳化方法來執行最小化誤差平方和（參考實作單元）。結果如下表，最低誤差平方和低於方法一的最佳解。顯示除了半徑平方倒數，變數權重也是重要的參數。

變數權重顯示，前三個最重要的變數依序是「徒步生活圈內的超商（個）」、「地理位置縱座標」、「屋齡」。

交屋年月（民國年）Time	屋齡（年）Age	地理位置縱座標 N（緯度）	地理位置橫座標 E（經度）	距離最近捷運站的距離（m）MRT	徒步生活圈內的超商（個）Market	半徑平方倒數	誤差平方和
0.18667	1.58891	2.16458	0.1	0.1	10.5713	2.1505	6.724

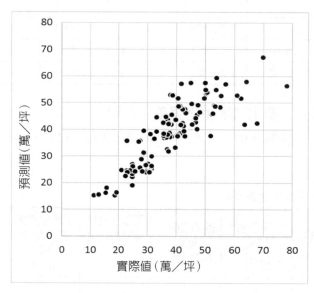

圖 7-18　使非線性計算法最小化誤差平方和之驗證範例的實際值與預測值

三、結論：

1. 變數權重、半徑平方倒數這兩種參數是最近鄰居迴歸的重要參數，可用最佳化方法找出最佳值。

2. 半徑平方倒數的效果與傳統取 k 個最鄰近的鄰居，來預測的方法中的 k 參數的效果相同。半徑平方倒數愈大（半徑愈小），與採用較小的 k 值有相同的效果：預測值過於粗糙但不易受雜訊干擾；相反地，預測值較為精緻，但易受雜訊干擾。在適當的大小下，可以充分運用「鄰近」的鄰居的加權平均值來估計預測，但可避免受到太多雜訊的干擾，建立最精確的迴歸模式。

7-10　結論

總結最近鄰居迴歸特性如表 7-9。

表 7-9　最近鄰居迴歸特性

特性	意義	評估
強健性（Robustness）	能處理有相當缺值與雜訊的資料	優
適應性（Adaption）	能處理有離散與連續型態的資料	差
尺度性（Scalability）	能處理有大量變數與記錄的資料	優
速度性（Speed）	能快速地建構知識模型 能快速地應用知識模型	優 差
方便性（Convenience）	能簡單地建構知識模型 能簡單地應用知識模型	優 差
準確性（Accuracy）	能產生預測準確的知識模型	中
解釋性（Interpretability）	能產生內容可理解的知識模型	差
簡單性（Simplicity）	能產生結構精簡的知識模型	差

問題與討論

1. 當資料中雜訊大時，半徑平方倒數值宜大或宜小？為什麼？
2. 變數權重的理論值為大於等於 0，為什麼？

練習個案：混凝土抗壓強度

　　抗壓強度是混凝土最重要的品質參數，它是每立方公尺中各材料組成與齡期的函數。試算表檔案中有 1,030 筆記錄（訓練範例 800 筆，測試範例 230 筆），各變數說明如表 7-10。

　　請參考「實作單元 B」，利用本書提供的最近鄰居迴歸 Excel 試算表模板，以「修改系統」的方式建立迴歸模型。回答下列問題（自變數需要標準正規化，因變數不需要）。相關檔案放置在：

1. 資料：「第 7 章 分類與迴歸（一）最近鄰居 B 迴歸（data）」資料夾。
2. 模板：「第 7 章 分類與迴歸（一）最近鄰居 B 迴歸（模板）」資料夾。
3. 完成：「第 7 章 分類與迴歸（一）最近鄰居 B 迴歸（模板＋data）」資料夾。

表 7-10 混凝土抗壓強度個案的變數

代碼	意義	用途
C	水泥用量（kg/m³）	自變數 X1
S	爐石用量（kg/m³）	自變數 X2
F	飛灰用量（kg/m³）	自變數 X3
W	水用量（kg/m³）	自變數 X4
SP	SP 用量（kg/m³）	自變數 X5
CA	碎石用量（kg/m³）	自變數 X6
FA	砂用量（kg/m³）	自變數 X7
T	Log10（齡期（日））	自變數 X8
fc'	抗壓強度（psi）	因變數 Y

1. 方法一：使用人工優化法最小化誤差平方和：自變數有相同權重。

   試完成下表中的誤差平方和：

水泥用量 （kg/m³）	爐石用量 （kg/m³）	飛灰用量 （kg/m³）	水用量 （kg/m³）	SP 用量 （kg/m³）	LOG10 （齡期（日））	半徑平方 倒數	誤差 平方和
1	1	1	1	1	1	0.1	
1	1	1	1	1	1	0.2	
1	1	1	1	1	1	0.5	
1	1	1	1	1	1	1	
1	1	1	1	1	1	2	
1	1	1	1	1	1	3	
1	1	1	1	1	1	4	
1	1	1	1	1	1	5	

2. 方法二：使用人工優化法最小化誤差平方和：自變數有不同權重。

   試完成下表中的誤差平方和：

水泥用量 （kg/m³）	爐石用量 （kg/m³）	飛灰用量 （kg/m³）	水用量 （kg/m³）	SP 用量 （kg/m³）	LOG10 （齡期（日））	半徑平方 倒數	誤差 平方和
3	2	1	3	1	10	0.1	
3	2	1	3	1	10	0.2	
3	2	1	3	1	10	0.5	
3	2	1	3	1	10	1	
3	2	1	3	1	10	2	
3	2	1	3	1	10	3	
3	2	1	3	1	10	4	
3	2	1	3	1	10	5	

3. 方法三：使用 GRG 非線性計算法最小化誤差平方和。

試完成下表中的最佳參數與誤差平方和：

水泥用量 （kg/m³）	爐石用量 （kg/m³）	飛灰用量 （kg/m³）	水用量 （kg/m³）	SP 用量 （kg/m³）	LOG10 （齡期（日））	半徑平方 倒數	誤差 平方和

實作單元 B：Excel 資料探勘系統──最近鄰居分類與迴歸

B-1　Excel 實作 1：最近鄰居分類

一、原理

以最小化誤差平方和原理決定自變數權重係數、影響半徑係數。

$$Min \sum_{i=1}^{N} \left(\hat{Y}_i - Y_i \right)^2$$

其中

$Y_i =$ 第 i 個驗證範例的因變數的實際值；$\hat{Y}_i =$ 第 i 個驗證範例的因變數的預測值：

$$\hat{Y}_i = \frac{\sum_{j=1}^{N} W_{ij} \times Y_j}{\sum_{j=1}^{N} W_{ij}}$$

其中

$Y_j =$ 第 j 個訓練範例的因變數，

$W_{ij} =$ 第 i 個驗證範例的第 j 個訓練範例的權重：

$$W_{ij} = \exp\left(-\frac{\delta_{ij}^2}{\sigma^2} \right) = \exp\left(-Q \times \delta_{ij}^2 \right) = \exp\left(-Q \sum_{k=1}^{n} W_k (X_{ik} - X_{jk})^2 \right)$$

其中

$W_k =$ 第 k 個自變數權重，

$\alpha^2 =$ 影響半徑的平方，

$Q =$ 影響半徑的平方的倒數。

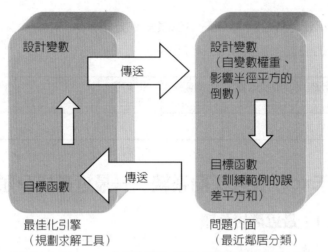

圖 B-1　以 Excel 的規劃求解執行最近鄰居分類的原理

二、方法

　　上述原理指出，最近鄰居分類可以視為一個「最佳化問題」，透過最小化訓練範例的誤差平方和，可以得到最佳的自變數權重、影響半徑的平方的倒數（圖 B-1）。因為此目標函數是平滑非線性的問題，因此可使用 Excel 提供的「規劃求解」中的「一般化縮減梯度（Generalized Reduced Gradient, GRG）」求解自變數權重係數、影響半徑係數的倒數。

三、實作

　　以一個人為假設的「籃球社社員選拔」為例。某大學籃球社近兩年來共來了 80 名新生（每年 40 人），入社時都記錄了身高、體重、年齡、彈性、球技、耐力等六項資料，入社一年後參加考核，試以第一年資料為訓練範例進行建模，並以第二年資料為驗證範例測試模型。考核結果屬於「優良」者，輸出變數= 1，不屬於「優良」者，輸出變數= 0。故輸出變數值為{0,1}二元分類。本例題有 80 個樣本，6 個變數。其資料格式如表 B-1。因為題目本身無法滿足所有自變數尺度相當的要求，因此必須進行標準正規化，即原始值減去平均值後，再除以標準差。其標準正規化後的資料格式如表 B-2。編號 1~40 為訓練範例，41~80 為驗證範例。自變數尺度化的方法可參考「實作單元 D」，不再贅述。

表 B-1　籃球社社員選拔（原始數據）

NO.	身高	體重	年齡	彈性	球技	耐力	入選
1	1.92	64	18.9	44	94	24	1
2	1.67	49	18.2	71	9	95	0
3	1.81	62	19.5	44	55	85	0
:	:	:	:	:	:	:	:
78	1.69	63	18.4	65	60	8	0
79	1.76	56	18.5	60	93	14	1
80	1.93	82	19.7	5	91	82	1

表 B-2　籃球社社員選拔（已經正規化）

NO.	身高	體重	年齡	彈性	球技	耐力	入選
1	1.46303	-0.19173	-0.27792	-0.26078	1.285377	-0.8357	1
2	-1.2665	-1.9087	-1.47513	0.626284	-1.44434	1.520021	0
3	0.262035	-0.42066	0.748255	-0.26078	0.032917	1.18823	0
⋮	⋮	⋮	⋮	⋮	⋮	⋮	⋮
78	-1.048141	-0.306193	-1.133071	0.4291586	0.193489	-1.366568	0
79	-0.283872	-1.107445	-0.962042	0.2648874	1.253263	-1.167493	1
80	1.5722116	1.8686342	1.0903139	-1.542096	1.1890343	1.088692	1

實作一：新建系統

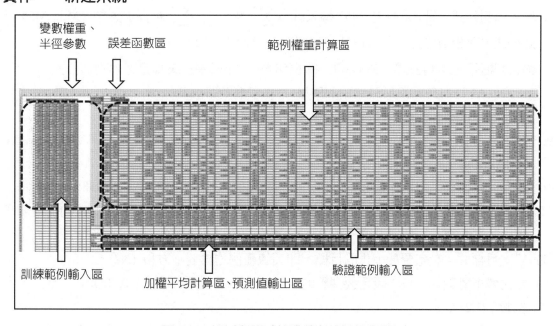

圖 B-2　最近鄰居試算表的各區功能概述

　　以前述的「籃球社」為例，最近鄰居試算表的各區功能概述如圖 B-2。從頭開始做起的實作步驟如下：

1. 輸入訓練範例（圖 B-3(a)）：存放資料的試算表在「第 7 章 分類與迴歸（一）：最近鄰居 A 分類（Data）」資料夾。將訓練範例的自變數貼到 B3:H43，因變數貼到 L3:L43。

2. 輸入驗證範例（圖 B-3(b)）：將驗證範例的自變數貼到 L44:AZ50，因變數貼到 L54:AZ54。

3. 輸入參數初始值（圖 B-4）：在 C2:H2 設自變數權重全為 1，在 L2 設半徑平方倒數為 1。

4. 輸入訓練範例權重公式（圖 B-5）：在 M4:AZ43 輸入計算第 i 個驗證範例的第 j 個訓練範例的權重 W_{ij} 的公式，例如在 M4 輸入：

=EXP(-$L$2*($C$2*($C4-M$45)^2+$D$2*($D4-M$46)^2+$E$2*($E4-M$47)^2+$F$2*
($F4-M$48)^2+$G$2*($G4-M$49)^2+$H$2*($H4-M$50)^2))

此公式中有絕對位置與相對位置，可以複製到整個 M4:AZ43 區塊。

5. 輸入預測公式的分子部分（圖 B-6）：在 M55 輸入計算 $\sum_{j=1}^{N} W_{ij} \times Y_j$ 的公式

=SUMPRODUCT($L$4:$L$43,M4:M43)

此公式中有絕對位置與相對位置，可以複製到整個 M55:AZ55 區塊。

6. 輸入預測公式的分母部分（圖 B-6）：在 M56 輸入計算 $\sum_{j=1}^{N} W_{ij}$ 的公式「=SUM(M4:M43)」，

此公式中有相對位置，可以複製到整個 M56:AZ56 區塊。

7. 輸入預測公式（圖 B-6）：在 M57 輸入計算 $\sum_{j=1}^{N} W_{ij} \times Y_j / \sum_{i=1}^{N} W_{ij}$ 的公式「=M55/M56」，

此公式中有相對位置，可以複製到整個 M57:AZ57 區塊。

8. 輸入判斷是否誤判公式（圖 B-6）：在 M58 輸入判斷驗證 Data 是否誤判的公式

=IF(OR(AND(M57>0.5,M54=0),AND(M57<0.5,M54=1)),1,0)

此公式中有相對位置，可以複製到整個 M58:AZ58 區塊。

9. 輸入計算誤差函數公式（圖 B-7）：在 N2 誤差平方和的公式「=SUMXMY2(M54:AZ54,
M57:AZ57)」

10. 輸入計算誤判率公式（圖 B-7）：在 O2 誤判率的公式「=AVERAGE(M58:AZ58)」

11. 為了求解可最小化誤差平方和的自變數權重、半徑平方倒數，開啟 Excel 的「規劃求
解」設定參數，並執行求解（圖 B-8）。其中：

(1) 設定目標式：設定要最小化的目標，即訓練範例的誤差平方和 (N2)。

(2) 藉由變更變數儲存格：設定要調整的參數，包括「自變數權重」(C2:H2)、「半徑平方
倒數」(L2)。

(3) 設定限制式：設定要調整的自變數權重、半徑平方倒數的上下限。這些限制並非必要，
可以省略。

(4) 選項：開啟「選項」設定參數，並確定。其中最大時限（秒）通常可設 300，反覆運
算次數可設 5~200。本例題取 30 次。

結果

由圖 B-9 的結果，可以發現自變數權重係數、影響半徑係數的值已經改變，並且彈性
與球技是最重要的自變數。

隨堂練習

1. 將訓練範例與驗證範例的角色互換，結果有何不同？
2. 如果訓練範例減少為 10、20、30 三種，結果有何不同？
3. 如果訓練範例是從原訓練範例中隨機抽取，因此多數範例會被抽到一次，但有少數範例 0 次，或超過 1 次，分五次實施，結果有何不同？

B	C	D	E	F	G	H	I	J	K	L	M
NO.	身高	體重	年齡	彈性	球技	耐力				訓練data分類	
1	1.4630302	-0.191728	-0.277923	-0.260781	1.2853774	-0.835701				1	
2	-1.266504	-1.908697	-1.475131	0.6262842	-1.444343	1.5200214				0	
3	0.2620353	-0.420657	0.7482546	-0.260781	0.0329172	1.1882296				0	
4	-0.393053	-1.336374	-1.64616	-0.786449	0.2256034	-1.399747				0	
5	0.5895794	0.4950593	0.9192843	-0.753594	1.0926912	-1.366568				1	
6	-1.375685	-0.535122	-0.791012	1.0862437	0.2898321	0.0933165				1	
7	0.0436725	0.9529176	1.0903139	0.2977416	1.1248055	1.1550504				1	
8	0.3712166	1.0673821	0.2351657	-1.443534	-1.508572	-0.968417				0	
9	-0.283872	0.4950593	-0.106894	1.1519522	-1.540687	1.1218712				0	
10	1.1354862	0.3805947	-0.791012	-0.129364	-1.540687	0.1264956				0	
11	-0.065509	-0.191728	-1.475131	0.9219724	-1.63703	-0.935238				0	
12	-1.157322	-0.649586	-0.448953	1.2176607	-1.733373	-0.769342				0	
13	-1.048141	-0.306193	-1.64616	-0.786449	-0.834171	0.6905418				0	

圖 B-3(a) 將訓練範例的自變數貼到 B3:H43，因變數貼到 L3:L43

F	G	H	I	J	K	L	M	N	
0.1006161	1.2211486	0.2923916				1			
0.2977416	1.0926912	0.0269581				1			
-0.786449	0.9321194	1.453663				1			
1.4804947	0.900005	-1.366568				1			
						No	41	42	
						身高	-1.375685	0.9171234	-0.
						體重	-0.306193	-0.420657	-0.
						年齡	-0.448953	1.0903139	-1.
						彈性	0.9219724	0.7248469	-0.
						球技	1.3496061	-0.320341	-0.
						耐力	0.4582875	-1.233851	0.5
						測試data分	1	0	

圖 B-3(b) 將驗證範例的自變數貼到 L44:AZ50，因變數貼到 L54:AZ54

B	C	D	E	F	G	H	I	J	K	L	M
											半徑平方倒數
權重	1	1	1	1	1	1					1
NO.	身高	體重	年齡	彈性	球技	耐力					訓練data分類
1	1.4630302	-0.191728	-0.277923	-0.260781	1.2853774	-0.835701					1
2	-1.266504	-1.908697	-1.475131	0.6262842	-1.444343	1.5200214					0
3	0.2620353	-0.420657	0.7482546	-0.260781	0.0329172	1.1882296					0
4	-0.393053	-1.336374	-1.64616	-0.786449	0.2256034	-1.399747					0
5	0.5895794	0.4950593	0.9192843	-0.753594	1.0926912	-1.366568					1
6	-1.375685	-0.535122	-0.791012	1.0862437	0.2898321	0.0933165					1
7	0.0436725	0.9529176	1.0903139	0.2977416	1.1248055	1.1550504					1
8	0.3712166	1.0673821	0.2351657	-1.443534	-1.508572	-0.968417					0
9	-0.283872	0.4950593	-0.106894	1.1519522	-1.540687	1.1218712					0
10	1.1354862	0.3805947	-0.791012	-0.129364	-1.540687	0.1264956					0
11	-0.065509	-0.191728	-1.475131	0.9219724	-1.63703	-0.935238					0
12	-1.157322	-0.649586	-0.448953	1.2176607	-1.733373	-0.769342					0
13	-1.048141	-0.306193	-1.64616	-0.786449	-0.834171	0.6905418					0

圖 B-4　在 C2:H2 設自變數權重全為 1，在 L2 設影響半徑的平方的倒數為 1

	C	D	E	F	G	H	I	J	K	L	M	N
										半徑平方倒數		
	1	1	1	1	1	1				1		
	身高	體重	年齡	彈性	球技	耐力				訓練data分類		
1	1.4630302	-0.191728	-0.277923	-0.260781	1.2853774	-0.835701				1	1.398E-05	0.0026563	1.4
2	-1.266504	-1.908697	-1.475131	0.6262842	-1.444343	1.5200214				0	3.195E-06	1.831E-10	0.0
3	0.2620353	-0.420657	0.7482546	-0.260781	0.0329172	1.1882296				0	0.0004122	0.0005482	0.0
4	-0.393053	-1.336374	-1.64616	-0.786449	0.2256034	-1.399747				1	1.52E-05	3.198E-06	0.0
5	0.5895794	0.4950593	0.9192843	-0.753594	1.0926912	-1.366568				1	3.44E-06	0.0056555	1.4
6	-1.375685	-0.535122	-0.791012	1.0862437	0.2898321	0.0933165				1	0.2339325	1.551E-05	0.0
7	0.0436725	0.9529176	1.0903139	0.2977416	1.1248055	1.1550504				1	0.0010129	2.424E-05	5.7
8	0.3712166	1.0673821	0.2351657	-1.443534	-1.508572	-0.968417				0	6.167E-10	8.046E-05	0.0
9	-0.283872	0.4950593	-0.106894	1.1519522	-1.540687	1.1218712				0	2.044E-05	1.782E-05	0.
10	1.1354862	0.3805947	-0.791012	-0.129364	-1.540687	0.1264956				0	7.077E-08	0.0002489	0.0
11	-0.065509	-0.191728	-1.475131	0.9219724	-1.63703	-0.935238				0	1.186E-05	7.781E-05	0.
12	-1.157322	-0.649586	-0.448953	1.2176607	-1.733373	-0.769342				0	1.282E-05	0.000103	0.8
13	-1.048141	-0.306193	-1.64616	-0.786449	-0.834171	0.6905418				0	9.307E-05	2.238E-08	0.8

圖 B-5　在 M4:AZ43 輸入計算第 i 個驗證範例第 j 個訓練範例的權重 W_{ij} 公式

K	L	M	N	O	P	Q	R	S
	No	41	42	43	44	45	46	47
	身高	-1.375685	0.9171234	-0.720597	-1.157322	-1.157322	1.5722116	1.1354862
	體重	-0.306193	-0.420657	-0.191728	-1.908697	-0.191728	1.9830987	-0.191728
	年齡	-0.448953	1.0903139	-1.475131	0.577225	-0.619982	0.9192843	0.9192843
	彈性	0.9219724	0.7248469	-0.917866	-0.096509	0.0677619	-0.195072	1.1848064
	球技	1.3496061	-0.320341	-0.898399	-1.476458	-0.705713	-0.962628	0.3861752
	耐力	0.4582875	-1.233851	0.5910042	1.3873047	0.5246459	1.1218712	1.5532006
	測試data分	1	0	0	0	0	1	1
	ΣW*Y	0.3162	0.09534	0.00624	8.8E-05	0.09577	0.02634	0.06945
	ΣW	0.34392	0.17216	1.20377	0.02923	0.78664	0.03074	0.41214
	預測值	0.91942	0.55376	0.00519	0.00302	0.12174	0.85705	0.16852
	測試data	0	1	0	0	0	0	1

圖 B-6　在 M56 輸入計算 $\sum_{j=1}^{N} W_{ij}$ 的公式等

F	G	H	I	J	K	L	M	N	O
						半徑平方倒數		誤差平方誤判率	
1	1	1				1		4.5515	15.00%
彈性	球技	耐力				訓練data分類			
-0.260781	1.2853774	-0.835701				1	1.398E-05	0.0026563	1.459E-06	8.9
0.6262842	-1.444343	1.5200214				0	3.195E-06	1.831E-10	0.0011233	0.0
-0.260781	0.0329172	1.1882296				0	0.0004122	0.0005482	0.0004919	0.0
-0.786449	0.2256034	-1.399747				0	1.52E-05	3.198E-06	0.0012427	4.1
-0.753594	1.0926912	-1.366568				1	3.44E-06	0.0056555	1.452E-07	5.8
1.0862437	0.2898321	0.0933165				1	0.2339325	1.551E-05	0.0012419	4.5
0.2977416	1.1248055	1.1550504				1	0.0010129	2.424E-05	5.772E-07	4.7
-1.443534	-1.508572	-0.968417				0	6.167E-10	8.046E-05	0.0001533	7.7
1.1519522	-1.540687	1.1218712				0	2.044E-05	1.782E-05	0.000546	0.0
-0.129364	-1.540687	0.1264956				0	7.077E-08	0.0002489	0.0041252	8.6
0.9219724	-1.63703	-0.935238				0	1.186E-06	7.781E-05	0.0012444	3.7
1.2176607	-1.733373	-0.769342				0	1.282E-05	0.000103	0.0001913	0.0
-0.786449	-0.834171	0.6905418				0	9.307E-05	2.238E-08	0.8344839	0.0

圖 B-7　在 N2 輸入誤差平方和的公式

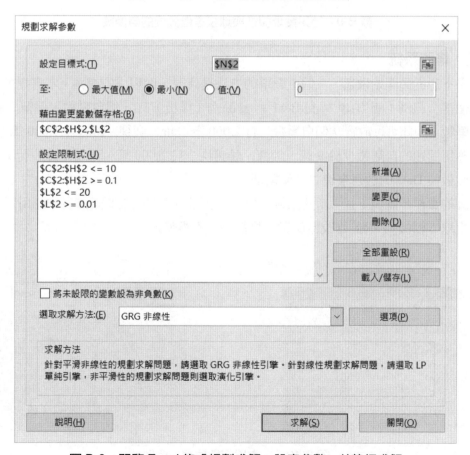

圖 B-8　開啓 Excel 的「規劃求解」設定參數，並執行求解

F	G	H	I	J	K	L	M	N	O
						半徑平方倒數		誤差平方誤判率	
10	7.10108	2.36292				20		1.0006	2.50%
彈性	球技	耐力				訓練data分類			
-0.26078	1.28538	-0.8357				1	6.14E-183	3.45E-273	0
0.62628	-1.44434	1.52002				0	0	0	1.7252E-256
-0.26078	0.03292	1.18823				0	1.48E-267	4.1E-216	2.1088E-167
-0.78645	0.2256	-1.39975				0	0	0	2.2376E-167
-0.75359	1.09269	-1.36657				1	0	0	0
1.08624	0.28983	0.09332				1	7.986E-77	1.46E-134	0
0.29774	1.12481	1.15505				1	1.686E-91	2.26E-272	0
-1.44353	-1.50857	-0.96842				0	0	0	3.7985E-146
1.15195	-1.54069	1.12187				0	0	4.38E-249	0
-0.12936	-1.54069	0.1265				0	0	3.25E-243	5.1007E-103
0.92197	-1.63703	-0.93524				0	0	8.79E-203	0
1.21766	-1.73337	-0.76934				0	0	1.7E-194	0
-0.78645	-0.83417	0.69054				0	0	0	0.001836458

圖 B-9　結果發現彈性與球技是最重要的自變數

實作二：修改系統

　　如果不想從頭開始做起，一個更簡單的方法是修改一個現成的檔案。本書提供了「書局行銷個案」範例（圖 B-10 與圖 B-11），此範例（模板）有 6 個自變數，保留 3 欄可以放置自變數，因此可以放置 9 個自變數，有 2,000 筆 Data（訓練、驗證各 1,000 筆）。如果讀者的應用問題的自變數少於 9 個，訓練、驗證均少於 1,000 筆，可以先複製範例檔案，再修改變數與 Data 的數目來建立分類模型。

　　詳細的實作步驟與上述「新建系統」相似，且因為我們已經假設讀者的應用問題的尺度小於上述「模板」，因此修改比新建容易很多，不再贅述。

	B	C	D	E	F	G	H	I	J	K	L	M	N	O	P
1											半徑平方倒數		誤差平方誤判率		
2	檔重	1.25864	10	7.14814	4.55368	0.1	0.1				0.261996474		86.1585	10.40%	
3		Gender	M	R	F	FirstPur	GeogBks				訓練data分類				
4	1	-1.549	-0.689	1.7872	-0.28	0.6793	0.7606				0	3.581E-05	8.268E-05	0.0001083	1.317E-05
5	2	0.645	0.3399	0.0753	-0.844	-0.707	-0.542				0	0.1576994	0.0657974	2.876E-05	0.01375
6	3	0.645	-1.102	-0.903	-0.562	-0.92	-0.542				0	1.422E-05	3.81E-05	4.346E-06	0.5046493
7	4	0.645	1.4292	-1.392	0.8483	0.5727	0.7606				0	0.0004294	0.0001799	1.781E-07	4.756E-09
8	5	-1.549	0.3298	0.809	-0.562	0.0396	0.7606				0	0.0470792	0.0269263	0.0005618	0.0002425
9	6	0.645	0.471	-0.414	0.0023	-0.387	-0.542				1	0.3051051	0.1952155	0.0005348	0.0037902
10	7	0.645	-0.89	0.3199	-0.844	-0.6	-0.542				0	0.0007048	0.0012338	3.238E-05	0.3635514
11	8	0.645	1.2073	0.0753	-0.562	-0.28	-0.542				0	0.1300917	0.024283	1.254E-06	7.05E-06
12	9	0.645	0.4307	-0.169	-0.28	-0.387	-0.542				0	0.3908622	0.2167943	0.000318	0.0072001
13	10	0.645	0.8845	-0.414	2.2583	1.6389	2.063				0	0.0024793	0.0057224	0.0013885	2.283E-09

圖 B-10　「書局行銷個案」範例

	B	C	D	E	F	G	H	I	J	K	L	M	N	O	P
1003	1000	0.645	-1.839	0.3199	-0.844	-0.6	-0.542				0	4.453E-08	2.347E-07	1.446E-07	0.0312181
1004											No	1001	1002	1003	1004
1005											Gender	0.644992	0.644992	-1.54886	0.64499
1006											M	0.58198	0.3601	-0.27528	-0.87032
1007											R	0.319883	0.319883	0.31988	-0.41379
1008											F	0.28426	0.566263	1.69428	-0.84375
1009											FirstPurch	0.14618	0.785915	0.46605	-0.92005
1010											GeogBks	0.760604	2.063008	0.7606	-0.5418
1011															
1012															
1013															
1014											測試data分類	0	0	0	0
1015											ΣW*Y	2.949055	2.696273	2.38552	6.07849
1016											ΣW	40.52791	30.74973	12.6092	93.2374
1017											預測值	0.072766	0.087684	0.18919	0.06519
1018											測試data誤判?	0	0	0	0
1019															

圖 B-11　「書局行銷個案」範例

B-2　Excel 資料探勘試算表：最近鄰居迴歸

一、原理

最近鄰居迴歸與最近鄰居分類的原理相同，也是以最小化誤差平方和原理決定自變數權重係數、影響半徑係數。唯一的差異是它沒有這個誤判率評估指標。

二、方法

因為此目標函數是平滑非線性的問題，因此可使用 Excel 提供的「規劃求解」中的「一般化縮減梯度（Generalized Reduced Gradient, GRG）」求解自變數權重係數、影響半徑係數的倒數。

三、實作

以前述的「籃球社社員選拔」例題為例，有 80 個樣本，6 個變數。差別是它的因變數為一個 0~100 的「評分」。其資料格式如表 B-3。其標準正規化後的資料格式如表 B-4。編號 1~40 為訓練範例，41~80 為驗證範例。自變數尺度化的方法可參考「實作 D」，不再贅述。因變數不需尺度化。

表 B-3　籃球社社員選拔（原始數據）

NO.	身高	體重	年齡	彈性	球技	耐力	評分
1	1.92	64	18.9	44	94	24	97
2	1.67	49	18.2	71	9	95	57
3	1.81	62	19.5	44	55	85	55
:	:	:	:	:	:	:	
78	1.69	63	18.4	65	60	8	59
79	1.76	56	18.5	60	93	14	97
80	1.93	82	19.7	5	91	82	94

表 B-4 籃球社社員選拔（已經正規化）

NO.	身高	體重	年齡	彈性	球技	耐力	評分
1	1.46303	-0.19173	-0.27792	-0.26078	1.285377	-0.8357	0.959
2	-1.2665	-1.9087	-1.47513	0.626284	-1.44434	1.520021	0.143
3	0.262035	-0.42066	0.748255	-0.26078	0.032917	1.18823	0.102
⋮	⋮	⋮	⋮	⋮	⋮	⋮	⋮
78	-1.048141	-0.306193	-1.133071	0.4291586	0.193489	-1.366568	0.184
79	-0.283872	-1.107445	-0.962042	0.2648874	1.253263	-1.167493	0.959
80	1.5722116	1.8686342	1.0903139	-1.542096	1.1890343	1.088692	0.898

實作一：新建系統

以前述的「籃球社」例題為例，存放資料的試算表在「第 7 章 分類與迴歸（一）最近鄰居 B 迴歸（data）」資料夾，已經完成的試算表在「第 7 章 分類與迴歸（一）最近鄰居 B 迴歸（模板+data）」資料夾。最近鄰居迴歸從頭開始做起的實作步驟與前述與最近鄰居分類相同，不再贅述。其優化前與優化後的試算表如圖 B-12 與圖 B-13。由圖 B-13 的結果，可以發現自變數權重係數、影響半徑係數的值已經改變，並且彈性與球技是最重要的自變數。

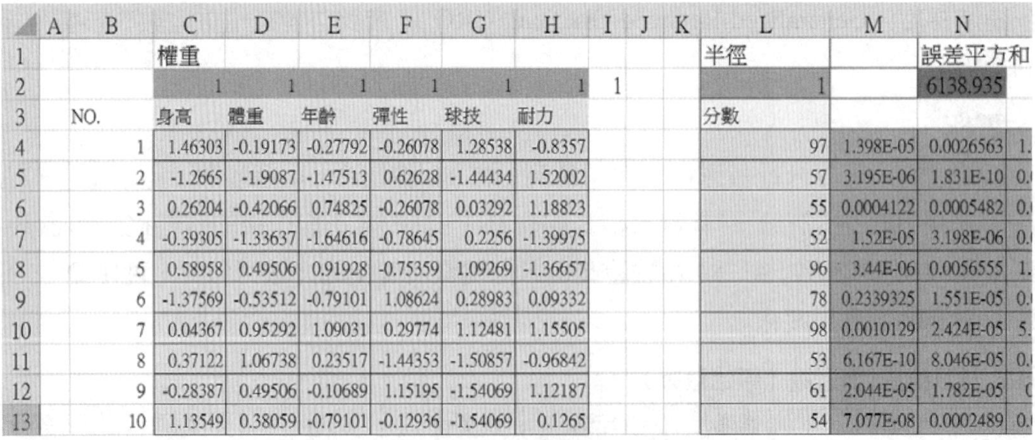

圖 B-12(a) 優化前的試算表（上半部）

	A	B	C	D	E	F	G	H	I	J	K	L	M	N	
43		40	-0.06551	-1.10744	-1.13307	1.48049	0.90001	-1.36657				95	0.0012674	0.0002121	6.7...
44												No	41	42	
45												身高	-1.375685	0.9171234	-0.7...
46												體重	-0.306193	-0.420657	-0.1...
47												年齡	-0.448953	1.0903139	-1.4...
48												彈性	0.9219724	0.7248469	-0.9...
49												球技	1.3496061	-0.320341	-0.8...
50												耐力	0.4582875	-1.233851	0.59...
51															
52															
53															
54												分數	99	52	
55												ΣW*Y	27.84576	13.02034	
56												ΣW	0.343915	0.172163	1.2...
57												預測值	80.96686	75.62793	52...

圖 B-12(b)　優化前的試算表（下半部）

	A	B	C	D	E	F	G	H	I	J	K	L	M	N	
1			權重									半徑		誤差平方和	
2				0.438	1.48029	4.0375	5.70676	5.89246	0.24052			5.760978959		1367.232	
3		NO.	身高	體重	年齡	彈性	球技	耐力				分數			
4		1	1.46303	-0.19173	-0.27792	-0.26078	1.28538	-0.8357				97	6.07E-31	3.896E-72	3.9...
5		2	-1.2665	-1.9087	-1.47513	0.62628	-1.44434	1.52002				57	6.73E-138	5.78E-104	6.2...
6		3	0.26204	-0.42066	0.74825	-0.26078	0.03292	1.18823				55	4.788E-64	1.28E-21	4.4...
7		4	-0.39305	-1.33637	-1.64616	-0.78645	0.2256	-1.39975				52	1.432E-82	2.22E-118	3.0...
8		5	0.58958	0.49506	0.91928	-0.75359	1.09269	-1.36657				96	2.604E-69	6.694E-65	2.0...
9		6	-1.37569	-0.53512	-0.79101	1.08624	0.28983	0.09332				78	3.987E-19	1.055E-50	1....
10		7	0.04367	0.95292	1.09031	0.29774	1.12481	1.15505				98	2.43E-39	2.229E-45	2....
11		8	0.37122	1.06738	0.23517	-1.44353	-1.50857	-0.96842				53	2.43E-217	1.24E-104	2....
12		9	-0.28387	0.49506	-0.10689	1.15195	-1.54069	1.12187				61	9.04E-130	8.618E-48	5....
13		10	1.13549	0.38059	-0.79101	-0.12936	-1.54069	0.1265				54	1.43E-149	2.132E-72	1....

圖 B-13(a)　優化後的試算表（上半部）

	A	B	C	D	E	F	G	H	I	J	K	L	M	N	O
43		40	-0.06551	-1.10744	-1.13307	1.48049	0.90001	-1.36657				95	3.761E-19	1.377E-83	1.33
44												No	41	42	
45												身高	-1.375685	0.9171234	-0.7...
46												體重	-0.306193	-0.420657	-0.1...
47												年齡	-0.448953	1.0903139	-1.4...
48												彈性	0.9219724	0.7248469	-0.9...
49												球技	1.3496061	-0.320341	-0.8...
50												耐力	0.4582875	-1.233851	0.59...
51															
52															
53															
54												分數	99	52	
55												ΣW*Y	9.17E-15	6.19E-08	8.7...
56												ΣW	9.37E-17	1.09E-09	0...
57												預測值	97.89342	57	

圖 B-13(b)　優化後的試算表（下半部）

實作二：修改系統

如果不想從頭開始做起，一個更簡單的方法是修改一個現成的檔案。本書提供了「書局行銷個案」範例，此範例（模板）有 6 個自變數，保留 3 欄可以放置自變數，因此可以放置 9 個自變數，有 2,000 筆 Data（訓練、驗證各 1,000 筆）。雖然這個個案是以「分類」為目的，但最佳化的目標都是誤差平方和，因此仍可用來建立迴歸模型。如果讀者的應用問題的自變數少於 9 個，訓練、驗證均少於 1,000 筆，可以先複製範例檔案（模板），再修改變數與 Data 的數目來建立迴歸模型。

隨堂練習

1. 將訓練範例與驗證範例的角色互換，結果有何不同？
2. 如果訓練範例減少為 10、20、30 三種，結果有何不同？
3. 如果訓練範例是從原訓練範例中隨機抽取，因此多數範例會被抽到一次，但有少數範例 0 次，或超過 1 次，分五次實施，結果有何不同？

第 **8** 章

分類與迴歸（二）：迴歸分析

統計學的領域中如果有一位國王，那麼一定是「迴歸分析」。──佚名

章前提示：分類探勘在手織莎麗行銷應用

　　莎麗（Sari）是印度婦女的傳統服裝，是婦女披在內衣外的一種絲綢長袍。這種服裝距今已有 5,000 多年的歷史。傳統的莎麗不用剪裁縫紉，用一塊長 5～8 米兩側有滾邊的絲綢，繡上各種圖案，有色彩淡雅的幾何圖形，也有豔麗的花卉。受時代的影響，現在的莎麗在製作上有些改進，均加上了領口和袖子。莎麗由 Body、Border、Pallav 三部分所構成，搭配不同的顏色、形狀、設計、大小，可以組成不同的產品，但部分組合不受市場歡迎，卻仍在生產，導致過多的庫存。有人採用邏輯迴歸解決這個問題，它的輸入變數是 X1~X4=Body 之顏色、形狀、設計、大小；X5~X8=Border 之顏色、形狀、設計、大小；X9~X12= Pallav 之顏色、形狀、設計、大小。輸出變數是 Y=在上架後一個月內賣出（1=Yes，0=No）。邏輯迴歸的模型可用來預測莎麗的售出機率，依此決定其產量，結果使得庫存比從 65% 減至 25%。

Part A　邏輯迴歸

8-1　模型架構

　　傳統的迴歸分析只適用在因變數是連續變數的情形，當因變數是二元變數時並不適用。二元變數是指變數只有兩種可能結果，例如「有」或「無」、「是」或「否」。例如某國中籃球社來了六名應徵者，身高從 5 呎~5 呎 5 吋。結果有三名入選、三名落選。可用圖 8-1 表示，其中橫座標為「身高－5 呎」之吋值；縱座標為「入選」這個二元變數的值，1 代表「是」，0 代表「否」。

　　傳統的線性迴歸分析的因變數值域不受限制，因此迴歸的結果會出現「入選機率」小於 0 與大於 1 的情形，如圖 8-2。

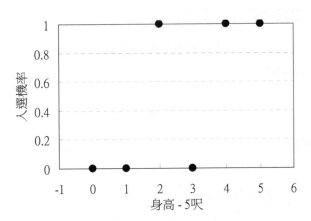

圖 8-1　國中籃球社應徵者的選拔結果

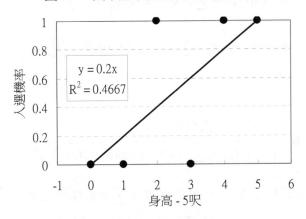

圖 8-2　傳統的線性迴歸分析結果

　　邏輯迴歸（Logistic Regression, LR），又譯為邏輯式迴歸，或音譯為羅吉斯迴歸，是一種適用於二元變數的迴歸技術，它可用來建立估計一個二元變數出現「有」或「是」的機率。

　　由於傳統的迴歸分析的因變數值域不受限制，但邏輯迴歸的因變數值為「機率值」，故其值域必須受到不超過 (0,1) 的限制，因此傳統的迴歸分析無法適用。為解決這個問題，首先定義 logit 函數如下：

$$\log it(\theta) = \ln\left(\frac{\theta}{1-\theta}\right) \qquad (8\text{-}1(a))$$

　　其中 θ 是二元因變數出現「有」或「是」的機率。

假設 $\log it(\theta)$ 是自變數的線性函數：

$$\log it(\theta) = \beta_0 + \sum_i \beta_i x_i \qquad (8\text{-}1(b))$$

將(8-1(b))代入(8-1(a))得

$$\ln\left(\frac{\theta}{1-\theta}\right) = \beta_0 + \sum_i \beta_i x_i$$

由上式兩邊取指數得

$$\frac{\theta}{1-\theta} = \exp\left(\beta_0 + \sum_i \beta_i x_i\right)$$

$$\theta = \exp\left(\beta_0 + \sum_i \beta_i x_i\right) - \theta \cdot \exp\left(\beta_0 + \sum_i \beta_i x_i\right)$$

$$\theta \cdot \left(1 + \exp\left(\beta_0 + \sum_i \beta_i x_i\right)\right) = \exp\left(\beta_0 + \sum_i \beta_i x_i\right)$$

可反推 θ 為

$$\theta = \frac{\exp(\beta_0 + \sum_i \beta_i x_i)}{1 + \exp(\beta_0 + \sum_i \beta_i x_i)} = \frac{1}{1 + \exp(-(\beta_0 + \sum_i \beta_i x_i))} \qquad (8\text{-}1(c))$$

圖8-3為 $\beta_0 + \sum \beta_i x_i$ 與 θ 關係，顯示當 $\beta_0 + \sum \beta_i x_i$ 趨近正無限大時，θ 趨近1；當 $\beta_0 + \sum \beta_i x_i$ 為0時，θ 為0.5；當 $\beta_0 + \sum \beta_i x_i$ 趨近負無限大時，θ 趨近0。因此，無論 $\beta_0 + \sum \beta_i x_i$ 的值多少，θ 的值必在 $(0,1)$ 之間，滿足其值域必須受到不超過 $(0,1)$ 的限制。

邏輯迴歸分析的因變數值域受限制，因此迴歸的結果不會出現「入選機率」小於 0 與大於 1 的情形，如圖 8-4。顯然比線性迴歸分析的結果合理多了。這個例子只是單變數迴歸，但可推廣至多變數迴歸，產生迴歸曲面。

8-2 模型建立

由上節知，如果能推導出 β_0 與 β_i，即可建立分類模型。基本上有兩類解法：

一、迭代法

表面上，β_0 與 β_i 似乎可用以下法步驟求解：

1. 由(8-1(a))式得 $\log it(\theta)$。

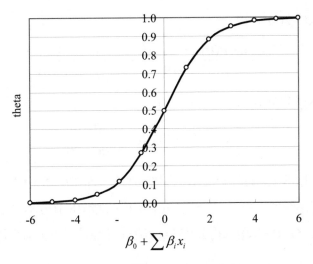

圖 8-3　$\beta_0 + \sum \beta_i x_i$ 與 θ 關係圖

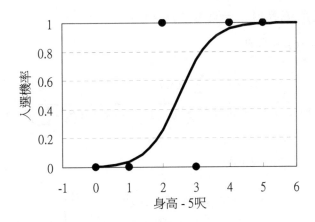

圖 8-4　傳統的線性迴歸分析結果

2. 由(8-1(b))式以基於最小平方法原理的線性迴歸分析得 β_0, β_i。

　　但事實上，上述步驟並不可行，因為在樣本中，因變數是二元變數，其值只有兩種可能結果：「有」或「無」，因此 θ 不是「1」就是「0」，如此一來，就不能以(8-1(a))式得 $\log it(\theta)$，因此無法以傳統的迴歸分析所用的最小平方法解(8-1(b))式中的 β_0 與 β_i。為了求 $\log it(\theta)$ 估計值，以函數展開得

$$\log it(\theta) \approx \log it(\hat{\theta}) + \frac{\partial \log it(\hat{\theta})}{\partial \hat{\theta}} \cdot \left(\theta - \hat{\theta} \right) \tag{8-2(a)}$$

其中 $\hat{\theta}$ 為 θ 的估計值，它可以是 $(0,1)$ 之間的任何數值。

將(8-1(a))代入(8-2(a))式得

$$\frac{\partial \log it(\hat{\theta})}{\partial \hat{\theta}} = \frac{\partial}{\partial \hat{\theta}}\left(\ln\left(\frac{\hat{\theta}}{1-\hat{\theta}}\right)\right) = \frac{1}{\hat{\theta}(1-\hat{\theta})} \tag{8-2(b)}$$

將(8-2(b))代入(8-2(a))式得

$$\log it(\theta) \approx \log it(\hat{\theta}) + \frac{\theta - \hat{\theta}}{\hat{\theta}(1-\hat{\theta})} \tag{8-2(c)}$$

因此，可以不用(8-1(a))式得 $\log it(\theta)$ 的正確值，而用(8-2(c))式得 $\log it(\theta)$ 估計值。如此一來，就可以用傳統的迴歸分析所用的最小平方法解(8-1(b))式中的 β_0, β_i。這個程序採迭代程序進行，使得以(8-2(c))式得到的 $\log it(\theta)$ 估計值逐步逼近(8-1(a))式的 $\log it(\theta)$ 的正確值。

綜合上述推導，為求解 β_0, β_i 可用下列迭代程序：

步驟1：假設 β_0, β_i 初值，一般可令 $\beta_0 = 0, \beta_i = 0$。

步驟2：由(8-1(c))式得 $\hat{\theta}$

$$\hat{\theta} = \frac{\exp(\beta_0 + \sum_i \beta_i x_i)}{1 + \exp(\beta_0 + \sum_i \beta_i x_i)} = \frac{1}{1 + \exp(-(\beta_0 + \sum_i \beta_i x_i))}$$

步驟3：將 $\hat{\theta}$ 代入由(8-2(c))式

$$\log it(\theta) \approx \log it(\hat{\theta}) + \frac{\theta - \hat{\theta}}{\hat{\theta}(1-\hat{\theta})}$$

得 $\log it(\theta)$ 估計值。

步驟4：由(8-1(b))式

$$\log it(\theta) = \beta_0 + \sum_i \beta_i x_i$$

以基於「最小平方法原理」的線性迴歸分析得 β_0, β_i。

步驟5：重複步驟2~4直到收斂。

上述演算法有幾點補充說明：

1. (8-1(b))式假設 $\log it(\theta)$ 是自變數的「線性函數」，因此其分類邊界為樣本空間中的一個超平面，故對分類邊界為超曲面的樣本空間並不適用，但可修改(8-1(b))式，令 $\log it(\theta)$ 是自變數的「非線性函數」即可解決此一問題。

2. 上述方法假設因變數為二元變數，但邏輯迴歸可推廣到因變數為名目變數的情形，但因演算法太過複雜，在此不再贅述。

二、直接法

另一個解法是直接求使殘差之平方和最小之迴歸係數 β_0 與 β_i，即：

$$Min\ E = \sum_{i=1}^{n} \varepsilon_i^2 = \sum_{i=1}^{n} \left(y_i - \cfrac{1}{1 + \exp\left(-(\beta_0 + \sum_{k} \beta_k x_k) \right)} \right)^2 \qquad (8\text{-}3)$$

此法簡單易懂，因此本書的試算表採用此方法。

邏輯迴歸例題：單變數分類

假設有一個單自變數分類問題其資料如下（圖 8-5）：

x	θ	$(x-\bar{x})^2$
0.000	0	6.250
1.000	0	2.250
2.000	1	0.250
3.000	0	0.250
4.000	1	2.250
5.000	1	6.250
$\bar{x}=2.50$		17.500

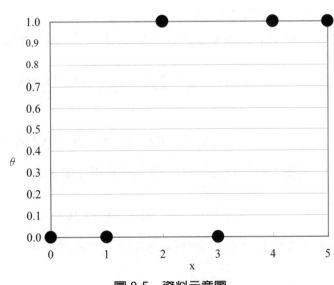

圖 8-5　資料示意圖

計算過程如下：

步驟1：假設 $\hat{\beta}_0 = 0, \hat{\beta}_1 = 0$。

步驟2：由(8-1(c))得 $\hat{\theta}$。

例如第 1 例

$$\hat{\theta} = \frac{\exp(\hat{\beta}_0 + \hat{\beta}_1 x_1)}{1 + \exp(\hat{\beta}_0 + \hat{\beta}_1 x_1)} = \frac{\exp(0 + (0)(0))}{1 + \exp(0 + (0)(0))} = \frac{1}{1+1} = 0.5$$

其餘各例見表8-1，全為 $\hat{\theta} = 0.5$，故其 $x - \hat{\theta}$ 關係為圖8-6上之水平線。

步驟3：由(8-2(c))得 $\log it(\theta)$ 估計值。

例如第1例

$$\log it(\theta) \approx \log it(\hat{\theta}) + \frac{\theta - \hat{\theta}}{\hat{\theta}(1 - \hat{\theta})} = \ln(\frac{0.5}{1 - 0.5}) + \frac{0 - 0.5}{0.5(1 - 0.5)} = 0 + \frac{-0.5}{0.25} = -2.000$$

其餘各例見表8-1。

步驟4：由(8-1(b))以線性迴歸分析得 β_0, β_i。因本題為單變數，迴歸係數由下式得到

$$\hat{\beta}_1 = \frac{\sum(x - \bar{x})(z - \bar{z})}{\sum(x - \bar{x})^2} = \frac{14.000}{17.5} = 0.800$$

$$\hat{\beta}_0 = \bar{z} - \hat{\beta}_1 \bar{x} = 0.000 - (0.800)(2.50) = -2.000$$

步驟5：重複步驟2~4直到收斂。全部計算過程如表8-1，經過五次迭代以後得到

$$\beta_0 = -5.281, \beta_1 = 2.112$$

將這五次迭代的 $x - \hat{\theta}$ 關係繪成圖8-6上之五條曲線，可見已趨近收斂。

表 8-1 邏輯迴歸數值例題計算過程

第 0 次 $\beta_0 = 0, \beta_i = 0$			第 1 次 $\beta_0 = -2.000, \beta_1 = 0.800$			第 2 次 $\beta_0 = -3.013, \beta_1 = 1.205$		
$\hat{\theta}$	$\log it(\theta)$ 估計值=z	$(x-\bar{x})(z-\bar{z})$	$\hat{\theta}$	$\log it(\theta)$ 估計值=z	$(x-\bar{x})(z-\bar{z})$	$\hat{\theta}$	$\log it(\theta)$ 估計值=z	$(x-\bar{x})(z-\bar{z})$
0.500	-2.000	5.000	0.119	-3.135	7.838	0.047	-4.062	10.154
0.500	-2.000	3.000	0.231	-2.501	3.752	0.141	-2.972	4.457
0.500	2.000	-1.000	0.401	2.092	-1.046	0.354	2.224	-1.112
0.500	-2.000	-1.000	0.599	-2.092	-1.046	0.646	-2.224	-1.112
0.500	2.000	3.000	0.769	2.501	3.752	0.859	2.972	4.457
0.500	2.000	5.000	0.881	3.135	7.838	0.953	4.062	10.154
	$\bar{z} = 0.000$	$\sum = 14.000$		$\bar{z} = 0.000$	$\sum = 21.088$		$\bar{z} = 0.000$	$\sum = 27.000$

第 1 次 $\beta_1 = \dfrac{\sum(x-\bar{x})(z-\bar{z})}{\sum(x-\bar{x})^2} = 0.800$ $\beta_0 = \bar{z} - \beta_1\bar{x} = -2.000$	第 2 次 $\beta_1 = \dfrac{\sum(x-\bar{x})(z-\bar{z})}{\sum(x-\bar{x})^2} = 1.205$ $\beta_0 = \bar{z} - \beta_1\bar{x} = -3.013$	第 3 次 $\beta_1 = \dfrac{\sum(x-\bar{x})(z-\bar{z})}{\sum(x-\bar{x})^2} = 1.543$ $\beta_0 = \bar{z} - \beta_1\bar{x} = -3.857$

第 3 次 $\beta_0 = -3.857, \beta_i = 1.543$			第 4 次 $\beta_0 = -4.606, \beta_i = 1.842$		
$\hat{\theta}$	$\log it(\theta)$ 估計值=z	$(x-\bar{x})(z-\bar{z})$	$\hat{\theta}$	$\log it(\theta)$ 估計值=z	$(x-\bar{x})(z-\bar{z})$
0.021	-4.878	12.196	0.010	-5.616	14.039
0.090	-3.413	5.120	0.059	-3.826	5.740
0.316	2.391	-1.196	0.285	2.591	-1.295
0.684	-2.391	-1.196	0.715	-2.591	-1.295
0.910	3.413	5.120	0.941	3.826	5.740
0.979	4.878	12.196	0.990	5.616	14.039
	$\bar{z} = 0.000$	$\sum = 32.239$		$\bar{z} = 0.000$	$\sum = 36.966$

第 4 次 $\beta_1 = \dfrac{\sum(x-\bar{x})(z-\bar{z})}{\sum(x-\bar{x})^2} = 1.842$ $\beta_0 = \bar{z} - \beta_1\bar{x} = -4.606$	第 5 次 $\beta_1 = \dfrac{\sum(x-\bar{x})(z-\bar{z})}{\sum(x-\bar{x})^2} = 2.112$ $\beta_0 = \bar{z} - \beta_1\bar{x} = -5.281$

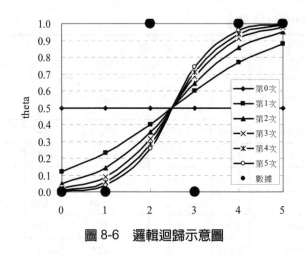

圖 8-6 邏輯迴歸示意圖

8-3 實例一：旅行社個案

延續前章的「陽光旅行社」個案。

一、方法一：線性邏輯迴歸

結果如下。提升圖與樣本的分類邊界如圖 8-7，顯示分類邊界為直線。由於實際的分類邊界為曲線，這種直線的分類邊界自然無法有很好的分類效果。

	迴歸係數
X1	0.08895
X2	3.51116
常數	-28.95

訓練方差和	6.99
測試方差和	16.93
訓練誤判率	14.0%
測試誤判率	34.0%

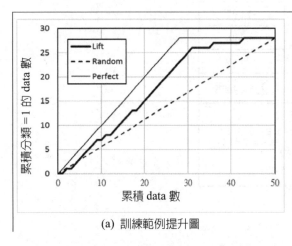

(a) 訓練範例提升圖

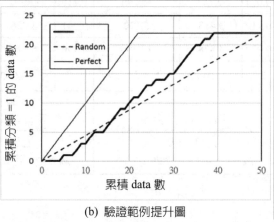

(b) 驗證範例提升圖

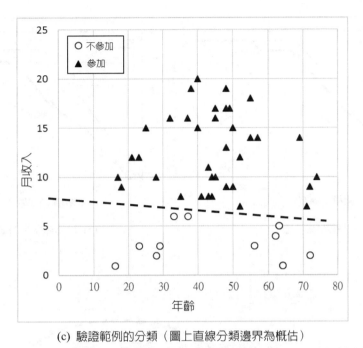

(c) 驗證範例的分類（圖上直線分類邊界為概估）

圖 8-7　實例一之線性邏輯迴歸之結果

二、方法二：二階非線性邏輯迴歸

　　假設分類函數是自變數的「二階多項式」非線性函數，即加入變數的乘積項與平方項到函數中，結果如下。訓練資料與驗證資料提升圖，與驗證範例的預測分類如圖 8-8。由圖(b)可知本法與方法一相比有大幅進步。由圖(c)可知其分類邊界為閉合曲線。

	迴歸係數
X1	-0.0142
X2	1.6593
X1*X2	0.0268
X1^2	-0.0016
X2^2	-0.1099
常數	-10

訓練方差和	5.50
測試方差和	9.98
訓練誤判率	12.0%
測試誤判率	26.0%

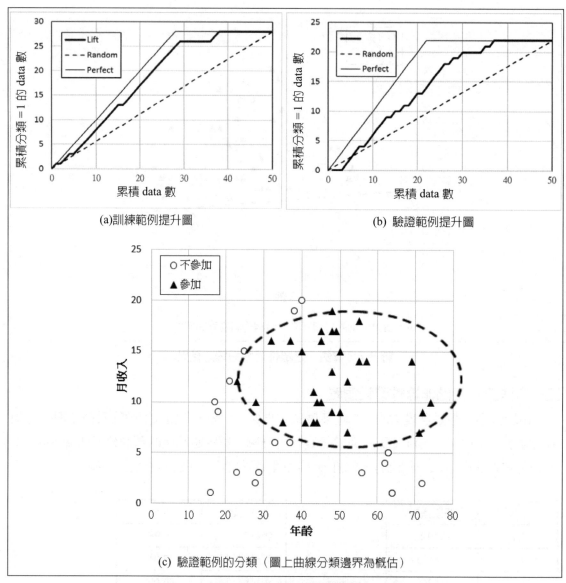

(a)訓練範例提升圖 　　　　　　　(b) 驗證範例提升圖

(c) 驗證範例的分類（圖上曲線分類邊界為概估）

圖 8-8　實例一之二階非線性邏輯迴歸之結果

三、結論

1. 利用二階多項式函數可能可以建立更精確的邏輯迴歸分類模式。

2. 線性函數產生平面的分類邊界，二階多項式產生曲面的分類邊界。

8-4　實例二：書局行銷個案

延續前章的「書局行銷個案」。共 2,000 筆資料，前 1,000 筆資料作訓練範例，後 1,000

筆資料作驗證範例。自變數有 15 個，因變數為顧客是否「有興趣購買一套介紹義大利著名城市佛羅倫斯（Florence）的新書」。

一、方法一：邏輯迴歸（全部變數）

結果如下。訓練資料與驗證資料提升圖如圖 8-9。由於訓練範例提升圖遠優於驗證範例提升圖，顯示有過度學習的現象。

訓練方差和	86.15
測試方差和	108.65
訓練誤判率	8.6%
測試誤判率	11.0%

			迴歸係數
X1	Gender	性別	-63.085
X2	M (Monetary)	消費金額	-0.187
X3	R (Recency)	距離前次消費時間	-1.417
X4	F (Frequency)	消費次數	21.367
X5	First Purchase	距離首次購買時間（月）	1.572
X6	Child Books	兒童類書購買數	-75.528
X7	Youth Books	青年類書購買數	-24.082
X8	Cook Books	食譜類書購買數	-34.052
X9	DIY Books	DIY 類書購買數	-74.826
X10	Ref Books	參考類書購買數	16.252
X11	Art Books	藝術類書購買數	19.709
X12	Geog. Books	地理類書購買數	8.890
X13	Italy Cook	義大利食譜書購買數	25.519
X14	Italy Atlas	義大利地圖書購買數	-100.000
X15	Italy Art	義大利藝術書購買數	-13.270
常數			-47.077

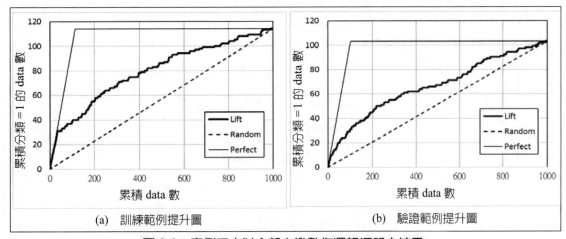

(a) 訓練範例提升圖   (b) 驗證範例提升圖

圖 8-9　實例二之以全部自變數作邏輯迴歸之結果

二、方法二： 逐步邏輯迴歸（部分變數）

改善過度學習的現象的基本方法就是降低模型的複雜度，其中減少自變數的數目通常會是一個有效的方法。雖然自變數有 15 個，但實際上只有一部分是重要的變數，因此參考後面幾章的其他分類方法的結果，只用下列重要的六個變數當自變數：

Gender	性別
M (Monetary)	消費金額
R (Recency)	距離前次消費時間
F (Frequency)	消費次數
First Purchase	距離首次購買時間（月）
Geog. Books	地理類書購買數

採用這六個自變數，結果如下。訓練資料與驗證資料提升圖如圖 8-10。雖然訓練資料提升圖與方法一比較略差一些，但驗證資料提升圖與方法一比較改善不少。顯示過度學習的現象已經獲得改善。

訓練方差和	89.78
測試方差和	88.80
訓練誤判率	11.1%
測試誤判率	10.8%

			迴歸係數
X1	Gender	性別	-0.9687
X2	M (Monetary)	消費金額	0.0004
X3	R (Recency)	距離前次消費時間	-0.1609
X4	F (Frequency)	消費次數	-0.1297
X5	First Purchase	距離首次購買時間（月）	0.0228
X12	Geog. Books	地理類書購買數	0.7031
常數			-0.2451

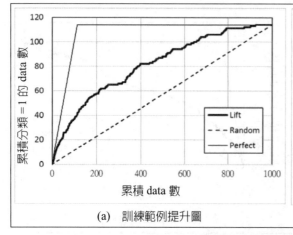

(a) 訓練範例提升圖

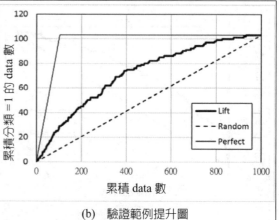

(b) 驗證範例提升圖

圖 8-10　實例二之以部分自變數作邏輯迴歸之結果

三、方法三： 邏輯迴歸（全部變數＋標準正規化）

由於各自變數的值域相差很大，不利於使用最佳化方法估計迴歸係數，因此我們可以採用標準正規化後的自變數做邏輯迴歸。結果如下表。顯示方差和降低許多。訓練資料與驗證資料提升圖如圖 8-11。無論是訓練資料或驗證資料提升圖都明顯改善，證明改用標準正規化後的自變數來做邏輯迴歸有利於準確估計迴歸係數，提升準確度。

訓練方差和	80.00
測試方差和	86.86
訓練誤判率	10.3%
測試誤判率	10.7%

		自變數	迴歸係數
X1	Gender	性別	-0.577
X2	M (Monetary)	消費金額	0.067
X3	R (Recency)	距離前次消費時間	-1.079
X4	F (Frequency)	消費次數	0.641
X5	First Purchase	距離首次購買時間（月）	1.334
X6	Child Books	兒童類書購買數	-0.794
X7	Youth Books	青年類書購買數	-0.448
X8	Cook Books	食譜類書購買數	-0.951
X9	DIY Books	DIY 類書購買數	-1.105
X10	Ref Books	參考類書購買數	-0.123
X11	Art Books	藝術類書購買數	0.382
X12	Geog. Books	地理類書購買數	0.197
X13	Italy Cook	義大利食譜書購買數	-0.121
X14	Italy Atlas	義大利地圖書購買數	0.060
X15	Italy Art	義大利藝術書購買數	0.160
常數			-2.871

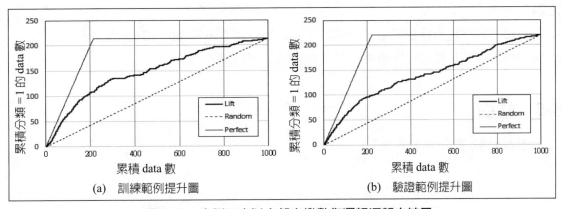

(a)　訓練範例提升圖　　(b)　驗證範例提升圖

圖 8-11　實例二之以全部自變數作邏輯迴歸之結果

採用標準正規化後的自變數做邏輯迴歸的另一個優點是：自變數迴歸係數的相對大小可以概估變數的重要性。迴歸係數的絕對值愈大，重要性愈高，其正負號也可顯示它對因變數是正相關或負相關。各自變數迴歸係數如圖 8-12，顯示：

1. 女性購買的可能性較高（性別變數 0=女性、1=男性，因此敏感度負值代表女性購買的可能性較高）。
2. 距離距離前次消費時間愈短者，愈可能購買。
3. 過去消費次數愈多者，愈可能購買。
4. 距離首次購買時間愈長者，愈可能購買。
5. 兒童類、青年類、食譜類、DIY 類書購買數愈少者，愈可能購買。
6. 藝術類書購買數愈多者，愈可能購買。

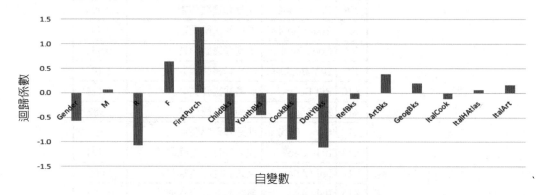

圖 8-12　邏輯迴歸的各自變數迴歸係數

結論

1. 只用重要的變數而捨棄不重要的變數，可能可以建立更精確的邏輯迴歸分類模式。
2. 採用標準正規化後的自變數來做邏輯迴歸可能可以提升準確度。

8-5　結論

總結邏輯迴歸特性如表 8-2。

表 8-2　邏輯迴歸特性

特性	意義	評估
強健性（Robustness）	能處理有相當缺值與雜訊的資料	優
適應性（Adaption）	能處理有離散與連續型態的資料	差
尺度性（Scalability）	能處理有大量變數與記錄的資料	優
速度性（Speed）	能快速地建構知識模型 能快速地應用知識模型	優 優
方便性（Convenience）	能簡單地建構知識模型 能簡單地應用知識模型	優 優
準確性（Accuracy）	能產生預測準確的知識模型	中
解釋性（Interpretability）	能產生內容可理解的知識模型	中
簡單性（Simplicity）	能產生結構精簡的知識模型	優
其它	可以估計各分類的機率	

問題與討論

1. 試重作實例二，隨機抽取 100, 200, …, 900 個訓練範例作邏輯迴歸，並討論訓練範例數目對提升圖有何影響？

2. 過度配適（Overfitting）是建立預測模型的主要困難，對邏輯迴歸而言以下哪些說法是正確的：

   (1) 訓練範例愈多，愈可能發生過度配適。

   (2) 驗證範例愈多，愈可能發生過度配適。

   (3) 自變數愈多，愈可能發生過度配適。

   (4) 自變數組成二階多項式函數比線性函數更可能發生過度配適。

   (5) 自變數進行非線性轉換比不轉換更可能發生過度配適。

   (6) 自變數進行標準正規化比不正規化更可能發生過度配適。

練習個案：信用卡違約預測

　　延續前一章個案，請參考「實作單元 C」，利用本書提供的邏輯迴歸 Excel 試算表模板，以「修改系統」的方式建立分類模型，並指出哪些是重要自變數。相關檔案放置在

1. 資料：「第 8 章 分類與迴歸（二）迴歸分析 A 分類（data）」資料夾。
2. 模板：「第 8 章 分類與迴歸（二）迴歸分析 A 分類（模板）」資料夾。
3. 完成：「第 8 章 分類與迴歸（二）迴歸分析 A 分類（模板＋data）」資料夾。
    方式如下：(1) 使用全部變數、(2) 使用部分變數。
    提示：自變數需要進行標準正規化。

Part B　迴歸分析
8-6　模型架構

　　假設某大學班級有 20 名學生，身高與體重資料如圖 8-13(a)。如果要找出身高與體重的關係可使用迴歸分析，其結果如圖 8-13(b)。

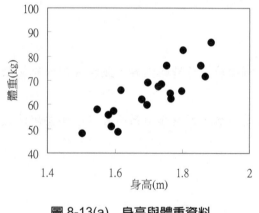

圖 8-13(a)　身高與體重資料

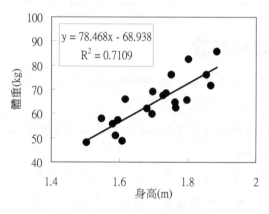

圖 8-13(b)　身高與體重關係

　　迴歸分析的基本原理為最小化誤差平方和。首先將迴歸分析依其分析過程分成四小節來介紹：

1. 迴歸模型之建構：以最小平方法建構迴歸模型，即估計迴歸係數。
2. 迴歸模型之檢定：以變異分析作迴歸模型之顯著性檢定。
3. 迴歸模型之診斷：以殘差分析作迴歸模型之診斷。
4. 迴歸模型之應用：以反應信賴區間來表達預測值。
    接著介紹特殊型態的迴歸分析，包括：
1. 多項式函數之迴歸分析：包括一階模型、具交互作用之一階模型、二階模型。
2. 非線性函數之迴歸分析：包括因變數轉換、自變數轉換。

3. 定性變數之迴歸分析。

4. 逐步迴歸分析

8-7 模型建立

8-7-1 迴歸模型之建構：迴歸係數

一、迴歸模型係數之估計

設一因變數 y，具有 k 個自變數 $x_1, x_2, \ldots, x_k$，已收集 n 組數據：

第 1 組：$x_{11}, x_{12}, \ldots, x_{1k} y_1$

第 2 組：$x_{21}, x_{22}, \ldots, x_{2k} y_2$

$\quad : \quad : \quad : \quad \ldots \quad : \quad :$ \hfill (8-4)

第 n 組：$x_{n1}, x_{n2}, \ldots, x_{nk} y_n$

要建立下列迴歸公式：

$$y = \beta_0 + \beta_1 x_1 + \beta_2 x_2 + \ldots + \beta_k x_k + \varepsilon \tag{8-5}$$

試求使殘差之平方和最小之迴歸係數，即

$$\text{Min } L = \sum_{i=1}^{n} \varepsilon_i^2 \tag{8-6}$$

推導

1. 將所有數據代入迴歸公式(8-2)式得

$$y_i = \beta_0 + \beta_1 x_{i1} + \beta_2 x_{i2} + \ldots + \beta_k x_k + \varepsilon_i$$
$$= \beta_0 + \sum_{j=1}^{k} \beta_j x_{ij} + \varepsilon_i \, , \, i = 1, 2, \ldots, n \tag{8-7}$$

得殘差

$$\varepsilon_i = y_i - \beta_0 - \sum_{j=1}^{k} \beta_i x_{ij} \tag{8-8}$$

2. 計算殘差之平方和

$$L = \sum_{i=1}^{n} \varepsilon_i^2 = \sum_{i=1}^{n} \left(y_i - \beta_0 - \sum_{j=1}^{k} \beta_j x_{ij} \right)^2 \tag{8-9}$$

3. 由上式可知，殘差之平方和為迴歸係數的函數。依據極值定理，一函數在極值處之微分為 0，並以估計係數 b 取代模型係數 β 得

$$\left.\frac{\partial L}{\partial \beta_0}\right|_{b_0, b_1, \ldots, b_k} = -2\sum_{i=1}^{n}\left(y_i - b_0 - \sum_{j=1}^{k}b_j x_{ij}\right) = 0$$

與

$$\left.\frac{\partial L}{\partial \beta_j}\right|_{b_0, b_1, \ldots, b_k} = -2\sum_{i=1}^{n}\left(y_i - b_0 - \sum_{j=1}^{k}b_j x_{ij}\right)x_{ij} = 0 \text{，} j=1,2,3,\ldots,k$$

(4) 將上二式展開得下列聯立方程式

$$nb_0 + b_1\sum_{i=1}^{n}x_{i1} + b_2\sum_{i=1}^{n}x_{i2} + \ldots + b_k\sum_{i=1}^{n}x_{ik} = \sum_{i=1}^{n}y_i$$

$$b_0\sum_{i=1}^{n}x_{i1} + b_1\sum_{i=1}^{n}x_{i1}^2 + b_2\sum_{i=1}^{n}x_{i1}x_{i2} + \ldots + b_k\sum_{i=1}^{n}x_{i1}x_{ik} = \sum_{i=1}^{n}x_{ik}y_i$$

$$\vdots \quad \vdots \quad \vdots \quad \vdots \quad \vdots \tag{8-10}$$

$$b_0\sum_{i=1}^{n}x_{ik} + b_1\sum_{i=1}^{n}x_{ik}x_{i1} + b_2\sum_{i=1}^{n}x_{ik}x_{i2} + \ldots + b_k\sum_{i=1}^{n}x_{ik}^2 = \sum_{i=1}^{n}x_{ik}y_i$$

解上述聯立方程式即可得使殘差之平方和最小之迴歸係數。

上述推導過程如改為矩陣形式則更為簡潔：

1. 將迴歸公式寫成矩陣形式

$$y = X\beta + \varepsilon \tag{8-11}$$

其中

$$y = \begin{bmatrix} y_1 \\ y_2 \\ \vdots \\ y_n \end{bmatrix}, X = \begin{bmatrix} 1 & x_{11} & x_{12} & \cdots & x_{1k} \\ 1 & x_{21} & x_{22} & \cdots & x_{2k} \\ \vdots & \vdots & \vdots & & \vdots \\ 1 & x_{n1} & x_{n2} & \cdots & x_{nk} \end{bmatrix} \tag{8-12}$$

$$\beta = \begin{bmatrix} \beta_0 \\ \beta_1 \\ \vdots \\ \beta_k \end{bmatrix}, \quad \text{and} \quad \varepsilon = \begin{bmatrix} \varepsilon_1 \\ \varepsilon_2 \\ \vdots \\ \varepsilon_n \end{bmatrix} \tag{8-13}$$

故

$$\varepsilon = \mathbf{y} - \mathbf{X}\beta \tag{8-14}$$

2. 計算殘差之平方和

$$L = \sum_{i=1}^{n} \varepsilon_i^2 = \varepsilon' \, \varepsilon = (\mathbf{y} - \mathbf{X}\beta)'(\mathbf{y} - \mathbf{X}\beta) \tag{8-15}$$

將上式展開得

$$L = \mathbf{y}'\mathbf{y} - \beta' \, \mathbf{X}'\mathbf{y} - \mathbf{y}' \mathbf{X}\beta + \beta' \, \mathbf{X}'\mathbf{X}\beta \tag{8-16}$$

上式第三項 $\mathbf{y}'\mathbf{X}\beta$ 是一個 1×1 矩陣，即純量，其轉置亦為純量，故

$$\mathbf{y}'\mathbf{X}\beta = (\mathbf{y}'\mathbf{X}\beta)' = \beta'\mathbf{X}'\mathbf{y} \tag{8-17}$$

故(8-16)式第二項與第三項可合併，得

$$L = \mathbf{y}'\mathbf{y} - 2\beta'\mathbf{X}'\mathbf{y} + \beta'\mathbf{X}'\mathbf{X}\beta \tag{8-18}$$

3. 由上式可知，殘差之平方和為迴歸係數的函數。依據極值定理，一函數在極值處之微分為 0，並以估計係數 $\mathbf{b}$ 取代模型係數 β 得

$$-2\mathbf{X}'\mathbf{y} + 2\mathbf{X}'\mathbf{X}\mathbf{b} = 0$$

$$\mathbf{X}'\mathbf{X}\mathbf{b} = \mathbf{X}'\mathbf{y} \tag{8-19}$$

4. 解上述聯立方程式即可得使殘差之平方和最小之迴歸係數。

$$\mathbf{b} = (\mathbf{X}'\mathbf{X})^{-1}\mathbf{X}'\mathbf{y} \tag{8-20}$$

二、迴歸模型係數之隨機性

由於數據具隨機性，因此從數據估計得到的迴歸係數也是隨機變數。首先定義 β 為模型之係數，$\mathbf{b}$ 為估計之係數。估計之迴歸係數 $\mathbf{b}$ 之期望值如下：

$$E(\mathbf{b}) = \beta \tag{8-21}$$

估計之係數 **b** 之期望值恰為模型之係數 **β**，故上節所推導之迴歸係數為不偏估計。
至於估計之係數之**協方差** Cov(**b**)為

$$Cov(\mathbf{b})=\sigma^2(\mathbf{X'X})^{-1} \tag{8-22}$$

其中 σ^2 為殘差之**變異數**，即

$$Var(\varepsilon)=\sigma^2$$

σ^2 代表模型誤差，此一誤差稱為**模型相依誤差**（Model-dependent），因其值與選用的模型
有關。至於**模型獨立誤差**（Model-independent）只能靠重複實驗才能得到。

殘差之變異數的估計值如下：

$$\hat{\sigma}^2 = \frac{SS_E}{n-p} \tag{8-23}$$

其中 n = 數據數目；p = 模型係數之數目；SS_E = 殘差之平方和：

$$SS_E = \sum_{i=1}^{n}(y_i - \hat{y}_i)^2 \tag{8-24}$$

其中 y_i = 因變數實際值；$\hat{y}_i$ = 因變數估計值。

三、迴歸模型係數之顯著性檢定：t 檢定

線性迴歸係數顯著性檢定是指對個別迴歸係數 β_j 是否顯著的測試，即虛無假說與對
立假說如下：

$$H_0 : \beta_j = 0$$
$$H_1 : \beta_j \neq 0$$

迴歸係數顯著性檢定可用 **t 統計量**判定：

$$t_0 = \frac{b_j}{se(b_j)} \tag{8-25}$$

其中 $se(b_j)$ 為 b_j 的標準差。
因為

$$se(b_j) = \sqrt{\hat{\sigma}^2 C_{jj}} \tag{8-26}$$

其中 C_{jj} 為 $(\mathbf{X'X})^{-1}$ 的對角元素。

故

$$t_0 = \frac{b_j}{\sqrt{\hat{\sigma}^2 C_{jj}}} \tag{8-27}$$

當上式的絕對值大於 t 統計量臨界值 $t_{\alpha/2,\,n\text{-}p}$ 時，迴歸係數顯著，此臨界值為自由度 n-p 與顯著水準α的函數，其中 n 為數據數目，p 為模型係數之數目（含常數項）。

四、迴歸模型係數之信賴區間

個別迴歸係數值 β_j 的**信賴區間**公式如下：

$$b_j - t_{\alpha/2,\,n-p} se(b_j) \le \beta_j \le b_j + t_{\alpha/2,\,n-p} se(b_j)$$

因 $se(b_j) = \sqrt{\hat{\sigma}^2 C_{jj}}$ 故

$$\hat{\sigma}^2 = \frac{SS_E}{n-p} = 1610.929/(14\text{-}3) = 146.45 \tag{8-31}$$

$$b_j - t_{\alpha/2,\,n-p}\sqrt{\hat{\sigma}^2 C_{jj}} \le \beta_j \le b_j + t_{\alpha/2,\,n-p}\sqrt{\hat{\sigma}^2 C_{jj}} \tag{8-28}$$

例題 8-1　迴歸模型之建構

有一生化製藥的一種新產品其最重要的品質特性為活性(y)，影響此一品質特性的二個品質因子為二種成份的含量百分比$(x_1，x_2)$，其實驗結果如下表：

	x_1	x_2	y		x_1	x_2	y
1	1.496	4.549	-44.337	8	4.790	3.706	9.886
2	6.553	3.418	31.358	9	2.795	2.240	9.680
3	5.354	2.809	26.307	10	2.917	2.864	4.099
4	0.083	4.957	-72.780	11	6.855	3.105	37.394
5	4.338	0.247	27.005	12	1.207	4.014	-33.909
6	5.696	1.474	33.931	13	1.653	2.559	-4.283
7	5.570	2.335	31.048	14	9.684	1.036	53.517

試計算

1. 線性迴歸模型係數之估計。

2. 線性迴歸模型係數之隨機性。

3. 線性迴歸模型係數之顯著性檢定（$\alpha = 0.05$）。

4. 線性迴歸模型係數之信賴區間。

解

1. 線性迴歸模型係數之估計

已知

$$\mathbf{X} = \begin{bmatrix} 1 & 1.496 & 4.549 \\ 1 & 6.553 & 3.418 \\ \vdots & \vdots & \vdots \\ 1 & 9.684 & 1.036 \end{bmatrix} \quad \mathbf{y} = \begin{bmatrix} -44.337 \\ 31.358 \\ \vdots \\ 53.517 \end{bmatrix}$$

故得

$$\mathbf{X'X} = \begin{bmatrix} 14.00 & 58.99 & 39.31 \\ 58.99 & 340.36 & 139.89 \\ 39.31 & 139.89 & 132.85 \end{bmatrix} \quad (\mathbf{X'X})^{-1} = \begin{bmatrix} 1.3107 & -0.1195 & -0.2621 \\ -0.1195 & 0.0161 & 0.0184 \\ -0.2621 & 0.0184 & 0.0657 \end{bmatrix}$$

$$\mathbf{X'y} = \begin{Bmatrix} 108.91 \\ 1570.28 \\ -157.62 \end{Bmatrix} \quad \text{由(8-20)式得} \quad \mathbf{b} = (\mathbf{X'X})^{-1}\mathbf{X'y} = \begin{Bmatrix} -3.51 \\ 9.31 \\ -9.95 \end{Bmatrix}$$

線性迴歸模型為（參考圖 8-14）

$$y = -3.51 + 9.31x_1 - 9.95x_2 \tag{8-29}$$

2. 線性迴歸模型係數之隨機性

$$SS_E = \sum_{i=1}^{n}(y_i - \hat{y}_i)^2 = 1610.93 \tag{8-30}$$

$$\hat{\sigma}^2 = \frac{SS_E}{n-p} = 1610.929/(14-3) = 146.45 \tag{8-31}$$

$$\hat{\sigma} = 12.10$$

$$\text{Cov}(\mathbf{b}) = \sigma^2(\mathbf{X'X})^{-1} = 146.45 \begin{bmatrix} 1.3107 & -0.1195 & -0.2621 \\ -0.1195 & 0.0161 & 0.0184 \\ -0.2621 & 0.0184 & 0.0657 \end{bmatrix}$$

3. 線性迴歸模型係數之顯著性檢定：t 檢定

	係數 b_j	C_{jj}為$(\mathbf{X'X})^{-1}$ 的對角元素	標準差 $se(b_j)=\sqrt{\hat{\sigma}^2 C_{jj}}$	$t_0=\dfrac{b_j}{se(b_j)}$
截距	-3.51	1.3107	13.85	-0.253
x_1	9.31	0.0161	1.53	6.071
x_2	-9.95	0.0657	3.10	-3.209

由於 $t_{\alpha/2,\,n-p}=t_{0.05/2,\,14-3}=t_{0.025,\,11}=2.201$，常數項 t 統計量絕對值 0.253<2.201，故不顯著；b_1 係數 t 統計量絕對值 6.071>2.201，故顯著；b_2 係數 t 統計量絕對值 3.209>2.201，故顯著。

4. 線性迴歸模型係數之信賴區間

$$b_j - t_{\alpha/2,\,n-p}\sqrt{\hat{\sigma}^2 C_{jj}} \le \beta_j \le b_j + t_{\alpha/2,\,n-p}\sqrt{\hat{\sigma}^2 C_{jj}} \tag{8-32}$$

$$t_{\alpha/2,\,n-p}=t_{0.05/2,\,14-3}=t_{0.025,\,11}=2.201$$

	係數 b_j	標準誤 $se(b_j)=\sqrt{\hat{\sigma}^2 C_{jj}}$	下限 95% β_j	上限 95% β_j
截距	-3.51	13.85	-34.00	26.98
x_1	9.31	1.53	5.93	12.68
x_2	-9.95	3.10	-16.77	-3.12

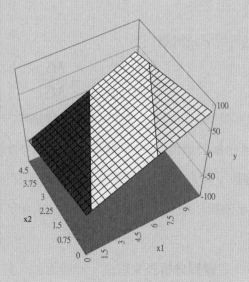

圖 8-14　線性迴歸分析函數示意圖

8-7-2 迴歸模型之檢定：變異分析

判定係數 R^2 定義為解釋方差 SS_R 和佔總方差和 S_{yy} 之比例：

$$R^2 = \frac{SS_R}{S_{yy}} = \frac{S_{yy} - SS_E}{S_{yy}} = 1 - \frac{SS_E}{S_{yy}} \tag{8-33}$$

判定係數介於 0 到 1 之間，判定係數愈大代表模型對變異的解釋能力愈大。由於判定係數總是隨著模型的複雜度增加而增加，因此複雜度高的模型會有高估模型對變異的解釋能力之傾向，因此有**調整判定係數**的提出

$$R_{adj}^2 = 1 - \frac{SS_E/(n-p)}{S_{yy}/(n-1)} = 1 - \left(\frac{n-1}{n-p}\right)(1-R^2) \tag{8-34}$$

其中 n = 數據數目；p = 模型係數之數目。

迴歸模型顯著性檢定是指判定因變數 y 與自變數 x 間是否存有線性關係之測試，即虛無假說與對立假說如下：

H_0: $\beta_1 = \beta_2 = \text{........} = \beta_k = 0$

H_1: $\beta_j \neq 0$ for at least one j $\tag{8-35}$

其中 β_j 為模型之係數。

迴歸模型顯著性檢定可用 **F 統計量**判定

$$F_0 = \frac{SS_R/k}{SS_E/(n-k-1)} = \frac{MS_R}{MS_E} \tag{8-36}$$

其中 n = 數據數目，k = 模型獨立變數之數目，MS_R = 解釋均方差，MS_E = 未解釋均方差。

由上式可知 F 統計量相當於解釋均方差 MS_R 對未解釋均方差 MS_E 之比例。F 統計量愈大代表愈顯著，即因變數 y 與自變數 x 間愈可能存有線性關係。當 F 統計量大於 F 統計量臨界值 F_{α, v_1, v_2} 時，迴歸模型顯著，此臨界值為分子自由度 v_1，分母自由度 v_2 與顯著水準 α 的函數。

上述分析經常以表 8-3 之**變異分析表**來表達，一般而言，其計算程序為：

1. 總自由度 = $n-1$，其中 n = 觀測數。

2. 迴歸自由度 k = 模型獨立變數之數目。

2. 迴歸自由度 k = 模型獨立變數之數目。

3. 殘差自由度 = 總自由度$(n-1)$ – 迴歸自由度(k) = $(n-1)-k = n-k-1$。

4. 計算總方差和

$$S_{yy} = \sum_{i=1}^{n} (y_i - \bar{y})^2 \tag{8-37}$$

5. 計算殘差方差和

$$SS_E = \sum_{i=1}^{n} (y_i - \hat{y}_i)^2 \tag{8-38}$$

6. 計算迴歸方差和

$$SS_R = \sum_{i=1}^{n} (\hat{y}_i - \bar{y})^2 \tag{8-39}$$

或由(8-32)式 $S_{yy} = SS_R + SS_E$ 得速算公式 $SS_R = S_{yy} - SS_E$ 計算

7. 計算迴歸均方差 $MS_R = SS_R / k$ $\qquad$ (8-40)

8. 計算殘差均方差 $MS_E = SS_E / (n-k-1)$ $\qquad$ (8-41)

9. $F = MS_R / MS_E$ $\qquad$ (8-42)

10. 以 F 值，F 值分子自由度 k，F 值分母自由度 $n-k-1$，計算得顯著值 P（此值愈低代表愈顯著，其計算可用電子試算表之函數）

表 8-3　變異分析表

	自由度	方差和	均方差	F 統計量	顯著值
迴歸	k	SS_R	MS_R	F	P
殘差	$n-k-1$	SS_E	MS_E		
總和	$n-1$	S_{yy}			

例題 8-2　迴歸模型之檢定：顯著性

延續例題 8-1 的生化製藥問題，試作其顯著性檢定。

預測值 $\hat{y}_i$ 可由例題 8-1 之線性迴歸模型求得

$$y = -3.51 + 9.31x_1 - 9.95x_2$$

平均值 $\bar{y} = \dfrac{\sum_{i=1}^{n} y_i}{n} = 7.780$

列表如下：

i	x_1	x_2	觀察值 y_i	預測值 $\hat{y}_i$	平均值 $\overline{y}$
1	1.496	4.549	-44.337	-34.855	7.780
2	6.553	3.418	31.358	23.494	7.780
3	5.354	2.809	26.307	18.392	7.780
4	0.083	4.957	-72.780	-52.076	7.780
5	4.338	0.247	27.005	34.426	7.780
6	5.696	1.474	33.931	34.872	7.780
7	5.570	2.335	31.048	25.120	7.780

i	x_1	x_2	觀察值 y_i	預測值 $\hat{y}_i$	平均值 $\overline{y}$
8	4.790	3.706	9.886	4.205	7.780
9	2.795	2.240	9.680	0.227	7.780
10	2.917	2.864	4.099	-4.854	7.780
11	6.855	3.105	37.394	29.417	7.780
12	1.207	4.014	-33.909	-32.227	7.780
13	1.653	2.559	-4.283	-13.587	7.780
14	9.684	1.036	53.517	76.363	7.780

1. 變異分析

總方差和 $S_{yy} = \sum_{i=1}^{n}(y_i - \overline{y})^2 = 16574.1$

未解釋方差和 $SS_E = \sum_{i=1}^{n}(y_i - \hat{y})^2 = 1610.9$

解釋方差和 $SS_R = \sum_{i=1}^{n}(\hat{y}_i - \overline{y})^2 = 14963.2$

解釋方差和也可計算 S_{yy} 與 SS_E 之差額得到

$$SS_R = S_{yy} - SS_E = 16574.1 - 1610.9 = 14963.2$$

2. 判定係數

$$R^2 = \frac{SS_R}{S_{yy}} = 1 - \frac{SS_E}{S_{yy}} = 1\text{-}(1610.9/16574.1) = 0.9028$$

$$R_{adj}^2 = 1 - \frac{SS_E/(n-p)}{S_{yy}/(n-1)} = 1 - \left(\frac{n-1}{n-p}\right)(1 - R^2) = 1\text{-}[(14\text{-}1)/(14\text{-}3)](1\text{-}0.9028) = 0.8851$$

3. F 統計量

$$F_0 = \frac{SS_R/k}{SS_E/(n-k-1)} = \frac{MS_R}{MS_E} = (14963.17/2)/(1610.929/(14\text{-}2\text{-}1)) = 51.09$$

4. 變異分析表

	自由度	SS	MS	F	顯著值
迴歸	2	14963.2	7481.58	51.09	2.7E − 06
殘差	11	1610.9	146.45		
總和	13	16574.1			

8-7-3 迴歸模型之診斷：殘差分析

一、迴歸模型殘差之計算

觀測值與迴歸公式配適值間的差值稱為**殘差**（Residual）

$$e_i = y_i - \hat{y}_i \tag{8-43}$$

其中 y_i ＝反應觀測值；$\hat{y}_i$ ＝反應預測值。

殘差之變異數的估計值如下：

$$\hat{\sigma}^2 = \frac{SS_E}{n-p} \tag{8-44}$$

其中 SS_E ＝未解釋方差和 $= \sum_{i=1}^{n} e_i^2 = \sum_{i=1}^{n} (y_i - \hat{y}_i)^2$

二、迴歸模型殘差之正規化

正規化殘差可使殘差的意義更為清楚，常用的正規化殘差為**標準化殘差**，其定義如下：

$$d_i = \frac{e_i}{\hat{\sigma}}, \quad \text{i=1, 2,....., n} \tag{8-45}$$

其中 $\hat{\sigma}$ ＝殘差標準差，即殘差變異數之開根號值。

標準化殘差的優點是其大小與反應的標準差大小無關，只要其值在 − 3 至 3 之間，則殘差值在合理範圍。標準化殘差可以判別是否有數據偏離模型預測值，是可疑的數據。如果某數據的標準化殘差偏離 0 特別大，例如：大於 3 或小於 − 3，則屬可疑的數據，可考慮檢查或刪除該數據。

三、迴歸模型殘差之分析

在建立迴歸公式後，除了要檢驗模型的顯著性外，分析殘差是否滿足迴歸分析理論的基本假設也很重要。多變數迴歸分析理論有五項基本假設：

1. 殘差變異常態假設：殘差變異之分布為常態分布。
2. 殘差變異常數假設：殘差變異之大小與自變數值無關。
3. 殘差變異獨立假設：殘差變異之大小與實驗順序無關。
4. 因果線性關係假設：因變數與自變數間為線性關係。
5. 自變數間獨立假設：自變數與自變數間無線性相關。

　　要驗證假設 1 可用**常態機率圖**，要驗證假設 2~4 可用**殘差圖**，要驗證假設 5 可用**相關係數矩陣**。

1. 常態機率圖

　　常態機率圖是一種縱座標以標準常態分布 Z 值為刻度的圖表，可以用來判定某數據組是否呈常態分布。其作法如下：

(1) 排序：數據 X 由小到大排序。

(2) 繪點：將數據依下列座標繪於圖上：

　　縱座標＝預期累積機率＝$(j-0.5)/n$；其中 n＝數據數目；j＝數據之排序後之序號，最小值序號 1，最大值序號 n。

　　橫座標＝觀察累積機率＝$\Phi(\dfrac{X-\bar{X}}{s})$，其中 Φ 為標準常態分布累積機率函數。

(3) 繪線：於圖上繪一 45 度對角線。

(4) 判讀：如點均在直線附近則為常態分布。

　　將殘差數據繪於常態機率圖上即可判定是否滿足殘差變異常態假設。

2. 殘差圖

　　殘差圖可以用來判定殘差是否符合迴歸分析之「殘差變異常數假設」與「殘差變異獨立假設」。其作法如下：

(1) 繪點：縱軸為殘差，橫軸為自變數 x 值（或因變數 y 值、數據之實驗順序）。如果橫軸為 x 值稱 x 殘差圖，為 y 值稱 y 殘差圖，為數據之實驗順序稱時序殘差圖。

(2) 判讀：

(a) 如果 y 殘差圖中點之分布寬度與橫軸無關，則符合殘差變異常數假設。如果殘差變異不是常數，可利用將 y 值取對數的方式來削減這種現象。

(b) 如果 x 殘差圖有特殊型態，可提供改進模型的參考。例如在 x 殘差圖中點之分布呈曲線散布，則代表自變數與因變數間不為線性關係，可能要對數據作變數轉換。

(c) 如果時序殘差圖中點之分布與橫軸無關，則符合殘差變異獨立假設。如果在時序殘差圖中有特殊型態，則代表殘差變異不是獨立。或用 Durbin-Watson 值來衡量：

$$DW = \frac{\sum_{t=1}^{n}(e_t - e_{t-1})^2}{\sum_{t=1}^{n} e_t^2} \tag{8-46}$$

其中 $e_t = t$ 時刻殘差； $e_{t-1} = t-1$ 時刻殘差。 DW 值會在 0 和 4 之間變化，DW 偏向 2 表示沒有自我相關，DW 偏向 0 和 4 之值分別表示正和負自我相關。

例題 8-3 迴歸模型之診斷：殘差分析

延續例題 8-1 的生化製藥問題，試作其殘差分析。

1. 殘差之計算

預測值 $\hat{y}_i$ 可由例題 8-2 得。

標準化殘差可由(8-45)式求得，其中標準差可由例題 8-1 得 $\hat{\sigma} = 12.10$

編號	x_1	x_2	觀察值 y_i	預測值 $\hat{y}_i$	殘差 $e_i = y_i - \hat{y}_i$	標準化殘差
1	1.496	4.549	-44.337	-34.855	-9.481	-0.78
2	6.553	3.418	31.358	23.494	7.863	0.65
3	5.354	2.809	26.307	18.392	7.915	0.65
4	0.083	4.957	-72.780	-52.076	-20.704	-1.71
5	4.338	0.247	27.005	34.426	-7.421	-0.61
6	5.696	1.474	33.931	34.872	-0.942	-0.08
7	5.570	2.335	31.048	25.120	5.927	0.49
8	4.790	3.706	9.886	4.205	5.682	0.47
9	2.795	2.240	9.680	0.227	9.453	0.78
10	2.917	2.864	4.099	-4.854	8.953	0.74
11	6.855	3.105	37.394	29.417	7.977	0.66
12	1.207	4.014	-33.909	-32.227	-1.682	-0.14
13	1.653	2.559	-4.283	-13.587	9.305	0.77
14	9.684	1.036	53.517	76.363	-22.846	-1.89

2. 殘差常態機率圖

殘差數據共有 n = 14 筆，其殘差常態機率圖如圖 8-15。例如編號 14 之殘差值為 -1.89，其之排序後之序號為 1（因為它是最小值），故

$$縱座標 = 預期累積機率 = (j-0.5)/n = (1-0.5)/14 = 0.0357。$$

$$橫座標 = 觀察累積機率 = \Phi(\frac{X-\overline{X}}{s}) = \Phi(-1.89) = 0.0294。$$

即圖 8-15 中最左下角之點。

於圖上繪一 45 度對角線，發現點並未全在直線附近，顯示殘差有偏態分布情形，不滿足殘差變異常態假設。

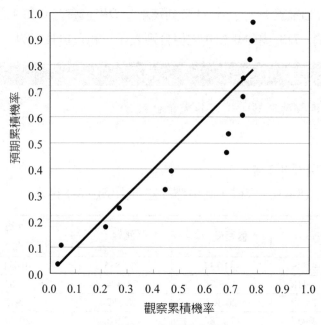

圖 8-15　常態機率圖

3. x 殘差圖

如圖 8-16，x_1 殘差圖顯示滿足殘差變異常數假設，但 x_2 殘差圖顯示 x_2 值偏小或偏大時，變異有偏大的情形，不滿足殘差變異常數假設。此外 x_2 殘差圖中點之分布呈曲線散布，代表自變數與因變數間不為線性關係，可能要對數據作變數轉換。

4. y 殘差圖

如圖 8-17，顯示 y 值偏小或偏大時，變異有偏大的情形，不滿足殘差變異常數假設。

5. 時序殘差圖

如圖 8-18，顯示殘差之值具有時間上的連續性，不滿足殘差變異獨立假設。

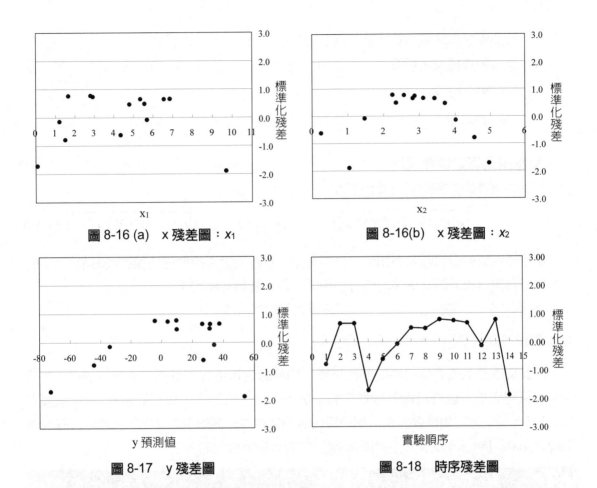

圖 8-16 (a)　x 殘差圖：x_1　　　　圖 8-16(b)　x 殘差圖：x_2

圖 8-17　y 殘差圖　　　　圖 8-18　時序殘差圖

8-7-4　迴歸模型之應用：反應信賴區間

在建立迴歸公式，並檢驗模型的顯著性，分析殘差後，如果已得到一個顯著、充分又有合理殘差的預測模型後，即可用於實際的預測。但由於模型具有不確定性，因此反應也有不確定性，故有信賴區間的產生。

一、反應平均值之信賴區間

反應平均值之信賴區間公式如下：

$$\hat{y}(x_0) - t_{\alpha/2, n-p} \sqrt{\hat{\sigma}^2 x_0'(X'X)^{-1} x_0} \leq \mu_{y|x_0} \leq \hat{y}(x_0) + t_{\alpha/2, n-p} \sqrt{\hat{\sigma}^2 x_0'(X'X)^{-1} x_0} \tag{8-47}$$

其中

$\hat{y}(x_0)$ = 預測值；

$\hat{\sigma}^2$ = 殘差變異數；

$x_0 =$ 預測點之自變數向量（第一個元素為 1 ）$= \{1, x_1, x_2, \ldots, x_k\}$；

$X =$ 實驗數據構成之矩陣；

$\mu_{y|x_0} =$ 反應平均值之預測值；

$t_{\alpha|2, n-p} = t$ 統計量；

二、反應預測值之信賴區間

反應預測值的信賴區間公式如下：

$$\hat{y}(x_0) - t_{\alpha/2, n-p}\sqrt{\hat{\sigma}^2(1 + x_0'(X'X)^{-1}x_0)} \leq y_0 \leq \hat{y}(x_0) + t_{\alpha/2, n-p}\sqrt{\hat{\sigma}^2(1 + x_0'(X'X)^{-1}x_0)} \quad (8\text{-}48)$$

反應預測值的信賴區間與預測之位置有關，在自變數平均值處信賴區間最窄。

反應預測值與前節反應平均值有些相似，但二者仍有區別：

1. 反應平均值 $\mu_{y|x_0}$ 是指在 $x = x_0$ 下，反應值之平均值。

2. 反應預測值 y_0 是指在 $x = x_0$ 下之反應值。

　　因此反應預測值的信賴區間要比反應平均值的信賴區間來得寬。這可用個例子來說明，如果要您猜一個班級內隨機指定的十個學生之平均身高，您可能答有 95% 把握在 165~175 公分之間；如果要您猜一個班級內隨機指定的一個學生之身高，您可能答有 95% 把握在 160 ~ 180 公分之間，後者的範圍比前者大是很自然的。

例題 8-4	迴歸模型之應用：反應信賴區間

延續例題 8-1 的生化製藥問題，試求在 x_1、x_2 均為其實驗數據平均值時之反應之 95% 信賴區間。

由例題 8-1 知

$$(X'X)^{-1} = \begin{bmatrix} 1.3107 & -0.1195 & -0.2621 \\ -0.1195 & 0.0161 & 0.0184 \\ -0.2621 & 0.0184 & 0.0657 \end{bmatrix}$$

已知實驗數據平均值 $\bar{x}_1 = 4.213, \bar{x}_2 = 2.808$，故

$x_0' = \{1, 4.213, 2.808\}$

$x_0'(X'X)^{-1} = \{0.0714, 0.00, 0.00\}$

$x_0'(X'X)^{-1}x_0 = 0.0714$

由例題 8-1 知

$$\hat{\sigma}^2 = \frac{SS_E}{n-p} = 146.448$$

由例題 8-1 所得之迴歸公式知

$$\hat{y}(x_0) = -3.51 + 9.31\overline{x}_1 - 9.95\overline{x}_2 = -3.51 + 9.31(4.213) - 9.95(2.808) = 7.78$$

由例題 8-1 知

$$t_{\alpha/2,n-p} = t_{0.05/2,14-3} = t_{0.025,11} = 2.201$$

一、反應平均值之信賴區間

$$\hat{y}(x_0) - t_{\alpha/2,n-p}\sqrt{\hat{\sigma}^2 x_0'(X'X)^{-1}x_0} \le \mu_{y|x_0} \le \hat{y}(x_0) + t_{\alpha/2,n-p}\sqrt{\hat{\sigma}^2 x_0'(X'X)^{-1}x_0}$$

$$\hat{y}(x_0) - 2.201\sqrt{(146.448)(0.0714)} \le \mu_{y|x_0} \le \hat{y}(x_0) + 2.201\sqrt{(146.448)(0.0714)}$$

$$7.78 - (2.201)(3.23) \le \mu_{y|x_0} \le 7.78 + (2.201)(3.23)$$

$$7.78 - 7.11 \le \mu_{y|x_0} \le 7.78 + 7.11$$

$$0.66 \le \mu_{y|x_0} \le 14.9$$

二、反應預測值的信賴區間

$$\hat{y}(x_0) - t_{\alpha/2,n-p}\sqrt{\hat{\sigma}^2(1 + x_0'(X'X)^{-1}x_0)} \le y_0 \le \hat{y}(x_0) + t_{\alpha/2,n-p}\sqrt{\hat{\sigma}^2(1 + x_0'(X'X)^{-1}x_0)}$$

$$\hat{y}(x_0) - 2.201\sqrt{(146.448)(1 + 0.0714)} \le y_0 \le \hat{y}(x_0) + 2.201\sqrt{(146.448)(1 + 0.0714)}$$

$$7.78 - (2.201)(12.53) \le y_0 \le 7.78 + (2.201)(12.53)$$

$$7.78 - 27.6 \le y_0 \le 7.78 + 27.6$$

$$-19.8 \le y_0 \le 35.4$$

8-8 多項式迴歸分析

經驗模式中以多項式函數最為通用，多項式函數可分成

1. 一階模型 (First-order)：

$$y = \beta_0 + \sum_{i=1}^{k}\beta_i x_i + \varepsilon = \beta_0 + \beta_1 x_1 + \beta_2 x_2 + ... + \beta_k x_k + \varepsilon \tag{8-49}$$

2. 具交互作用之一階模型 (First-order with Interaction)：

$$y = \beta_0 + \sum_{i=1}^{k} \beta_i x_i + \sum_{i=1}^{k} \sum_{j>i}^{k} \beta_{ij} x_i x_j + \varepsilon \qquad (8\text{-}50)$$

3. 二階模型 (Second-order)：

$$y = \beta_0 + \sum_{i=1}^{k} \beta_i x_i + \sum_{i=1}^{k} \sum_{j>i}^{k} \beta_{ij} x_i x_j + \sum_{i=1}^{k} \beta_{ii} x_i^2 + \varepsilon \qquad (8\text{-}51)$$

其中 y = 因變數；x = 自變數；β = 模型係數；ε = 模型殘差。

　　一般而言，較複雜的模型因為有較多的迴歸係數可以調整以配適數據，故有較低的殘差，但並非較複雜的模型就一定較準確可靠。可用 F 統計量顯著值 P 之大小作為參考，顯著值 P 小者較準確可靠。但如果一個複雜的模型與一個簡單的模型準確性相差不大，亦可採用簡單的模型。

例題 8-5　多項式函數之迴歸分析：生化製藥數據

延續例題 8-1 的生化製藥問題，但實驗數據如下表。試求其最佳化模型。

	x_1	x_2	y			x_1	x_2	y
1	1.50	4.55	51.21		11	1.65	2.56	82.43
2	6.55	3.42	170.64		12	9.68	1.04	171.25
3	5.35	2.81	145.03		13	8.00	4.00	230.29
4	0.08	4.96	20.40		14	7.50	1.50	152.06
5	4.34	0.25	100.07		15	9.00	5.00	265.16
6	5.70	1.47	131.93		16	1.00	3.00	64.85
7	2.80	2.24	153.78		17	0.10	0.50	92.78
8	2.92	2.86	100.58		18	0.10	4.00	77.82
9	6.86	3.11	186.45		19	5.57	2.34	160.06
10	1.21	4.01	85.57		20	4.79	3.71	173.80

一、無交互作用一階模式

	自由度	SS	MS	F	顯著值
迴歸	2	55483.56	27741.78	29.3951	3.03E-06
殘差	17	16043.84	943.7551		
總和	19	71527.39			

	係數	標準誤	t 統計	P-值
截距	38.88	19.78	1.96	0.065982
x_1	17.52	2.29	7.67	6.5E-07
x_2	6.19	5.09	1.22	0.240153

迴歸公式 $y = 38.88 + 17.523x_1 + 6.19x_2$

二、具交互作用一階模式

	自由度	SS	MS	F	顯著值
迴歸	3	65922.18	21974.06	62.72	4.58E-09
殘差	16	5605.21	350.33		
總和	19	71527.39			

	係數	標準誤	t 統計	P-值
截距	102.15	16.72	6.11	1.51E-05
x_1	3.09	2.99	1.03	0.316124
x_2	-13.74	4.79	-2.87	0.011166
x_1x_2	4.74	0.87	5.46	5.25E-05

迴歸公式 $y = 102.15 + 3.09x_1 - 13.74x_2 + 4.74x_1x_2$

三、二階模式

	自由度	SS	MS	F	顯著值
迴歸	5	66806.81	13361.36	39.63	8.88E-08
殘差	14	4720.58	337.18		
總和	19	71527.39			

	係數	標準誤	t 統計	P-值
截距	91.18	19.45	4.69	0.00035
x_1	-1.66	6.75	-0.25	0.809403
x_2	6.03	13.08	0.46	0.651646
x_1x_2	4.98	0.87	5.71	5.35E-05
x_{12}	0.43	0.62	0.70	0.496846
X_{22}	-3.98	2.47	-1.61	0.129097

迴歸公式 $y = 91.18 - 1.66x_1 + 6.03x_2 + 4.98x_1x_2 + 0.43x_1^2 - 3.98x_2^2$

四、結論

具交互作用一階模式的 F 統計量顯著值遠小於另二個模型，故為最佳模型（參考圖 8-19）。

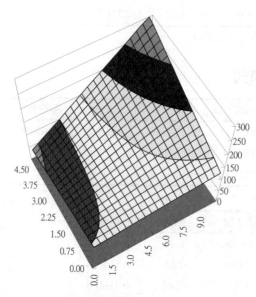

圖 8-19　　多項式迴歸分析建模成果：3D 展示圖

8-9　非線性迴歸分析

線性迴歸分析理論有自變數與因變數間為線性關係的假設。當由經驗知識或殘差分析中發現此假設不成立時，可以採用非線性迴歸分析。解法有二：

一、直接法

直接求使殘差之平方和最小之迴歸係數，此法適合任意型態的非線性函數：

$$Min\ E = \sum_{i=1}^{n} \varepsilon_i^2 = \sum_{i=1}^{n} \left(y_i - f(X_i, B) \right)^2 \tag{8-3}$$

其中 $f(X_i, B)$＝非線性函數，X_i＝第 i 個樣本的自變數構成的向量，B＝所有迴歸係數構成的向量。

二、間接法

間接利用以下兩個方法達到以「線性」迴歸分析建立「非線性」迴歸公式的目的，此法適合特定簡單型態的非線性函數：

1. 多項式迴歸：由自變數組成二階多項式，達到非線性迴歸分析的效果。

2. 變數轉換：利用將因變數、自變數進行變數轉換，將非線性關係轉成線性關係。變數轉換可能可以達成三個目的：提高模型精度、簡化反應模型、對因變數取對數轉換可改善殘差不均勻。常用的變數轉換方式：

(1) 取次方，例如取平方、根號、倒數。

(2) 取對數，可以使乘法關係變為加法關係，例如非線性函數 $y = ax_1^b x_2^c x_3^d$ 取對數後得到線性函數 $\ln y = \ln a + bx_1 + cx_2 + dx_3$，因此可以令 $Y = \ln y, A = \ln a$，$X_1 = \ln x_1, X_2 = \ln x_2, X_3 = \ln x_3$ 可以得到線性函數 $Y = A + bX_1 + cX_2 + dX_3$，如此一來，就可以用線性迴歸分析得到 A、b、c、d 迴歸係數。以下舉二個實例。

例題 8-6　非線性函數之迴歸分析：因變數轉換

延續例題 8-1 的生化製藥問題，但實驗數據如下表。

	x_1	x_2	y
1	1.4960	4.5490	1.948
2	6.5530	3.4180	14.766
3	5.3540	2.8090	14.325
4	0.0830	4.9570	9.745
5	4.3380	0.2470	28.221
6	5.6960	1.4740	23.340
7	2.7950	2.2400	11.252
8	2.9170	2.8640	10.087
9	6.8550	3.1050	23.930
10	1.2070	4.0140	2.457

	x_1	x_2	y
11	1.6530	2.5590	4.940
12	9.6840	1.0360	90.783
13	8.0000	4.0000	18.140
14	7.5000	1.5000	40.232
15	9.0000	5.0000	15.896
16	1.0000	3.0000	9.782
17	0.1000	0.5000	15.442
18	0.1000	4.0000	5.855
19	5.5700	2.3350	17.716
20	4.7900	3.7060	10.014

一、反應取原值下之迴歸分析

	自由度	SS	MS	F	顯著值
迴歸	2	4345.8	2172.9	13.3	0.000329
殘差	17	2770.1	162.9		
總和	19	7115.9			

二、反應取平方下之迴歸分析

	自由度	SS	MS	F	顯著值
迴歸	2	2302984	11514920	4.948359	0.020248
殘差	17	3955930	2327018		
總和	19	6258914			

三、反應取根號下之迴歸分析

	自由度	SS	MS	F	顯著值
迴歸	2	46.573	23.286	27.422	4.78E-06
殘差	17	14.436	0.849		
總和	19	61.009			

四、反應取倒數下之迴歸分析

	自由度	SS	MS	F	顯著值
迴歸	2	0.1338	0.0669	6.5112	0.007953
殘差	17	0.1747	0.0103		
總和	19	0.3085			

五、反應取對數下之迴歸分析

	自由度	SS	MS	F	顯著值
迴歸	2	11.479	5.739	28.221	3.97E-06
殘差	17	3.457	0.203		
總和	19	14.936			

六、結論

　　反應取對數下之迴歸分析的 F 統計量顯著值小於另四個模型，故為最佳模型（參考圖 8-20）。可見將因變數 y 作適當的轉換可得更準確之模型。

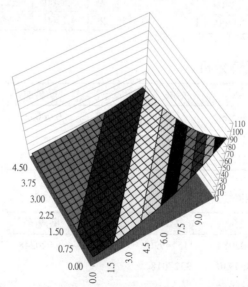

圖 8-20　非線性迴歸分析建模成果：3D 展示圖

例題 8-7　非線性函數之迴歸分析：自變數轉換

延續例題 8-1 的生化製藥問題，但實驗數據如下表。

	x_1	x_2	y		x_1	x_2	y
1	1.496	4.549	873.614	11	1.653	2.559	909.453
2	6.553	3.418	889.180	12	9.684	1.036	939.039
3	5.354	2.809	897.158	13	8.000	4.000	877.000
4	0.083	4.957	986.779	14	7.500	1.500	926.000
5	4.338	0.247	970.458	15	9.000	5.000	862.000
6	5.696	1.474	928.796	16	1.000	3.000	903.000
7	2.795	2.240	911.432	17	0.100	0.500	1060.000
8	2.917	2.864	898.300	18	0.100	4.000	979.000
9	6.855	3.105	890.109	19	5.570	2.335	906.541
10	1.207	4.014	883.428	20	4.790	3.706	882.168

一、一階多項式

	自由度	SS	MS	F	顯著值
迴歸	2	22773.17	11386.58	9.05	0.002102
殘差	17	21378.12	1257.54		
總和	19	44151.28			

	係數	標準誤	t 統計	P-值
截距	1009.23	22.84	44.19	5.47E-19
x_1	-7.99	2.64	-3.03	0.007578
x_2	-19.79	5.87	-3.37	0.003641

迴歸公式 $y = 1009.23 - 7.99x_1 - 19.79x_2$

二、具交互作用一階多項式

	自由度	SS	MS	F	顯著值
迴歸	3	22780.35	7593.45	5.69	0.007587
殘差	16	21370.93	1335.68		
總和	19	44151.28			

	係數	標準誤	t 統計	P-值
截距	1007.56	32.65	30.85	1.1E-15
x_1	-7.61	5.83	-1.30	0.210393
x_2	-19.27	9.35	-2.06	0.056015
x_1x_2	-0.12	1.70	-0.07	0.942432

迴歸公式 $y = 1007.56 - 7.61x_1 - 19.27x_2 - 0.12x_1x_2$

三、二階多項式

	自由度	SS	MS	F	顯著值
迴歸	5	34508.59	6901.72	10.02	0.000307
殘差	14	9642.70	688.76		
總和	19	44151.28			

	係數	標準誤	t 統計	P-值
截距	1068.50	27.80	38.43	1.35E-15
x_1	-25.22	9.65	-2.61	0.020449
x_2	-56.25	18.69	-3.01	0.009383
x_1x_2	-0.04	1.25	-0.03	0.976219
x_1^2	1.97	0.88	2.23	0.042653
x_2^2	6.48	3.52	1.84	0.087159

迴歸公式 $y = 1068.50 - 25.22x_1 - 56.25x_2 - 0.04x_1x_2 + 1.97x_1^2 + 6.48x_2^2$

四、自變數轉換之一階多項式

將 x_1 作倒數轉換，x_2 作開根號轉換，結果如下：

	自由度	SS	MS	F	顯著值
迴歸	2	44125.03	22062.51	14285.18	3.81E-28
殘差	17	26.26	1.54		
總和	19	44151.28			

	係數	標準誤	t 統計	P-值
截距	1000.911	1.002	998.806	5.6E-42
$1/x_1$	10.350	0.075	138.443	2.16E-27
$\sqrt{x_2}$	-62.544	0.591	-105.753	2.09E-25

迴歸公式 $y = 1000.911 + 10.350\dfrac{1}{x_1} - 62.544\sqrt{x_2}$

五、結論

第四個模式（自變數有轉換之一階多項式）的 F 統計量顯著值遠小於另三個模型，故為最佳模型（參考圖 8-21）。可見將自變數作適當的轉換可能得到更準確且更簡化之模型。

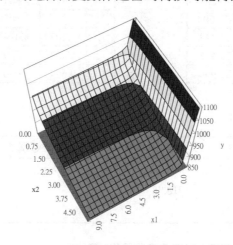

圖 8-21　非線性迴歸分析建模成果：3D 展示圖

8-10　定性變數迴歸分析

前面提到的均為定量變數，但實務上有些變數是定性的，稱**定性變數**（Qualitative Variable）。例如一產品的品質因子可能為催化劑種類、加工方法等，只有幾個離散水準可供選擇的離散水準型因子。如果要以這些因子作為迴歸分析的自變數，可使用**指標變數**（Indicator Variable）。指標變數以 L-1 個 0/1 變數代表具有 L 個水準之定性變數。例如：

催化劑有 A 與 B 二種（L=2）時，需一個指標變數	催化劑有 A、B 與 C 三種（L=3）時，需二個指標變數	催化劑有 A、B、C 與 D 四種（L=4）時，需三個指標變數
x_1	x_1　x_2	x_1　x_2　x_3
0　代表催化劑 A	0　　0　代表催化劑 A	0　　0　　0　代表催化劑 A
1　代表催化劑 B	1　　0　代表催化劑 B	1　　0　　0　代表催化劑 B
	0　　1　代表催化劑 C	0　　1　　0　代表催化劑 C
		0　　0　　1　代表催化劑 D

例題 8-8　定性變數之迴歸分析

延續例題 8-1 的生化製藥問題，但多出一個二水準之定性變數（L=2），實驗數據如下表。

	x_1	x_2	x_3	y
1	1.496	4.549	1	-47.443
2	6.553	3.418	0	31.674
3	5.354	2.809	1	26.867
4	0.083	4.957	1	-77.609
5	4.338	0.247	0	24.324
6	5.696	1.474	0	33.456
7	5.570	2.335	1	35.964

	x_1	x_2	x_3	y
8	4.790	3.706	0	6.278
9	2.795	2.240	1	15.822
10	2.917	2.864	1	2.237
11	6.855	3.105	0	34.855
12	1.207	4.014	0	-33.416
13	1.653	2.559	1	-1.740
14	9.684	1.036	0	49.737

一、無交互作用一階模式

	自由度	SS	MS	F	顯著值
迴歸	3	15187.87	5062.62	23.11	8.14E-05
殘差	10	2189.82	218.98		
總和	13	17377.69			

	係數	標準誤	t 統計	P-值
截距	-7.293	19.158	-0.380	0.711
x_1	9.766	2.121	4.603	0.001
x_2	-10.829	3.792	-2.855	0.017
x_3	7.536	9.377	0.803	0.440

二、具交互作用一階模式

	自由度	SS	MS	F	顯著值
迴歸	6	17316.41	2886.07	329.68	3.2E-08
殘差	7	61.28	8.75		
總和	13	17377.69			

	係數	標準誤	t 統計	P-值
截距	14.760	6.177	2.389	0.048
x_1	3.171	0.949	3.339	0.012
x_2	-15.795	1.853	-8.521	0.000
x_3	36.103	8.692	4.153	0.004
x_1x_2	2.192	0.329	6.651	0.000
x_1x_3	-0.076	0.973	-0.078	0.939
x_2x_3	-10.290	2.183	-4.711	0.002

三、二階模式

	自由度	SS	MS	F	顯著值
迴歸	8	17344.38	2168.04	325.457	2.31E-06
殘差	5	33.30	6.66		
總和	13	17377.69			

	係數	標準誤	t 統計	P-值
截距	10.950	20.520	0.5336	0.616
x_1	3.199	6.197	0.5162	0.627
x_2	-5.380	5.826	-0.9234	0.398
x_3	13.298	20.265	0.6562	0.540
x_1x_2	1.956	0.853	2.2931	0.070
x_1x_3	0.534	1.533	0.3486	0.741
x_2x_3	-4.291	4.905	-0.8748	0.421
x_1^2	-0.030	0.371	-0.0827	0.937
x_2^2	-2.263	1.179	-1.9195	0.113

註：因為 x_3 為指標變數，只有 0 或 1 二種值，故迴歸分析時無其平方項。

四、結論

具交互作用一階模式比二階模式有更小的 F 統計量顯著值，故為最佳模型。可見並非較複雜的模型就一定更準確。

8-11　逐步迴歸分析

在迴歸分析中，因為模型的準確度與模型結構，即變數的組合，有密切的關係，而可能的變數組合之數目有隨變數增多而產生「組合爆炸」的現象，因此預設一個模型結構經常是資料探勘過程中最困難的問題。為解決「組合爆炸」問題，逐步迴歸採用「登山法」的經驗法則，求得近似最佳變數組合。此法又可分成

1. 建設法（前向選擇法，Forward Selection）：變數由少而多。
2. 破壞法（後向刪減法，Backward Elimination）：變數由多而少。
3. 混合法（雙向增刪法）：變數由少而多，再由多而少。

　　請參考第三章。

8-12　實例一：旅行社個案

延續前章的「陽光旅行社」個案。採 Excel 迴歸分析作顧客旅遊支出迴歸。

一、方法一：線性迴歸分析

假設迴歸函數是自變數的「線性函數」，其迴歸模型、訓練資料與驗證資料的總方差、誤差均方根、平均誤差如圖 8-22。其驗證範例的散布圖、模型 3D 曲面圖如圖 8-23。由圖 (b)可知其迴歸面是一個平面。

	A	B	C	D	E	F	G	H	I
1	摘要輸出								
2									
3	迴歸統計								
4	R 的倍數	0.6449							
5	R 平方	0.4158							
6	調整的 R 平方	0.3910							
7	標準誤	3.1409							
8	觀察值個數	50							
9									
10	ANOVA								
11		自由度	SS	MS	F	顯著值			
12	迴歸	2	330.06	165.03	16.73	3.26211E-06			
13	殘差	47	463.65	9.86					
14	總和	49	793.71						
15									
16		係數	標準誤	t 統計	P-值	下限 95%	上限 95%	下限 95.0%	上限 95.0%
17	截距	1.6389	1.7062	0.9606	0.3417	-1.7935	5.0713	-1.7935	5.0713
18	Age	0.0452	0.0296	1.5262	0.1337	-0.0144	0.1049	-0.0144	0.1049
19	Income	0.5578	0.0993	5.6198	0.0000	0.3581	0.7575	0.3581	0.7575
20									

圖 8-22　實例一之線性迴歸分析

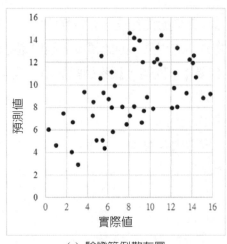

(a) 驗證範例散布圖

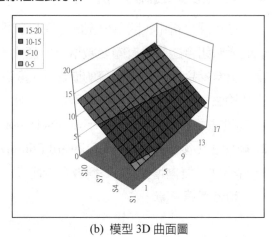

(b) 模型 3D 曲面圖

圖 8-23　實例一之方法一之結果

二、方法二：二階非線性迴歸分析

　　假設迴歸函數是自變數的「二階多項式」非線性函數，即加入變數的平方項與乘積項到線性迴歸函數中，其結果如圖 8-24，與方法一相比大幅進步。其驗證範例的散布圖、模型 3D 曲面圖如圖 8-25。由圖(a)可知其驗證範例的散布圖確實比方法一為佳。由圖(b)可知其迴歸面是一個曲面。

	A	B	C	D	E	F	G	H	I
1	摘要輸出								
2									
3		迴歸統計							
4	R 的倍數	0.8041829							
5	R 平方	0.6467101							
6	調整的 R 平方	0.6065635							
7	標準誤	2.5244734							
8	觀察值個數	50							
9									
10	ANOVA								
11		自由度	SS	MS	F	顯著值			
12	迴歸	5	513.30	102.66	16.11	5.203E-09			
13	殘差	44	280.41	6.37					
14	總和	49	793.71						
15									
16		係數	標準誤	t 統計	P-值	下限 95%	上限 95%	下限 95.0%	上限 95.0%
17	截距	-10.233	3.333	-3.070	0.004	-16.950	-3.515	-16.950	-3.515
18	Age	0.613	0.156	3.936	0.000	0.299	0.926	0.299	0.926
19	Income	0.999	0.379	2.639	0.011	0.236	1.763	0.236	1.763
20	Age*Income	0.003	0.005	0.607	0.547	-0.007	0.013	-0.007	0.013
21	Age^2	-0.007	0.002	-3.865	0.000	-0.010	-0.003	-0.010	-0.003
22	Income^2	-0.040	0.016	-2.606	0.012	-0.072	-0.009	-0.072	-0.009

圖 8-24　實例一之非線性迴歸分析

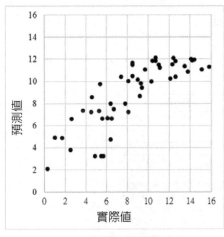

(a) 驗證範例散布圖

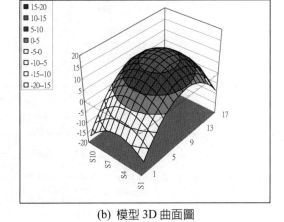

(b) 模型 3D 曲面圖

圖 8-25　實例一之方法二之結果

三、結論

1. 線性迴歸產生平面的迴歸面，二階多項式迴歸產生橢球曲面的迴歸面。
2. 利用二階多項式可能可以建構更精確的模式。

8-13 實例二：房地產估價個案

延續前章的「房地產估價」個案。試採 Excel 迴歸分析作迴歸。

一、方法一：線性迴歸分析

假設迴歸函數是自變數的「線性函數」，其迴歸模型、訓練資料與驗證資料的總方差、誤差均方根、平均誤差如圖 8-26。判定係數 0.5768，代表有過半數的變異是可以用迴歸公式來解釋，標準誤差為 9.14。

要了解變數的重要性與影響的方向可根據以下原則：

1. 重要性原則：在迴歸模型中自變數的 p-value 愈小，自變數愈重要。
2. 方向性原則：在迴歸模型中自變數的 Coefficient 為正值，表示自變數對因變數為正相關；反之，為負相關。

因此由上述迴歸模型可知：

1. 交屋年月（民國年）（Time）：明顯正比，顯示資料期間房地產價格處於上升期。
2. 屋齡（年）（Age）：明顯反比，顯示屋齡愈老，房價愈低。

	A	B	C	D	E	F	G
1	摘要輸出						
2							
3		迴歸統計					
4	R 的倍數	0.7594					
5	R 平方	0.5768					
6	調整的 R	0.5681					
7	標準誤	9.1423					
8	觀察值個	300					
9							
10	ANOVA						
11		自由度	SS	MS	F	顯著值	
12	迴歸	6	33370.87	5561.81	66.5438	7.28E-52	
13	殘差	293	24489.30	83.58			
14	總和	299	57860.17				
15							
16		係數	標準誤	t 統計	P-值	下限 95%	上限 95%
17	截距	-4897.004	8045.6349	-0.60865	0.543226	-20731.6	10937.56
18	Time	4.6479507	1.9042371	2.440847	0.015245	0.900234	8.395667
19	Age	-0.304191	0.0470125	-6.47043	4.1E-10	-0.39672	-0.21167
20	N	257.27584	53.808189	4.781351	2.76E-06	151.3763	363.1754
21	E	-16.11157	64.08716	-0.2514	0.80168	-142.241	110.0179
22	MRT	-0.004279	0.0009299	-4.60138	6.26E-06	-0.00611	-0.00245
23	Market	1.0883191	0.233652	4.657864	4.85E-06	0.62847	1.548168

圖 8-26 實例二之線性迴歸分析

3. 地理位置縱座標 N（緯度）：明顯正比，顯示新店北區房價較高。

4. 地理位置橫座標 E（經度）：不顯著。

5. 最近捷運站的距離（m）（MRT）：明顯反比，顯示最近捷運站的距離愈大，房價愈低。

6. 徒步生活圈內的超商（個）（Market）：明顯正比，顯示徒步生活圈內超商愈多，房價愈高。

　　這些基本上都與新店區房價的經驗吻合。其驗證範例的散布圖如圖 8-27。

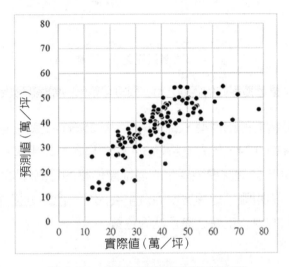

圖 8-27　實例二驗證範例的散布圖

二、方法二：非線性迴歸分析

　　方法一假設迴歸函數是自變數的「線性函數」，然而許多變數並非線性，例如圖 8-28 的最近捷運站的距離（m）與每坪單價的關係明顯是非線性。此外，屋齡也有類似的現象，因此改用其對數值取代原變數。由於地理位置縱座標 N（緯度）、橫座標 E（經度）可能存在著交互作用，因此增加兩者的交互作用項（N*E）、平方項（N^2 與 E^2）。此外，因變數（每坪單價）也取對數代替原始的因變數，以達到更佳的非線性模型的效果。

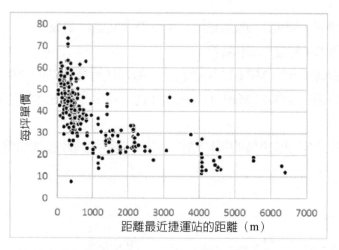

圖 8-28　最近捷運站的距離（m）與每坪單價的關係明顯是非線性

　　上述非線性迴歸分析的迴歸模型、訓練資料與驗證資料的總方差、誤差均方根、平均誤差如圖 8-29。判定係數 0.74，代表有將近 3/4 的變異是可以用迴歸公式來解釋。其驗證範例的散布圖如圖 8-30。此迴歸模型產生的房地產價格的等高線圖如圖 8-31(b)。因為在都會區距離最近捷運站的距離是影響房價的最重要因子，愈靠近捷運站，房價愈高，因此圖中幾個等高線閉合圈的中心正好是捷運站的位置。

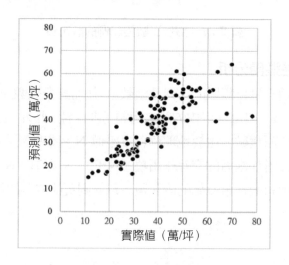

圖 8-30　實例二驗證範例的散布圖

	A	B	C	D	E	F	G
1	摘要輸出						
2							
3		迴歸統計					
4	R 的倍數	0.8603					
5	R 平方	0.7401					
6	調整的 R	0.7320					
7	標準誤	0.2079					
8	觀察值個	300					
9							
10	ANOVA						
11		自由度	SS	MS	F	顯著值	
12	迴歸	9	35.71	3.9674	91.7598	1.64E-79	
13	殘差	290	12.54	0.0432			
14	總和	299	48.25				
15							
16		係數	標準誤	t 統計	P-值	下限 95%	上限 95%
17	截距	-580701.7	686764.97	-0.845561	0.3984948	-1932377	770974
18	Time	0.1749913	0.04385	3.9906815	8.3513E-05	0.088687	0.261296
19	ln(age)	-0.089514	0.0122879	-7.284757	3.0584E-12	-0.1137	-0.06533
20	N	-26164.99	9326.3819	-2.805481	0.00536393	-44521	-7809.01
21	E	14925.154	11701.652	1.2754741	0.20316225	-8105.78	37956.09
22	ln(MRT)	-0.14809	0.0215581	-6.869325	3.9355E-11	-0.19052	-0.10566
23	Market	0.0070973	0.0062432	1.1368042	0.2565586	-0.00519	0.019385
24	N*E	231.74989	80.744403	2.8701666	0.00440445	72.83054	390.6692
25	N^2	-39.83076	63.900477	-0.623325	0.53356096	-165.598	85.93675
26	E^2	-85.19292	51.189256	-1.664273	0.09713788	-185.942	15.55664

圖 8-29　實例二之非線性迴歸分析

　　比較圖 8-31(a)、(b)可以發現，迴歸產生的房地產價格的等高線圖與實際者相當接近，但比較平滑，有可能是實際繪製的等高線圖包含許多雜訊，這些雜訊在迴歸過程中被消除了。

　　從 t 統計量來看：

1. 交屋年月（民國年）（Time）：明顯正比，顯示資料期間房地產價格處於上升期。
2. 屋齡（年）（Age）：明顯反比，顯示屋齡愈老，房價愈低。
3. 地理位置縱座標 N（緯度）：反比，顯示新店北區房價較低。
4. 地理位置橫座標 E（經度）：不顯著。
5. 最近捷運站的距離（m）（MRT）：明顯反比，顯示最近捷運站的距離愈大，房價愈低。
6. 徒步生活圈內的超商（個）（Market）：不顯著。

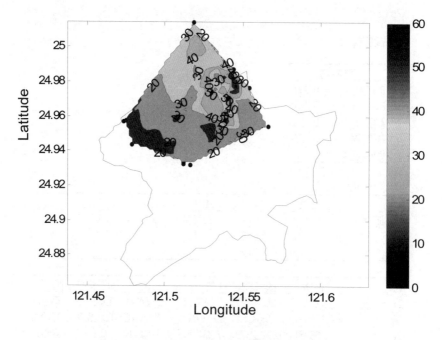

圖 8-31(a)　實際的房地產價格的等高線圖

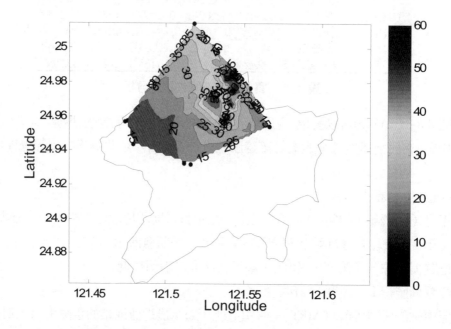

圖 8-31(b)　迴歸模型產生的房地產價格的等高線圖

7. 地理位置 N*E：正比，顯示新店「東北區」房價較高。

8. 地理位置 N^2：不顯著。

9. 地理位置 E^2：不顯著。

　　這些基本上都與新店區房價的經驗吻合。但比較奇怪的是徒步生活圈內的超商（個）（Market）變成不顯著，可能的原因是它與「最近捷運站的距離」高度負相關（−0.71），產生共線性問題（圖 8-32）。雖然「徒步生活圈內的超商」與因變數的相關性相當高（0.60），但後者與因變數的相關性更高（−0.76），因此後者掩蓋了前者，變數不再顯著。

　　地理位置縱座標 N（緯度）從正比變成反比的理由一同，它與「N*E」高度正相關（0.98），產生共線性問題。雖然「縱座標 N」與因變數的相關性相當高（0.63），但後者與因變數的相關性更高（0.69），因此後者掩蓋了前者，變數不再顯著。

	Time	ln(age)	N	E	ln(MRT)	Market	N*E	N^2	E^2	Price
Time	1.00									
ln(age)	0.10	1.00								
N	0.05	-0.01	1.00							
E	-0.06	-0.12	0.45	1.00						
ln(MRT)	0.11	0.23	-0.47	-0.69	1.00					
Market	-0.02	-0.05	0.45	0.47	-0.71	1.00				
N*E	0.03	-0.04	0.98	0.62	-0.56	0.50	1.00			
N^2	0.05	-0.01	1.00	0.45	-0.47	0.45	0.98	1.00		
E^2	-0.06	-0.12	0.45	1.00	-0.69	0.47	0.62	0.45	1.00	
Price	0.07	-0.33	0.63	0.61	-0.76	0.60	0.69	0.63	0.61	1.00

圖 8-32　相關係數矩陣

三、結論

1. 使用領域背景知識產生的新變數（非線性）可以建立更精確的模式。

2. 以 t 統計量解釋個變數的顯著性時，經常會受到自變數之間的共線性干擾，因此必須謹慎。

8-14　結論

　　迴歸分析是建構預測模型之基本方法。迴歸分析的理論雖然深奧，但本章盡可能以淺顯但不失深度的方式介紹給讀者。包括：

1. 迴歸模型之建構（迴歸係數之估計、隨機性、顯著性檢定、信賴區間）。
2. 迴歸模型之檢定（模型之顯著性檢定）。
3. 迴歸模型之診斷（殘差之計算與分析）。
4. 迴歸模型之應用（反應信賴區間之計算）。
5. 多項式函數之迴歸分析（一階模型、具交互作用之一階模型、二階模型）。
6. 非線性函數之迴歸分析（因變數轉換、自變數轉換）。
7. 定性變數之迴歸分析。
8. 逐步迴歸分析。

　　總結迴歸分析特性如表 8-4。使用迴歸分析主要問題有：

1. 模型過度配適問題。
2. 自變數共線性問題。
3. 殘差變異不均問題。
4. 殘差序列相關問題。

　　克服這些問題的方法請參附錄 3「分類與迴歸（二）：迴歸分析（進階）：診斷與處理」。

表 8-4 迴歸分析特性

特性	意義	評估
強健性（Robustness）	能處理有相當缺值與雜訊的資料	優
適應性（Adaption）	能處理有離散與連續型態的資料	差
尺度性（Scalability）	能處理有大量變數與記錄的資料	優
速度性（Speed）	能快速地建構知識模型 能快速地應用知識模型	優 優
方便性（Convenience）	能簡單地建構知識模型 能簡單地應用知識模型	優 優
準確性（Accuracy）	能產生預測準確的知識模型	中
解釋性（Interpretability）	能產生內容可理解的知識模型	中
簡單性（Simplicity）	能產生結構精簡的知識模型	優

問題與討論

1. 有（身高、體重）數據如下：

身高（m）	體重（kg）
1.52	48
1.61	60
1.67	59
1.75	71
1.82	73

　　試參考例題 8-1 與例題 8-2 計算線性迴歸模型係數之估計、變異分析、判定係數、F 統計量、變異分析表。

練習個案：混凝土抗壓強度

　　延續前一章個案，請參考「實作單元 C」，利用 Excel 的迴歸分析功能建立迴歸模型，並指出哪些是重要自變數。相關檔案放置在

1. 資料：「第 9 章 分類與迴歸（三）神經網路 B 迴歸（data）」資料夾。
2. 模板：「第 9 章 分類與迴歸（三）神經網路 B 迴歸（模板）」資料夾。
3. 完成：「第 9 章 分類與迴歸（三）神經網路 B 迴歸（模板＋data）」資料夾。

　　第 8 章「線性迴歸（練習個案：混凝土抗壓強度）」試算表共有四個版本：

1. 全部變數：使用全部八個自變數的線性迴歸分析。
2. 部分變數：使用六個自變數的線性迴歸分析。
3. 非線性：使用全部八個自變數，但其中一個變數（齡期），採用 log10 轉換後的變數，因此雖是非線性公式，但仍可用線性迴歸分析。
4. 非線性（複雜的公式）：使用全部八個自變數的非線性迴歸分析。假設其非線性迴歸公式如下：

$$f = a \left(\frac{W + SP \times k_1}{C + FL \times k_2 + SL \times k_3 + CA \times k_4 + FA \times k_5} \right)^b \times AGE^{k_6}$$

實作單元 C：Excel 資料探勘系統——迴歸分析

C-1 Excel 實作 1：邏輯迴歸——以「規劃求解」建構

一、原理：

直接以非線性規劃法最小化誤差平方和，解得邏輯迴歸係數。

$$Min \sum_{i=1}^{N} (\hat{Y}_i - Y_i)^2$$

其中 Y_i＝第 i 個驗證範例的因變數的實際值；

$\hat{Y}_i$＝第 i 個驗證範例的因變數的預測值＝$\dfrac{1}{1 + exp\left(-(\beta_0 + \sum_{k} \beta_{ik} x_{ik})\right)}$

二、方法

由於 Excel 提供了基於牛頓法與共軛法的非線性規劃工具「規劃求解」，因此本章的邏輯迴歸直接使用規劃求解工具最小化誤差平方和，解得迴歸係數。

三、實作

以下以前一章的「籃球社」的分類例題為例，說明如何建立一個能配適這組數據的邏輯迴歸模型。

四、實作一：新建系統

邏輯迴歸試算表的各區功能概述如圖 C-1。從頭開始做起的實作步驟如下：

1. 輸入訓練範例（圖 C-2(a)）：存放資料的試算表在「第 8 章 分類與迴歸（二）迴歸分析 A 分類（data）」資料夾。將訓練樣本的自變數貼到 B1:H41，因變數貼到 Z1:Z41。

2. 輸入驗證範例（圖 C-2(b)）：將驗證範例的自變數貼到 B1002:H1041，因變數貼到 Z1002:Z1041。

3. 輸入迴歸係數初始值（圖 C-3）：在 AU2:AU7 輸入「迴歸係數」初始值＝0，在 AU25 輸入「迴歸係數常數項」初始值＝0（圖 C-3）。

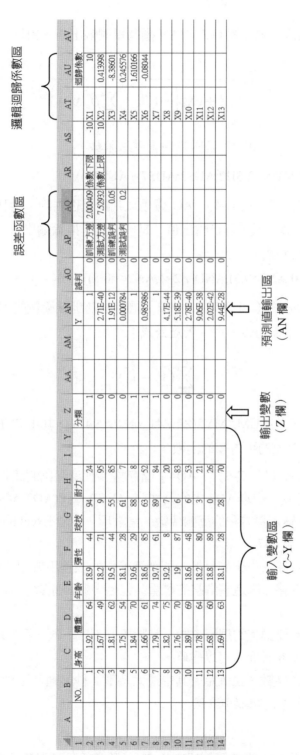

圖 C-1　邏輯迴歸試算表的各區功能概述

4. 輸入計算預測輸出值公式（圖 C-3）：AN 欄為預測輸出值。用以表達公式：

$$\hat{y}_i = \frac{1}{1 + \exp\left(-(\beta_0 + \sum_k \beta_{ik} x_{ik})\right)}$$

例如 AN2 內的公式（MMULT 函數為向量乘法函數）：

=1/(1+EXP(-(MMULT($C2:$H2,AU$2:AU$7)+AU$25)))

5. 輸入判斷是否誤判公式（圖 C-4）：AO 欄用以判斷是否誤判：「目標輸出值」是 0，且「推論輸出值」>0.5，或「目標輸出值」是 1，且「推論輸出值」≦0.5，均被視為誤判。例如 AO2 內的公式：

=IF(OR(AND(Z2=0,AN2>0.5),AND(Z2=1,AN2<=0.5)),1,0)

6. 輸入計算誤差函數公式（圖 C-5）：「AQ2」儲存格為訓練範例的誤差函數；「AQ3」儲存格為驗證範例的誤差函數。用以表達公式：

$$\sum_{i=1}^{n} (y_i - \hat{y}_i)^2$$

例如 AQ2 內的公式「=SUMXMY2(Z2:Z41,AN2:AN41)」，其中 SUMXMY2 函數是計算兩個向量中對應數值差值的平方和的函數。

7. 輸入計算誤判率公式（圖 C-6）：「AQ4」儲存格為訓練範例的誤判率；「AQ5」儲存格為驗證範例的誤判率。例如 AQ4 內的公式「=AVERAGE(AO2:AO41)」。

8. 為了求解可最小化誤差平方和的迴歸係數、常數項，開啟 Excel 的「規劃求解」設定參數，並執行求解（圖 C-7）。其中：

(1) 設定目標式：設定要最小化的目標，即訓練範例的誤差平方和（AQ2）。

(2) 藉由變更變數儲存格：設定要調整的權重，包括「迴歸係數」（AU2:AU7）、「常數項」（AU25）。

(3) 設定限制式：設定要調整的迴歸係數、常數項的上、下限，例如取(−10, 10)為下限與上限。這些限制並非必要，可以省略。

(4) 開啟「選項」設定參數，並確定。其中最大時限（秒）通常可設 300，反覆運算次數通常可設 5~200。本例題取 100 次。

五、結果

圖 C-8 顯示迴歸係數，訓練範例誤判率 5%，驗證範例誤判率 20%。

	A	B	C	D	E	F	G	H	I	Y	Z	AA
1		NO.	身高	體重	年齡	彈性	球技	耐力			分類	
2		1	1.92	64	18.9	44	94	24			1	
3		2	1.67	49	18.2	71	9	95			0	
4		3	1.81	62	19.5	44	55	85			0	
5		4	1.75	54	18.1	28	61	7			0	
6		5	1.84	70	19.6	29	88	8			1	
7		6	1.66	61	18.6	85	63	52			1	
8		7	1.79	74	19.7	61	89	84			0	
9		8	1.82	75	19.2	8	7	20			0	
10		9	1.76	70	19	87	6	83			0	

圖 C-2(a)　將訓練樣本的自變數貼到 B1:H41，因變數貼到 Z1:Z41

	A	B	C	D	E	F	G	H	I	Y	Z	AA
1001												
1002		41	1.66	63	18.8	80	96	63			1	
1003		42	1.87	62	19.7	74	44	12			0	
1004		43	1.72	64	18.2	24	26	67			0	
1005		44	1.68	49	19.4	49	8	91			0	
1006		45	1.68	64	18.7	54	32	65			0	
1007		46	1.93	83	19.6	46	24	83			1	
1008		47	1.89	64	19.6	88	66	96			1	
1009		48	1.71	49	19.1	11	96	19			1	
1010		49	1.94	70	19.9	93	35	3			1	

圖 C-2(b)　將驗證範例的自變數貼到 B1002:H1041，因變數貼到 Z1002:Z1041

AN2 　f_x 　 =1/(1+EXP(-(MMULT($C2:$H2,AU$2:AU$7)+AU$25)))

	AN	AO	AP	AQ	AR	AS	AT	AU	AV
1	Y	誤判						迴歸係數	
2	0.5	1	訓練方差	10	係數下限	-10	X1	0	
3	0.5	0	測試方差	10	係數上限	10	X2	0	
4	0.5	0	訓練誤判	0.525			X3		
5	0.5	0	測試誤判	0.45			X4	0	
6	0.5	1					X5	0	
7	0.5	1					X6	0	
8	0.5	1					X7		

圖 C-3　計算預測輸出值（AN2 內公式在最上方）

| AO2 | ▼ | ⋮ | × | ✓ | *fx* | =IF(OR(AND(Z2=0,AN2>0.5),AND(Z2=1,AN2<=0.5)),1 |

	AN	AO	AP	AQ	AR	AS	AT	AU	AV
1	Y	誤判						迴歸係數	
2	0.5	1	訓練方差	10	係數下限	-10	X1	0	
3	0.5	0	測試方差	10	係數上限	10	X2	0	
4	0.5	0	訓練誤判	0.525			X3	0	
5	0.5	0	測試誤判	0.45			X4	0	
6	0.5	1					X5	0	
7	0.5	1					X6	0	
8	0.5	1					X7		

圖 C-4　判斷是否誤判（AO2 內公式在最上方）

| AQ2 | ▼ | ⋮ | × | ✓ | *fx* | =SUMXMY2(Z2:Z41,AN2:AN41) |

	AN	AO	AP	AQ	AR	AS	AT	AU	AV
1	Y	誤判						迴歸係數	
2	0.5	1	訓練方差	10	係數下限	-10	X1	0	
3	0.5	0	測試方差	10	係數上限	10	X2	0	
4	0.5	0	訓練誤判	0.525			X3	0	
5	0.5	0	測試誤判	0.45			X4	0	
6	0.5	1					X5	0	
7	0.5	1					X6	0	
8	0.5	1					X7		

圖 C-5　計算誤差函數（AQ2 內公式在最上方）

| AQ4 | ▼ | ⋮ | × | ✓ | *fx* | =AVERAGE(AO2:AO41) |

	AN	AO	AP	AQ	AR	AS	AT	AU	AV
1	Y	誤判						迴歸係數	
2	0.5	1	訓練方差	10	係數下限	-10	X1	0	
3	0.5	0	測試方差	10	係數上限	10	X2	0	
4	0.5	0	訓練誤判	0.525			X3	0	
5	0.5	0	測試誤判	0.45			X4	0	
6	0.5	1					X5	0	
7	0.5	1					X6	0	
8	0.5	1					X7		

圖 C-6　計算誤判率（AQ4 內公式在最上方）

圖 C-7　開啓 Excel 的「規劃求解」設定參數，並執行求解

	AN	AO	AP	AQ	AR	AS	AT	AU	AV
BC18	Y	誤判						迴歸係數	
1	Y	誤判						迴歸係數	
2	1	0	訓練方差	2.000409	係數下限	-10	X1	10	
3	2.71E-40	0	測試方差	7.52932	係數上限	10	X2	0.413998	
4	1.91E-12	0	訓練誤判	0.05			X3	-8.38601	
5	0.000784	0	測試誤判	0.2			X4	0.245576	
6	1	0					X5	1.610166	
7	0.985986	0					X6	-0.08044	
8	1	0					X7		

圖 C-8　直接使用「規劃求解」工具最小化誤差平方和，解得迴歸係數。

六、實作二：修改系統

　　如果不想從頭開始做起，一個更簡單的方法是修改一個現成的檔案。本書提供了「書局行銷個案」範例，此範例（模板）有 15 個自變數，但實際上 C~Y 欄均可放置自變數，

因此可以容納 23 個自變數。此範例（模板）有 2,000 筆 Data（訓練、驗證各 1,000 筆）。如果讀者的應用問題的自變數少於 23 個，訓練、驗證均少於 1,000 筆，可以先複製範例檔案，參考「實作一：新建系統」各步驟，依序做必要的修改，會更簡便。例如 AN 欄為預測輸出值，用以表達公式：

$$\hat{y}_i = \frac{1}{1 + \exp\left(-(\beta_0 + \sum_k \beta_{ik} x_{ik})\right)}$$

例如 AN2 內的公式：=1/(1+EXP(-(MMULT($C2:$H2,AU$2:AU$7)+AU$25)))。

此公式必須根據實際上有幾個自變數作調整。例如有 23 個自變數時，AN2 內的公式：=1/(1+EXP(-(MMULT($C2:$Y2,AU$2:AU$24)+AU$25)))。

修改系統的詳細實作步驟與上述「新建系統」十分相似，且因為我們已經假設讀者的應用問題的尺度小於上述「模板」，即自變數少於 23 個，訓練、驗證均少於 1,000 筆，因此欄位都不用移動，不難修改，故不再贅述。存放資料的試算表在「第 8 章 分類與迴歸（二）迴歸分析 A 分類（模板）」資料夾。

隨堂練習

1. 將訓練範例與驗證範例的角色互換，結果有何不同？
2. 如果訓練範例減少為 10、20、30 三種，結果有何不同？
3. 試調整 Excel「規劃求解」工具中「選項」內參數，記錄結果有何不同？

C-2 Excel 實作 2：線性迴歸──以「資料分析」的「迴歸」工具建構

一、原理

從最小化誤差平方和原理推得迴歸係數的聯立方程式，解得迴歸係數。

二、方法

使用 Excel 提供的「資料分析」的「迴歸」工具。

三、實作

以前述的「籃球社」例題為例，從頭開始做起的實作步驟如下：

1. 輸入訓練範例（圖 C-9）：存放資料的試算表在「第 8 章 分類與迴歸（二）迴歸分析 B 迴歸（data）」資料夾。將訓練樣本的自變數貼到 B1:H41，因變數貼到 Z1:Z41。

2. 輸入驗證範例：將驗證範例的自變數貼到 B1002:H1041，因變數貼到 Z1002:Z1041。

3. 在 Excel 的主功能表選取「工具」／「資料分析」，產生「資料分析」視窗，如圖 C-10。

4. 在「資料分析」中選取「迴歸」，產生「迴歸」視窗，如圖 C-11。指定輸出變數與輸入變數。其中「輸入 Y 範圍」內輸入 Z1:Z41；「輸入 X 範圍」內輸入 C1:H41；並勾選「標記」。

四、結果

圖 C-12 顯示「迴歸」的結果工作表。將 t 統計繪成圖 C-13，顯示「球技」是最重要因子。

	A	B	C	D	E	F	G	H	I	Y	Z	AA
1		NO.	身高	體重	年齡	彈性	球技	耐力			分數	
2		1	1.92	64	18.9	44	94	24			97	
3		2	1.67	49	18.2	71	9	95			57	
4		3	1.81	62	19.5	44	55	85			55	
5		4	1.75	54	18.1	28	61	7			52	
6		5	1.84	70	19.6	29	88	8			96	
7		6	1.66	61	18.6	85	63	52			78	
8		7	1.79	74	19.7	61	89	84			98	
9		8	1.82	75	19.2	8	7	20			53	
10		9	1.76	70	19	87	6	83			61	

圖 C-9　將訓練樣本的自變數貼到 B1:H41，因變數貼到 Z1:Z41

圖 C-10　「資料分析」視窗

圖 C-11 「迴歸」視窗

	A	B	C	D	E	F	G	H	I
1	摘要輸出								
2									
3	迴歸統計								
4	R 的倍數	0.737451							
5	R 平方	0.543834							
6	調整的 R	0.460895							
7	標準誤	14.0581							
8	觀察值個	40							
9									
10	ANOVA								
11		自由度	SS	MS	F	顯著值			
12	迴歸	6	7775.182	1295.864	6.557016	0.000125			
13	殘差	33	6521.793	197.6301					
14	總和	39	14296.98						
15									
16		係數	標準誤	t 統計	P-值	下限 95%	上限 95%	下限 95.0%	上限 95.0%
17	截距	40.19663	79.68154	0.504466	0.617286	-121.917	202.3099	-121.917	202.3099
18	身高	16.89032	35.22924	0.47944	0.634788	-54.7841	88.56475	-54.7841	88.56475
19	體重	0.283944	0.363948	0.780177	0.440847	-0.45651	1.024402	-0.45651	1.024402
20	年齡	-2.47914	3.859521	-0.64234	0.525088	-10.3314	5.373118	-10.3314	5.373118
21	彈性	0.109161	0.075773	1.440639	0.159108	-0.045	0.263322	-0.045	0.263322
22	球技	0.437068	0.074696	5.851271	1.49E-06	0.285097	0.589039	0.285097	0.589039
23	耐力	0.030557	0.072033	0.424209	0.674166	-0.116	0.177109	-0.116	0.177109
24									
25									

圖 C-12 「迴歸」的結果工作表

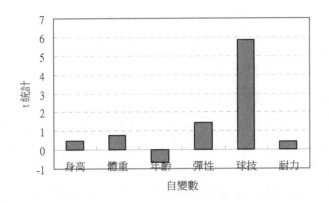

圖 C-13　t 統計

C-3 Excel 實作 3：線性迴歸——以規劃求解建構

一、原理

直接以非線性規劃法最小化誤差平方和，解得迴歸係數。

$$Min\sum_{i=1}^{N}(\hat{Y}_i - Y_i)^2$$

其中 Y_i = 第 i 個驗證範例的因變數的實際值；

Y_i = 第 i 個驗證範例的因變數的預測值 = $\beta_0 + \sum_k \beta_k x_k$

二、方法

由於 Excel 提供了基於牛頓法與共軛法的非線性規劃工具「規劃求解」，因此此處的迴歸分析不採用常見的基於最小化誤差平方和原理，推得迴歸係數的聯立方程式、解得迴歸係數，而直接使用「規劃求解」工具最小化誤差平方和，解得迴歸係數。

三、實作

以前述的「籃球社」例題為例，從頭開始做起的實作步驟如下：

1. 輸入訓練範例：存放資料的試算表在「第8章 分類與迴歸（二）：迴歸分析B迴歸（data）」資料夾。將訓練樣本的自變數貼到 B1:H41，因變數貼到 Z1:Z41。

2. 輸入驗證範例：將驗證範例的自變數貼到 B1002:H1041，因變數貼到 Z1002:Z1041。

3. 輸入迴歸係數初始值：在 AU2:AU7 輸入「迴歸係數」初始值＝0，在 AU25 輸入「迴歸係數常數項」初始值＝0。

4. 計算預測輸出值（圖 C-15）：AN 欄為預測輸出值。用以表達線性迴歸公式

$$\hat{y}_i = \beta_0 + \sum_k \beta_{ik} x_{ik}$$

例如：AN2 內的公式「=MMULT($C2:$H2,AU$2:AU$7)+AU$25」。

5. 計算誤差函數（圖 C-16）：「AQ2」儲存格為訓練範例的誤差函數；「AQ3」儲存格為驗證範例的誤差函數。用以表達公式

$$\sum_{i=1}^{n}(y_i - \hat{y}_i)^2$$

例如：AQ2 內的公式「=SUMXMY2(Z2:Z41,AN2:AN41)」。

6. 開啟 Excel 的「規劃求解」設定參數，並執行求解（圖 C-17）。

四、結果

圖 C-18 顯示迴歸係數。與前述以「資料分析」的「迴歸」工具建構的模型（圖 C-12）比較，可以看出迴歸係數幾乎相同。

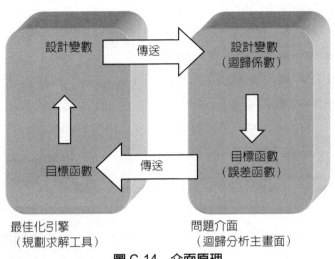

圖 C-14　介面原理

AN2		× ✓ fx	=MMULT($C2:$H2,AU$2:AU$7)+AU$25					
	AN	AO	AP	AQ	AR	AS	AT	AU	AV
1	Y							迴歸係數	
2	0		訓練方差和	240649	係數下限	-100	X1	0	
3	0		測試方差和	211981	係數上限	100	X2	0	
4	0						X3	0	
5	0						X4	0	
6	0						X5	0	
7	0						X6	0	
8	0						X7		

圖 C-15　計算預測輸出值 $\hat{y}_i = \beta_0 + \sum_k \beta_{ik} x_{ik}$　(AN2 內公式在最上方)

AQ2		× ✓ fx	=SUMXMY2(Z2:Z41,AN2:AN41)					
	AN	AO	AP	AQ	AR	AS	AT	AU	AV
1	Y							迴歸係數	
2	0		訓練方差和	240649	係數下限	-100	X1	0	
3	0		測試方差和	211981	係數上限	100	X2	0	
4	0						X3	0	
5	0						X4	0	
6	0						X5	0	
7	0						X6	0	
8	0						X7		

圖 C-16　計算誤差函數 $\sum_{i=1}^{n} (y_i - \hat{y}_i)^2$　(AQ2 內公式在最上方)

圖 C-17　開啓 Excel 的「規劃求解」設定參數，並執行求解

	AN	AO	AP	AQ	AR	AS	AT	AU	AV
1	Y							迴歸係數	
2	90.56440528		訓練方差和	6521.793	係數下限	-100	X1	16.8956	
3	51.78432503		測試方差和	8389.012	係數上限	100	X2	0.28389	
4	71.46863417						X3	-2.4798	
5	70.14797635						X4	0.10916	
6	84.43156574						X5	0.43706	
7	77.84591322						X6	0.03056	
8	90.72674339						X7		

圖 C-18　直接使用「規劃求解」工具最小化誤差平方和，解得迴歸係數

C-4 Excel 實作 4：非線性迴歸——以規劃求解建構

當迴歸的公式是一個複雜的非線性函數時，可以同 C-3 一樣用規劃求解來建構，只要在 AN 欄改用非線性公式即可。例如有非線性迴歸公式如下：

$$f = a \left(\frac{W + SP \times k_1}{C + FL \times k_2 + SL \times k_3 + CA \times k_4 + FA \times k_5} \right)^b \times AGE^{k_6}$$

其中 C = 水泥（kg/m³），FL = 飛灰（kg/m³），SL = 爐石（kg/m³），W = 水（kg/m³），SP = 強塑劑（kg/m³），CA = 碎石（kg/m³），FA = 砂（kg/m³），AGE = 齡期（日）。這 8 個變數分別放在 C~J 欄，將 a、b、k1~k6 等係數分別放在 AU2~AU9，則 AN2 內的公式：

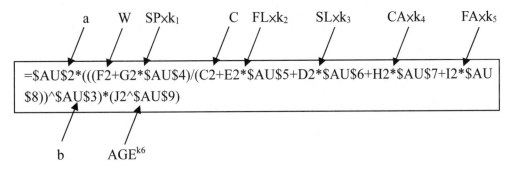

C-5 結語

1. 線性迴歸分析有兩個解法：
(1) 從最小化誤差平方和原理推得迴歸係數的聯立方程式，解得迴歸係數。
(2) 直接以非線性規劃法最小化誤差平方和，解得迴歸係數。

前者的優點是可作許多統計推論；後者的優點是可解非線性系統的迴歸係數。

2. 雖然線性迴歸分析與邏輯迴歸分析本質上受限於線性系統，但實際上許多實務上的問題都可透過對自變數、因變數的適當轉換（例如取對數），變成線性系統。因此，線性迴歸分析與邏輯迴歸分析仍具有廣泛的應用空間。

3. 雖然線性迴歸分析與邏輯迴歸分析本質上是線性系統，但其概念可延伸到非線性系統。不過在應用到非線性系統時，要先預設迴歸公式，這對變數多或問題本質不甚了解的情況下明顯有困難。下一章的「神經網路」本質上是非線性系統，應用到非線性系統時，不需先預設迴歸公式，因此是有效的非線性模型建構工具。

第 **9** 章

分類與迴歸（三）：神經網路

知錯能改，善莫大焉。──中諺

章前提示：房地產估價

　　房地產的每坪單價與許多因子有關，包括代表運輸功能的影響之最近捷運站的距離，代表生活功能的影響之徒步生活圈內的超商數，代表房子室內居住品質的影響之屋齡，代表市場趨勢的影響之交屋年月，以及表示空間位置的影響之地理位置（縱座標、橫座標）。研究樣本取自新北市的新店區，共有 414 筆數據，前 300 筆、後 114 筆資料分別為訓練、驗證範例。以神經網路建模發現：

1. 交屋年月（民國年）（Time）：輕微正比，顯示資料期間房地產價格處於上升期。
2. 屋齡（年）（Age）：明顯反比，顯示屋齡愈老，房價愈低。
3. 地理位置縱座標 N（緯度）：明顯正比，顯示新店北區房價較高。
4. 地理位置橫座標 E（經度）：不顯著。
5. 距離最近捷運站的距離（m）（MRT）：明顯反比，顯示距離最近捷運站的距離愈大，房價愈低。
6. 徒步生活圈內的超商（個）（Market）：不顯著。

這些基本上都與新店區房價的經驗吻合。

Part A 神經網路：分類

9-1　模型架構

　　傳統上常用統計學上的方法作為分類的依據，例如邏輯迴歸、判別分析，這些方法頗具成效，然而在面對許多複雜的問題時，這些方法仍有所不足，最主要的問題是傳統統計學方法對非線性系統，以及變數間有交互作用的系統較難適用。

　　近年來神經網路（Artificial Neural Network, ANN）已被視為非常有效的非線性模型建構工具。神經網路是指模仿生物神經網路的資訊處理系統。神經網路較精確的定義為「**神經網路是一種計算系統，包括軟體與硬體，它使用大量簡單的相連人工神經元來模仿生物神經網路的能力。人工神經元是生物神經元的簡單模擬，它從外界環境或者其他人工神經元取得資訊，並加以非常簡單的運算，並輸出其結果到外界環境或者其他人工神經元。**」

　　神經網路除了具有建構非線性模型能力的優點外，另一個優點是其處理分類與迴歸這二類問題的方法幾乎相同，因此使用上非常方便，應用十分廣泛。

一、處理單元

　　神經網路是由許多人工神經元（Artificial Neuron）所組成，人工神經元又稱處理單元（Processing Element）（圖 9-1）。每一個處理單元的輸出，成為許多處理單元的輸入。處理單元其輸出值與輸入值之間的關係式，一般可用輸入值的加權乘積和之函數來表示，公式如下：

$$Y_j = f(\sum_i W_{ij} X_i - \theta_j) \tag{9-1}$$

其中

　　Y_j ＝模仿生物神經元模型的輸出訊號。

　　f ＝模仿生物神經元模型的轉換函數。

　　W_{ij} ＝模仿生物神經元模型的神經節強度，又稱連結加權值。

　　X_i ＝模仿生物神經元模型的輸入訊號。

　　θ_j ＝模仿生物神經元模型的閥值。

　　介於處理單元間的訊號傳遞路徑稱為連結（Connection）。每一個連結上有一個數值的加權值 W_{ij}，用以表示第 i 個處理單元對第 j 個處理單元之影響強度。一個神經網路是由許多個人工神經元與其連結所組成，並且可以組成各種網路模式（Network Model）。其中以多層感知器（Multi-layered Perceptron, MLP）網路應用最普遍。一個 MLP 包含許多層，每一層包含若干個處理單元。輸入層處理單元用以輸入外在的環境訊息，輸出層處理單元用以輸出訊息給外在環境。此外，另包含一重要之處理層，稱為隱藏層（Hidden Layer），隱藏層提供神經網路各神經元交互作用，與問題的內在結構處理能力。

　　轉換函數通常被設為一個具有雙向彎曲的指數函數：

$$f(x) = \frac{1}{1 + e^{-x}} \tag{9-2}$$

此函數在自變數趨近負正無限大$(-\infty, +\infty)$時，函數值趨近$(0,1)$，如圖 9-2 所示。

二、網路架構

　　多層感知器網路架構如圖 9-3 所示，包括：

1. 輸入層：用以表現網路的輸入變數，其處理單元數目依問題而定。使用線性轉換函數，即 $f(x) = x$。

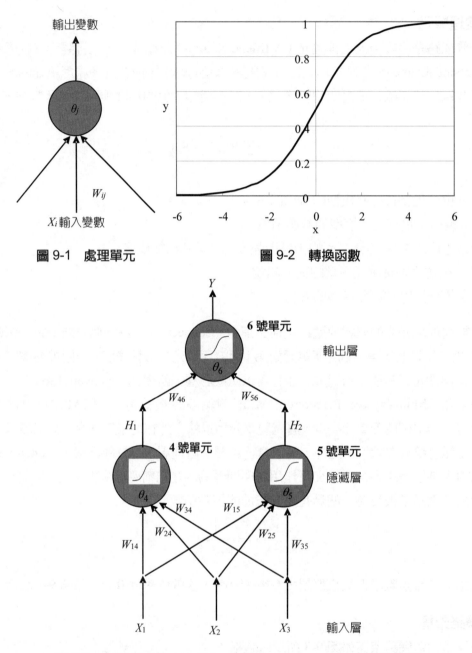

圖 9-1 處理單元　　　　　　　　　圖 9-2 轉換函數

圖 9-3 多層感知器（Multi-layered Perceptron, MLP）網路架構

2. 隱藏層：用以表現輸入處理單元間的交互影響，其處理單元數目並無標準方法可以決定，經常需以試驗方式決定其最佳數目。使用非線性轉換函數。網路可以不只一層隱藏層，也可以沒有隱藏層。

3. 輸出層：用以表現網路的輸出變數，其處理單元數目依問題而定。使用非線性轉換函數。

例題 9-1　神經網路實例

假設已知一模式輸入變數為 X_1、X_2、X_3；輸出變數為 Y。可用線性迴歸分析得迴歸公式：

$$Y = a_1 X_1 + a_2 X_2 + a_3 X_3 + a_0$$

神經網路也可處理上述問題，但其威力更強。假設取一層中間變數（即一層隱藏層），數目為二個（參考圖 9-3），則

$$Y = f(H_1, H_2) = \frac{1}{1 + \exp(-(W_{46}H_1 + W_{56}H_2 - \theta_6))} \tag{9-3}$$

$$H_1 = f(X_1, X_2, X_3) = \frac{1}{1 + \exp(-(W_{14}X_1 + W_{24}X_2 + W_{34}X_3 - \theta_4))} \tag{9-4(a)}$$

$$H_2 = f(X_1, X_2, X_3) = \frac{1}{1 + \exp(-(W_{15}X_1 + W_{25}X_2 + W_{35}X_3 - \theta_5))} \tag{9-4(b)}$$

因此這個模型中有 W_{14}、W_{24}、W_{34}、W_{15}、W_{25}、W_{35}、W_{46}、W_{56}、θ_4、θ_5、θ_6 等 11 個參數，遠比線性迴歸分析中的 a_0、a_1、a_2、a_3 四個參數為多。

9-2　模型建立

多層感知器（Multi-Layered Perceptron, MLP）網路是目前神經網路學習模式中最具代表性，應用最普遍的模式。多層感知器基本原理與迴歸分析一樣是最小化誤差平方和，而不同之處有：

1. 誤差函數的組成：誤差平方和不是迴歸係數的函數，而是連結加權值與門限值的函數。
2. 誤差函數最小化：因為神經網路是非線性系統，無法同迴歸分析一樣用極值定理最小化誤差函數，進而推導出一組線性聯立方程式求解迴歸係數，而是利用非線性規劃，以迭代的方式將誤差函數予以最小化，而解得網路連結加權值與門限值的近似最佳解。

9-2-1　網路演算法

以下用一個具有單層隱藏層的層狀神經網路為例（如圖 9-3 所示），說明神經網路演

算法如何應用一個訓練範例的一組輸入值，與一組目標輸出值，修正網路連結加權值與門限值，而達到學習的目的。

首先，應用訓練範例的輸入處理單元的輸入值{X}，計算隱藏層隱藏處理單元的輸出值{H}如下：

$$H_k = f(net_k) = \frac{1}{1 + \exp(-net_k)} \tag{9-5(a)}$$

$$net_k = \sum_i W_{ik} X_i - \theta_k \quad k = 1, 2, ..., N_{hidden} \tag{9-5(b)}$$

上述二式也可直接寫成一式

$$H_k = \frac{1}{1 + \exp(-(\sum_i W_{ik} X_i - \theta_k))} \tag{9-5(c)}$$

其中 H_k 為隱藏層的第 k 個單元的輸出值；net_k 為隱藏層的第 k 個單元的淨值；W_{ik} 為第 i 個輸入單元與隱藏層的第 k 個單元間的連結強度；θ_k 為隱藏層的第 k 個單元的門限值。

同理，應用隱藏層隱藏處理單元的輸出值 {H}，計算輸出層處理單元的推論輸出值 {Y}如下：

$$Y_j = f(net_j) = \frac{1}{1 + \exp(-net_j)} \tag{9-6(a)}$$

$$net_j = \sum_k W_{kj} H_k - \theta_j \tag{9-6(b)}$$

上述二式也可直接寫成一式

$$Y_k = \frac{1}{1 + \exp(-(\sum_k W_{kj} H_k - \theta_j))} \tag{9-6(c)}$$

其中 H_k 為隱藏層的第 k 個隱藏單元的輸出值；net_j 為輸出層的第 j 個單元的淨值；Y_j 為第 j 個輸出單元的輸出值；W_{kj} 為隱藏層的第 k 單元與輸出層第 j 個單元間的連結強度；θ_j 為輸出層第 j 個單元的門限值。

網路推得的「推論輸出值」與訓練範例原有的「目標輸出值」相較可得網路誤差。網路即利用此誤差作為修正連結中的加權值的依據，以從訓練範例中，學習隱含的知識。

對迴歸型問題，因為神經網路學習的目的在於降低網路輸出單元目標輸出值與推論輸出值之差距，所以一般以下列誤差函數（或稱能量函數）表示學習的品質：

$$E = \sum_p \sum_j (T_{pj} - Y_{pj})^2 \tag{9-7(a)}$$

其中

T_{pj} 為第 p 個訓練範例之輸出層第 j 個輸出單元的目標輸出值；

Y_{pj} 為第 p 個訓練範例之輸出層第 j 個輸出單元的推論輸出值。

對分類型問題，學習的目標是降低誤判率（Error Rate），所以誤差函數如下：

$$E = 誤判率 = \frac{誤判範例數}{範例總數} \tag{9-7(b)}$$

當問題是二分類問題時，只需一個輸出單元，誤判範例是指範例中，其

1. 「目標輸出值」是 0，但「推論輸出值」＞門檻值，或
2. 「目標輸出值」是 1，但「推論輸出值」≦門檻值。

　　顯然網路學習的目的為：修正網路連結上的加權值，使網路誤差函數達到最小值，即使推論輸出值趨近目標輸出值，當達成此目的時，網路已經從訓練範例中學習到隱含在訓練範例中的系統模型。因此，網路的學習過程變成使上述誤差函數最小化的過程。這個最小過程有兩類解法：迭代法與直接法。

一、迭代法

　　因為誤差函數是網路連結上加權值的函數，所以為了使誤差函數達到最小值，可用「最陡坡降法」來使能量函數最小化，即每當輸入一個訓練範例，網路即小幅調整連結加權值的大小，調整的幅度和誤差函數對該加權值的敏感程度成正比，即與誤差函數對加權值的偏微分值大小成正比：

$$\Delta W = -\eta \frac{\partial E}{\partial W} \tag{9-8}$$

其中 η 稱為學習速率（Learning Rate），控制每次加權值修改的步幅。

　　雖然誤判率是不可微分的函數，所幸一般而言，網路在訓練的過程中，誤差均方根與誤判率的收斂傾向大致相同。因此可用最小化誤差均方根來代替最小化誤判率，故神經網路應用於迴歸問題與分類問題的演算法是完全相同的。

　　以下分成二部分推導連結加權值修正量公式：

1. 隱藏層與輸出層間之連結加權值。
2. 輸入層與隱藏層間之連結加權值。

分述如下：

1. 隱藏層與輸出層間之連結加權值

誤差函數對網路隱藏層第 k 個單元與輸出層第 j 個單元間之連結加權值 W_{kj} 的偏微分可用微積分學的連鎖律（Chain Rule）得

$$\frac{\partial E}{\partial W_{kj}} = \frac{\partial E}{\partial Y_j} \frac{\partial Y_j}{\partial net_j} \frac{\partial net_j}{\partial W_{kj}} = -(T_j - Y_j) \cdot f'(net_j) \cdot H_k \tag{9-9}$$

令 δ_j 定義為輸出層第 j 個輸出處理單元的誤差量：

$$\delta_j = (T_j - Y_j) \cdot f'(net_j) \tag{9-10}$$

則網路輸出層與隱藏層間連結之加權值 W_{kj} 之修正量如下：

$$\Delta W_{kj} = -\eta \frac{\partial E}{\partial W_{kj}} = \eta \cdot (T_j - Y_j) \cdot f'(net_j) \cdot H_k = \eta \cdot \delta_j \cdot H_k \tag{9-11}$$

同理，輸出單元的門限值修正量為：

$$\Delta \theta_j = -\eta \frac{\partial E}{\partial \theta_j} = -\eta \cdot \delta_j \tag{9-12}$$

2. 輸入層與隱藏層間之連結加權值

誤差函數對網路輸入層第 i 個單元與隱藏層第 k 個單元間之連結加權值 W_{ik} 的偏微分為：

$$\frac{\partial E}{\partial W_{ik}} = \frac{\partial E}{\partial H_k} \frac{\partial H_k}{\partial net_k} \frac{\partial net_k}{\partial W_{ik}} = \left(\sum_j \frac{\partial E}{\partial Y_j} \frac{\partial Y_j}{\partial net_j} \frac{\partial net_j}{\partial H_k} \right) \cdot f'(net_k) \cdot X_i$$

$$= \left(\sum_j -(T_j - Y_j) \cdot f'(net_j) \cdot W_{kj} \right) \cdot f'(net_k) \cdot X_i = -\left(\sum_j \delta_j W_{kj} \right) \cdot f'(net_k) \cdot X_i \tag{9-13}$$

令 δ_k 定義為隱藏層第 k 個隱藏處理單元的誤差量：

$$\delta_k = \left(\sum_j \delta_j W_{kj} \right) \cdot f'(net_k) \tag{9-14}$$

則網路隱藏層與輸入層間的連結加權值 W_{ik} 之修正量如下：

$$\Delta W_{ik} = -\eta \frac{\partial E}{\partial W_{ik}} = \eta \cdot \left(\sum_j \delta_j W_{kj} \right) \cdot f'(net_k) \cdot X_i = \eta \cdot \delta_k \cdot X_i \tag{9-15}$$

同理，隱藏單元的門限值修正量為：

$$\Delta \theta_k = -\eta \frac{\partial E}{\partial \theta_j} = -\eta \cdot \delta_k \tag{9-16}$$

通常上述公式在應用時會加上一個慣性（Momentum）項，即加上某比例的上次加權值的修正量以改善收斂過程中修正量振盪的現象。因此可改寫成

$$\Delta W_{kj}(n) = \eta \delta_j H_k + \alpha \Delta W_{kj}(n-1) \tag{9-17}$$

$$\Delta \theta_j(n) = -\eta \delta_j + \alpha \Delta \theta_j(n-1) \tag{9-18}$$

$$\Delta W_{ik}(n) = \eta \delta_k X_i + \alpha \Delta W_{ik}(n-1) \tag{9-19}$$

$$\Delta \theta_k(n) = -\eta \delta_k + \alpha \Delta \theta_k(n-1) \tag{9-20}$$

其中 (1) α 稱為慣性因子，控制慣性項之比例；

(2) $\Delta W_{kj}(n)$ 表示加權值 W_{kj} 第 n 次之修正量；

(3) $\Delta W_{kj}(n-1)$ 表示加權值 W_{kj} 第 $n-1$ 次之修正量；

(4) $\Delta W_{ik}(n)$ 表示加權值 W_{ik} 第 n 次之修正量；

(5) $\Delta W_{ik}(n-1)$ 表示門限值 W_{ik} 第 $n-1$ 次之修正量；

(6) $\Delta \theta_j(n)$ 表示門限值 θ_j 第 n 次之修正量；

(7) $\Delta \theta_j(n-1)$ 表示門限值 θ_j 第 $n-1$ 次之修正量；

(8) $\Delta \theta_k(n)$ 表示門限值 θ_k 第 n 次之修正量；

(9) $\Delta \theta_k(n-1)$ 表示門限值 θ_k 第 $n-1$ 次之修正量。

3. 結論

(9-17)、(9-18)、(9-19)、(9-20)式即倒傳遞演算法之關鍵公式，這種學習法則稱之為「通用差距法則」（General Delta Rule）。至於沒有隱藏層時，輸入層與輸出層間的加權值修正量和隱藏單元的門限值修正量與(9-17)式及(9-18)式相近。當隱藏層不只一層時，可依(9-19)式與(9-20)式類推。

如果非線性轉換函數使用雙彎曲函數，即(9-2)式，則

$$f'(x) = \frac{df(x)}{dx} = \frac{d}{dx}\left(\frac{1}{1+e^{-x}}\right) = \frac{e^{-x}}{(1+e^{-x})^2} = \left(\frac{1}{1+e^{-x}}\right)\left(\frac{e^{-x}}{1+e^{-x}}\right)$$

$$= \left(\frac{1}{1+e^{-x}}\right)\left(1 - \frac{1}{1+e^{-x}}\right) = f(x) \cdot (1 - f(x)) \tag{9-21}$$

故

$$f'(net_k) = f(net_k)(1 - f(net_k)) = H_k(1 - H_k) \qquad (9\text{-}22)$$

$$f'(net_j) = f(net_j)(1 - f(net_j)) = Y_j(1 - Y_j) \qquad (9\text{-}23)$$

此學習過程通常以一次一個訓練範例的方式進行（稱之為「逐例學習」），直到學習完所有的訓練範例，稱為一個訓練循環（Learning Cycle）。一個網路可以將訓練範例重覆學習數百甚至數萬個訓練循環，直至達到收斂。如果學習過程改以一次多個訓練範例的方式進行，即累積多個訓練範例後再修改權值一次的方式進行，稱之為「加權值累積式更新」或稱「批次學習」（Batch Learning）。

倒傳遞網路演算法整理如下（單層隱藏層倒傳遞網路）：

4. 學習過程

步驟 1：設定網路參數。

步驟 2：以均布隨機亂數設定加權值矩陣與門限值向量初始值。

步驟 3：輸入一個訓練範例的輸入向量 X，與目標輸出向量 T。

步驟 4：計算推論輸出向量 Y

(1) 計算隱藏層輸出向量 H：

$$net_k = \sum W_{ik} X_i - \theta_k \qquad (9\text{-}24)$$

$$H_k = f(net_k) \qquad (9\text{-}25)$$

(2) 計算推論輸出向量 Y：

$$net_j = \sum W_{kj} H_K - \theta_j \qquad (9\text{-}26)$$

$$Y_j = f(net_j) \qquad (9\text{-}27)$$

步驟 5：計算差距量 δ：

(1) 計算輸出層差距量 δ：

$$\delta_j = (T_j - Y_j) \cdot Y_j \cdot (1 - Y_j) \qquad (9\text{-}28)$$

(2) 計算隱藏層差距量 δ：

$$\delta_k = \left(\sum_j \delta_j W_{kj} \right) \cdot H_k \cdot (1 - H_k) \qquad (9\text{-}29)$$

步驟 6：計算加權值矩陣修正量，及門限值向量修正量：

(1) 計算輸出層加權值矩陣修正量，及門限值向量修正量：

$$\Delta W_{kj}(n) = \eta \delta_j H_k + \alpha \Delta W_{kj}(n-1) \tag{9-30}$$

$$\Delta \theta_j(n) = -\eta \delta_j + \alpha \Delta \theta_j(n-1) \tag{9-31}$$

(2) 計算隱藏層加權值矩陣修正量，及門限值向量修正量：

$$\Delta W_{ik}(n) = \eta \delta_k X_i + \alpha \Delta W_{ik}(n-1) \tag{9-32}$$

$$\Delta \theta_k(n) = -\eta \delta_k + \alpha \Delta \theta_k(n-1) \tag{9-33}$$

步驟 7：更新加權值矩陣，及門限值向量：

(1) 更新輸出層加權值矩陣，及門限值向量：

$$W_{kj} = W_{kj} + \Delta W_{kj} \tag{9-34}$$

$$\theta_j = \theta_j + \Delta \theta_j \tag{9-35}$$

(2) 更新隱藏層加權值矩陣，及門限值向量：

$$W_{ik} = W_{ik} + \Delta W_{ik} \tag{9-36}$$

$$\theta_k = \theta_k + \Delta \theta_k \tag{9-37}$$

步驟 8：重覆步驟 3 至步驟 7，直到收斂。

5. 回想過程

(1) 設定網路參數。

(2) 讀入加權值矩陣與門限值向量。

(3) 輸入一個未知資料的輸入向量 X。

(4) 計算推論輸出向量 Y。

(a) 計算隱藏層輸出向量 H：

$$net_k = \sum W_{ik} X_i - \theta_k \tag{9-38}$$

$$H_k = f(net_k) \tag{9-39}$$

(b) 計算推論輸出向量 Y：

$$net_j = \sum W_{kj} H_k - \theta_j \tag{9-40}$$

$$Y_j = f(net_j) \tag{9-41}$$

二、直接法

另一個解法是直接以非線性規劃法最小化誤差平方和，解得神經網路中的連結權值。此法簡單易懂，因此本書的試算表採用此方法。

$$Min \sum_{i=1}^{N} (\widehat{Y}_t - Y_i)^2$$

其中 Y_t = 第 i 個訓練範例的因變數的實際值；$\widehat{Y}_t$ = 第 i 個訓練範例的因變數的預測值，為神經網路中的連結權值的函數。

9-2-2 網路參數

倒傳遞網路採用迭代法時，有幾個重要參數需要決定，包括：隱藏層層數、隱藏層處理單元數目、學習速率、慣性因子。討論如下：

一、隱藏層層數

通常隱藏層之數目為一層或二層時有最好的收斂性質，而少於一層或多於二層時，誤差逐漸增高。這可解釋成：沒有隱藏層不能建構問題輸出入間的非線性關係，因而有較大的誤差；而有一、二層隱藏層已足以反應問題的輸入單元間的交互作用；更多的隱藏層反而使網路過度複雜，減緩收斂速度。依據經驗，範例較少、雜訊較多、非線性程度較低的問題可取一層隱藏層；反之，可取二層隱藏層。一般而言，對大多數實際的應用問題來說，用一層隱藏層就已足夠。

二、隱藏層處理單元數目

通常隱藏層處理單元之數目愈多收斂愈慢，但可達到更小的誤差值，特別是「訓練範例」誤差。但超過一定數目後，再增加則對降低「驗證範例」誤差幾乎沒幫助，甚至反而有害。這可解釋成：隱藏層處理單元之數目太少，則不足以建構問題輸出入間的非線性關係，因而有較大的誤差；數目愈多，則網路的連結加權值與門限值愈多，網路的可塑性愈高，可以建立充分反應輸入變數間的交互作用的模式，因此使網路對訓練範例有較小的誤差值。但也更可能發生「過度學習」現象，即網路對訓練範例的誤差愈來愈小，對驗證範例的誤差卻愈來愈大的現象。因此，隱藏層處理單元數目以取適當的數目為宜。一般而言，隱藏層處理單元數目的選取原則如下：

1. 訓練樣本少，隱藏層單元數目宜少。

2. 問題雜訊高，隱藏層單元數目宜少。

3. 問題複雜性高，即非線性、交互作用程度高，隱藏層單元數目宜多。建議：

(1) 簡單問題：隱藏層處理單元數目＝（輸入層處理單元數＋輸出層處理單元數）/2。

(2) 一般問題：隱藏層處理單元數目＝（輸入層處理單元數＋輸出層處理單元數）。

(3) 困難問題：隱藏層處理單元數目＝（輸入層處理單元數＋輸出層處理單元數）×2。

4. 驗證範例誤差遠高於訓練範例誤差，即發生「過度學習」，隱藏層單元數目宜減少。

三、學習速率

通常學習速率太大或太小對網路的收斂性質均不利。這可解釋成：較大的學習速率有較大的網路加權值修正量，可較快逼近誤差函數最小值，但過大的學習速率將導致網路加權值修正過量，而發生誤差振盪現象，因此學習速率的大小對學習有很大的影響。通常在學習過程中，學習速率可採先取較大的初始值，再於網路的訓練過程中逐漸減小的方式來設定，以兼顧收斂速度及避免振盪現象。一般採用在每一個訓練循環完畢即將學習速率乘以一個小於 1.0 的係數（例如 0.95）的方式，逐漸縮小學習速率，但不小於一預設的學習速率下限值。依據經驗：

「迴歸型」問題：初始值＝5.0，折減係數＝0.95，下限值＝0.1；

「分類型」問題：初始值＝1.0，折減係數＝0.95，下限值＝0.1。

大都可得到良好的收斂性。但是仍有些問題的適當學習速率可能低到 0.1 以下，或高到 10 以上。

四、慣性因子

通常慣性因子太大或太小對網路的收斂性質均不利。通常在學習過程中，慣性因子可採先取較大的初始值，再於網路的訓練過程中逐漸減小的方式來設定。一般採用在每一個訓練循環完畢即將慣性因子乘以一個小於 1.0 的係數（例如 0.95）的方式，逐漸縮小慣性因子，但不小於一預設的慣性因子下限值。依據經驗：初始值＝0.5，折減係數＝0.95，下限值＝0.1。大都可得到良好的收斂性。

9-2-3　網路測試

為了檢驗學習的成果，通常在訓練網路前的範例收集階段，將範例隨機分成兩個部分，一部分做訓練範例，另一部分做驗證範例，在網路學習階段，可每學習幾個訓練循環，即將驗證範例載入網路，測試網路的誤差是否收斂。網路的誤差可用下列兩種基準：

1. 誤差均方根（Root of Mean Square, RMS）

迴歸型問題之網路誤差程度可用誤差均方根來檢核之：

$$誤差均方根 = \sqrt{\frac{\sum_{j}^{N}\sum_{p}^{M}(T_{jp} - Y_{jp})^2}{M \cdot N}} \tag{9-42}$$

其中　T_{jp}＝第 p 個範例的第 j 個輸出單元之目標輸出值；

Y_{jp}＝第 p 個範例的第 j 個輸出單元之推論輸出值；

M = 範例數目；

N = 輸出層處理單元的數目。

2. 誤判率（Error Rate）

分類型問題之網路誤差程度可用誤判率來檢核之：

$$誤判率 = \frac{誤判範例數}{範例總數} \tag{9-43}$$

9-2-4　變數的表達

由於神經元的輸入與輸出變數值必須是數值，因此各類型變數必須以適當的方式來表達：

1. 連續變數：一個連續變數使用一處理單元，但須先將變數值映射到合理區間，例如 $(-1, +1)$ 或 $(0,1)$ 區間，這將在下節中說明之。

2. 等級變數：一個等級變數使用一處理單元，不同等級用不同整數表示，但要按其等級順序編碼。和連續變數一樣，須先將變數值映射到合理區間。

3. 二元變數：一個二元變數使用一處理單元，值 0、1 分別代表偽、真。如果變數有模糊性，以 0~1 間實數表示屬於的程度。例如二元變數「該月按時付款」以 0 代表「偽」（該月未按時付款）；以 1 代表「真」（該月按時付款）。

4. 名目變數：一個具有 M 個分類值的名目變數使用 M 個處理單元，即不同分類值用不同處理單元表示之。處理單元輸出值 0 表示「不屬於」，1 表示「屬於」某分類。例如婚姻狀況可分成三個狀態：單身、已婚、其他，需用三個處理單元來表示，當三個處理單元之值依序為 $(1,0,0)$ 時代表「單身」，$(0,1,0)$ 時代表「已婚」，$(0,0,1)$ 時代表「其他」。

9-2-5　變數尺度化與反尺度化

一、輸出變數尺度化與反尺度化

由於神經元所用的轉換函數之值域固定，例如(9-2)式值域為 $(0,1)$，但真實的輸出變數的尺度可能遠大或遠小於此值域。因此在將數據載入網路進行學習前，輸出變數必須先行尺度化，以不超過轉換函數之值域。一般而言，可先統計輸出變數的值域 (Y_{min}, Y_{max})，依下式作尺度化（圖 9-4(a)）：

$$y = \frac{Y - Y_{min}}{Y_{max} - Y_{min}}(D_{max} - D_{min}) + D_{min} \tag{9-44(a)}$$

其中 Y_{min}, Y_{max} = 尺度化前輸出變數的最小值與最大值；D_{min}, D_{max} = 尺度化後輸出變數的最

小值與最大值；Y = 尺度化前輸出變數的值；y = 尺度化後輸出變數的值。

通常 (D_{min}, D_{max}) 不會取轉換函數之值域 $(0,1)$，而取較小的範圍，例如 $(0.2, 0.8)$，以預留空間給當網路在應用時，可能出現尺度化前輸出變數的值超出原先統計的 (Y_{min}, Y_{max}) 情形。

在網路學習完畢後，必須將網路計算所得的輸出變數預測值作反尺度化，公式為上式之反運算：

$$Y = \frac{y - D_{min}}{D_{max} - D_{min}}(Y_{max} - Y_{min}) + Y_{min} \tag{9-44(b)}$$

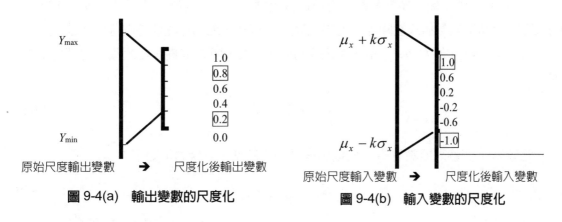

圖 9-4(a)　輸出變數的尺度化　　　　圖 9-4(b)　輸入變數的尺度化

二、輸入變數尺度化

由於輸入層與隱藏層間的連結權值之修正公式為

$$\Delta W_{ik}(n) = \eta \delta_k X_i \tag{9-45}$$

與輸入變數 X_i 有關，但真實的輸入變數間的尺度可能相去甚遠，例如一變數值域可能在 $(0, 0.001)$，但另一變數可能在 $(0, 1000)$，雖然在理論上仍可讓網路學習，但實際上可能造成連結權值之修正的幅度過小或過大，導致網路的學習過程停滯而無法收斂。因此在將數據載入網路進行學習前，輸入變數必須先行尺度化，使各輸入變數的值域能落入合宜的範圍。一般而言，可先統計輸出變數的平均值與標準差，依下式作尺度化（圖 9-4(b)）：

$$x = \frac{X - \mu}{k\sigma} \tag{9-46}$$

其中 μ = 尺度化前輸入變數的平均值；σ = 尺度化前輸入變數的標準差；k = 尺度化參數；X = 尺度化前輸入變數的值；x = 尺度化後輸入變數的值。

通常 k 值可取 1.96，如此可使尺度化後輸入變數的值有 95% 的機率落入 $(-1, 1)$ 的範圍。

9-2-6　權值分析

神經網路的一個缺點是無法直接由加權值了解輸入變數與輸出變數的關係，改善此缺點的辦法之一是對模式作敏感度分析：

$$\frac{\partial y_j}{\partial x_i} = \sum_k \frac{\partial y_j}{\partial net_j} \frac{\partial net_j}{\partial H_k} \frac{\partial H_k}{\partial net_k} \frac{\partial net_k}{\partial x_i} = \sum_k f'(net_j) \cdot W_{kj} \cdot f'(net_k) \cdot W_{ik} \qquad (9\text{-}47)$$

其中 W_{ik} = 第 i 個輸入變數與第 k 個隱藏單元的加權值；W_{kj} = 第 k 個隱藏單元與第 j 個輸出變數的加權值。

$\partial y_j / \partial x_i$ 反應出輸入變數對輸出變數在特定點的斜率，其值可正可負，接近 0 時，表輸入變數對輸出變數無線性關係，但不代表二者無關，因為存在曲線關係的可能性。

其中 $f'(net_j)$ 與 $f'(net_k)$ 不只與權值有關，也與 x 與 H 有關，在此假設它們是常數，則

$$\frac{\partial y_j}{\partial x_i} \propto \sum_k W_{kj} W_{ik} \qquad (9\text{-}48)$$

定義第 i 個輸入變數對第 j 個輸出變數的敏感度（影響力）如下：

$$S_{ij} \equiv \sum_k W_{ik} W_{kj} \qquad (9\text{-}49)$$

敏感度可以表達神經網路的輸入變數與輸出變數之間的線性影響力，但無法表達非線性影響力。然而，神經網路的可貴之處卻正是它能建構二者之間的非線性關係，因此敏感度不能完整表達二者之間的影響力。但敏感度至少表達了線性影響力，比只看到一大堆加權值與門限值時，對二者之間的關係完全無知要好得多。

9-3　實例一：旅行社個案

延續前章的「陽光旅行社」個案。使用 4 個隱藏神經元，100 次學習循環，結果如下：

訓練誤差平方和	2.051
驗證誤差平方和	6.177
訓練誤判率	4.0%
測試誤判率	16.0%

提升圖與樣本的分類邊界如圖 9-5，顯示分類邊界為「封閉」曲線，與實際的分類邊界相似，因此分類效果良好。

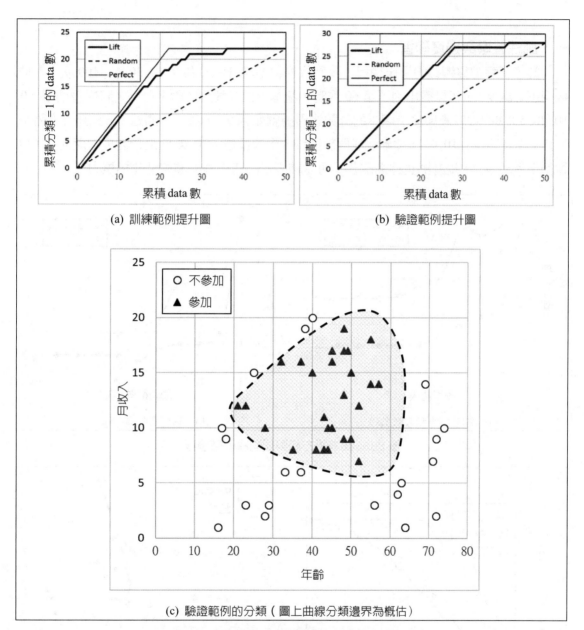

(a) 訓練範例提升圖

(b) 驗證範例提升圖

(c) 驗證範例的分類（圖上曲線分類邊界為概估）

圖 9-5　實例一之學習循環 = 100 次之結果

一、訓練循環與過度學習

　　為了了解神經網路的運作過程，我們將學習循環分別設為 0, 10, 20, …, 100 次，其收斂過程如圖 9-6，可以看出到了第 60 次時，基本上已經達到收斂。此外，將學習循環＝0, 10, 20, 50 次的提升圖與驗證樣本的分類邊界繪圖如圖 9-7，顯示一開始，分類邊界為近似直線（學習循環＝10 次），逐漸變成開放曲線（學習循環＝20 次），最後變成封閉曲線（學習循環＝50 次），提升圖也逐漸改善。可見神經網路有很強的非線性建模能力。

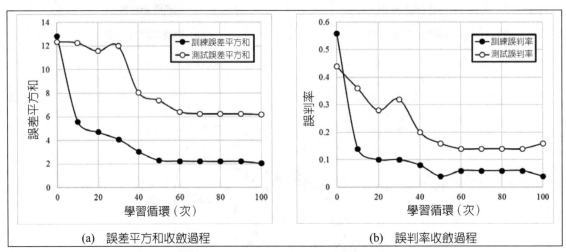

(a) 誤差平方和收斂過程　　　　　　　(b) 誤判率收斂過程

圖 9-6　誤差平方和與誤判率收斂過程

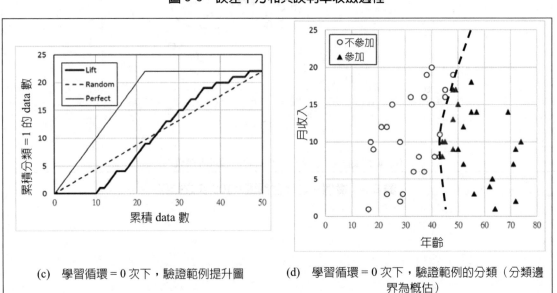

(c) 學習循環＝0 次下，驗證範例提升圖　　(d) 學習循環＝0 次下，驗證範例的分類（分類邊界為概估）

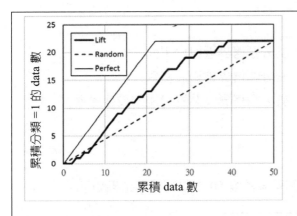

(e) 學習循環 = 10 次下，驗證範例提升圖

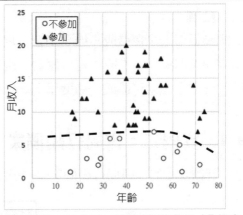

(f) 學習循環 = 10 次下，驗證範例的分類（分類邊界為概估）

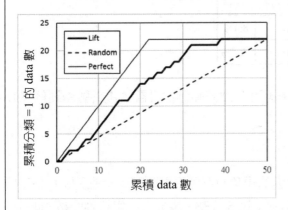

(g) 學習循環 = 20 次下，驗證範例提升圖

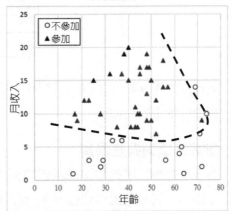

(h) 學習循環 = 20 次下，驗證範例的分類（分類邊界為概估）

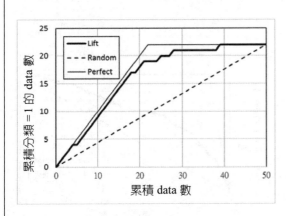

(i) 學習循環 = 50 次下，驗證範例提升圖

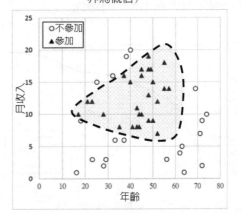

(j) 學習循環 = 50 次下，驗證範例的分類（分類邊界為概估）

圖 9-7　不同學習循環下驗證範例提升圖與驗證範例的分類

二、結論

1. 訓練循環過少會造成「過少學習」現象，其分類邊界近似於平面。
2. 訓練循環過多會造成「過多學習」現象，其分類邊界會過於複雜。
3. 訓練循環適當可達成「適度學習」效果，其分類邊界最貼近可能的最適邊界。

9-4 實例二：書局行銷個案

延續前章的「書局行銷個案」。使用 4 個隱藏神經 50 次學習循環結果如下：

訓練誤差平方和	70.05
驗證誤差平方和	90.84
訓練誤判率	8.4%
測試誤判率	10.7%

提升圖如圖 9-8，可以看出在 50 次學習循環下，訓練範例提升圖遠優於驗證範例提升圖，有過度學習的現象。

一、訓練循環與過度學習

為了了解神經網路的運作過程與過度學習的現象，我們將學習循環分別設為 0, 2, 5, 10, 20, ..., 50 次，其收斂過程如圖 9-9，可以看出到了第 5 次時，基本上已經達到收斂。此外，學習循環＝0, 5, 10, 20 次的提升圖如圖 9-10，顯示訓練範例提升圖逐漸改善，但驗證範例提升圖以學習循環＝5 時最佳。

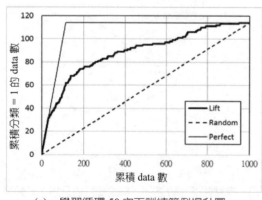

(a) 學習循環 50 次下訓練範例提升圖

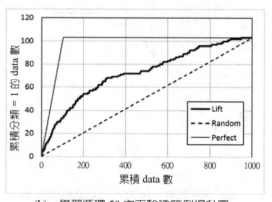

(b) 學習循環 50 次下驗證範例提升圖

圖 9-8 學習循環 50 次下提升圖

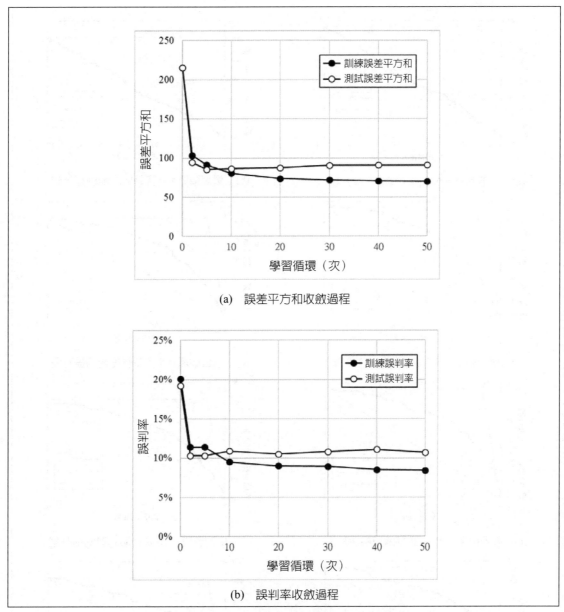

(a) 誤差平方和收斂過程

(b) 誤判率收斂過程

圖 9-9 誤差平方和與誤判率收斂過程

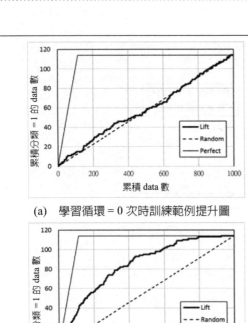

(a) 學習循環＝0 次時訓練範例提升圖

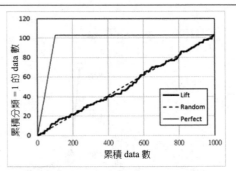

(b) 學習循環＝0 次時驗證範例提升圖

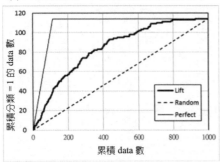

(c) 學習循環＝5 次時訓練範例提升圖

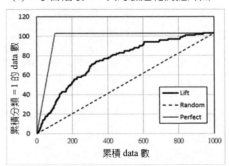

(d) 學習循環＝5 次時驗證範例提升圖

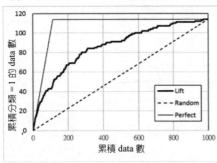

(e) 學習循環＝10 次時訓練範例提升圖

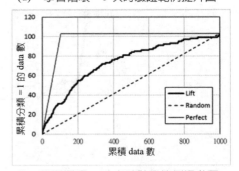

(f) 學習循環＝10 次時驗證範例提升圖

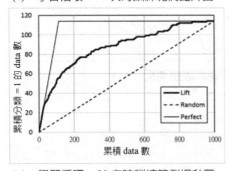

(g) 學習循環＝20 次時訓練範例提升圖

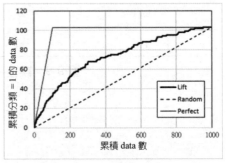

(h) 學習循環＝20 次時驗證範例提升圖

圖 9-10　不同學習循環下的訓練範例與驗證範例提升圖

以學習循環 5 次時的網路以(9-49)式做敏感性分析（圖 9-11），可知：

1. 女性購買的可能性較高（性別變數 0＝女性，1＝男性，因此敏感度負值代表女性購買的可能性較高）。
2. 過去消費金額（M）愈高者，愈可能購買。
3. 距離距離前次消費時間（R）愈短者，愈可能購買。
4. 過去消費次數（F）愈多者，愈可能購買。
5. 食譜類書購買數、DIY 類書購買數愈少者，愈可能購買。
6. 藝術類書購買數、地理類書購買數、義大利地圖書購買數、義大利藝術書購買數愈多者，愈可能購買。

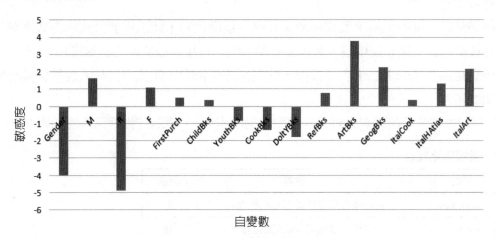

圖 9-11　自變數的敏感性分析

二、結論

1. 訓練循環過多會造成「過度學習」。
2. 只採用部分重要自變數可以建立同樣準確的模型（讀者可自行實作）。
3. 更多的隱藏單元並無法建立更準確的模型（讀者可自行實作）。

9-5　結論

　　神經網路與統計技術相比其優點有：

1. 神經網路可以建構非線性模型，準確度高。
2. 神經網路可以表達輸入變數間的交互作用，準確度高。
3. 神經網路可以接受連續、等級、二元、名目變數做輸入變數，適應性強。
4. 神經網路可以用於分類、迴歸探勘，應用面廣。

　　簡單的說神經網路的優點就是「模型建構能力強」。

　　神經網路與統計技術相比其缺點有：

1. 神經網路因為其中間變數（即隱藏層）可以是一層或二層，數目也可設定為任意數目，而且有學習速率等參數需設定，因此網路優化的工作相當費時。

2. 神經網路因為具有大量可調參數（連結加權值與門限值），因此容易發生過度學習現象，即網路對訓練範例的誤差很小，對驗證範例的誤差卻很大的現象。

3. 神經網路因為是非線性模式，要用迭代方式多次逼近最佳的連結加權值與門限值，因此計算量大，相當耗費電腦資源。

4. 神經網路因為是非線性模式，其連結加權值與門限值無唯一解，因此很難證明所得的解是最佳的一組解。

5. 神經網路以含權的網路來表達模型，其模型是複雜的，無法用套公式的方式來應用；統計技術以公式來表達模型，其模型是簡易的，可用套公式的方式來應用。

6. 神經網路以含權的網路來表達模型，其模型是複雜的，無法看出輸入變數與輸出變數之間的關係。

　　簡單的說神經網路的缺點就是「模型建構成本高」。總結神經網路特性如表 9-1。

表 9-1　神經網路特性

特性	意義	評估
強健性（Robustness）	能處理有相當缺值與雜訊的資料	優
適應性（Adaption）	能處理有離散與連續型態的資料	優
擴展性（Scalability）	能處理有大量變數與記錄的資料	中
速度性（Speed）	能快速地建構知識模型 能快速地應用知識模型	差 優
方便性（Convenience）	能簡單地建構知識模型 能簡單地應用知識模型	中 差
準確性（Accuracy）	能產生預測準確的知識模型	優
解釋性（Interpretability）	能產生內容可理解的知識模型	差
精簡性（Simplicity）	能產生結構精簡的知識模型	中

問題與討論

1. 神經網路在訓練時，為何先要對各變數正規化？

2. 過度配適（Overfitting）是建立預測模型的主要困難點，對神經網路而言以下哪些說法是正確的？

(1) 訓練範例愈多，愈可能發生過度配適。

(2) 驗證範例愈多，愈可能發生過度配適。

(3) 自變數愈多，愈可能發生過度配適。

(4) 訓練循環愈多，愈可能發生過度配適。

(5) 隱藏單元愈多，愈可能發生過度配適。

(6) 隱藏層愈多，愈可能發生過度配適。

(7) 訓練範例中的雜訊愈多，愈可能發生過度配適。

練習個案：信用卡違約預測

　　延續前一章個案，請參考「實作單元 D」，利用本書提供的神經網路 Excel 試算表模板，以「修改系統」的方式建立分類模型，並指出哪些是重要自變數。相關檔案放置在：

1. 資料：「第 9 章 分類與迴歸（三）神經網路 A 分類（data）」資料夾。

2. 模板：「第 9 章 分類與迴歸（三）神經網路 A 分類（模板）」資料夾。

3. 完成：「第 9 章 分類與迴歸（三）神經網路 A 分類（模板+ data）」資料夾。

　　方式如下：(1) 使用全部變數 (2) 使用部分變數。

　　提示：自變數需要進行標準正規化。

Part B 神經網路：迴歸

9-6 模型架構

神經網路除了具有建構非線性模型能力的優點外，另一個優點是其處理分類與迴歸這二類問題的方法幾乎相同，唯一的差別是分類的輸出變數是離散變數；迴歸者為連續變數，因此使用上非常方便，應用十分廣泛。由於神經網路的模型架構已在前面「神經網路（分類）」一章介紹過，在此不加贅述。

9-7 模型建立

由於神經網路的「模型建立」方法已在前面「神經網路（分類）」一章介紹過，在此不加贅述。神經網路處理分類與迴歸這二類問題的方法幾乎相同，唯一的差別是分類的輸出變數是離散變數；迴歸者為連續變數，因此在此只強調二點：

1. 誤差的衡量：迴歸型問題之網路的誤差程度可用誤差均方根來檢核之：

$$誤差均方根 = \sqrt{\frac{\sum_{j}^{N}\sum_{p}^{M}(T_{jp} - Y_{jp})^2}{M \cdot N}} \tag{9-50}$$

其中　T_{jp} = 第 p 個範例的第 j 個輸出單元之目標輸出值；

　　　Y_{jp} = 第 p 個範例的第 j 個輸出單元之推論輸出值；

　　　M = 範例數目；

　　　N = 輸出層處理單元的數目。

1. 變數的表達：迴歸型問題之輸出變數為連續變數，使用一處理單元，但須先將變數值映射到合理區間：

$$y = \frac{Y - Y_{min}}{Y_{max} - Y_{min}}(D_{max} - D_{min}) + D_{min} \tag{9-51}$$

其中　Y_{min}, Y_{max} = 尺度化前輸出變數的最小值與最大值；

　　　D_{min}, D_{max} = 尺度化後輸出變數的最小值與最大值；

　　　Y = 尺度化前輸出變數的值；

　　　y = 尺度化後輸出變數的值。

通常 (D_{min}, D_{max}) 不會取轉換函數之值域 $(0,1)$，而取較小的範圍，例如 $(0.2, 0.8)$，以預留空間給當網路在應用時，可能出現尺度化前輸出變數的值超出原先統計的 (Y_{min}, Y_{max})

情形。

9-8　實例一：旅行社個案

　　延續前章的「陽光旅行社」個案。採神經網路作顧客旅遊支出迴歸。使用 4 個隱藏神經元，100 次學習循環，結果如下：

訓練誤差平方和（還原）	1.34
驗證誤差平方和（還原）	2.03

　　訓練範例、驗證範例的實際值與預測值的散布圖如圖 9-12，顯示訓練範例的散布圖優於驗證範例的散布圖，有一些過度學習的現象。由於驗證範例的實際值與預測值相當一致，因此迴歸的效果良好。

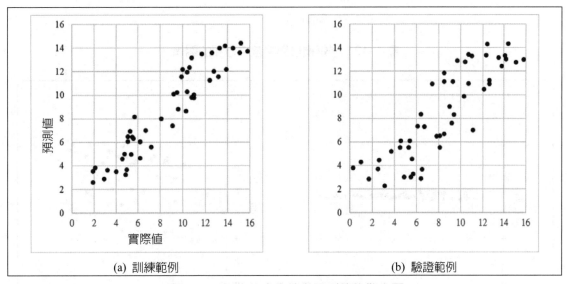

(a) 訓練範例　　　　　　　　　　(b) 驗證範例

圖 9-12　樣本的實際值與預測值的散布圖

一、訓練循環與過度學習

　　為了了解神經網路的運作過程，我們將學習循環分別設為 0, 10, 20, …, 50 次，其收斂過程如圖 9-13，可以看出到了第 20 次時，基本上已經達到收斂。學習循環 = 0, 10, 20, 50 次的驗證樣本的散布圖如圖 9-14，顯示散布圖逐漸改善。

　　其學習循環 = 10 與 50 次所建立的迴歸模型的 3D 曲面圖如圖 9-15。學習循環 = 10 次

時迴歸面是一個近似平面的曲面，學習循環＝50 次時是一個曲面。可見神經網路有很強
的非線性建模能力。

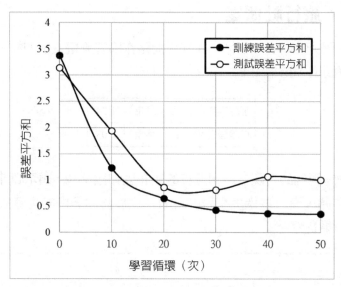

圖 9-13　學習循環與誤差平方和的關係

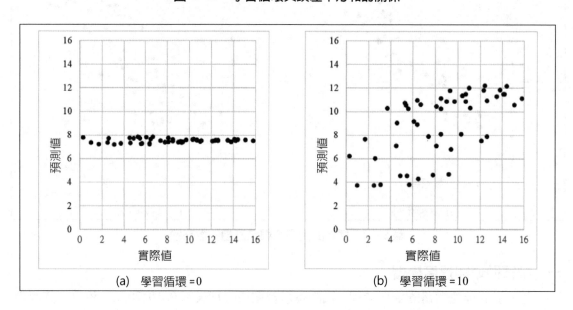

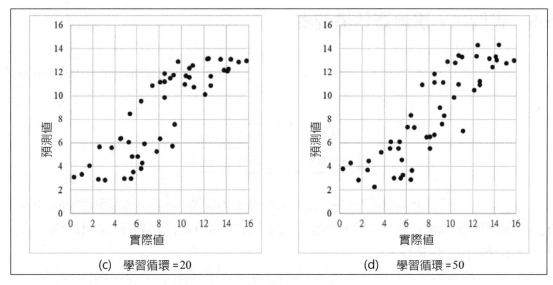

（c）　學習循環 = 20　　　　　　　（d）　學習循環 = 50

圖 9-14　不同學習循環下的散布圖

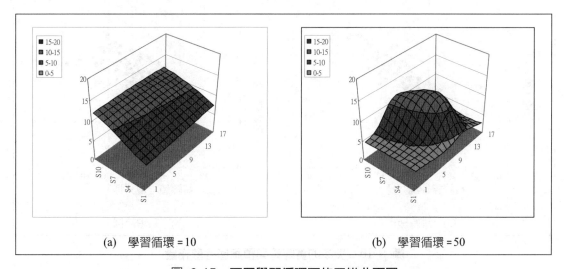

（a）　學習循環 = 10　　　　　　　（b）　學習循環 = 50

圖 9-15　不同學習循環下的三維曲面圖

二、結論

1. 訓練循環過少會造成「過少學習」現象，其迴歸曲面近似於平面。

2. 訓練循環足夠時，神經網路可建立任意形狀的迴歸曲面。

9-9 實例二：房地產估價個案

延續前章的「房地產估價」個案。採神經網路，使用 4 個隱藏神經元，100 次學習循環，結果如下：

訓練誤差平方和(還原)	7.34
驗證誤差平方和(還原)	7.30

訓練範例、驗證範例的實際值與預測值的散布圖如圖 9-16，顯示訓練範例的散布圖優於驗證範例的散布圖，有一些過度學習的現象。由於驗證範例的實際值與預測值相當一致，因此迴歸的效果良好。

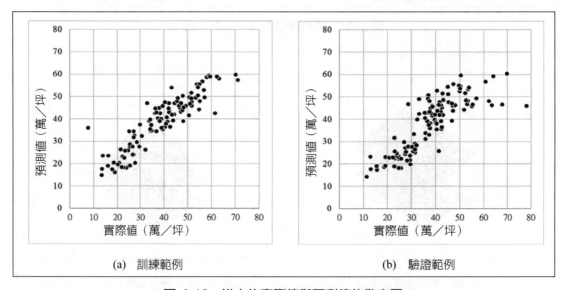

圖 9-16　樣本的實際值與預測值的散布圖

一、訓練循環與過度學習

為了了解神經網路的運作過程，我們將學習循環分別設為 0, 5, 10, 20, ..., 100 次，其收斂過程如圖 9-17，可以看出到了第 20 次時，基本上已經達到收斂。學習循環=0, 5, 100, 200 次的驗證樣本的散布圖如圖 9-18，顯示散布圖逐漸改善。

以學習循環 20 次時的網路做敏感性分析（圖 9-19），可知：

1. 交屋年月（民國年）（Time）：輕微正比，顯示資料期間房地產價格處於上升期。

2. 屋齡（年）（Age）：明顯反比，顯示屋齡愈老，房價愈低。

3. 地理位置縱座標 N（緯度）：明顯正比，顯示新店北區房價較高。

4. 地理位置橫座標 E（經度）：不顯著。

5. 距離最近捷運站的距離（m）（MRT）：明顯反比，顯示距離最近捷運站的距離愈大，房價愈低。

6. 徒步生活圈內的超商（個）（Market）：不顯著。

這些基本上都與新店區房價的經驗吻合。

二、結論

1. 本題訓練循環 20 次時，驗證範例的誤差幾乎已達到最低，再增加訓練循環降低非常有限。

2. 更多的隱藏單元並無法建立更準確的模型（讀者可自行實作）。

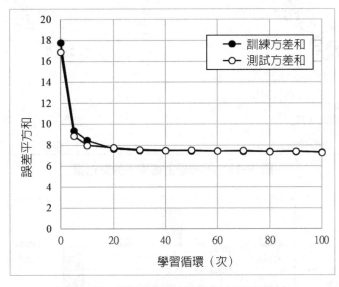

圖 9-17　學習循環與誤差平方和的關係

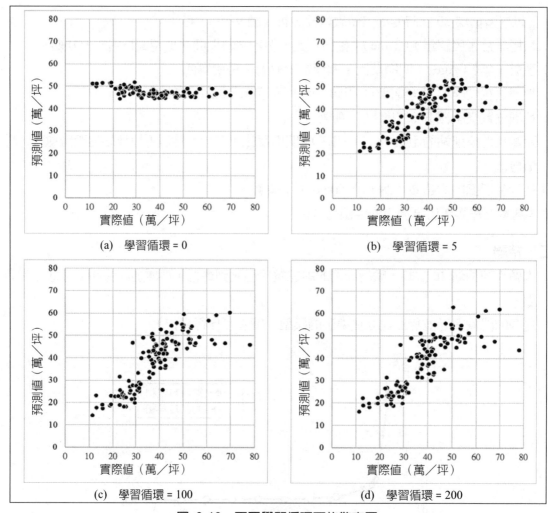

圖 9-18　不同學習循環下的散布圖

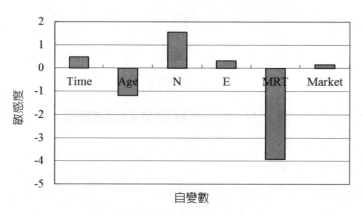

圖 9-19　自變數的敏感性分析

9-10 結論

迴歸問題可定義為：從一個或一個以上的已知自變數 X 來預測另一未知的因變數 Y。線性迴歸分析是假定自變數 X 與因變數 Y 之間可用線性公式來表示：

$$Y = a_0 + a_1 X_1 + a_2 X_2 + ... + a_n X_n \qquad (9\text{-}52)$$

當已知許多組自變數 X 與因變數 Y 的資料，可用迴歸分析得到係數 $a_0, a_1, a_2, ..., a_n$ 值。一般假定使線性公式的因變數預測值，與資料中的因變數實測值之誤差平方和最小的係數為最佳係數。

線性迴歸分析的缺點有二：

1. 自變數 X 與因變數 Y 之間的非線性關係無法表達。例如真實的模型可能是：

$$Y = a_0 + a_1 X_1^2 + a_2 \exp(X_2) \qquad (9\text{-}53)$$

2. 自變數 X 間的交互作用無法表達。例如真實的模型可能是：

$$Y = a_0 + a_1 X_1 + a_2 X_2 + a_3 X_1 X_2 \qquad (9\text{-}54)$$

雖然可以透過變數轉換的方式將一預設的非線性模型轉為線性模型，再用線性迴歸分析解得迴歸係數，再透過變數轉換的方式將線性模型轉回預設的非線性模型，但此種方法將遭遇「非線性模型」如何預設（猜想）的問題，特別是高維度（即自變數很多）模型其非線性模型難以猜想的問題。

神經網路也可處理上述問題，但其威力更強。它不直接用輸入變數組成輸出變數函數，而是先將輸入變數組成中間變數函數，再由中間變數組成輸出變數函數。中間變數的數目可設為任意數目，而且中間變數也不限於一層，有時也有用二層。由於神經網路具有中間變數，且每個函數均為非線性函數，因此是一個「非線性」模式，即輸入與輸出變數間的函數關係可以是非線性，且輸入變數間的交互作用也可表達出來，可以建立複雜的函數關係，解決了線性迴歸分析的缺點。

神經網路與迴歸分析相比其相同之處有：

1. 都是依數據建模型。

2. 都有可調整參數。在迴歸分析中為迴歸係數 $a_0, a_1, a_2, ...$ 等；在神經網路中為網路的連結加權值與門限值。

神經網路與線性迴歸分析相比其相異之處有：

1. 線性迴歸分析為線性模式；神經網路為非線性模式。

2. 線性迴歸分析無法表達輸入變數間的交互作用；神經網路可以表達輸入變數間的交互作用。

3. 線性迴歸分析的可調參數（迴歸係數）的數目是固定的；神經網路因為其中間變數（即隱藏層）可以是一層或二層，數目也可設定為任意數目。因此其可調參數（連結加權值與門限值）的數目是可變的，而且經常遠多於迴歸分析。

4. 線性迴歸分析用解矩陣的方式一次解出迴歸係數；神經網路因為是非線性模式，要用迭代方式逼近最佳的連結加權值與門限值。

5. 線性迴歸分析的迴歸係數有唯一解；神經網路因為是非線性模式，其連結加權值與門限值無唯一解，也很難證明所得的解是最佳的一組解。

6. 線性迴歸分析的變數限為連續值之變數；神經網路不受此限制，數值、分類變數均可。

   總結神經網路特性如表 9-2。

表 9-2　神經網路特性

特性	意義	評估
強健性（Robustness）	能處理有相當缺值與雜訊的資料	優
適應性（Adaption）	能處理有離散與連續型態的資料	優
擴展性（Scalability）	能處理有大量變數與記錄的資料	中
速度性（Speed）	能快速地建構知識模型 能快速地應用知識模型	差 優
方便性（Convenience）	能簡單地建構知識模型 能簡單地應用知識模型	中 差
準確性（Accuracy）	能產生預測準確的知識模型	優
解釋性（Interpretability）	能產生內容可理解的知識模型	差
精簡性（Simplicity）	能產生結構精簡的知識模型	中

問題與討論

1. 過度配適（Overfitting）是建立預測模型的主要困難點。對神經網路而言，為了偵測是否發生過度配適，必須將資料分割成訓練集與驗證集。可是傳統的迴歸分析並不這麼作，為什麼？事實上，傳統的迴歸分析仍以將資料分割成訓練集與驗證集為宜，為什麼？

2. 神經網路在訓練時，訓練循環太多或太少各有何缺點？

3. 神經網路在訓練時，學習速率太大或太小各有何缺點？

4. 神經網路在訓練時，隱藏單元太多或太少各有何缺點？

練習個案：混凝土抗壓強度

　　延續前一章個案，請參考「實作單元 D」，利用本書提供的神經網路 Excel 試算表模板，以「修改系統」的方式建立迴歸模型，並指出哪些是重要自變數。相關檔案放置在：

1. 資料：「第 8 章 分類與迴歸（二）迴歸分析 B 迴歸（data）」資料夾。
2. 模板：「第 8 章 分類與迴歸（二）迴歸分析 B 迴歸（模板）」資料夾。
3. 完成：「第 8 章 分類與迴歸（二）迴歸分析 B 迴歸（模板＋data）」資料夾。

實作單元 D：Excel 資料探勘系統——神經網路

D-1　Excel 實作 1：神經網路（分類）

一、原理

　　直接以非線性規劃法最小化誤差平方和，解得神經網路中的連結權值。

$$Min\sum_{i=1}^{N}(\widehat{Y}_t - Y_i)^2$$

其中 Y_t ＝第 i 個訓練範例的因變數的實際值；$\widehat{Y}_t$ ＝第 i 個訓練範例的因變數的預測值，為神經網路中的連結權值的函數。

二、方法

　　由於 Excel 提供了非線性規劃工具「規劃求解」，因此本章的神經網路不採用常見的基於最陡坡降法的倒傳遞演算法，而直接使用「規劃求解」工具。其優點是實作易；缺點是效率低，不適合大型問題（有數千個權值）。但本書的題目都屬於小型題目（少於 200 個權值），因此很適合以 Excel 的「規劃求解」解決。

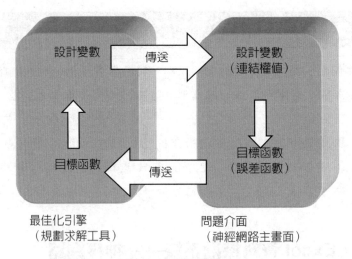

圖 D-1　介面原理

三、實作

　　以下以前一章的「籃球社」的分類例題為例，說明如何建立一個能配適這組數據的神經網路模型。本題取一層隱藏層，有四個隱藏單元。

四、變數尺度化

　　分類用的神經網路的輸出變數必為 (0,1)，因此不需尺度化，輸入變數必須先依下式作尺度化：

$$x = \frac{X - \mu}{k\sigma}$$

其中 μ = 尺度化前輸入變數的平均值；σ = 尺度化前輸入變數的標準差；X = 尺度化前輸入變數的值；x = 尺度化後輸入變數的值。通常 k 值可取 1.96，如此可使尺度化後輸入變數的值有 95% 的機率落入 (−1,1) 的範圍。不過實作時採用 $k = 1$，這對建立模型沒什麼影響。

　　「籃球社」例題共有 80 筆資料。其試算表如下。其中：

	A	B	C	D	E	F	G	H	I	J	K	L	M	N	O
1	avg	1.786	65.675	19.063	51.938	53.975	49.188		-5.5E-16	3.16E-16	-6.2E-15	0	-3.9E-17	-3.1E-17	
2	std	0.0916	8.7363	0.5847	30.437	31.139	30.139		1	1	1	1	1	1	
3	min	1.66	49	18	0	0	1		-1.37569	-1.9087	-1.81719	-1.70637	-1.73337	-1.59882	
4	max	1.94	83	20	99	99	98		1.681393	1.983099	1.603403	1.546203	1.445949	1.619559	
5															
6	NO.	身高	體重	年齡	彈性	球技	耐力		身高	體重	年齡	彈性	球技	耐力	
7	1	1.92	64	18.9	44	94	24		1.46303	-0.19173	-0.27792	-0.26078	1.285377	-0.8357	
8	2	1.67	49	18.2	71	9	95		-1.2665	-1.9087	-1.47513	0.626284	-1.44434	1.520021	
9	3	1.81	62	19.5	44	55	85		0.262035	-0.42066	0.748255	-0.26078	0.032917	1.18823	
10	4	1.75	54	18.1	28	61	7		-0.39305	-1.33637	-1.64616	-0.78645	0.225603	-1.39975	
11	5	1.84	70	19.6	29	88	8		0.589579	0.495059	0.919284	-0.75359	1.092691	-1.36657	
12	6	1.66	61	18.6	85	63	52		-1.37569	-0.53512	-0.79101	1.086244	0.289832	0.093316	
13	7	1.79	74	19.7	61	89	84		0.043673	0.952918	1.090314	0.297742	1.124806	1.15505	
14	8	1.82	75	19.2	8	7	20		0.371217	1.067382	0.235166	-1.44353	-1.50857	-0.96842	
15	9	1.76	70	19	87	6	83		-0.28387	0.495059	-0.10689	1.151952	-1.54069	1.121871	
16	10	1.89	69	18.6	48	53	53		1.135486	0.380595	-0.79101	-0.12936	-1.54069	0.126496	

B7:G86 存放尺度化前輸入變數的值。

B1:G1 存放平均值公式，例如 B1 的公式：「=AVERAGE(B$7:B$86)」。

B2:G2 存放標準差公式，例如 B2 的公式：「=STDEV(B$7:B$86)」。

B3:G3 存放最小值公式，例如 B3 的公式：「=MIN(B$7:B$86)」。

B4:G4 存放最大值公式，例如 B4 的公式：「=MAX(B$7:B$86)」。

I7:N86 存放尺度化後輸入變數的值，例如 I7 的公式：「=(B7-$1)/B$2」。

五、實作一：新建系統

神經網路試算表的各區功能概述如圖 D-2。從頭開始做起的實作步驟：

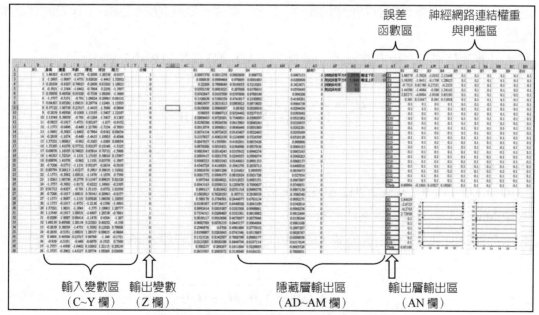

圖 D-2　神經網路試算表的各區功能概述

1. 輸入訓練範例（圖 D-3(a)）：存放資料的試算表在「第 9 章 分類與迴歸（三）神經網路 A 分類（Data）」資料夾。將訓練樣本的自變數貼到 B1:H41，因變數貼到 Z1:Z41。

2. 輸入驗證範例（圖 D-3(b)）：將驗證範例的自變數貼到 B1002:H1041，因變數貼到 Z1002:Z1041。

3. 輸入連結權值初始值（圖 D-4）：

(a) 在 AU2:AX7 輸入「輸入層到隱藏層連結權值」初始值。

(b) 在 AU25:AX25 輸入「隱藏層門檻值」初始值。

(c) 在 AU28:AU31 輸入「隱藏層到輸出層連結權值」初始值。

(d) 在 AU38 輸入「輸出層門檻值」初始值。

　　初始值可以全設為微小的亂數，例如使用「=rand()－0.5」公式可以產生－0.5~0.5 的均布亂數。

　　因為可能需要測試不同的學習參數，例如學習循環，因此需要重複進行多次連結權值初始化。為了快速初始化，建議可在第一次初始化時，將 AT~BD 欄以貼上值的方式貼到一個新的工作表，命名為「初始權值（固定版）」；以全部貼上的方式貼到一個新的工作表，命名為「初始權值（隨機版）」。將來如果希望比較相同的初始化下，各參數的影響，可自「初始權值（固定版）」工作表複製內含固定不變的連結權初始值的欄位，貼到神經網路的工作表的連結權值欄位。如果希望比較不同的連結權值初始化的影響，可自「初始權值（隨機版）」工作表複製內含初始權值設定公式的欄位，貼到神經網路的工作表的連結權值欄位。

4. 輸入計算隱藏單元的輸出值公式（圖 D-5）：AD~AG 欄用以表達公式

$$H_k = \frac{1}{1 + \exp(-(\sum_i W_{ik} X_i - \theta_k))}$$

例如 AD2 內的公式

=1/(1+EXP(-(MMULT($C2:$H2,AU$2:AU$7)-AU$25)))

其中 MMULT 函數為向量乘法函數。

5. 輸入計算輸出單元的輸出值公式（圖 D-6）：AN 欄用以表達公式

$$Y_k = \frac{1}{1 + \exp(-(\sum_k W_{kj} H_k - \theta_j))}$$

例如 AN2 內的公式

=1/(1+EXP(-(MMULT($AD2:$AG2,AU$28:AU$31)-AU$38)))

6. 輸入判斷是否誤判公式（圖 D-7）：AO 欄用以判斷是否誤判：「目標輸出值」是 0，且「推論輸出值」>0.5，或「目標輸出值」是 1，且「推論輸出值」≦0.5，視為誤判。例如 AO2 內的公式

=IF(OR(AND(Z2=0,AN2>0.5),AND(Z2=1,AN2<=0.5)),1,0)

7. 輸入計算誤差函數公式（圖 D-8）：「AQ2」儲存格為訓練範例的誤差函數；「AQ3」儲存格為驗證範例的誤差函數。用以表達公式

$$\sum_{i=1}^{n}(y_i - \hat{y}_i)^2$$

例如 AQ2 內的公式「=SUMXMY2(Z2:Z41,AN2:AN41)」，其中 SUMXMY2 函數是計算兩個向量中對應數值差值的平方和的函數。

8. 輸入計算誤判率公式（圖 D-8）：「AQ4」儲存格為訓練範例的誤判率；「AQ5」儲存格為驗證範例的誤判率。例如 AQ4 內的公式「=AVERAGE(AO2:AO41)」。

9. 輸入計算自變數的敏感性公式：BG2:BG7 用以表達自變數的敏感性公式

$$S_{ij} \equiv \sum_{k} W_{ik} W_{kj}$$

例如 BG2 內的公式「=MMULT(AU2:AX2,$AU$28:$AU$31)」。當神經網路訓練完畢後，利用權值分析可以得到各自變數的敏感性。

10. 為了求解可最小化誤差平方和的連結權值、門檻值，開啟 Excel 的「規劃求解」設定參數，並執行求解（圖 D-9）。其中

(a) 設定目標式：設定要最小化的目標，即訓練範例的誤差平方和（AQ2）。

(b) 藉由變更變數儲存格，設定要調整的權重，包括「輸入層到隱藏層連結權值」（AU2:AX7）、「隱藏層門檻值」（AU25:AX25）、「隱藏層到輸出層連結權值」（AU28:AU31）、「輸出層門檻值」（AU38）。

(c) 設定限制式：設定要調整的權重、門檻值的上下限，例如取 (−10,10) 為下限與上限。這些限制並非必要，可以省略。

(d) 選項：開啟「選項」設定參數，並確定（圖 D-10）。其中最大時限（秒）通常可設 300，反覆運算次數（學習循環）通常可設 5~200。

六、結果：

「規劃求解」工具中「選項」內「反覆運算」設為五次。結果如圖 D-11。與圖 D-4 比較可發現，無論訓練範例、驗證範例，誤差平方和與誤判率都已降低。自變數的敏感性 如圖 D-12，顯示「球技」是最重要因子，其值愈高，因變數的值也會愈高。

	A	B	C	D	E	F	G	H	I	Y	Z	AA
1		NO.	身高	體重	年齡	彈性	球技	耐力			分類	
2		1	1.46303	-0.19173	-0.27792	-0.26078	1.285377	-0.8357			1	
3		2	-1.2665	-1.9087	-1.47513	0.626284	-1.44434	1.520021			0	
4		3	0.262035	-0.42066	0.748255	-0.26078	0.032917	1.18823			0	
5		4	-0.39305	-1.33637	-1.64616	-0.78645	0.225603	-1.39975			0	
22		21	0.807942	0.26613	1.432373	0.396304	0.386175	1.520021			0	
23		22	-1.15732	-0.30619	1.090314	-1.14785	-1.18743	0.7569			0	
24		23	1.026305	1.067382	-0.27792	0.13347	0.996348	0.823259			1	
25		24	-1.37569	-0.30619	-1.81719	-0.62218	1.349606	-0.23848			1	

| Scaling | 初始權值 (隨機版) | 初始權值 (固定版) | NN | Lift | ⊕ |

圖 D-3(a)　將訓練樣本的自變數貼到 B1:H41，因變數貼到 Z1:Z41（中間省略）

	A	B	C	D	E	F	G	H	I	Y	Z	AA
1001												
1002		41	-1.37569	-0.30619	-0.44895	0.921972	1.349606	0.458287			1	
1003		42	0.917123	-0.42066	1.090314	0.724847	-0.32034	-1.23385			0	
1004		43	-0.7206	-0.19173	-1.47513	-0.91787	-0.8984	0.591004			0	
1005		44	-1.15732	-1.9087	0.577225	-0.09651	-1.47646	1.387305			0	
1006		45	-1.15732	-0.19173	-0.61998	0.067762	-0.70571	0.524646			0	
1007		46	1.572212	1.983099	0.919284	-0.19507	-0.96263	1.121871			1	
1008		47	1.135486	-0.19173	0.919284	1.184806	0.386175	1.553201			1	
1009		48	-0.82978	-1.9087	0.064136	-1.34497	1.349606	-1.0016			1	
1010		49	1.681393	0.495059	1.432373	1.349078	-0.60937	-1.53246			1	

圖 D-3(b)　將驗證範例的自變數貼到 B1002:H1041，因變數貼到 Z1002:Z1041

▲	AN	AO	AP	AQ	AR	AS	AT	AU	AV	AW	AX
1	Y	誤判?						H1	H2	H3	H4
2	0.491747	1	訓練誤差平方和	9.93124	權值下限	-10	X1	0.02958	0.32135	-0.2952	0.4528
3	0.407973	0	測試誤差平方和	9.72982	權值上限	10	X2	-0.4624	-0.1803	-0.2856	-0.3713
4	0.462124	0	訓練誤判率	0.5			X3	-0.4133	-0.4418	-0.1009	0.46541
5	0.465077	0	測試誤判率	0.4			X4	0.33912	-0.4905	-0.1971	-0.0169
6	0.491626	1					X5	-0.1221	0.08791	0.39377	0.14741
7	0.416628	1					X6	0.43971	0.45169	-0.4914	-0.169
8	0.460822	1					X7	0.1	0.1	0.1	0.1
24	0.466227	1					X23	0.1	0.1	0.1	0.1
25	0.453514	1					Theta	0.43231	-0.259	-0.0134	-0.0237
26	0.429058	1									
27	0.452297	0						Y			
28	0.425252	1					H1	-0.3899			
29	0.463912	0					H2	0.34614			
30	0.482574	1					H3	0.09772			
31	0.514875	0					H4	0.25151			
32	0.480665	0					H5	0.1			
33	0.481098	1					H6	0.1			
34	0.461977	0					H7	0.1			
35	0.452052	0					H8	0.1			
36	0.432681	0					H9	0.1			
37	0.44742	0					H10	0.1			
38	0.436335	1					Theta	0.39292			

圖 D-4　在 AU2:AX7 輸入「輸入層到隱藏層連結權值」初始值「=rand()−0.5」
（中間部分列未顯示在圖中）

AD2		▼	f_x	=1/(1+EXP(-(MMULT($C2:$H2,AU$2:AU$7)-AU$25)))			
	AD	AE	AF	AG	AH	AI	AJ	AK
1	H1	H2	H3	H4				
2	0.2978539	0.000364	0.31675	0.283979				
3	0.8873581	0.999893	0.842696	0.897897				
4	0.5248997	0.478793	0.46192	0.662628				
5	0.8612534	0.970979	0.739782	0.414797				

圖 D-5　計算隱藏單元的輸出值（AD2 內的公式顯示在上方公式列）

$$H_k = \frac{1}{1 + \exp(-(\sum_i W_{ik} X_i - \theta_k))}$$

	AN2	▼		*fx*	=1/(1+EXP(-(MMULT($AD2:$AG2,AU$28:AU$31)-AU$38)))		
	AN	AO	AP	AQ	AR	AS	AT	AU
1	Y							H1
2	0.90236		訓練方差和	1.685334	權值下限	-10	X1	-0.69763
3	0.009993		測試方差和	2.546383	權值上限	10	X2	0.038265
4	0.162461						X3	-0.44789
5	0.162868						X4	-0.75269

圖 D-6　計算輸出單元的輸出值（AN2 內的公式顯示在上方公式列）

$$Y_j = \frac{1}{1 + \exp(-(\sum_k W_{kj} H_k - \theta_j))}$$

	AO2	▼		*fx*	=IF(OR(AND(Z2=1,AN2<0.5),AND(Z2=0,AN2>=0.5)),1,0)		
	AN	AO	AP	AQ	AR	AS	AT	AU
1	Y	誤判?						H1
2	0.996715	0	訓練誤差平方和	3.255779	權值下限	-10	X1	1.6657
3	0.028061	0	測試誤差平方和	5.164796	權值上限	10	X2	1.3639
4	0.342367	0	訓練誤判率	0.1			X3	-0.751
5	0.055664	0	測試誤判率	0.2			X4	1.4458
6	0.994206	0					X5	2.8527
7	0.41682	1					X6	0.3610

圖 D-7　AO 欄判斷預測是否誤判（AO2 內的公式顯示在上方公式列）

	AQ4	▼		*fx*	=AVERAGE(AO2:AO41)		
	AN	AO	AP	AQ	AR	AS	AT	AU
1	Y	誤判?						H1
2	0.996715	0	訓練誤差平方和	3.255779	權值下限	-10	X1	1.6657
3	0.028061	0	測試誤差平方和	5.164796	權值上限	10	X2	1.3639
4	0.342367	0	訓練誤判率	0.1			X3	-0.751
5	0.055664	0	測試誤判率	0.2			X4	1.4458
6	0.994206	0					X5	2.8527
7	0.41682	1					X6	0.3610

圖 D-8　「AQ 4」儲存格為訓練範例的誤判率（AQ4 內的公式顯示在上方公式列）

圖 D-9　開啓 Excel 的「規劃求解」設定參數，並執行求解

圖 D-10　開啓 Excel 的「規劃求解」的「選項」設定參數，並確定

	AN	AO	AP	AQ	AR	AS	AT	AU	AV	AW	AX
1	Y	誤判?						H1	H2	H3	H4
2	0.996715	0	訓練誤差平方和	3.255779	權值下限	-10	X1	1.66579	-1.5628	-1.0332	2.15448
3	0.028061	0	測試誤差平方和	5.164796	權值上限	10	X2	1.36392	-1.8411	-0.1709	1.28025
4	0.342367	0	訓練誤判率	0.1			X3	-0.7513	0.61768	0.27531	-0.2323
5	0.055664	0	測試誤判率	0.2			X4	1.44588	-1.4064	-0.386	1.24142
6	0.994206	0					X5	2.85271	-4.0004	-1.9106	3.63193
7	0.41682	1					X6	0.361	0.11047	0.361	0.51918
8	0.996474	0					X7	0.1	0.1	0.1	0.1
9	0.029446	0					X8	0.1	0.1	0.1	0.1

圖 D-11　經過訓練後的結果

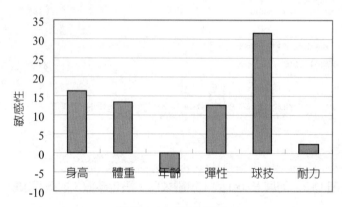

圖 D-12　權值分析

七、實作二：修改系統

　　如果不想從頭開始做起，一個更簡單的方法是修改一個現成的檔案。本書提供了「書局行銷個案」範例，此範例（模板）有 15 個自變數，但實際上 C~Y 欄均可放置自變數，因此可以容納 23 個自變數。此範例（模板）有 2,000 筆 Data（訓練、驗證各 1,000 筆）。如果讀者的應用問題的自變數少於 23 個，訓練、驗證均少於 1,000 筆，可以先複製範例檔案，參考「實作一：新建系統」各步驟，依序做必要的修改來建立系統，會更簡便。例如 AD~AG 欄用以表達公式

$$H_k = \frac{1}{1 + \exp(-(\sum_i W_{ik} X_i - \theta_k))}$$

例如 AD2 內的公式

=1/(1+EXP(-(MMULT($C2:$H2,AU$2:AU$7) - AU$25)))

此公式必須根據實際上有幾個自變數作調整。例如有 23 個自變數時，AD2 內的公式必須改成如下：

=1/(1+EXP(-(MMULT($C2:$Y2,AU$2:AU$24) - AU$25)))

修改系統的詳細實作步驟與上述「新建系統」十分相似，且因為我們已經假設讀者的應用問題的尺度小於上述「模板」，即自變數少於 23 個，訓練、驗證均少於 1,000 筆，因此欄位都不用移動，不難修改，故不再贅述。存放模板的試算表在「第 9 章 分類與迴歸（三）神經網路 A 分類（模板）」資料夾。

隨堂練習

1. 網路權值初始值用「=rand()−0.5」公式，試 Run 十次，記錄結果有何不同？
2. 將訓練範例與驗證範例的角色互換，結果有何不同？
3. 如果訓練範例減少為 10、20、30 三種，結果有何不同？
4. 試調整 Excel「規劃求解」工具中「選項」內參數，記錄結果有何不同？

D-2　Excel 實作 2：神經網路（迴歸）

一、原理
與前節相同，直接以非線性規劃法最小化誤差平方和，解得神經網路中的連結權值。

二、方法
與前節相同，以 Excel 的「規劃求解」求解。

三、實作
以下以前一章的「籃球社」的迴歸例題為例，說明如何建立一個能配適這組數據的神經網路模型。本題取一層隱藏層，有四個隱藏單元。

四、變數尺度化
輸入變數尺度化方法同前節，不再贅述。迴歸用的神經網路的輸出變數必須先依下式作尺度化：

$$y = \frac{Y - Y_{\min}}{Y_{\max} - Y_{\min}}(D_{\max} - D_{\min}) + D_{\min}$$

其中 $Y_{\min}, Y_{\max}$ = 尺度化前輸出變數的最小值與最大值；$D_{\min}, D_{\max}$ = 尺度化後輸出變數的最小值與最大值；Y = 尺度化前輸出變數的值；y = 尺度化後輸出變數的值。

通常 $(D_{\min}, D_{\max})$ 不會取轉換函數之值域 $(0,1)$，而取較小的範圍，例如 $(0.2, 0.8)$，以預留空間給當網路在應用時，可能出現尺度化前輸出變數的值超出原先統計的 $(Y_{\min}, Y_{\max})$ 情形。不過實作時採用 $(D_{\min}, D_{\max}) = (0,1)$，故輸出變數依下式作尺度化：

$$y = \frac{Y - Y_{\min}}{Y_{\max} - Y_{\min}}$$

「籃球社」例題共有 80 筆資料。其試算表如圖 D-13。輸入變數尺度化方法同前節，不再贅述。O7:O86 存放尺度化後輸入變數的值，例如 O7 的公式：「=(H7-$3)/(H$4-$3)」。

▲	A	B	C	D	E	F	G	H	I	J	K	L	M	N	O
1	avg	1.786	65.675	19.063	51.938	53.975	49.188	72.925	-5.5E-16	3.16E-16	-6.2E-15	0	-3.9E-17	-3.1E-17	0.467857
2	std	0.0916	8.7363	0.5847	30.437	31.139	30.139	18.55	1	1	1	1	1	1	0.378582
3	min	1.66	49	18	0	0	1	50	-1.37569	-1.9087	-1.81719	-1.70637	-1.73337	-1.59882	0
4	max	1.94	83	20	99	99	98	99	1.681393	1.983099	1.603403	1.546203	1.445949	1.619559	1
5															
6	NO.	身高	體重	年齡	彈性	球技	耐力	分數	身高	體重	年齡	彈性	球技	耐力	分數
7	1	1.92	64	18.9	44	94	24	97	1.46303	-0.19173	-0.27792	-0.26078	1.285377	-0.8357	0.959184
8	2	1.67	49	18.2	71	9	95	57	-1.2665	-1.9087	-1.47513	0.626284	-1.44434	1.520021	0.142857
9	3	1.81	62	19.5	44	55	85	55	0.262035	-0.42066	0.748255	-0.26078	0.032917	1.18823	0.102041
10	4	1.75	54	18.1	28	61	7	52	-0.39305	-1.33637	-1.64616	-0.78645	0.225603	-1.39975	0.040816
11	5	1.84	70	19.6	29	88	8	96	0.589579	0.495059	0.919284	-0.75359	1.092691	-1.36657	0.938776
12	6	1.66	61	18.6	85	63	52	78	-1.37569	-0.53512	-0.79101	1.086244	0.289832	0.093316	0.571429
13	7	1.79	74	19.7	61	89	84	98	0.043673	0.952918	1.090314	0.297742	1.124806	1.15505	0.979592
14	8	1.82	75	19.2	8	7	20	53	0.371217	1.067382	0.235166	-1.44353	-1.50857	-0.96842	0.061224

圖 D-13　變數尺度化

在訓練好神經網路後，因為預測的輸出變數為尺度化的尺度，要恢復原始尺度可用下式：

$$Y = y(Y_{\max} - Y_{\min}) + Y_{\min}$$

其中 $Y_{\min}, Y_{\max}$ = 尺度化前輸出變數的最小值與最大值；Y = 尺度化前輸出變數的值；y = 尺度化後輸出變數的值。

五、實作一：新建系統

從頭開始做起的實作步驟幾乎與前節相同，只有下列不同：

(1) 不需 AO 欄判斷預測是否誤判。

(2) 不需「AQ 4」與「AQ5」儲存訓練範例、驗證範例的誤判率。

圖 D-14 為神經網路訓練前的結果。

	AN	AO	AP	AQ	AR	AS	AT	AU	AV	AW	AX
1	Y							H1	H2	H3	H4
2	0.491747		訓練方差和	5.918691	權值下限	-10	X1	0.02958	0.32135	-0.2952	0.4528
3	0.407973		測試方差和	5.081132	權值上限	10	X2	-0.4624	-0.1803	-0.2856	-0.3713
4	0.462124						X3	-0.4133	-0.4418	-0.1009	0.46541
5	0.465077						X4	0.33912	-0.4905	-0.1971	-0.0169
6	0.491626						X5	-0.1221	0.08791	0.39377	0.14741
7	0.416628						X6	0.43971	0.45169	-0.4914	-0.169

圖 D-14　神經網路訓練前的結果

六、結果

「規劃求解」工具中「選項」內「反覆運算」設為 10 次。圖 D-15 為神經網路訓練後的結果。與圖 D-14 比較可發現，無論訓練範例、驗證範例，誤差平方和都已降低。但訓練範例誤差平方和遠低於驗證範例，顯示有過度學習現象發生。

	AN	AO	AP	AQ	AR	AS	AT	AU	AV	AW	AX
1	Y							H1	H2	H3	H4
2	0.948754		訓練方差和	1.137759	權值下限	-10	X1	-2.2577	3.13154	-2.3536	2.87289
3	0.002556		測試方差和	3.190283	權值上限	10	X2	-3.3994	2.12343	-1.2893	1.8492
4	0.018449						X3	3.15381	-0.1718	0.40783	-2.1783
5	0.073961						X4	-3.173	2.35781	-1.3194	1.81947
6	0.975725						X5	-6.9565	6.58916	5.82838	6.51325
7	0.594884						X6	1.32917	1.07007	0.27345	2.63199

圖 D-15　神經網路訓練後的結果

七、實作二：修改系統

如果不想從頭開始做起，一個更簡單的方法是修改一個現成的檔案。本書提供了「新店區房價估算」範例，此範例（模板）有 6 個自變數，但實際上 C~Y 欄均可放置自變數，因此可以容納 23 個自變數。此範例（模板）有 2,000 筆 Data（訓練、驗證各 1,000 筆）。如果讀者的應用問題的自變數少於 23 個，訓練、驗證均少於 1,000 筆，可以先複製範例檔案，參考「實作一：新建系統」各步驟，依序做必要的修改，不再贅述。存放資料的試算表在「第 9 章 分類與迴歸（三）神經網路 B 迴歸（模板）」資料夾。

隨堂練習

1. 網路權值初始化用「=rand()－0.5」與「=(rand()－0.5)*0.1」結果有何不同？

2. 將訓練範例與驗證範例的角色互換，結果有何不同？

3. 如果訓練範例減少為 10、20、30 三種，結果有何不同？

4. 試調整 Excel「規劃求解」工具中「選項」內參數，記錄結果有何不同？

D-3 結語

1. 多層感知器神經網路有兩個解法：

(1) 從最小化誤差平和原理推得連結加權值的迭代公式，解得連結加權值。

(2) 直接以非線性規劃法最小化誤差平和，解得連結加權值。

　前者的優點是速度快；後者的優點是適用於各種不同的網路架構。

2. 神經網路本質上是非線性系統，應用到非線性系統時，不需先預設迴歸公式，這對變數多或問題本質不甚了解的情況是一大優點，因此是有效的非線性模型建構工具。

3. 雖然神經網路本質上是非線性系統，但也因此容易有「過度配適」的困擾。因此，神經網路的應用仍有其限制，特別是樣本少、雜訊高的問題在建模時易發生「過度配適」，較不適用。

4. 迴歸分析與神經網路各有優缺點，應視問題的特性選擇適合的方法。

第 **10** 章

分類與迴歸（四）：決策樹

章前提示：軟體維護合約續約顧客挽留

　　因為電腦程式經常在變，也許是因發現錯誤需要更正，也許是要增加新功能而修改，亦可能是要將其功能最佳化而修正。將軟體改正、擴充是產品週期中相當重要的一環。而軟體售後服務維護涵蓋軟體系統生命期從安裝直到結束為止。依照中華民國資訊軟體協會之資訊軟體計費標準，換算為廠商的平均套裝軟體維護費用估算約佔購置系統 20% 的費用。

　　因此一家 ERP 軟體公司藉由資料探勘技術探討什麼樣的情況下，客戶會進行售後服務簽約。考慮的因素有：第幾年維護合約、首購人數、科技產業、首次購買年、系統上線、購買原始碼、登記資本額（百萬）、上市狀態、購買其他產品、有資訊部門、前一年服務次數、前一年屬於保固者、前年度有簽約者、使用人數。以分類樹分析的結果顯示，顧客的特徵是「前年度有簽約者」，或者「前年度沒有簽約者，前一年服務次數≥1」（詳情參考第 13 章個案 6）。

Part A 決策樹：分類

10-1　模型架構

　　決策樹歸納法（Decision Tree Induction）是資料探勘中重要的分類技術之一，它可從一群隱含特定知識的範例中，導出一個包含普遍知識的樹狀結構之知識模型，如圖 10-1。

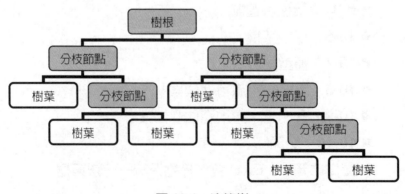

圖 10-1　決策樹

首先介紹歸納決策樹的幾個重要的基本概念如下：

1. 屬性（Attribute）：屬性是影響事物的分類及預測的特徵。
2. 屬性值配對（Attribute-value Pair）：一個屬性值配對包括屬性與其一特徵值。
3. 決策（Decision）：決策是對事物的分類或預測。
4. 範例（Example）：一個範例包括一群屬性與其值，以及一個決策值。
5. 歸納決策樹（Inductive Decision tree）：歸納決策樹（如圖 10-1）是一種樹狀結構，以屬性作為決策樹分枝之節點，以決策值作為決策樹的樹葉。歸納決策樹從樹根開始，以分枝節點作測試，將事物分成不同的決策值。
6. 法則（Rule）：一條 IF-THEN 法則包含一串條件與一個決策值，每個條件由一個屬性與其值所構成。

　　屬性可以是離散的類別變數或連續的數值變數。當屬性是類別變數時，每一類別產生一個分枝；當屬性是數值變數時，通常採用「≦」與「＞」某一門檻值分成二個分枝，形成二元樹。屬性是離散的類別變數或連續的數值變數其演算法十分相似，只是分枝的數目不同。

　　當決策是離散的類別變數時，歸納決策樹可稱「分類樹」，如圖 10-2；當決策是連續的數值變數時，歸納決策樹可稱「迴歸樹」，如圖 10-3。本章 Part A 與 Part B 分別介紹「分類樹」與「迴歸樹」。

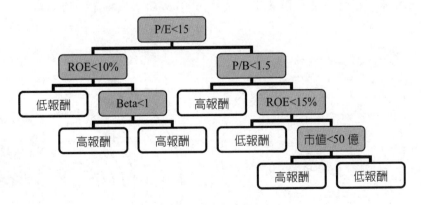

圖 10-2　分類樹

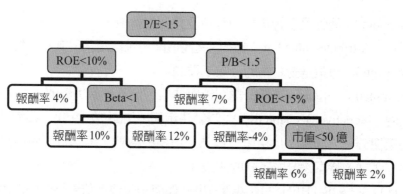

圖 10-3 迴歸樹

觀念補充：「如無必要，勿增實體」——威廉・奧卡姆

　　這是六百多年前，威廉・奧卡姆盛傳於世的一句哲學格言，它引申出來的科學思維是：「如果有兩種以上的理論可以解釋同一種現象，則應該選擇最簡潔的那個理論，一直到出現新的證據為止。」這個思維對於批判偽科學可謂「鋒利無比」，故被稱為「奧卡姆剃刀」。六百多年來，一個又一個偉大的人物磨礪著這把剃刀，使之日見鋒利，終於成為科學的最重要指導原則之一。最明顯的例子之一是「日心論」與「地心論」的論戰，「日心論」可用很簡單的同心圓模型解釋天文觀測數據，而「地心論」卻必須用複雜的「圓上有圓」模型才能自圓其說。最終，「日心論」戰勝了「地心論」。

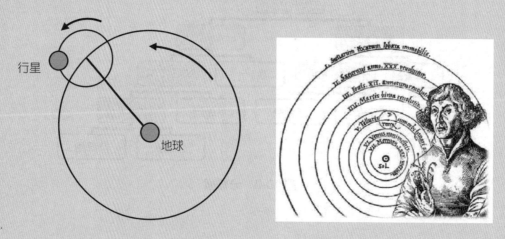

地心論（左）vs.日心論（右）

10-2　模型建立

　　歸納決策樹學習（Inductive Decision Tree Learning）是一種機器學習方式，它從一群隱含特定知識的範例中導出一個包含普遍知識的決策樹。當屬性是連續變數時，基本的分類樹演算法如下：

步驟 1：樹根分割法則

　　從樹根處任意選擇一個屬性，在該節點下分割成兩分枝，一支為小於等於分界點之分枝，一支為大於分界點之分枝。每一分枝含有所有該屬性之值滿足此分枝條件的訓練範例。

步驟 2：分枝判別法則

　　判別每一分枝：如果分枝中的所有的範例之決策值相同，則結束此分枝。

步驟 3：終止法則

　　如果所有的分枝均已結束，則輸出歸納決策樹並停止；否則至步驟 4。

步驟 4：分枝分割法則

　　對每一個未結束的分枝，在該分枝下，任意選擇一個屬性，同步驟 1 的方法產生下一層分枝，回到步驟 2。

　　顯然不同的屬性選擇順序會導出不同的迴歸樹，但不同的迴歸樹中，何者最佳？也就是不同的屬性選擇順序中，何者是最佳的屬性選擇順序？一般而言，由知識的「準確性」來看，分枝數目較少、分枝深度較淺，但仍能反應訓練範例中所隱含的分類知識的決策樹對驗證範例有較佳的預測能力，因此是較佳的決策樹。此外，由知識的「有用性」與「解釋性」來看，較簡單的決策樹優於較複雜者。

　　許多學者提出一些選擇最佳屬性的方法，即使所得決策樹盡量簡化的方法。即在每次要分枝時，計算以不同的屬性分枝下不純度（Impurity）的大小，並以能使分類樹的樹葉中樣本的不純度最小化，即純度最大化的屬性為最佳屬性。

　　在分類樹方面，因為決策為離散變數，當集合中的決策之分布愈集中，其不純度愈小，即純度愈大，如圖 10-4。因此採用 Gini 函數做為不純度函數的定義：

$$Gini(Y) = 1 - \sum_i P(Y_i)^2 \tag{10-1}$$

其中 $P(Y_i)$ = 決策 Y 屬於第 i 類的機率。當只有二分類時

$$Gini(Y) = 1 - \left(P(Y=0)\right)^2 - \left(P(Y=1)\right)^2 \tag{10-2}$$

因 $P(Y=0)=1-P(Y=1)$，將 $P(Y=1)$ 簡稱為 P，則 $P(Y=0)=1-P$，故

$$Gini(Y)=1-(1-P)^2-P^2=1-(1-2P+P^2)-P^2=2P-2P^2=2P(1-P) \quad (10\text{-}3)$$

因此當機率 $P \to 0$ 或 $P \to 1$，即分類已被「純化」，上式的 Gini 函數都接近 0，因此它符合不純度函數的要求。另一個常用的不純度函數為熵函數（Entropy Function）

$$INFO(Y)=-\sum_i P(Y_i)\log_2 P(Y_i) \quad (10\text{-}4)$$

表 10-1　不同的不純度函數之函數值比較

分布狀況	機率分布			不純度函數		備註
	P(Y1)	P(Y2)	P(Y3)	熵	Gini	
1	0.34	0.33	0.33	1.58	0.67	極為不純
2	0.9	0.1	0.0	0.469	0.18	相當純化
3	1.0	0.0	0.0	0	0	完全純化

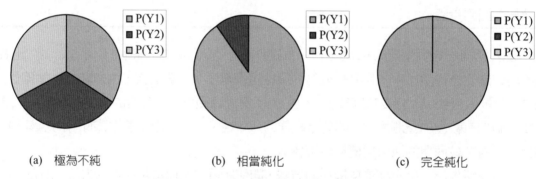

(a)　極為不純　　　　　(b)　相當純化　　　　　(c)　完全純化

圖 10-4　不同的不純度函數之函數值比較

如果訓練範例用某種屬性 X 的屬值來分割，即將原訓練範例依屬性的值分割成許多個小訓練範例，除非在此訓練範例中，決策和屬性 X 是完全獨立的，否則屬性 X 的屬性值將或多或少影響到決策，因而改變訓練範例中決策值分布情形，也就是改變這個離散資訊系統的不純度。令：

(1) $E(S|X)$ 表示用屬性 X 的屬性值分割訓練範例集合 S 下，訓練範例系統的條件不純度函數（Conditional Impurity Function）。

(2) $P(X \le V)$ 與 $P(X>V)$ 表示在訓練範例集合 S 中訓練範例屬性 X 的屬性值「≦」與「＞」門檻值 V 的機率。

則條件不純度函數可依前面所述的不純度函數定義如下：

$$Gini(S|X) = P(X \le V) \cdot Gini(S|X \le V) + P(X > V) \cdot Gini(S|X > V) \qquad (10\text{-}5)$$

至於分界點的決定，可預設若干分界點，以具有最佳分割能力，即不純度函數值最低的分界點，做為該屬性之分界點。

因此選擇屬性的原則為

$$Min \; Gini \, (S \mid X) \qquad (10\text{-}6)$$

每次分割後，形成了新的分枝。每一分枝包含較分割前為小的訓練範例次集合，再對每一新分枝之所有的屬性，重新計算不純度函數值，並再據以選擇新的決策樹節點分割屬性。此一過程反覆執行，直到每一個次集合均只含一種決策值為止，則一歸納決策樹便產出來。這種演算法屬於一種「貪心法」或稱「登山法」演算法。因此前述基本的迴歸樹演算法的步驟 1 與步驟 4 修改如下：

步驟 1：樹根分割法則

　　從樹根處選擇一個具有最小條件不純度函數值的屬性，在該節點下分割成兩分枝，一支為小於等於分界點之分枝，一支為大於分界點之分枝。每一分枝含有所有該屬性之值滿足此分枝條件的訓練範例。

步驟 4：分枝分割法則

　　對每一個未結束的分枝，在該分枝下，選擇一個具有最小條件不純度函數值的屬性，同步驟 1 的方法產生下一層分枝，回到步驟 2。

當訓練範例中含有不正確的範例時，在產生歸納決策樹的過程中，會造成不必要的分枝，而產生過度配適的問題。有兩個方法可減少雜訊的影響：

一、前修剪（Pre-pruning）

　　放寬結束分枝的條件以避免決策樹產生不必要的分枝。故前述演算法中的「步驟 2：分枝判別法則」修改如下：

步驟 2：分枝判別法則

　　如果 (1) 分枝的不純度小於一預設值；

　　或 (2) 分枝所處層數大於一預設值；

　　或 (3) 分枝所含訓練範例數目小於一預設值；

則以目前各分枝中連續決策變數的「平均值」做為此分枝之決策變數預測值，並結束此分枝。

前修剪方法的缺點是上述預設值參數不易決定，太寬鬆則無修剪的效果，太嚴格則可能分枝不足。

二、後修剪（Post-pruning）

先以「訓練範例」產生完整的分枝後，再以「驗證範例」修剪（Pruning）不必要的分枝，以避免過度配適的問題。即嘗試刪除在決策樹的最末端分枝節點，看是否可降低迴歸樹在「驗證範例」下的不純度，降低最多的節點應該被剪除。這種修剪可從決策樹的最末端分枝節點開始，逐層而上，直到無法透過修剪降低迴歸樹在「驗證範例」下的不純度為止。

綜合上述，完整的分類樹學習演算法如下：

步驟 1：樹根分割法則

從樹根處選擇一個具有最小條件不純度函數值的屬性，在該節點下分割成兩分枝，一支為小於等於分界點之分枝，一支為大於分界點之分枝。每一分枝含有所有該屬性之值滿足此分枝條件的訓練範例。

步驟 2：分枝判別法則

如果 (1) 分枝的不純度小於一預設值；

或 (2) 分枝所處層數大於一預設值；

或 (3) 分枝所含訓練範例數目小於一預設值；

則以目前分枝中佔有最大比例的決策值做為此分枝之決策值，並結束此分枝。

步驟 3：終止法則

如果所有的分枝均已結束，則輸出歸納決策樹並停止；否則至步驟 4。

步驟 4：分枝分割法則

對每一個未結束的分枝，在該分枝下，選擇一個具有最小條件不純度函數值的屬性，同步驟 1 的方法產生下一層分枝，回到步驟2。

例題 10-1　籃球社的社員選拔

某大學籃球社來了 80 名應徵者，選拔後的結果如下：

		訓練範例								測試範例					
	身高	體重	年齡	彈性	球技	耐力	入選		身高	體重	年齡	彈性	球技	耐力	入選
1	1.92	64	18.9	44	94	24	1	41	1.66	63	18.8	80	96	63	1
2	1.67	49	18.2	71	9	95	0	42	1.87	62	19.7	74	44	12	0
3	1.81	62	19.5	44	55	85	0	43	1.72	64	18.2	24	26	67	0
4	1.75	54	18.1	28	61	7	0	44	1.68	49	19.4	49	8	91	0
5	1.84	70	19.6	29	88	8	1	45	1.68	64	18.7	54	32	65	0
:	:	:	:	:	:	:	:	:	:	:	:	:	:	:	:
36	1.70	61	18.8	31	43	72	0	76	1.78	64	19.7	67	60	15	0
37	1.66	53	18.1	55	92	58	1	77	1.68	60	18.9	60	16	6	0
38	1.66	63	19.9	61	88	50	1	78	1.69	63	18.4	65	60	8	0
39	1.79	71	18.7	28	83	93	1	79	1.76	56	18.5	60	93	14	1
40	1.78	56	18.4	97	82	8	1	80	1.93	82	19.7	5	91	82	1

以下面的散布圖來觀察訓練範例可知，球技很明顯是決定入選與否最重要的因子。但其他因子看不出來是否有影響。

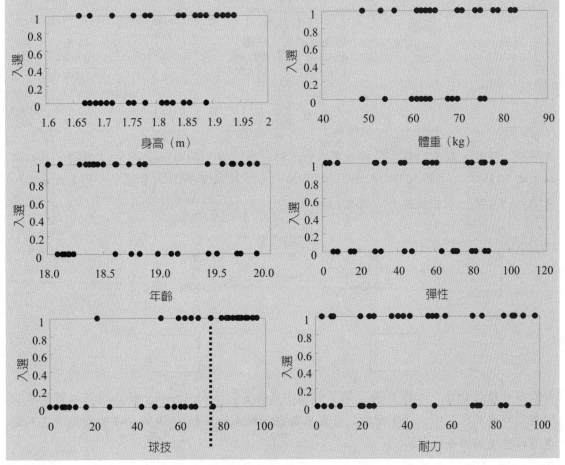

用其前 40 筆作訓練範例，建立預測模型。先嘗試用這六個變數分別對資料作「最佳分割」（即選不同的分割門檻值，選效果最佳者），結果如下：

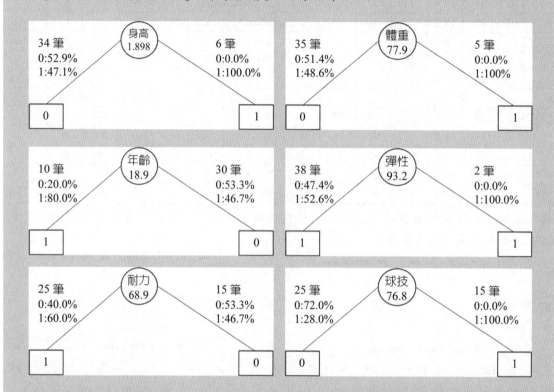

發現用「球技」對資料作分割的效果最好：球技在「分割門檻值」為 76.8 分時，在此值以上者有 15 人，全部入選；在之下者 25 人，有 7 人入選、18 人落選，可見是最重要的變數。因此第一個分枝採用「球技」：

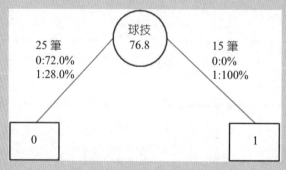

由於右分枝已全為「入選＝Yes」的資料，不需再分割；而左分枝一樣再用這六個變數分別對資料作最佳分割。以下面的散布圖來觀察訓練範例可知，「身高」很明顯是決定入選與否最重要的因子。

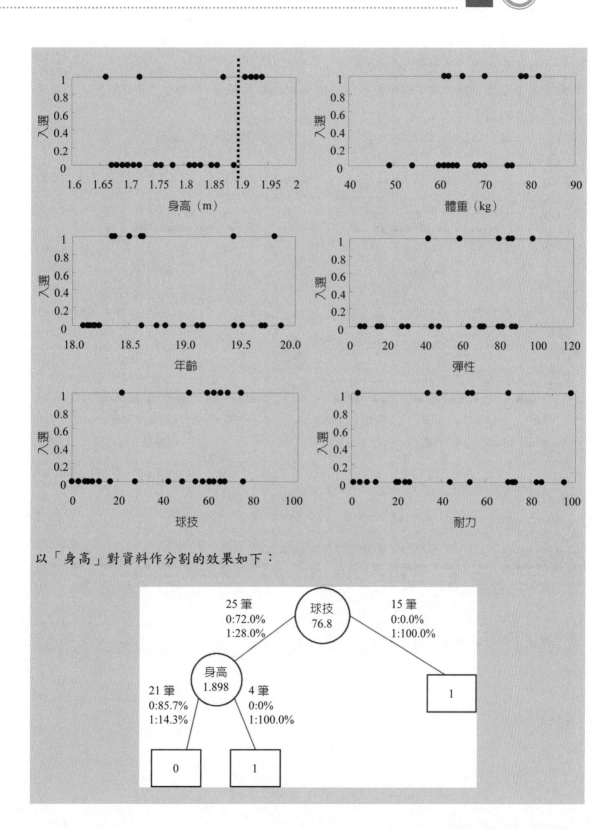

以「身高」對資料作分割的效果如下：

由於右分枝已全為「入選＝Yes」的資料，不需再分割；而左分枝一樣再用這六個變數分別對資料作最佳分割。以下面的散布圖來觀察訓練範例可知，「彈性」很明顯是決定入選與否最重要的因子。

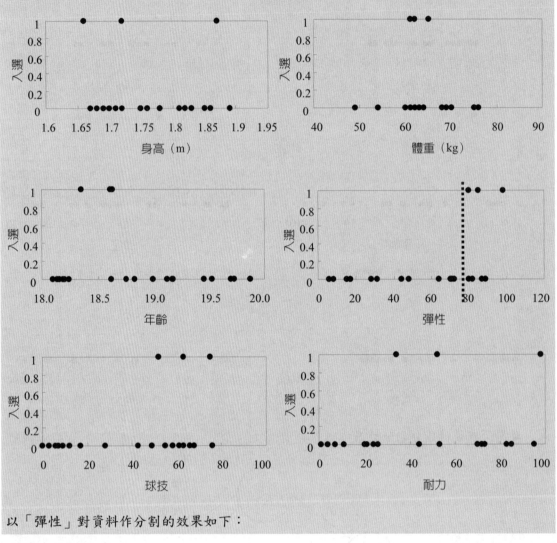

以「彈性」對資料作分割的效果如下：

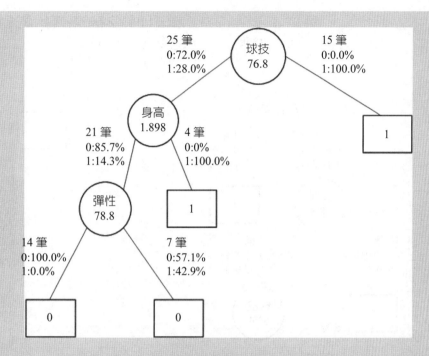

由於左分枝已全為「入選＝Yes」的資料，不需再分割；而右分枝一樣再用這六個變數分別對資料作最佳分割，結果發現用「球技」對資料作分割的效果最好，即完整的模型如下圖：

因為實際的數據經常會有雜訊，因此在選擇門檻時，經常會產生樣本數目懸殊的兩個分枝。當樹葉內的訓練範例數量很少時，以它的多數分類做為預測值並不可靠。雖然可以透過適度修剪分類樹來改善這個缺點，但效果有限。一個替代方案是採用以下的條件不純度函數：

$$Gini(S \mid X) = P(X \le V)^2 \cdot Gini(S \mid X \le V) + P(X > V)^2 \cdot Gini(S \mid X > V) \qquad (10\text{-}7)$$

這個函數會比較傾向產生樣本數目較為平衡的兩個分枝。

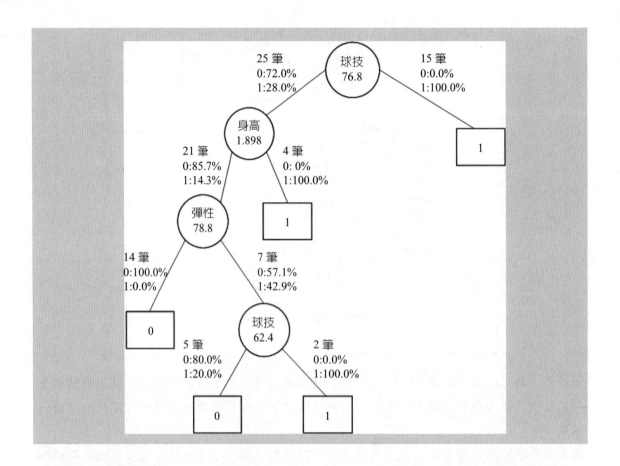

10-3 實例一：旅行社個案

　　延續前章的「陽光旅行社」個案。分段數取 6，分類樹如圖 10-5，白色的樹葉中的數字分別代表訓練範例的數目、範例中出現分類＝1 的機率，以及驗證例的數目、範例中出現分類＝1 的機率。因為有許多樹葉是空的，需要修剪。經過修剪後，分類樹如圖 10-6，共有 12 個末端樹葉。

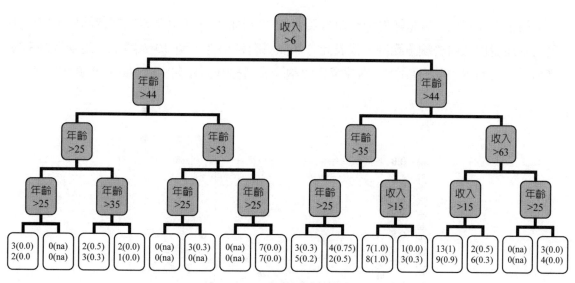

圖 10-5　修剪前的分類樹

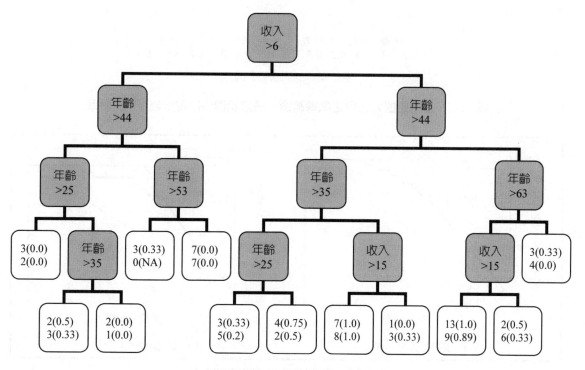

圖 10-6　修剪後的分類樹

如果訓練範例、驗證範例中出現分類＝1的機率相近，可以判定從訓練範例中學習產生的分類樹也適用於驗證範例，代表此分類樹具有通用性。圖 10-7 顯示，這兩個機率確實相近，此分類樹具有通用性。訓練資料與驗證資料提升圖如圖 10-8，顯示分類十分準確。

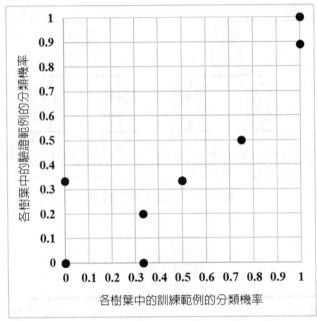

圖 10-7　修剪後的分類樹之訓練範例、驗證範例中出現分類＝1 的機率

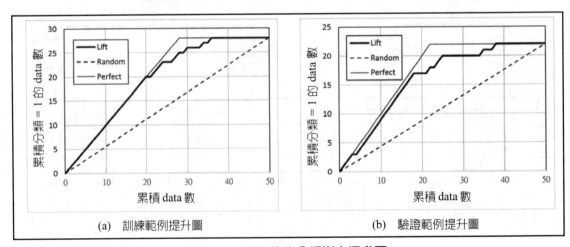

圖 10-8　修剪後的分類樹之提升圖

一、分類樹的成長過程

　　為了了解分類樹的成長過程，我們將樹的層樹分別設為 1、2、3 層。因為訓練範例中，年齡介於 16~72，分為六段，故五個分界點分別為 25.3、34.7、44.0、53.3、62.7；收入最小介於 0~18，分為六段，故五個分界點分別為 3、6、9、12、15。結果發現，在第一層以「收入≧6」做為分枝的分類能力最佳（圖 10-9）：

1. 收入< 6：共有 17 筆數據，只有 2 筆數據的分類為 1（代表參加），機率 = 0.12。
2. 收入≧6：共有 33 筆數據，多達 26 筆數據的分類為 1（代表參加），機率 = 0.79。

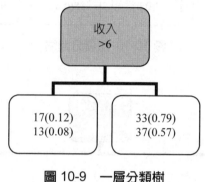

圖 10-9　一層分類樹

在第二層的左邊，發現以「年齡≧44」做為分枝的分類能力最佳（圖 10-10）：

3. 收入< 6 且年齡< 44：共有 7 筆數據，只有 1 筆數據的分類為 1（代表參加），機率 = 0.14。
4. 收入< 6 且年齡≧44：共有 10 筆數據，只有 1 筆數據的分類為 1（代表參加），機率 = 0.10。

同理，在第二層的右邊，發現以「年齡≧44」做為分枝的分類能力最佳：

1. 收入≧6 且年齡< 44：共有 15 筆數據，多達 11 筆數據的分類為 1（代表參加），機率 = 0.73。
2. 收入≧6 且年齡≧44：共有 18 筆數據，多達 15 筆數據的分類為 1（代表參加），機率 = 0.83。

　　同理，在第二層的四個分枝上，可以繼續再各分兩分枝，產生八個末端「樹葉」（圖 10-11），不再贅述。

　　分類樹的每一個分枝都將資料分成兩個次集合。圖 10-12 為分類樹層數為一層、二層、三層、四層（修剪後）的分割邊界，例如像上面的四層修剪後的分類樹有 11 個分枝，因此形成 11 個分割邊界。每一個區塊都採用多數決來決定其預測分類，因此其分類邊界如圖 10-13。

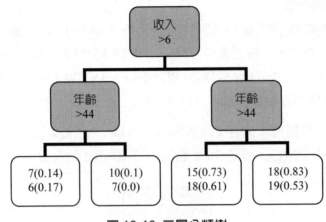

圖 10-10 二層分類樹

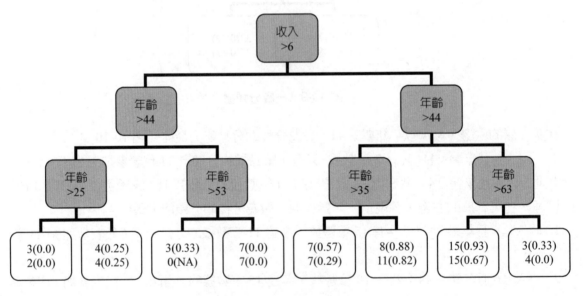

圖 10-11 三層分類樹

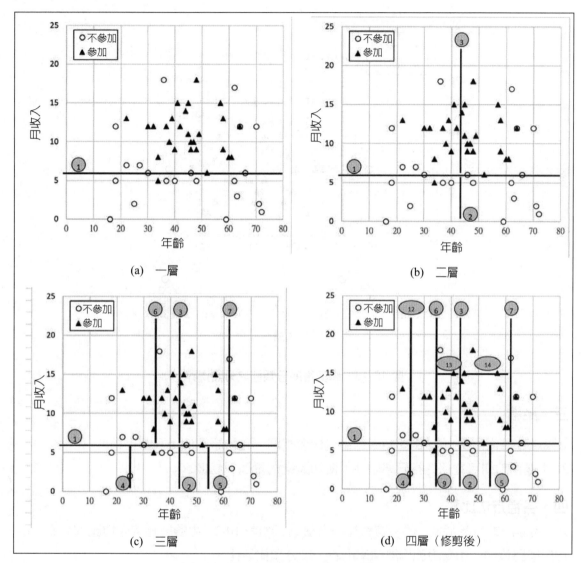

圖 10-12　分類樹之分割邊界

二、參數的影響

　　分類樹層數與誤判率的關係如圖 10-14(a)，當層數為四層時，訓練範例與驗證範例的誤判率相近。在分類樹層數為四層下，變數值域的分段數目與誤判率的關係如圖 10-14(b)，可見分段數目為六段時，驗證範例的誤判率最小。更多的分段數目雖然可以使訓練範例的誤判率進一步降低，但驗證範例的誤判率會反彈，顯示過度學習的現象。

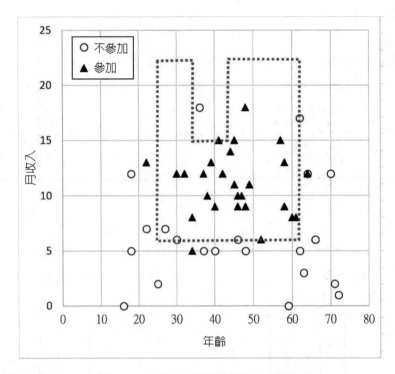

圖 10-13　修剪後的分類樹之分類邊界

三、結論

1. 本題修剪樹的驗證範例誤判率和完全樹者相同，且驗證範例提升圖也相似。

2. 本題修剪樹可在保持相同準確性下使知識結構更簡單易懂。

四、各種方法比較

　　總結「旅行社個案」的各資料探勘方法結果如表 10-2。由驗證範例面積比率來看，以神經網路最佳；由驗證範例誤判率來看，以分類樹最佳。

　　各方法產生的分類邊界如圖 10-15，可見：

1. 最近鄰居：為不規則曲線邊界，半徑參數控制邊界的平滑程度。

2. 邏輯迴歸：為規則的數學函數邊界，函數複雜度控制邊界的平滑程度。

3. 神經網路：為不規則曲線邊界，學習循環次數控制邊界的平滑程度。

4. 分類樹：為水平、垂直直線組成的多邊形邊界，樹的大小控制邊界的平滑程度。

　　調控參數使邊界的平滑程度能配適數據，可以建立最準確的分類邊界（模型）。

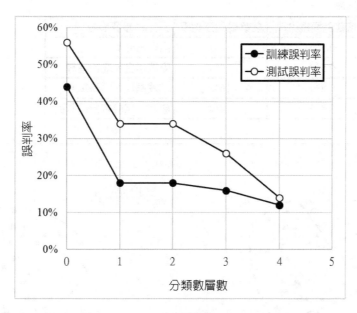

圖 10-14(a)　分類樹層數與誤判率的關係

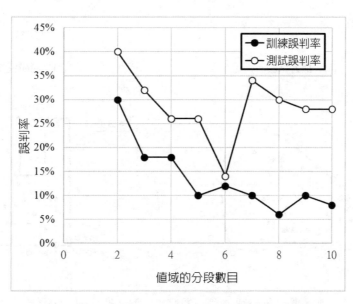

圖 10-14(b)　變數值域的分段數目與誤判率的關係

表 10-2 資料探勘結果

資料探勘方法	驗證範例面積比率	驗證範例誤判率	重要參數
最近鄰居	0.766	18%	自變數權重、半徑
邏輯迴歸	0.529	26%	變數組合、變數建構
神經網路	0.834	16%	訓練循環、隱藏單元
分類樹	0.812	14%	層數、自變數分段數目

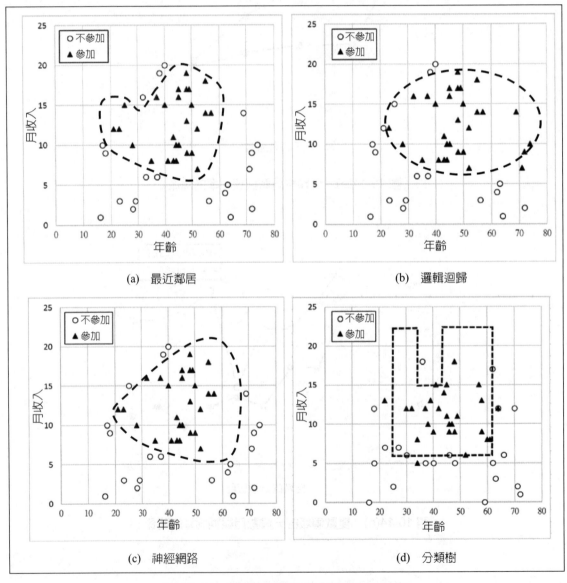

圖 10-15 各種方法產生的分類邊界之比較

10-4 實例二：書局行銷個案

延續前章的「書局行銷個案」。分段數取 7，分類樹如圖 10-16，共有 16 個末端樹葉。本個案的分類以「1」表示「購買者」，以「0」表示「非購買者」。由於本個案的範例中出現分類＝1 的機率只有大約 10%，因此產生的分類樹的末端樹葉中出現分類＝1 的機率最大者也小於 50%。如果以預測機率大於 0.5 為判定分類＝1 的依據，則所有的範例都不會被判定為分類＝1。雖然沒有任何分類樹的末端樹葉中出現分類＝1 的機率大於 0.5，但是其機率大小仍有很大的區別，最大達 44%，最低只有 4%。

此分類樹中分類＝1 的機率最高的樹葉，由樹根到樹葉展開的法則如下：

IF R < 11.7 and F > 2.57 and ArtBooks > 0.71 and DIY < 0.71 Then P(Florence=1) = 0.44

這條法則可以解釋成：

如果　顧客最近一次消費在 11.7 個月以內，

　　且　總消費次數多於 2.57 次，

　　且　藝術類書購買數多於 0.71 次，

　　且　DIY 類書購買數少於 0.71 次，

　　則　顧客為「購買者」的機率為 0.44。

不過符合這條法則的驗證範例中顧客為「購買者」的機率只有 0.27，但仍遠高於驗證範例中顧客為「購買者」的平均機率＝41/400＝0.1025，因此仍然是有價值的法則。

要了解變數的重要性與影響的方向可根據以下原則：

1. 重要性原則：在決策樹中出現的變數是重要變數，未曾出現者是不重要變數。在決策樹愈高層出現的變數愈重要。

2. 方向性原則：比較二元分枝的節點左端（小於分界值）與右端（大於分界值）下的類別機率，可研判位在此節點的變數對類別是正影響或負影響。

將上述原則，分析比較後得知重要的變數如下：

1. R（距離前次消費時間）愈短，愈有可能是購買者。

2. F（消費次數）愈多，愈有可能是購買者。

3. Art Books（藝術類書購買數）愈多，愈有可能是購買者。

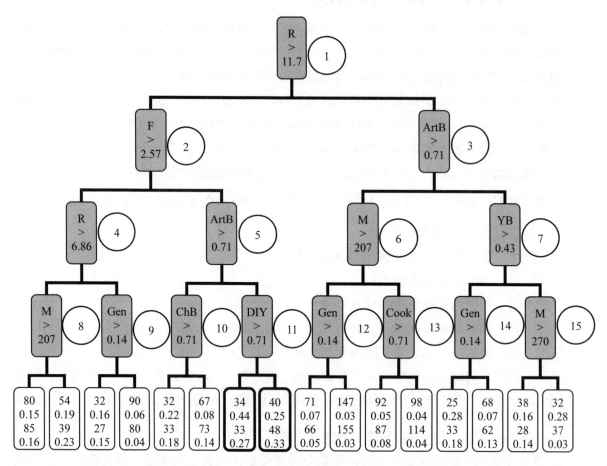

圖 10-16　分類樹（白色的樹葉中的數字分別代表訓練範例的數目、範例中出現分類＝1的機率、
驗證範例的數目，以及範例中出現分類＝1的機率）

　　白色的樹葉中的上下數字分別代表訓練範例、驗證範例的範例數目（整數），以及範例中出現分類＝1的機率（小數）。如果這兩個機率相近，可以判定從訓練範例中學習產生的分類樹也適用於驗證範例，代表此分類樹具有通用性。圖 10-17 顯示，這兩個機率確實相近，此分類樹具有通用性。訓練資料與驗證資料提升圖如圖 10-18，顯示分類十分準確。

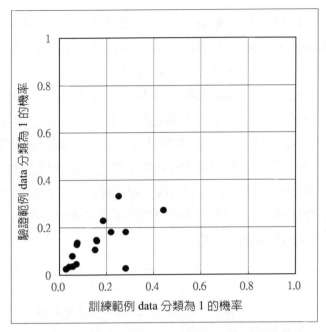

圖 10-17　修剪後的分類樹之訓練範例、驗證範例中出現分類＝1 的機率

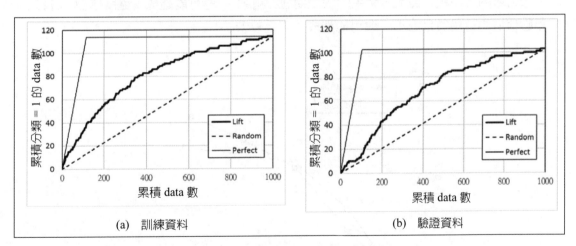

(a)　訓練資料　　　　　　　　　　　(b)　驗證資料

圖 10-18　修剪後的分類樹之提升圖

一、參數的影響

　　本個案的分類以「1」表示「購買者」，以「0」表示「非購買者」。這二種分類的比例懸殊，購買者只佔大約 10%，因此很容易發生所有分枝都是「非購買者」多於「購買者」的現象，即各分枝佔最大比例的分類都是「非購買者」。故誤判率固定不變，因此誤判率不是評估分類樹預測能力的指標。但事實上每個分枝的購買者所佔比例各不相同，因此仍

可繪出提升圖，用以篩選潛在的「購買者」。因此我們可以改用「提升圖面積比率」來評估。即 Lift 曲線與 Random 曲線之間所包圍的弓形面積除以 Perfect 曲線與 Random 曲線之間所包圍的三角形面積。此一比率最小為 0.0，最大為 1.0。

分類樹層數與提升圖面積比率的關係如圖 10-19，層數愈多，訓練範例的提升圖面積比率愈大；雖然驗證範例的提升圖面積比率也隨著層數而提高，但增幅漸小。當層數為四層時，訓練範例的提升圖面積比率已經明顯高於驗證範例，顯示過度學習的現象。

在分類樹層數為四層下，變數值域的分段數目與提升圖面積比率的關係如圖 10-20，可見分段數目愈多，訓練範例與驗證範例的提升圖面積比率都會提高。但分段數目達到六段之後，更多的分段數目雖然可以使訓練範例的面積比率進一步提高，但驗證範例的面積比率增加很有限，顯示過度學習的現象。

二、結論

1. 分類樹層數愈大，產生的決策樹愈大，愈可能造成「過度學習」；反之，分類樹層數愈小，愈可能造成「不足學習」。
2. 變數值域的分段數目愈大，產生的決策樹愈「精細」，愈可能造成「過度學習」；反之，變數值域的分段數目愈小，愈可能造成「不足學習」。

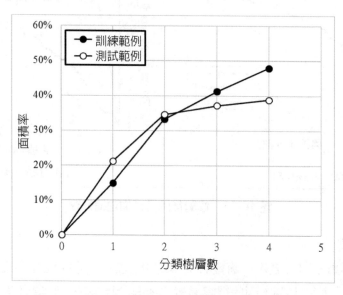

圖 10-19　分類樹層數與提升圖面積比率的關係

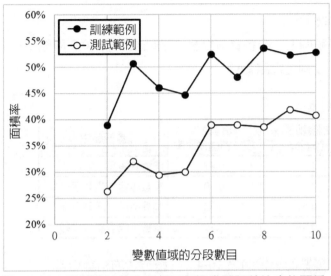

圖 10-20　變數值域的分段數目與提升圖面積比率的關係

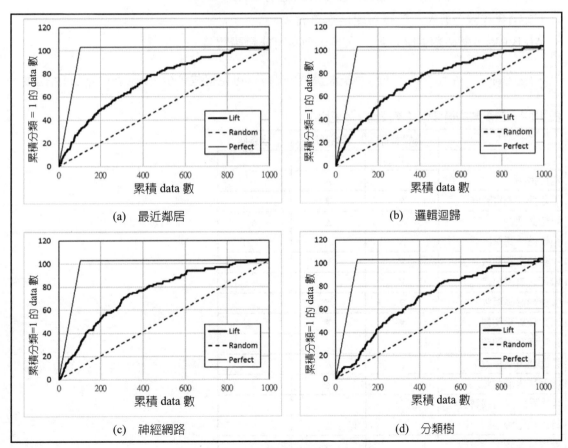

圖 10-21　實例二之各方法比較

三、各種方法比較

總結「書局行銷個案」的各資料探勘方法結果如表 10-3 與圖 10-21。由驗證範例提升圖面積比率來看，以神經網路最佳。

表 10-3　資料探勘結果

資料探勘方法	訓練範例提升圖面積比率	驗證範例提升圖面積比率	重要參數
最近鄰居	NA	0.47	自變數權重、半徑
邏輯迴歸	0.61	0.50	變數組合、變數建構
神經網路	0.54	0.52	訓練循環、隱藏單元
分類樹	0.48	0.39	層數、自變數分段數目

各自變數對因變數的影響如表 10-4，各種方法的結論相當一致。其中

1. R（距離前次消費時間）愈短，愈有可能是購買者。
2. F（消費次數）愈多，愈有可能是購買者。
3. Art Books（藝術類書購買數）愈多，愈有可能是購買者。

這三個因子各方法都一致認為是最重要的因子，可見這些分析方法具有一定的可信度。

表 10-4　自變數的重要性（▼反比，△正比）

	邏輯迴歸	神經網路	分類樹
性別	▼	▼	
消費金額		△	
距離前次消費時間	▼	▼	▼
消費次數	△	△	△
距離首次購買時間（月）	△		
兒童類書購買數	▼		
青年類書購買數	▼		
食譜類書購買數	▼	▼	
DIY 類書購買數	▼	▼	
參考類書購買數			
藝術類書購買數	△	△	△
地理類書購買數		△	
義大利食譜書購買數			
義大利地圖書購買數		△	
義大利藝術書購買數		△	

10-5 結論

在實際的應用上，決策樹會分析出上百、上千條法則（分枝），並各有其不同的佔最大數量分類之比例值（準確性），並各有其不同的符合法則資料數佔總資料數的比例值（有用性）。除了準確性以外，有用性也是一條分類法則是否有用的重要參考。例如，若符合某條法則的資料有 100 筆，其中佔最大比例的分類有 90 筆，得準確性 90%，但所有資料有 10 萬筆，表示此法則的有用性只有 100/100000 = 0.1% 是很低的。總結決策樹特性如表 10-5。

表 10-5 決策樹特性

特性	意義	評估
強健性（Robustness）	能處理有相當缺值與雜訊的資料	中
適應性（Adaption）	能處理有離散與連續型態的資料	優
擴展性（Scalability）	能處理有大量變數與記錄的資料	優
速度性（Speed）	能快速地建構知識模型 能快速地應用知識模型	優 優
方便性（Convenience）	能簡單地建構知識模型 能簡單地應用知識模型(SQL)	中 優
準確性（Accuracy）	能產生預測準確的知識模型	中
解釋性（Interpretability）	能產生內容可理解的知識模型	優
簡單性（Simplicity）	能產生結構精簡的知識模型	優

問題與討論

1. 一分類問題如下，試以決策樹建模。

age	income	student	credit_rating	buys_computer
<= 30	high	No	fair	no
<= 30	high	No	excellent	no
30…40	high	No	fair	yes
> 40	medium	No	fair	yes
> 40	low	Yes	fair	yes
> 40	low	Yes	excellent	no
31…40	low	Yes	excellent	yes
<= 30	medium	No	fair	no
<= 30	low	Yes	fair	yes
> 40	medium	Yes	fair	yes
<= 30	medium	Yes	excellent	yes
31…40	medium	No	excellent	yes
31…40	high	Yes	fair	yes
> 40	medium	No	excellent	no

2. 分類樹在訓練時，為何不需先對各變數正規化？

3. 過度配適（Overfitting）是建立預測模型的主要困難，對分類樹而言以下哪些說法是正確的？

    (1) 訓練範例愈多，愈可能發生過度配適。

    (2) 驗證範例愈多，愈可能發生過度配適。

    (3) 自變數愈多，愈可能發生過度配適。

    (4) 樹層數愈多，愈可能發生過度配適。

    (5) 自變數分段數目愈多，愈可能發生過度配適。

練習個案：信用卡違約預測

    延續前一章個案，請參考「實作單元 D」，利用本書提供的分類樹 Excel 試算表模板，以「修改系統」的方式建立分類模型，並指出哪些是重要自變數。相關檔案放置在

1. 資料：「第 10 章 分類與迴歸（四）決策樹 A 分類樹（data）」資料夾。
2. 模板：「第 10 章 分類與迴歸（四）決策樹 A 分類樹（模板）」資料夾。
3. 完成：「第 10 章 分類與迴歸（四）決策樹 A 分類樹（模板＋data）」資料夾。

Part B 決策樹：迴歸

10-6 模型架構

    決策樹除了具有建構非線性模型能力的優點外，另一個優點是其處理分類與迴歸這兩類問題的方法幾乎相同，唯一的差別是分類樹的輸出變數是離散變數；迴歸樹為連續變數，因此使用上非常方便，應用亦十分廣泛。由於決策樹的模型架構已在前面「決策樹（分類）」一章介紹過，在此不加贅述。

10-7 模型建立

    當輸出變數是連續變數時，建立決策樹的演算法只需小幅修改，主要差別是當集合中的輸出變數之「變異」愈小，其不純度愈小，即純度愈大，如圖 10-22。

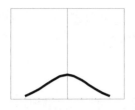
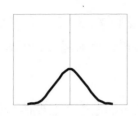
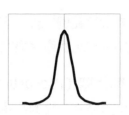

(a) 極為不純 $VAR(Y) = 2$　　　(b) 相當純化 $VAR(Y) = 1.0$　　　(c) 非常純化 $VAR(Y) = 0.5$

圖 10-22　不同的不純度函數之函數值比較

因此採用統計學中的「變異」做為不純度函數（Impurity Function）的定義：

$$VAR(Y) = \frac{\sum_i (Y_i - \overline{Y})^2}{n} \qquad (10\text{-}8)$$

則條件不純度函數可定義如下：

$$VAR(S|X) = P(X \le V) \cdot VAR(S|X \le V) + P(X > V) \cdot VAR(S|X > V) \qquad (10\text{-}9)$$

迴歸樹演算法如下：

步驟 1：樹根分割法則

　　從樹根處選擇一個具有最小條件不純度函數值的屬性，在該節點下分割成兩分枝，一支為小於等於分界點之分枝，一支為大於分界點之分枝。每一分枝含有所有該屬性之值滿足此分枝條件的訓練範例。

步驟 2：分枝判別法則

　　如果 (1) 分枝的不純度小於一預設值；

　　或 (2) 分枝所處層數大於一預設值；

　　或 (3) 分枝所含訓練範例數目小於一預設值；

　　則以目前分枝中連續決策變數的「平均值」做為此分枝之決策變數預測值，並結束此分枝。

步驟 3：終止法則

　　如果所有的分枝均已結束，則輸出歸納決策樹並停止；否則至步驟 4。

步驟 4：分枝分割法則

　　對每一個未結束的分枝，在該分枝下，選擇一個具有最小條件不純度函數值的屬性，同步驟 1 的方法產生下一層分枝，回到步驟 2。

當訓練範例中含有不正確的範例（雜訊）時，在產生歸納決策樹的過程中，會造成不必要的分枝，而產生過度配適的問題。有兩個方法可減少雜訊的影響：

一、前修剪（Pre-pruning）

放寬結束分枝的條件以避免決策樹產生不必要的分枝。事實上，前述的迴歸樹演算法中的「步驟 2：分枝判別法則」即具有前修剪的功能。前修剪方法的缺點是上述預設值參數不易決定，太寬鬆則無修剪的效果，太嚴格則可能分枝不足。

二、後修剪（Post-pruning）

先以「訓練範例」產生完整的分枝後，再以「驗證範例」修剪（Pruning）不必要的分枝，以避免過度配適的問題。方法同「分類樹」的後修剪，不再贅述。

與前述分類樹一樣，因為實際的數據經常會有雜訊，因此在選擇門檻時，經常會產生樣本數目懸殊的兩個分枝。故本書的迴歸樹採用以下的條件不純度函數：

$$VAR(S|X) = P(X \le V)^2 \cdot VAR(S|X \le V) + P(X > V)^2 \cdot VAR(S|X > V) \tag{10-10}$$

這個函數會比較傾向產生樣本數目較為平衡的兩個分枝。

10-8　實例一：旅行社個案

延續前章的「陽光旅行社」個案。

一、方法一：完全樹

分段數取 6，迴歸樹如圖 10-23，共有 16 個末端樹葉。白色的樹葉中的數字分別代表訓練範例的數目、範例中因變數平均值，以及驗證例的數目、範例中因變數平均值。如果訓練範例、驗證範例中因變數平均值相近，可以判定從訓練範例中學習產生的迴歸樹也適用於驗證範例，代表此迴歸樹具有通用性。圖 10-24 顯示，這兩個平均值確實相近，此迴歸樹具有通用性。訓練範例、驗證範例散布圖如圖 10-25，顯示迴歸十分準確。

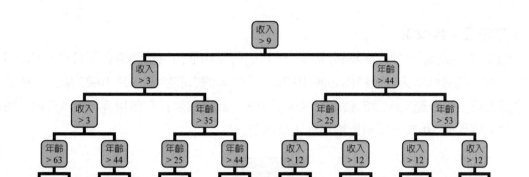

圖 10-23 修剪前的迴歸樹

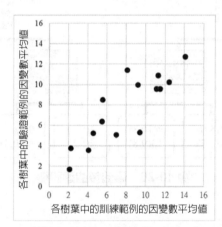

圖 10-24 修剪前的各樹葉中的訓練範例與驗證範例的因變數平均值

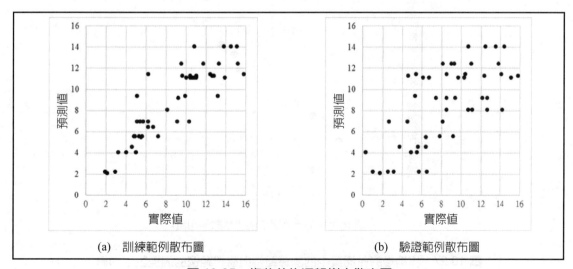

(a) 訓練範例散布圖　　(b) 驗證範例散布圖

圖 10-25 修剪前的迴歸樹之散布圖

二、方法二：修剪樹

因為許多樹葉內的訓練範例數量很少，以它的平均值作為預測值並不可靠，因此需要適度修剪。經過修剪後，迴歸樹如圖 10-26，共有 8 個末端樹葉。圖 10-27 顯示，樹葉內的訓練範例、驗證範例的因變數平均值確實相近，此迴歸樹具有通用性。訓練範例、驗證範例散布圖如圖 10-28，顯示迴歸模型十分準確。

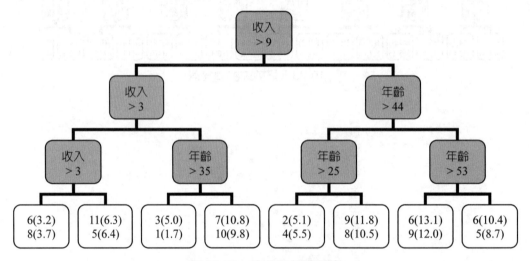

圖 10-26　修剪後的迴歸樹

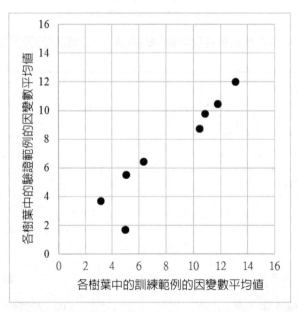

圖 10-27　修剪後的各樹葉中的訓練範例與驗證範例的因變數平均值

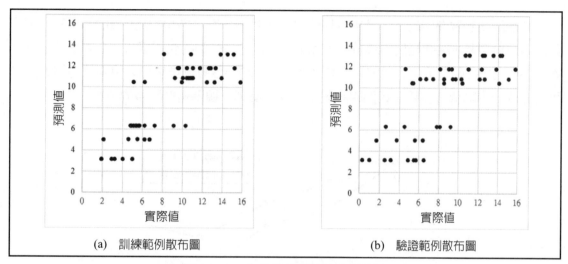

圖 10-28　修剪後的迴歸樹之散布圖

　　迴歸樹的每一個樹葉代表一個區塊，此區塊內的樣本的因變數之預測值採用此區塊內的訓練範例的因變數平均值。因此一個樹葉代表一個平面模型。迴歸樹的 n 個樹葉代表 n 個平面模型，共同組成一個「梯田」狀的曲面模型。上述迴歸樹在修剪前與修剪後所代表的曲面模型如圖 10-29。由圖可知，修剪後的迴歸樹因為樹葉數目較少，因此平面模型也較少，故迴歸樹構成的梯田狀的曲面模型較為平滑。

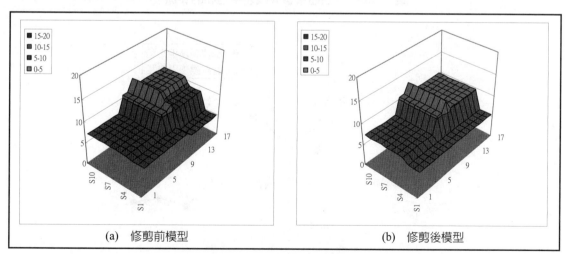

圖 10-29　模型 3D 曲面圖

三、參數的影響

　　迴歸樹層數與誤差平方和的關係如圖 10-30，層數愈多時，訓練範例的誤差平方和愈小，但驗證範例的誤差平方和最小值出現在三層時。

在迴歸樹層數為四層下，變數值域的分段數目與誤差平方和的關係如圖 10-31，可見分段數目愈多時，訓練範例的誤差平方和愈小。但驗證範例的誤差平方和並非如此，分段數目為九段時，驗證範例的誤差平方和最小。更多的分段數目雖然可以使訓練範例的誤差平方和進一步降低，但驗證範例的誤差平方和會反彈，顯示過度學習的現象。

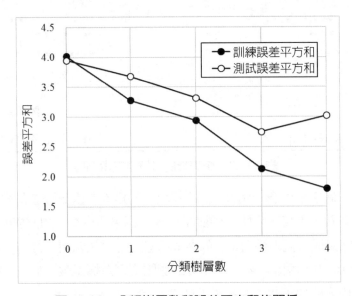

圖 10-30　分類樹層數與誤差平方和的關係

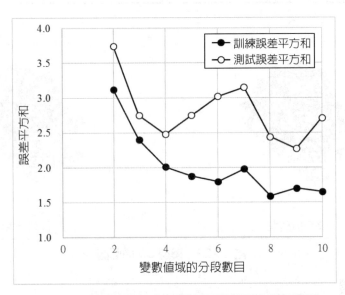

圖 10-31　變數值域的分段數目與誤差平方和的關係

四、結論

1. 層數控制迴歸樹的大小，層數愈多，訓練範例的誤差平方和愈小，但驗證範例的誤差平方和在適當的層數之下才可達到最小。樹太小會造成「過少學習」，樹太大會造成「過度學習」。

2. 分段數目控制迴歸樹分枝的精細程度，分段數目愈多，則樹分枝愈能精細地分割訓練範例，降低其誤差平方和愈小，但驗證範例的誤差平方和在適當的分段數目之下才可達到最小。

3. 樹愈大、分枝愈精緻，其迴歸曲面愈崎嶇；樹愈小、分枝愈粗略，其迴歸曲面愈平滑。在適當的樹大小（層數）、分枝精細程度（分段數目）之下，才可建立最精確的迴歸模式。

五、各種方法比較

　　總結「旅行社個案」的各資料探勘方法結果如表 10-6 與圖 10-32。由誤差均方根來看，以最近鄰居最佳。

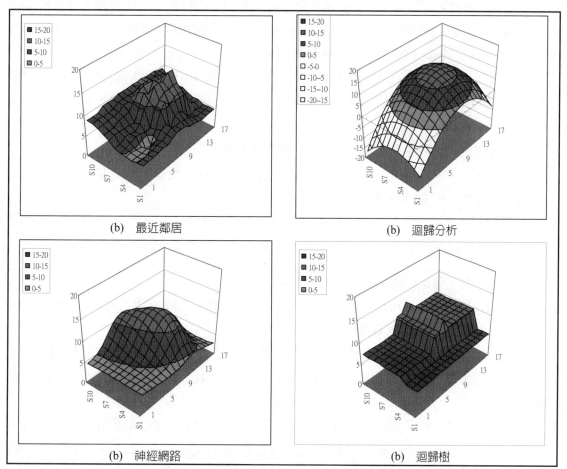

(b)　最近鄰居　　　　　　　(b)　迴歸分析

(b)　神經網路　　　　　　　(b)　迴歸樹

圖 10-32　實例一之各方法的迴歸曲面比較

表 10-6 資料探勘結果

資料探勘方法	訓練誤差均方根	驗證誤差均方根	重要參數
最近鄰居	NA	2.05	自變數權重、半徑
迴歸分析	2.17	2.31	變數組合、變數建構
神經網路	1.33	2.25	訓練循環、隱藏單元
迴歸樹	1.66	2.71	層數、自變數分段數目

10-9 實例二：房地產估價個案

延續前章的「房地產估價」個案。分段數取 6，迴歸樹如圖 10-33，共有 16 個末端樹葉。白色的樹葉中的數字分別代表訓練範例的數目、範例中因變數平均值，以及驗證例的數目、範例中因變數平均值。如果訓練範例、驗證範例中因變數平均值相近，可以判定從訓練範例中學習產生的迴歸樹也適用於驗證範例，代表此迴歸樹具有通用性。圖 10-34 顯示，這兩個平均值確實相近，此迴歸樹具有通用性。

訓練範例、驗證範例的實際值與預測值的散布圖如圖 10-35，顯示訓練範例的散布圖略優於驗證範例的散布圖。由於驗證範例的實際值與預測值相當一致，因此迴歸的效果良好。

要了解變數的重要性與影響的方向可根據以下原則：

1. 重要性原則：在決策樹中出現的變數是重要變數，未曾出現者是不重要變數。在決策樹愈高層出現的變數愈重要。

2. 方向性原則：比較二元分枝的節點左端（小於分界值）與右端（大於分界值）下的因變數的平均值，可研判位在此節點的變數對類別是正影響或負影響。

將上述原則，分析比較後得知重要的變數如下：

1. 交屋年月（民國年）（Time）：由樹葉 5 與 6、樹葉 7 與 8 比較，顯示交屋年月愈大，房價愈高，資料期間的房地產價格處於上升期。

2. 屋齡（年）（Age）：由第二個分枝節點來看，屋齡 < 12.5 的四個樹葉房價分別為 51、 51、 81、54，屋齡 > 12.5 的四個樹葉房價分別為 38、40、41、46，顯示屋齡愈大，房價愈低。

3. 地理位置縱座標 N（緯度）：由第三個分枝節點來看，緯度 < 24.96 的四個樹葉房價分別為 15、23、26、24，緯度 > 24.96 的四個樹葉房價分別為 29、24、40、29，顯示緯度愈大（愈靠北區），房價愈高。

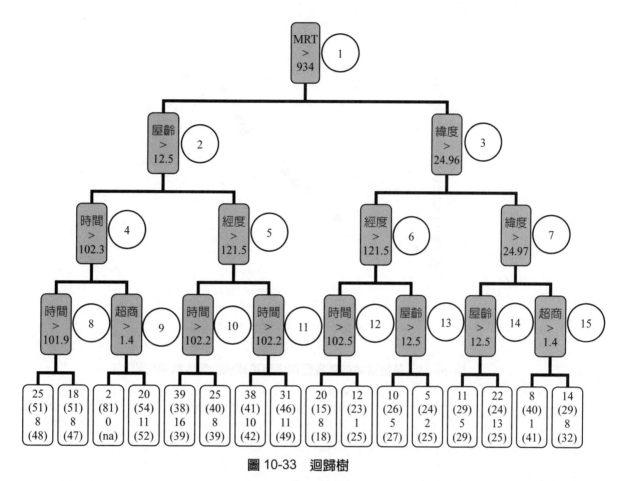

圖 10-33 迴歸樹

4. 地理位置橫座標 E（經度）：由第五、六個分枝節點來看，經度愈大（愈靠東區），房價愈高。

5. 最近捷運站的距離（m）（MRT）：由第一個分枝節點來看，最近捷運站的距離 < 934（M）的 8 個樹葉房價遠高於 > 934（M）的 8 個樹葉房價，顯示最近捷運站的距離愈小，房價愈高。

6. 徒步生活圈內的超商（個）（Market）：不顯著。

一、參數的影響

分類樹層數與提升圖面積比率的關係如圖 10-36，層數愈多，訓練範例、驗證範例的誤差平方和愈小。

在分類樹層數為四層下，變數值域的分段數目與誤差平方和的關係如圖 10-37，可見分段數目愈多，訓練範例的誤差平方和會降低。但分段數目達到七段之後，更多的分段數目雖然可以使訓練範例進一步改善，但驗證範例反而變差，顯示過度學習的現象。

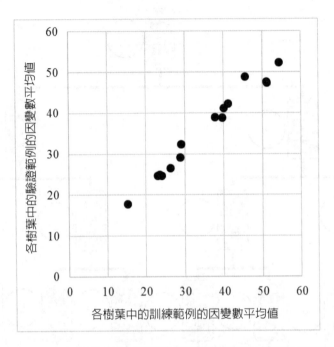

圖 10-34　各樹葉中的訓練範例與驗證範例的因變數平均值

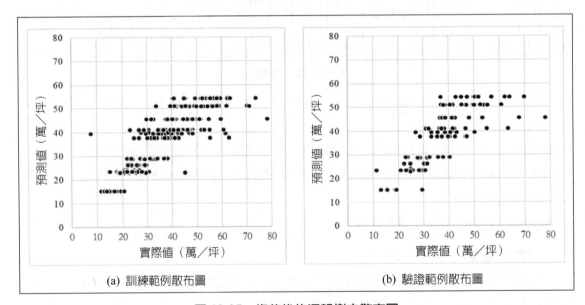

(a) 訓練範例散布圖　　　　　　　(b) 驗證範例散布圖

圖 10-35　修剪後的迴歸樹之散布圖

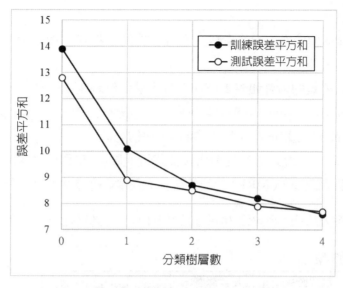

圖 10-36　分類樹層數與誤差平方和的關係

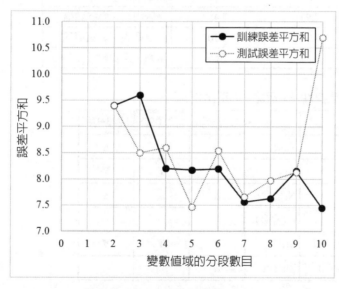

圖 10-37　變數值域的分段數目與誤差平方和的關係

二、結論

層數控制迴歸樹的大小，分段數目控制迴歸樹分枝的精細程度。在適當的樹大小（層數）、分枝精細程度（分段數目）下，可建立最精確的模式。

三、各種方法比較

　　總結「房地產估價個案」的各資料探勘方法結果如表 10-7 與圖 10-38。由誤差均方根來看，以最近鄰居最佳。

　　各自變數對因變數的影響如表 10-8，各種方法的結論相當一致。其中

1. 交屋年月（民國年）（Time）：交屋年月愈大（愈靠近後期），房價愈高。
2. 屋齡（年）（Age）：屋齡愈小（房子愈新），房價愈高。
3. 地理位置縱座標 N（緯度）：緯度愈大（愈靠近北區），房價愈高。
4. 最近捷運站的距離（m）（MRT）：距離愈小（愈靠近捷運站），房價愈高。

　　這四個因子各方法都一致認為是最重要的因子，可見這些方法具有一定的可信度。

表 10-7　資料探勘結果

資料探勘方法	訓練範例 誤差平方和	驗證範例 誤差平方和	重要參數
最近鄰居	NA	6.72	自變數權重、半徑
迴歸分析	7.93	7.48	變數組合、變數建構
神經網路	7.34	7.30	訓練循環、隱藏單元
迴歸樹	7.57	7.66	層數、自變數分段數目

表 10-8　自變數的重要性（▼反比，△正比）

		迴歸分析	神經網路	迴歸樹
交屋年月(民國年)	Time	△	△	△
屋齡(年)	Age	▼	▼	▼
地理位置縱座標	N(緯度)	△	△	△
地理位置橫座標	E (經度)			△
距離最近捷運站的距離(m)	MRT	▼	▼	▼
徒步生活圈內的超商(個)	Market	△		

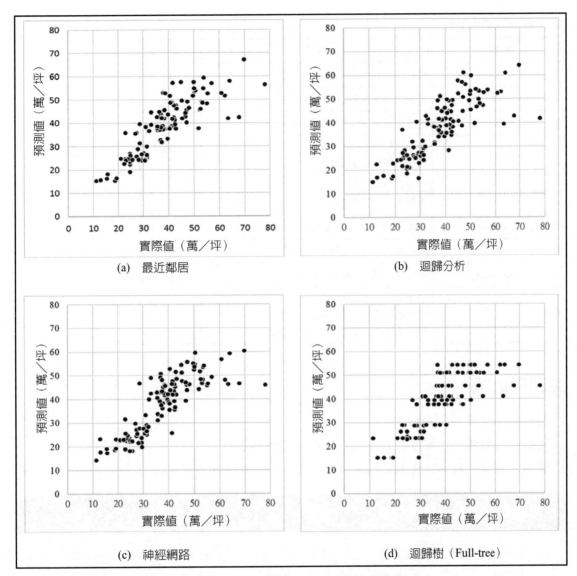

圖 10-38　實例二之各方法之散布圖比較

10-10　結論

總結迴歸樹特性如表 10-9。

表 10-9　迴歸樹特性

特性	意義	評估
強健性（Robustness）	能處理有相當缺值與雜訊的資料	中
適應性（Adaption）	能處理有離散與連續型態的資料	優
擴展性（Scalability）	能處理有大量變數與記錄的資料	優
速度性（Speed）	能快速地建構知識模型 能快速地應用知識模型	優 優
方便性（Convenience）	能簡單地建構知識模型 能簡單地應用知識模型（SQL）	中 優
準確性（Accuracy）	能產生預測準確的知識模型	中
解釋性（Interpretability）	能產生內容可理解的知識模型	優
簡單性（Simplicity）	能產生結構精簡的知識模型	優
其他	知識應用整合容易 對連續型態的資料準確性較差 對有大量類別的資料準確性較差	

問題與討論

1. 迴歸樹有何優點與缺點？

2. 迴歸樹在訓練時，樹層數太多或太少各有何缺點？

3. 迴歸樹在訓練時，自變數分段數目太大或太小各有何缺點？

練習個案：混凝土抗壓強度

　　延續前一章個案，請參考「實作單元 E」，利用本書提供的迴歸樹 Excel 試算表模板，以「修改系統」的方式建立迴歸模型，並指出哪些是重要自變數。相關檔案放置在

1. 資料：「第 10 章 分類與迴歸（四）決策樹 B 迴歸樹（data）」資料夾。

2. 模板：「第 10 章 分類與迴歸（四）決策樹 B 迴歸樹（模板）」資料夾。

3. 完成：「第 10 章 分類與迴歸（四）決策樹 B 迴歸樹（模板＋data）」資料夾。

實作單元 E：Excel 資料探勘系統──決策樹

E-1 Excel 實作 1：迴歸樹

一、原理

直接以貪心演算法最小化迴歸樹的不純度函數，解得迴歸樹結構中的各分枝的最佳自變數與其門檻。不純度函數下：

$$VAR(S|X) = P(X \le V)^2 \cdot VAR(S|X \le V) + P(X > V)^2 \cdot VAR(S|X > V)$$

二、方法

本書將迴歸樹的算法作了一些簡化，即迴歸樹結構固定為四層節點（共 15 個節點），有 16 個樹葉，如圖 E-1。因為全樹的不純度為所有分枝的樹葉之不純度的總和，故在其他分枝節點的屬性固定下，能使一個分枝的不純度最低的屬性必能使全樹的不純度最低。因此本程式以全樹的不純度做為節點選屬性的依據。這種作法不會影響分枝節點屬性的選取，但可以簡化程式。

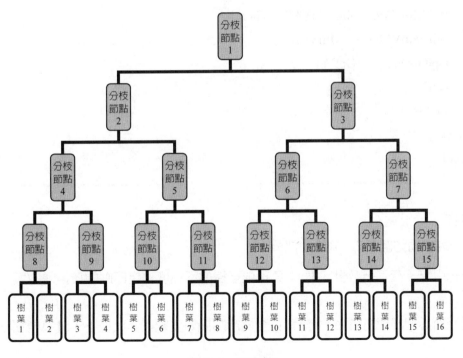

圖 E-1　決策樹

為計算全樹的不純度，故在一開始先令所有節點的變數為 1，門檻為 0。接著從樹根節點開始，逐一為節點選變數與門檻。

演算法如下：

令所有節點的變數為 X1，門檻為 0

For i=1 To 15　　/* 從樹根節點開始，逐一為節點選變數與選門檻 */

　For j = 1 To Nx　　/* .找出最佳變數 OptX 及其最佳門檻 OptOptVal */

　　For k = 1 To Nv – 1　　/* 找出一個變數的最佳門檻 OptVal */

　　　第 i 個節點以第 j 個變數用第 k 個門檻值下，計算迴歸樹不純度 VAR

　　　If（VAR < MinVAR）Then

　　　MinVAR ← 現行不純度 VAR

　　　OptVal ← 現行門檻值

　　　End If

　　Next k

　　If（MinVAR < MinMinVAR）Then

　　MinMinVAR　← MinVAR

　　OptOptVal ←　OptVal

　　OptX　← 　j

　　End If

　Next j

Next i

三、實作

實作的架構如圖 E-2。分成兩部分：

1. 最佳化引擎（產生迴歸樹巨集）：負責依全樹的不純度決定節點的最佳變數與其最佳門檻。

2. 問題介面（迴歸樹主畫面）：負責在全樹節點設好變數與其門檻下，計算全樹不純度。

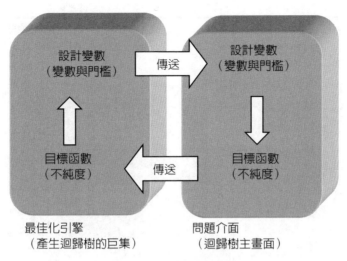

圖 E-2(a)　實作的架構

　　本系統須執行「巨集」，較為複雜，因此讀者應採用「修改系統」的方式，也就是修改一個現成的迴歸樹試算表的方式，來分析自己的資料。本書提供了「新店區房價估算」範例做為試算表「模板」，此範例（模板）有 6 個自變數，但實際上 C~Y 欄均可放置自變數，因此可以容納 23 個自變數。此範例（模板）有 2,000 筆 Data（訓練、驗證各 1,000 筆）。如果讀者的應用問題的自變數少於 23 個，訓練、驗證均少於 1,000 筆，可以先複製範例檔案，參考以下步驟，依序做必要的修改。

　　存放資料的試算表在「第 10 章 分類與迴歸（四）決策樹 B 迴歸樹（data）」資料夾。存放模板的試算表在「第 10 章分類與迴歸（四）決策樹 B 迴歸樹（模板）」資料夾。

　　以下以前一章的「籃球社」的迴歸例題為例，說明如何修改迴歸樹模板，建立一個能配適這組數據的模型。本題自變數的分段數為五段。分類樹試算表的各區功能概述如圖 E-2(b)。實作步驟如下：

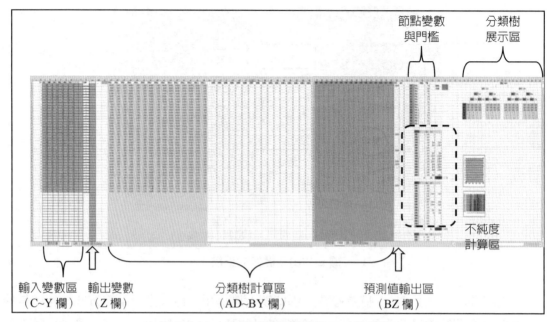

圖 E-2(b)　分類樹試算表的各區功能概述

1. 輸入訓練範例（圖 E-3）：訓練範例輸入變數可貼在 C~Y 欄，第 2~1,001 列。本題只有六個輸入變數，40 筆訓練範例，故只貼在 C~H 欄，第 2~41 列。訓練範例輸出變數可貼在 Z 欄，第 2~1,001 列。本題只有 40 筆訓練範例，故只貼在 Z 欄，第 2~41 列。

2. 輸入驗證範例（圖 E-4）：驗證範例輸入變數可貼在 C~Y 欄，第 1,002~2,001 列。本題只有 6 個輸入變數，40 筆驗證範例，故只貼在 C~H 欄，第 1,002~1,041 列。驗證範例輸出變數可貼在 Z 欄，第 1,002~2,001 列。本題只有 40 筆訓練範例，故只貼在 Z 欄，第 1,002~1,041 列。

3. 輸入參數（圖 E-5）：CZ2 與 CZ3 輸入自變數數目、自變數的分段數。

4. 開啟巨集視窗，執行巨集（圖 E-6）。

5. 中間計算過程（解釋內部原理，使用者不需介入）：

(1)　AD~AR 欄（圖 E-7）：抓取各節點的變數值。

(2)　AT~BI 欄（圖 E-8）：判斷 Data 屬於哪一個樹葉。

(3)　BJ~BY 欄（圖 E-9）：抓取 Data 輸出變數值到所屬樹葉（以便計算平均值）。

(4)　BZ~CO 欄（圖 E-10）：抓取 Data 輸出變數值的方差值到所屬樹葉。

(5)　CP 欄（圖 E-10）：計算各 Data 輸出變數預測值。

6. 輸出結果：

(1) CV2:CV16（圖 E-11）：輸出節點 1~15 的最佳分割自變數的編號。

(2) CW2:CW16（圖 E-11）：輸出節點 1~15 的最佳分割自變數的分割門檻。

(3) CU19:CY35（圖 E-12）：輸出訓練範例各樹葉不純度，CY36 為全樹不純度。

(4) CU38:CY54（圖 E-13）：輸出驗證範例各樹葉不純度，CY55 為全樹不純度。

(5) CU57:CY73（圖 E-14）：輸出全部範例各樹葉不純度，CY74 為全樹不純度。

(6) CU76:CX92（圖 E-15）：輸出訓練範例、驗證範例、全部範例的各樹葉內的範例的因變數的平均值。

(7) DD1:DW14（圖 E-16）：輸出迴歸樹。

四、結果

以分段數 = 5 為例，其結果如下：

1. 圖 E-16 下方顯示 16 個樹葉的訓練、驗證範例的輸出變數平均值。由圖可以看出訓練、驗證範例的輸出變數平均值成正比，故模型是可信的。其散布圖如圖 E-17。

2. 圖 E-18 顯示 15 個節點的所有輸入變數在最佳門檻下的全樹不純度，例如在節點 1，以用「球技」這個變數來分枝可得到最低的不純度，故節點 1 選「球技」。隨著逐一決定迴歸樹的各節點，可見不純度逐漸降低，最終產生一個具有低不純度的迴歸樹。

隨堂練習

1. 將門檻分段數目改為 2、3、4、5、6、…、10 結果有何不同？

2. 將節點 2~7 的變數固定為 1，門檻固定為 0，並設節點 1 的變數固定為 5（身高）下，將門檻變化為 1.70、1.75、1.80、1.85、1.90、1.95，試問最佳門檻為何？

3. 同 2.法，但將節點 1 的變數設定為 1、2、3、4、6 下，並將門檻配合作適當選擇下，試問各變數的最佳門檻為何？

4. 試參考 2.與 3.的成果，以人工方法測試幾個可能有用的迴歸樹。並提出你認為最佳的迴歸樹。

	A	B	C	D	E	F	G	H	I	Y	Z	AA
1		NO.	身高	體重	年齡	彈性	球技	耐力			分數	
2		1	1.92	64	18.9	44	94	24			97	
3		2	1.67	49	18.2	71	9	95			57	
4		3	1.81	62	19.5	44	55	85			55	
5		4	1.75	54	18.1	28	61	7			52	
6		5	1.84	70	19.6	29	88	8			96	
25		24	1.66	63	18	33	96	42			91	
26		25	1.87	62	18.6	98	75	98			70	
27		26	1.72	64	19.7	70	63	24			57	
28		27	1.68	49	18.4	78	87	89			98	
29		28	1.68	64	18.2	15	49	4			52	
30		29	1.93	83	18.3	4	91	88			95	

迴歸樹 | 樹葉散佈圖 | 散佈圖 | 教師用 (產生data) ⊕

圖 E-3　輸入訓練範例

	A	B	C	D	E	F	G	H	I	Y	Z	AA
1001												
1002		41	1.66	63	18.8	80	96	63			99	
1003		42	1.87	62	19.7	74	44	12			52	
1004		43	1.72	64	18.2	24	26	67			54	
1005		44	1.68	49	19.4	49	8	91			55	
1006		45	1.68	64	18.7	54	32	65			56	
1007		46	1.93	83	19.6	46	24	83			86	
1008		47	1.89	64	19.6	88	66	96			72	
1009		48	1.71	49	19.1	11	96	19			92	
1010		49	1.94	70	19.9	93	35	3			86	
1011		50	1.91	78	19.1	0	88	50			92	
1012		51	1.85	76	18.8	26	88	58			90	
1013		52	1.92	79	18.7	66	31	83			89	

圖 E-4　輸入驗證範例

	CS	CT	CU	CV	CW	CX	CY	CZ	DA
1				X={1,2,3	常數=0~1				
2		球技	節點1	5	76.8		變數數	6	
3		身高	節點2	1	1.884		分段數	5	
4		耐力	節點3	6	39.8				
5		彈性	節點4	4	78.8				
6		體重	節點5	2	69.4				
7		耐力	節點6	6	20.4				
8		耐力	節點7	6	78.6				
9		身高	節點8	1	1.716				
10		球技	節點9	5	57.6				

圖 E-5　輸入參數

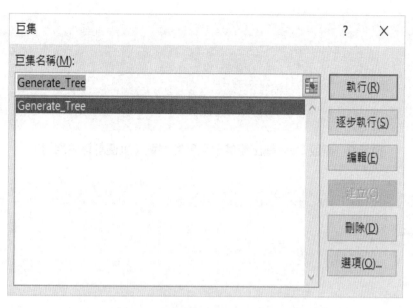

圖 E-6　開啟巨集視窗，執行巨集

	節點1	節點2	節點3	節點4	節點5	節點6	節點7	節點8	節點9	節點10	節點11	節點12	節點13	節點14	節點15
2	94.000	1.920	24.000	44.000	64.000	24.000	24.000	1.920	94.000	0.000	0.000	0.000	0.000	0.000	0.000
3	9.000	1.670	95.000	71.000	49.000	95.000	95.000	1.670	9.000	0.000	0.000	0.000	0.000	0.000	0.000
4	55.000	1.810	85.000	44.000	62.000	85.000	85.000	1.810	55.000	0.000	0.000	0.000	0.000	0.000	0.000
5	61.000	1.750	7.000	28.000	54.000	7.000	7.000	1.750	61.000	0.000	0.000	0.000	0.000	0.000	0.000
6	88.000	1.840	8.000	29.000	70.000	8.000	8.000	1.840	88.000	0.000	0.000	0.000	0.000	0.000	0.000
7	63.000	1.660	52.000	85.000	61.000	52.000	52.000	1.660	63.000	0.000	0.000	0.000	0.000	0.000	0.000
8	89.000	1.790	84.000	61.000	74.000	84.000	84.000	1.790	89.000	0.000	0.000	0.000	0.000	0.000	0.000
9	7.000	1.820	20.000	8.000	75.000	20.000	20.000	1.820	7.000	0.000	0.000	0.000	0.000	0.000	0.000
10	6.000	1.760	83.000	87.000	70.000	83.000	83.000	1.760	6.000	0.000	0.000	0.000	0.000	0.000	0.000

圖 E-7　抓取各節點的變數值

	樹葉1	樹葉2	樹葉3	樹葉4	樹葉5	樹葉6	樹葉7	樹葉8	樹葉9	樹葉10	樹葉11	樹葉12	樹葉13	樹葉14	樹葉15	樹葉16
2	0	0	0	0	0	0	0	0	0	0	1	0	0	0	0	0
3	1	0	0	0	0	0	0	0	0	0	0	0	0	0	0	0
4	0	1	0	0	0	0	0	0	0	0	0	0	0	0	0	0
5	0	1	0	0	0	0	0	0	0	0	0	0	0	0	0	0
6	0	0	0	0	0	0	0	0	1	0	0	0	0	0	0	0
7	0	0	0	1	0	0	0	0	0	0	0	0	0	0	0	0
8	0	0	0	0	0	0	0	0	0	0	0	0	0	0	1	0
9	0	1	0	0	0	0	0	0	0	0	0	0	0	0	0	0
10	0	0	1	0	0	0	0	0	0	0	0	0	0	0	0	0

圖 E-8　判斷 Data 屬於哪一個樹葉

	BJ	BK	BL	BM	BN	BO	BP	BQ	BR	BS	BT	BU	BV	BW	BX	BY
1	樹葉1	樹葉2	樹葉3	樹葉4	樹葉5	樹葉6	樹葉7	樹葉8	樹葉9	樹葉10	樹葉11	樹葉12	樹葉13	樹葉14	樹葉15	樹葉16
2	0	0	0	0	0	0	0	0	0	0	97	0	0	0	0	0
3	57	0	0	0	0	0	0	0	0	0	0	0	0	0	0	0
4	0	55	0	0	0	0	0	0	0	0	0	0	0	0	0	0
5	0	52	0	0	0	0	0	0	0	0	0	0	0	0	0	0
6	0	0	0	0	0	0	0	0	96	0	0	0	0	0	0	0
7	0	0	0	78	0	0	0	0	0	0	0	0	0	0	0	0
8	0	0	0	0	0	0	0	0	0	0	0	0	0	0	98	0
9	0	53	0	0	0	0	0	0	0	0	0	0	0	0	0	0
10	0	0	61	0	0	0	0	0	0	0	0	0	0	0	0	0

圖 E-9　抓取 Data 輸出變數值到所屬樹葉（以便計算平均值）

	BZ	CA	CB	CC	CD	CE	CF	CG	CH	CI	CJ	CK	CL	CM	CN	CO	CP
1	樹葉1	樹葉2	樹葉3	樹葉4	樹葉5	樹葉6	樹葉7	樹葉8	樹葉9	樹葉10	樹葉11	樹葉12	樹葉13	樹葉14	樹葉15	樹葉16	預測Y
2	0	0	0	0	0	0	0	0	0	0	0.06251	0	0	0	0	0	96.999968
3	2.93879	0	0	0	0	0	0	0	0	0	0	0	0	0	0	0	54.999991
4	0	2.06642	0	0	0	0	0	0	0	0	0	0	0	0	0	0	53.571421
5	0	2.4414	0	0	0	0	0	0	0	0	0	0	0	0	0	0	53.571421
6	0	0	0	0	0	0	0	0	0.11112	0	0	0	0	0	0	0	96.249976
7	0	0	0	25.0002	0	0	0	0	0	0	0	0	0	0	0	0	73.999963
8	0	0	0	0	0	0	0	0	0	0	0	0	0	0	2.77783	0	97.499976
9	0	0.3164	0	0	0	0	0	0	0	0	0	0	0	0	0	0	53.571421
10	0	0	3.99997	0	0	0	0	0	0	0	0	0	0	0	0	0	62.399988

圖 E-10　抓取 Data 輸出變數方差值到所屬樹葉、計算各 Data 輸出變數預測值

	CT	CU	CV	CW	CX	CY	CZ
1			X={1,2,3	常數=0~1			
2	球技	節點1	5	76.8		變數數	6
3	身高	節點2	1	1.884		分段數	5
4	耐力	節點3	6	39.8			
5	彈性	節點4	4	78.8			
6	體重	節點5	2	69.4			
7	耐力	節點6	6	20.4			
8	耐力	節點7	6	78.6			
9	身高	節點8	1	1.716			
10	球技	節點9	5	57.6			
11	年齡	節點10	3	18.76			
12	彈性	節點11	4	78.8			
13	體重	節點12	2	76.2			
14	身高	節點13	1	1.772			
15	彈性	節點14	4	40.4			
16	身高	節點15	1	1.828			

圖 E-11　輸出節點 1~15 的最佳分割自變數的編號

	CT	CU	CV	CW	CX	CY	CZ
19		訓練	N	Mean	STD		
20		樹葉1	6	55	2.597748	0.151837	
21		樹葉2	7	53.57	1.98979	0.121252	
22		樹葉3	5	62.4	1.341638	0.028125	
23		樹葉4	2	74	4.123111	0.0425	
24		樹葉5	1	54	0.000114	8.07E-12	
25		樹葉6	0	0	0	0	
26		樹葉7	2	88.5	0.707122	0.00125	
27		樹葉8	2	86	1	0.0025	
28		樹葉9	3	95.67	0.663338	0.002475	
29		樹葉10	1	98	0.00014	1.23E-11	
30		樹葉11	1	99	0.000141	1.24E-11	
31		樹葉12	2	96	1	0.0025	
32		樹葉13	1	91	0.249977	3.91E-05	
33		樹葉14	3	94.67	1.999995	0.0225	
34		樹葉15	3	98.33	1.181476	0.007852	
35		樹葉16	1	95	0.500047	0.000156	
36			40		Min		

圖 E-12　輸出訓練範例各樹葉不純度，CY36 為全樹的不純度

	CT	CU	CV	CW	CX	CY	CZ
38		測試	N	Mean	STD		
39		樹葉1	8	55.5	19.80807	15.69439	
40		樹葉2	9	53.56	2.454534	0.305002	
41		樹葉3	5	63.6	1.183219	0.021875	
42		樹葉4	1	71	1.999976	0.0025	
43		樹葉5	0	0	0	0	
44		樹葉6	3	71.33	14.7045	1.21625	
45		樹葉7	2	87.5	1.581132	0.00625	
46		樹葉8	1	86	0.000104	6.76E-12	
47		樹葉9	2	94.5	2.597748	0.016871	
48		樹葉10	0	0	1.98979	0	
49		樹葉11	0	0	1.341638	0	
50		樹葉12	1	96	4.123111	0.010625	
51		樹葉13	3	91.33	0.000114	7.27E-11	
52		樹葉14	3	96	0	0	
53		樹葉15	1	94	0.707122	0.000313	
54		樹葉16	1	94	0.707122	0.000313	
55			40		Min		

圖 E-13　輸出驗證範例各樹葉不純度，CY55 為全樹的不純度

	CT	CU	CV	CW	CX	CY	CZ
57		全部	N	Mean	STD		
58		樹葉1	14	55.29	2.962349	0.26875	
59		樹葉2	16	53.56	2.262983	0.204844	
60		樹葉3	10	63	1.264911	0.025	
61		樹葉4	3	73	3.559026	0.017812	
62		樹葉5	1	54	0.000114	2.02E-12	
63		樹葉6	3	71.33	14.7045	0.304062	
64		樹葉7	4	88	1.224745	0.00375	
65		樹葉8	3	86	0.816497	0.000937	
66		樹葉9	5	95.2	2.597748	0.026361	
67		樹葉10	1	98	1.98979	0.000619	
68		樹葉11	1	99	1.341638	0.000281	
69		樹葉12	3	96	4.123111	0.023906	
70		樹葉13	4	91.25	0.000114	3.23E-11	
71		樹葉14	6	95.33	0	0	
72		樹葉15	4	97.25	0.707122	0.00125	
73		樹葉16	2	94.5	0.707122	0.000313	
74			80		Min		

圖 E-14　輸出全部範例各樹葉不純度，CY74 為全樹的不純度

	CT	CU	CV	CW	CX	CY	CZ
76		Mean	訓練	測試	全部		
77		樹葉1	55	55.5	55.28571		
78		樹葉2	53.5714	53.56	53.5625		
79		樹葉3	62.4	63.6	62.99999		
80		樹葉4	74	71	72.99998		
81		樹葉5	53.9999	0	53.99995		
82		樹葉6	0	71.33	71.33331		
83		樹葉7	88.5	87.5	87.99998		
84		樹葉8	86	86	85.99997		
85		樹葉9	95.6666	94.5	95.19998		
86		樹葉10	97.9999	0	97.9999		
87		樹葉11	98.9999	0	98.9999		
88		樹葉12	96	96	95.99997		
89		樹葉13	90.9999	91.33	91.24998		
90		樹葉14	94.6666	96	95.33332		
91		樹葉15	98.3333	94	97.24998		
92		樹葉16	94.9999	94	94.49995		

圖 E-15　輸出訓練、驗證、全部範例的各樹葉內的範例因變數的平均值

DD	DE	DF	DG	DH	DI	DJ	DK	DL	DM	DN	DO	DP	DQ	DR	DS	DT	DU	DV	DW
1										球技	76.800								
2																			
3		身高	1.884												耐力	39.800			
4																			
5		彈性	78.800				體重	69.400						耐力	20.400			耐力	78.600
6																			
7		身高	1.716	球技	57.600	年齡	18.760	彈性	78.800			體重	76.200	身高	1.772	彈性	40.400	身高	1.828
8																			
9 訓練	55.000	53.571	62.400	74.000		54.000	0.000	88.500	86.000		95.667	98.000	99.000	96.000		91.000	94.667	98.333	95.000
10 驗試	55.500	53.556	63.600	71.000		0.000	71.333	87.500	86.000		94.500	0.000	0.000	96.000		91.333	96.000	94.000	94.000
11 全部	55.286	53.562	63.000	73.000		54.000	71.333	88.000	86.000		95.200	98.000	99.000	96.000		91.250	95.333	97.250	94.500
12 訓練	6	7	5	2		1	0	2	2		3	1	1	2		1	3	3	1
13 驗試	8	9	5	1		0	3	2	1		2	0	0	1		3	3	1	1
14 全部	14	16	10	3		1	3	4	3		5	1	1	3		4	6	4	2
15																			

圖 E-16　輸出迴歸樹

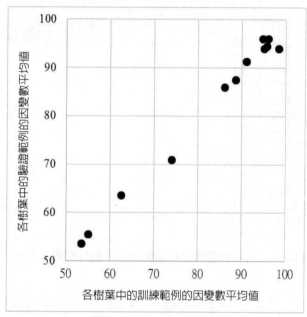

圖 E-17　顯示 16 個樹葉的訓練、驗證範例的輸出變數平均值之散布圖

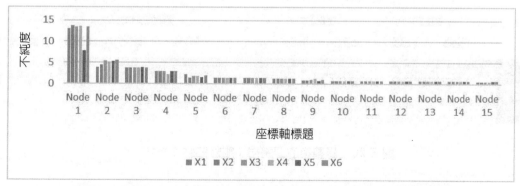

圖 E-18　顯示 15 個節點的所有輸入變數在最佳門檻下的全樹不純度

五、修剪樹

　　由於部分樹葉內的樣本數很少，缺少可信度；或者一個節點下的兩個分枝或樹葉具有相同的預測值，此節點成為多餘，因此可以將不必要的分枝節點刪除，方法是在 CV2:CV16 內將變數編號改為不存在的變數編號，例如有 6 個自變數時，編號「7」就是不存在的變數，並在 CW2:CW16 內將變數門檻設為 0。例如上述例題中，可修改如圖 E-19，修剪後的迴歸樹如圖 E-20。圖 E-21 顯示剩下的 10 個樹葉的訓練、驗證範例的輸出變數平均值之散布圖。

	CT	CU	CV	CW	CX	CY	CZ
1			X={1,2,3	常數=0~1			
2	球技	節點1	5	76.8		變數數	6
3	身高	節點2	1	1.884		分段數	5
4	耐力	節點3	6	39.8			
5	彈性	節點4	4	78.8			
6	體重	節點5	2	69.4			
7	耐力	節點6	6	20.4			
8	耐力	節點7	6	78.6			
9	身高	節點8	1	1.716			
10	球技	節點9	5	57.6			
11	0	節點10	7	0			
12	0	節點11	7	0			
13	0	節點12	7	0			
14	0	節點13	7	0			
15	0	節點14	7	0			
16	0	節點15	7	0			

圖 E-19　將不必要的分枝節點刪除（刪除節點 10~15）

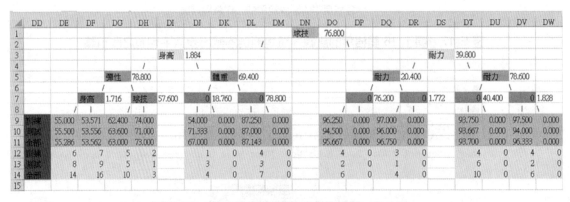

圖 E-20　修剪後的迴歸樹（刪除節點 10~15）

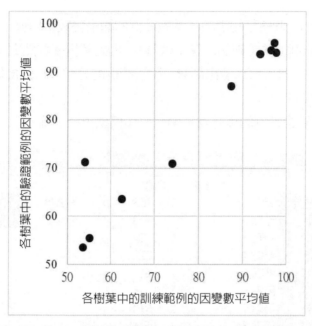

圖 E-21　顯示剩下的 10 個樹葉的訓練、驗證範例的輸出變數平均值之散布圖

E-2 Excel 實作 2：分類樹

一、原理

分類樹原理與迴歸樹相同，唯一的差別為不純度函數從標準差函數改為 Gini 函數：

$$Gini(S|X) = P(X \le V)^2 \cdot Gini(S|X \le V) + P(X > V)^2 \cdot Gini(S|X > V)$$

二、方法

分類樹方法與迴歸樹相同，唯一的差別為不純度函數從標準差函數改為 Gini 函數。

三、實作

實作方法與前一節「迴歸樹」十分相似，不再贅述。相關試算表：

1. 資料：在「第 10 章 分類與迴歸（四）決策樹 A 分類樹（Data）」資料夾

2. 模板：在「第 10 章 分類與迴歸（四）決策樹 A 分類樹（模板）」資料夾。

3. 已完成的案例：在「第 10 章 分類與迴歸（四）決策樹 A 分類樹（Data+模板）」資料夾。

四、結果

以分段數＝5 為例，其結果如下：

1. 圖 E-22 顯示輸出節點 1~15 的最佳分割自變數的編號與門檻。

2. 圖 E-23 下方顯示 16 個樹葉的訓練、驗證範例的輸出變數平均值（分類＝1 的機率）。許多樹葉的訓練範例或驗證範例的樣本數為 0，因此其機率雖然顯示為 0.00，實際上是缺值。扣除這些樹葉後，可以看出訓練、驗證範例的分類＝1 的機率成正比，故模型是可信的。

3. 圖 E-24 為訓練、驗證範例的提升圖。顯示分類模型十分準確。

	CC	CD	CE	CF	CG	CH	CI
1			自變數	門檻			
2	球技	節點 1	5	76.8		變數數	6
3	身高	節點 2	1	1.828		分段數	5
4	身高	節點 3	1	1.884			
5	彈性	節點 4	4	78.8			
6	身高	節點 5	1	1.884			
7	身高	節點 6	1	1.716			
8	體重	節點 7	2	69.4			
9	身高	節點 8	1	1.716			
10	球技	節點 9	5	19.2			
11	體重	節點 10	2	62.6			
12	體重	節點 11	2	69.4			
13	年齡	節點 12	3	18.76			
14	體重	節點 13	2	76.2			
15	年齡	節點 14	3	19.14			
16	身高	節點 15	1	1.716			

圖 E-22　輸出節點 1~15 的最佳分割自變數的編號與門檻

	CM	CN	CO	CP	CQ	CR	CS	CT	CU	CV	CW	CX	CY	CZ	DA	DB	DC	DD	DE	DF
1											球技	76.800								
2										/			\							
3					身高	1.828										身高	1.884			
4				/			\							/			\			
5			彈性	78.80			身高	1.884				身高	1.716			體重	69.40			
6		/		\			/		\				/		\			/		\
7		身高	1.716	球技	19.20	體重	62.60	體重	69.40			年齡	18.76	體重	76.20	年齡	19.14	身高	1.716	
8	/	\	/	\		/	\	/	\		/	\	/	\		/	\	/	\	
9	訓練	0.00	0.00	0.00	1.00		1.00	0.00	0.00	1.00		1.00	1.00	1.00	1.00		1.00	1.00	0.00	0.00
10	測試	0.00	0.00	0.00	0.33		0.00	0.00	0.67	0.67		0.00	1.00	0.80	0.00		0.00	0.00	0.00	0.00
11	全部	0.00	0.00	0.00	0.60		0.50	0.00	0.50	0.86		1.00	1.00	0.92	1.00		1.00	1.00	0.00	0.00
12	訓練	6	5	3	2		1	3	1	4		3	1	7	1		1	1	0	1
13	測試	8	4	2	3		1	5	3	3		0	1	5	0		0	0	0	2
14	全部	14	9	5	5		2	8	4	7		3	2	12	1		1	1	0	3
15																				

圖 E-23　輸出分類樹

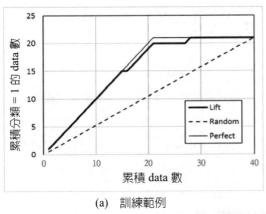
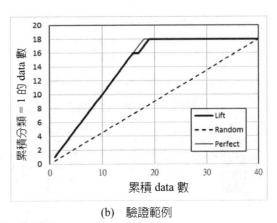

(a) 訓練範例 (b) 驗證範例

圖 E-24　提升圖

五、修剪樹

由於部分樹葉內的樣本數很少，缺少可信度；或者一個節點下的兩個分枝或樹葉具有相同的預測值，此節點成為多餘，因此可以將不必要的分枝節點刪除，方法是在 CV2:CV16 內將變數編號改為不存在的變數編號，例如有六個自變數時，編號「7」就是不存在的變數，並在 CW2:CW16 內將變數門檻設為 0。例如上述例題中，可修改如圖 E-25，其中刪除節點 8 是因為該節點下的兩個樹葉具有相同的預測值，此節點成為多餘；刪除節點 7、9~15 是因為樹葉內的樣本數很少，缺少可信度。

修剪後的分類樹如圖 E-26。可以產生與圖 E-24 完全相同的提升圖，代表修剪後的分類樹具有與修剪前的分類樹相同的分類能力。在這個案例中，雖然修剪未能提升對訓練範例、驗證範例的分類能力，但一個更簡單的分類樹能有相同的分類能力，會更具有「普遍化」的預測能力，因此仍然值得對分類樹進行「修剪」。

	CC	CD	CE	CF	CG	CH	CI
1			自變數	門檻			
2	球技	節點 1	5	76.8		變數數	6
3	身高	節點 2	1	1.828		分段數	5
4	身高	節點 3	1	1.884			
5	彈性	節點 4	4	78.8			
6	身高	節點 5	1	1.884			
7	身高	節點 6	1	1.716			
8		0 節點 7	7	0			
9		0 節點 8	7	0			
10		0 節點 9	7	0			
11		0 節點 10	7	0			
12		0 節點 11	7	0			
13		0 節點 12	7	0			
14		0 節點 13	7	0			
15		0 節點 14	7	0			
16		0 節點 15	7	0			

圖 E-25　將不必要的分枝節點刪除（刪除節點 7~15）

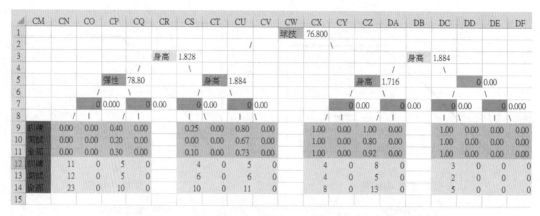

圖 E-26　修剪後的迴歸樹（刪除節點 7~15）

隨堂練習

1. 將門檻分段數目改為 2、3、4、5、6、...、10 結果有何不同？

2. 將節點 2~7 的變數固定為 1，門檻固定為 0，並設節點 1 的變數固定為 5（身高）下，將門檻變化為 1.70、1.75、1.80、1.85、1.90、1.95，試問最佳門檻為何？

3. 同 2.法，但將節點 1 的變數設定為 1、2、3、4、6 下，並將門檻配合作適當選擇下，試問各變數的最佳門檻為何？

4. 試參考 2.與 3.的成果，以人工方法測試幾個可能有用的分類樹。並提出你認為最佳的分類樹。

E-3　結語

本章總結如下：

1. 決策樹本質上是離散系統，可以產生可理解的知識，這對許多需要發現隱含在資料內的知識之應用問題是一大優點。

2. 決策樹本質上是離散系統，因此對本質上是連續系統的問題有些「大而化之」的缺點，因此對迴歸問題較不適合。

3. 迴歸分析與神經網路本質上是連續系統，決策樹本質上是離散系統，各有優缺點，應視問題的特性選擇適合的方法。

第 **11** 章

關聯分析

章前提示：關聯探勘在 Amazon 網路書局應用

　　當讀者在 Amazon 網路書局上找到一本他有興趣的書，點進去閱讀相關資訊時，網站會利用關聯分析，在其「Better Together」區塊中推薦一本過去在購買此書時，會經常一起買的另一本相關書籍，並推出兩本一起買有打折的方法促銷，主動進行交叉銷售（Cross Selling）。此外，也提供「Customers who bought this item also bought」的有用資訊給讀者，讓讀者知道過去在購買此書時，會經常一起買哪一些相關書籍。這些書都可以再次點進去閱讀相關資訊，並且同樣獲得該書的推薦與相關書籍的資訊，無限地擴展下去。關聯分析充分展現了網路書局的資訊優勢。

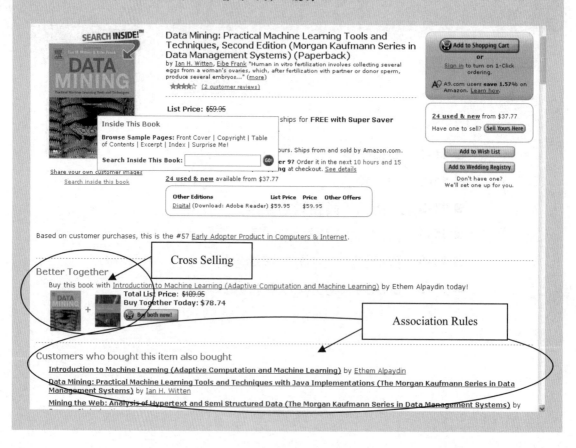

11-1　模型架構

一、關聯探勘的分類

關聯規則學習（Association Rule Learning），簡稱關聯分析，是指在一堆看似無關聯的資料中去找到一些關聯性。最有名的例子莫過於尿布與啤酒的案例。全球最大的零售商沃爾瑪（Walmart）透過對顧客購物的數據分析後發現，很多週末購買尿布的顧客也同時購買啤酒。經過深入研究後發現，美國家庭買尿布的多是爸爸。爸爸們下班後要到超市買尿布，同時也順便帶走啤酒，好在週末看棒球賽的同時暢飲啤酒，後來沃爾瑪就把尿布和啤酒擺放得很近，從而雙雙促進了尿布和啤酒的銷售量。從這個案例中，可以看到在資料中隱藏著很多用人腦無法找到的關聯。

關聯分析可分成二種：

1. 橫向關聯

又稱為購物籃分析。行銷人員最困擾的一件事，常常是不知如何選擇商品搭配組合來進行交叉銷售（Cross Sell）。在缺乏資料可供判斷狀況下，行銷人員往往採用最原始的促銷方式——減價及折扣來吸引消費者。事實上，藉由關聯規則（Association Rules）分析來分析顧客的交易明細，便可得知顧客可能會同時購買哪些商品。利用這些暢銷商品組合規則，行銷人員或公司之決策者便可制定更具吸引力之行銷企劃或企業經營規則，主動推薦符合顧客興趣的產品，而不用落入削價的流血競爭中，更不會造成傳統行銷中盲目推銷而導致顧客反感的問題。前述的尿布及啤酒搭配銷售這樣的協銷分析訊息，即是利用橫向關聯技術探勘而得。而尿布、啤酒、爸爸、週末下班後、看棒球，這些人、事、時、地、物個別因子共同組成的一個過程被探勘出來便是關聯規則發現。

2. 序向關聯

顧客的消費模式，通常都有跡可循。例如買了電視機的顧客，通常還會再買 DVD 放影機。透過序列樣式（Sequential Pattern）分析，可找出產品與產品間的購買順序，從而發覺潛在的銷售機會。例如，或許在信用卡郵購銷售資料中可以找出一種消費訊息「購買個人電腦的學生中有 60% 會在一個月內購買印表機」，行銷人員找出此規則後，便可以針對所有剛購買個人電腦的學生寄送印表機 DM，通常會有令人滿意的效果。找出顧客於不同交易經驗中交易的先後關係，如此將可使產品行銷定位更正確，亦可大幅降低行銷分析及廣告費用。這種分析的預測重點在於分析事件的前後序列關係，發現諸如「在購買 A 產品後，一段時間裡顧客會接著購買 B 產品，而後購買 C 產品」的消費時序特性，形成

一個顧客行為的「A→B→C」模式。這種買 A 產品後一段時間後會再買 B 產品的銷售順序組合即是利用序向關聯探勘而得。

狹義的關聯探勘只包含橫向關聯分析，而且序向關聯分析較為複雜，因此本章以下所述關聯探勘只包含橫向關聯分析。

二、關聯探勘的定義

關聯探勘可定義為：「給予一組記錄，每筆記錄登記了一些項目。找出一個能夠以某些項目出現與否來預測其他項目出現與否的關聯規則。」

在零售業中，每次交易即是一筆記錄，每種購買的貨品便是一個項目。由於在零售業條碼已被普遍使用，因此收集交易資料非常容易。例如：

1. 買了鐵錘、拔釘器的交易事件中，有 80% 買了鐵釘，便是一條關聯規則：

   > {鐵錘，拔釘器}➜{鐵釘}　信賴度 = 0.80

2. 修車廠需要零件 A、B 與 C 的修車事件中，有 60% 也需零件 D 與 E，得到關聯規則：

   > {A，B，C}➜{D，E}　信賴度 = 0.60

這些項目不一定全是交易項目，也可以是交易的情境（時間、地點）。當買主是持會員卡或信用卡時，項目也可以是顧客資料（年齡、性別、所得）。例如：

3. 一家發行會員卡的量販店從消費者過去的消費行為資料庫中發覺，在週五來買啤酒的年輕男性顧客通常（65%）也會買一包嬰兒尿布。便是一條關聯規則：

   > {週五，年輕，男性，啤酒}➜{嬰兒尿布}　信賴度 = 0.65

因此，這家量販店在賣啤酒貨架旁放置了嬰兒尿布，這使得啤酒與嬰兒尿布的銷售量都增加了。

4. 信用卡公司可將一定期限內（如一個月內）發生的消費視為同一筆交易，發現購買臥室傢俱的未婚且年齡介於 25~35 歲的男性，有 45% 也購買到觀光勝地機票，得關聯規則：

   > {年輕，未婚，男性，臥室傢俱}➜{觀光勝地機票}　信賴度 = 0.45

   因為這位男士可能剛結婚，此時正準備去蜜月旅行。

5. 保險公司發現，年齡 55 歲以上，產業分類是 A，工作性質是 B，有 5% 申請了醫療理賠，得關聯規則：

   > {老年，產業 A，工作 B}➜{申請醫療理賠}　信賴度 = 0.05

因為產業 A、工作 B 可能接觸有害物質，長期接觸使得被保險人健康受損。

三、關聯探勘的術語

為了方便舉例介紹關聯探勘的術語，假設五金行的資料庫中有如圖 11-1 的交易。

項目表

Item	名稱
1	鐵錘
2	鋸子
3	鐵釘
4	美工刀
5	拔釘器
6	強力膠
7	老虎鉗

交易表

交易	Items
1	2 5 7
2	1 3 4 6
3	2 6 7
4	2 4 5
5	3 6
6	2 4 6
7	1 4 5
8	1 3 5
9	2 3 5
10	1 3 5
11	1 3 5 6
12	2 3 5
13	2 4 5 6
14	1 2 3 5
15	2 3

交易二元表現矩陣

交易 \ Items	1	2	3	4	5	6	7
1		■			■		■
2	■		■	■		■	
3		■				■	■
4		■		■	■		
5			■			■	
6		■		■		■	
7	■			■	■		
8	■		■		■		
9		■	■		■		
10	■		■		■		
11	■		■		■	■	
12		■	■		■		
13		■		■	■	■	
14	■	■	■		■		
15		■	■				

圖 11-1　五金行資料庫中的交易

1. 定義一：Support（支持度）

項目集出現的比率稱為 Support。例如上述超商資料庫中：

Support(1)=6/15=0.40

Support(1,2)=1/15=0.07

Support(1,3,5)=4/15=0.27

Support(1,3,4,6)=1/15=0.07

2. 定義二：Surprise（驚訝度）

項目集出現的比率除以各項目的比率稱為 Surprise，大於 1.0 表示出現的次頻率大於預期的頻率，反之，表示小於預期的頻率。公式如下：

$$Surprise(A \cup B) = \frac{Support(A \cup B) / N}{(Support(A) / N) \cdot (Support(B) / N)} \qquad (11\text{-}1)$$

例如上述超商資料庫中，因

Support(1,3,5)=4/15=0.27

Support(1)=6/15=0.40

Support(3)=9/15=0.60

Support(5)=9/15=0.60

故

$$Surprise(1,3,5) = \frac{Support(1,3,5)}{Support(1) \cdot Support(3) \cdot Support(5)} = \frac{0.27}{(0.40)(0.60)(0.60)} = 1.875$$

3. 定義三：Association Rule（關聯規則）

設 Z 為一個集合，滿足 X∪Y=Z 且 X∩Y=φ 之{X,Y}組合形成 X→Y 之關聯規則。例如集合{1,3,5}可得下列六條關聯規則：

關聯規則 1：{1}→{3,5}。

關聯規則 2：{3}→{1,5}。

關聯規則 3：{5}→{1,3}。

關聯規則 4：{1,3}→ 5。

關聯規則 5：{1,5}→ 3。

關聯規則 6：{3,5}→ 1。

4. 定義四：Confidence（信賴度）

在某些項目集出現下，其他某些項目集出現的比率稱為 Confidence。即關聯規則 X→Y 的 Confidence(Y | X) 公式如下：

$$Confidence(Y|X) = \frac{Support(X \cup Y)}{Support(X)} \qquad (11\text{-}2)$$

例如上述超商資料庫中集合{1,3,5}可得下列關聯規則：

規則{1}→{3,5}的 Confidence(3,5|1)=Support(1,3,5)/Support(1)=(4/15)/(6/15)=4/6=0.67。

規則{3}→{1,5}的 Confidence(1,5|3)=Support(1,3,5)/Support(3)=(4/15)/(9/15)=4/9=0.44。

規則{5}→{1,3}的 Confidence(1,3|5)=Support(1,3,5)/Support(5)=(4/15)/(10/15)=4/10=0.40。

規則{1,3}→{5}的 Confidence(5|1,3)=Support(1,3,5)/Support(1,3)=(4/15)/(4/15)=4/4=1.00。

規則{1,5}→{3}的 Confidence(3|1,5)=Support(1,3,5)/Support(1,5)=(4/15)/(4/15)=4/4=1.00。

規則{3,5}→{1}的 Confidence(1|3,5)=Support(1,3,5)/Support(3,5)=(4/15)/(6/15)=4/6=0.67。

又例如集合{2,3}可得下列關聯規則：

規則{2}→{3}的 Confidence(3|2)=Support(2,3)/Support(2)=(4/15)/(9/15)=4/9=0.44。

規則{3}→{2}的 Confidence(2|3)=Support(2,3)/Support(3)=(4/15)/(9/15)=4/9=0.44。

5. 定義五：Lift（提升度）

一條好的聯想規則除了 Confidence 要高外，也要考慮被關聯的集合之原來的 Support 的大小，即

$$Lift(Y|X) = \frac{Confidence(Y|X)}{Support(Y)} \tag{11-3}$$

Lift(Y|X)≥1.0 代表此聯想規則是有價值的聯想規則；反之，Lift(Y|X)≤ 1.0 代表此是無價值的聯想規則。如「A→B」、「C→D」之規則成立的可信度（Confidence）= 0.8；但 B 的 Support = 0.8，而 D 的 Support = 0.4，則「A→B」，「C→D」之規則的 Lift 分別為 1.0 與 2.0，即「A→B」之規則根本沒有提升 B 的機率，是無用的規則；而「C→D」之規則大幅提升 D 的機率，是有用的規則。

例如上述超商資料庫中集合{1,3,5}可得下列關聯規則：

規則{1}→ {3,5}的 Lift(3,5|1)=Confidence(3,5|1)/Support(3,5)=(4/6)/(6/15)=1.67。

規則{3}→ {1,5}的 Lift(1,5|3)=Confidence(1,5|3)/Support(1,5)=(4/9)/(4/15)=1.67。

規則{5}→ {1,3}的 Lift(1,3|5)=Confidence(1,3|5)/Support(1,3)=(4/10)/(4/15)=1.50 。

規則{1,3}→ {5}的 Lift(5|1,3)=Confidence(5|1,3)/Support(5)=(4/4)/(10/15)=1.50 。

規則{1,5}→ {3}的 Lift(3|1,5)=Confidence(3|1,5)/Support(3)=(4/4)/(9/15)=1.67。

規則{3,5}→ {1}的 Lift(1|3,5)=Confidence(1|3,5)/Support(1)=(4/6)/(6/15)=1.67。

又例如集合{2,3}可得下列關聯規則：

規則{2}→ {3}的 Lift({3}|{2})=Confidence({3}|{2})/Support({3})=(4/9)/(9/15)=0.74。

規則{3}→ {2}的 Lift({2}|{3})=Confidence({2}|{3})/Support({2})=(4/9)/(9/15)=0.74。

6. 定義六：Association Analysis（關聯分析）

關聯分析是指：

(1) 找出資料庫中所有大項目集（Large Itemset）。

(2) 找出大項目集（Large Itemset）的所有可信的關聯規則（Association Rule）。

大項目集是指 Support ≥ Min_Support 的項目集。可信的關聯規則是指 Confidence ≥ Min_Confidence 的關聯規則。因此上述關聯分析的定義以數學式表達為：「找出資料庫中

所有 Support ≥ Min_Support，且 Confidence ≥ Min_Confidence 的關聯規則。」

四、關聯探勘的評價

關聯規則的評價性能如表 11-1。

表 11-1 關聯規則的評價性能

性能	評價方法
準確性（Accuracy）	關聯規則信賴度（Confidence）
有用性（Utility）	關聯規則支持度（Support）
解釋性（Interpretability）	關聯規則視覺化展示
新奇性（Novelty）	關聯規則提升度（Lift）或驚訝度（Surprise）

五、關聯探勘的應用

關聯分析所依據的資料庫主要是交易資料，但也可包含其他資料，例如持有會員卡的顧客可知道他的性別、年齡等資料，也可以是交易發生的地點與時間。關聯探勘的應用如表 11-2。

表 11-2 關聯探勘的應用

行業 ＼ 應用	貨架配置	庫存管理	型錄設計	搭配行銷	詐欺偵測
零售業	●	●		●	
錄影帶出租業	●	●		●	
書局	●	●		●	
圖書館	●	●		●	
郵購業			●	●	
直銷業			●	●	
大學課程設計			●	●	
保險業			●	●	●
修車廠	●	●		●	

觀念補充：序列關聯探勘

序列關聯探勘可定義為「給予一組物件（例如一組顧客），每個物件包含許多有時間順序的事件，每個事件記錄一些項目。找出一個能夠以某些事件出現與否來預測其他時間順序不同的事件出現與否的關聯規則。」例如：

1. 先買電視的顧客，在三個月內有 30% 會買錄放影機，便是一條序列關聯規則：

   {（電視）}→{（錄放影機）} 信賴度 = 0.30

2. 先租「魔戒 1」，再租「魔戒 2」的顧客，有 60% 的顧客下次會再租「魔戒 3」，便是一條序列關聯規則：

   {（魔戒 1），（魔戒 2）}→{（魔戒 3）} 信賴度 = 0.60

3. 先買「資料庫管理」與「資料倉儲」，過了一段時間又來買「資料探勘」的顧客，有 65% 會在過了一段時間後再來買「多變數統計」，並再過了一段時間後再來買「類神經網路」與「機器學習」，便是一條序列關聯規則：

   {（資料庫管理，資料倉儲），（資料探勘）}

   →{（多變數統計），（類神經網路，機器學習）} 信賴度 = 0.65

11-2 模型建立

一、關聯探勘的陳述

關聯分析的正式數學陳述為：

---

1. $I = \{i1, i2, i3, \ldots, im\}$ be a set of items

2. D: set of transactions $T \subseteq I$

3. Find all rules of the implication form

$X \Rightarrow Y$ where $X \subseteq I$, $Y \subseteq I$, and $X \cap Y = \phi$

with ***confidence*** c and ***support*** s.

confidence c: **c% of transactions that contain X also contain Y**

support s: **s% of transactions contain both X and Y**

上述陳述也可描述成：

---

1. I={$i_1,i_2,…,i_m$}是由交易項目（Item）組成的集合，由一個或一個以上的項目所組成的集合稱為項目集（Itemset）。
2. D 是由一群交易（Transaction）T 所組成的集合，每個 T 為一項目集，代表交易記錄，T ⊆ I。
3. 找出所有具有關聯規則：
   X ⇒ Y，其中 X ⊆ I ，Y ⊆ I，X ∩ Y = ∅。
   具有信賴度（Confidence）c 和支持度(Support) s。
   信賴度（Confidence）c：D 中包含 X 的交易裡，有 c% 也同時包含了 Y。
   支持度（Support）s：D 中包含 X∪Y 的交易記錄有 s% 。

關聯分析簡單地說就是「給定交易記錄資料庫，在當中找出所有確信值大於最小確信值，並且支持度大於最小支持度的規則。」

二、關聯探勘的算法

關聯分析的過程可分成兩個步驟：

步驟 1：找到所有支持度大於最小支持度的項目集，即大項目集（Large Itemset）。

步驟 2：用步驟 1 中所找到的大項目集（Large Itemset）來產生所期望的規則：

(1) 對於任一大項目集 L，找出其所有非空子集合。

(2) 對於每個非空子集合 X，如果規則 X⇒(L－X)的信賴度大於最小信賴度，則此規則即符合所求。

上述過程看似簡單，但當資料量大時，步驟 1 的演算效率會面臨組合爆炸的嚴重問題，因為假設有 m 種項目，則項目集的可能數目的複雜度為 $O(2^m)$，如果每一個可能的項目集都要計算其支持度將耗費大量計算，因此項目集的修剪非常重要。在關聯分析中常以推定原理（Apriori Principle）來減少候選的項目集：

1. 推定原理（Apriori Principle）

因為根據集合論，Support(X∪Y)≤ Support(X)，Support(X∪Y)≤ Support(Y)，

所以，如果已知 Support(X) ≤Min_Support 或 Support(Y) ≤Min_Support，

則可以推得 Support(X∪Y)≤Min_Support。

這條 If-Then 規則以文字敘述即：「如果一項項目集的任一個次集合的 Support 小於

Min_Support，則此項目集的 Support 必小於 Min_Support。」

　　定義大項目集是指 Support ≥ Min_Support 的項目集，則上述文字規則等同：「如果一項項目集的任一次集合不是大項目集，則它必不是大項目集。」

　　利用這條規則可減少候選的項目集，例如{1,2,3,4}的(k−1)次集合{1,2,3}、{1,2,4}、{1,3,4}、{2,3,4}中如果有任一個不是大項目集，則{1,2,3,4}必不是大項目集，如此一來就不必計算{1,2,3,4}的 Support。因此，關聯分析先找出單項項目集（1-itemset），再用單項項目集組成二項項目集（2-itemset）；再用二項項目集組成三項項目集（3-itemset）；依此類推。並且在每次組成 k 項項目集時，即利用「推定原理」，以其 k−1 項項目集是否為大項目集，來研判 k 項項目集是否不可能成為大項目集。如果無法排除其可能性，再計算其 Support。如此一來，就能大幅減少候選的項目集，減少發生組合爆炸問題的壓力。

　　詳細的演算法如下：

Mining All Association Rules

步驟 1：Generate All Large Itemsets。

步驟 2：Generate All Association Rules。

　　其中步驟 1 詳述如下：

Generate All Large Itemsets

L_1=Candidates in C_1 with min_support

　for (k=2; L_{k-1}!=ϕ; k++) do

　　　Call Generate Candidates C_k /* 產生候選集 */

　　　for each transaction t in database do /* 計算 Support 大小 */

　　　　　increment the count of all candidates in C_k that are contained in t

　　　L_k=Candidates in C_k with min_support　　/* 刪除 Support 太小的集合 */

　end

return　$\bigcup_{k \geq 2} L_k$

　　上述演算法中的 Generate Candidates C_k 步驟詳述如下：

Generate Candidates C_k /* 產生候選集 */（Itemset 中的 Item 必須有排序）

(1) **Self-joining L_{k-1}** /* 在 L_{k-1} 中如果有二個 Itemset 有 k-2 項相同，則組成一個具有 k 項的集合 C_k */

    insert into C_k

        select p.item$_1$, pitem$_2$,…,pitem$_{k-1}$,q.item$_{k-1}$

        from $L_{k-1}{}^p$, $L_{k-1}{}^q$

        where p.item$_1$=q.item$_1$, …, p.item$_{k-2}$=q.item$_{k-2}$, p.item$_{k-1}$<q.item$_{k-1}$

(2) Pruning   /* 以 Apriori 原理刪除 Support 無潛力的候選 Itemset */

    for all itemsets c in C_k do

        for all (k-1)-subsets s of c do

            if (s is not in L_{k-1}) then delete c from C_k

例題 11-1　Generate Candidates 實例

假設 L_3={{1,2,3},{1,2,4},{1,3,4},{1,3,5},{2,3,4}}則 Generate Candidates C_4 的過程如下：

1. Self-joining L_3

這五個三項項目集中，只有二種組合其前 k−2（k=4，故 k−2=2）項目相同，即

由{1,2,3}與{1,2,4}得{1,2,3,4}

由{1,3,4}與{1,3,5}得{1,3,4,5}

2. Pruning C_4

因{1,2,3,4}的(k−1)次集合{1,2,3},{1,2,4},{1,3,4},{2,3,4}中無一不在 L_3，故不刪除。

因{1,3,4,5}的(k−1)次集合{1,3,4},{1,3,5},{1,4,5},{3,4,5}中有{1,4,5},{3,4,5}不在 L_3，故刪除。

得到 C_4={{1,2,3,4}}

此外關聯分析 Step 2 詳述如下：

Generate All Association Rules

for all large itemns do

    設 Z 為一個 Large Itemsets

    產生所有滿足 X∪Y=Z 且 X∩Y=φ之{X,Y}組合

    如果 X→ Y 的 Confidence ≥ Min_Confidence

    則產生關聯法則：X→ Ywith confidence

例題 11-2 一個簡單的關聯分析實例

延續前節的「五金行例題」。

步驟 1：找到所有支持度大於最小支持度的項目集，即大項目集。

假設 Min_Support=4

C1

{1}	6
{2}	9
{3}	9
{4}	5
{5}	10
{6}	6
~~{7}~~	~~2~~

刪除 Support 太小者
→

L1

{1}	6
{2}	9
{3}	9
{4}	5
{5}	10
{6}	6

Generate Candidates C2
→

C₂

~~{1,2}~~	~~1~~
{1,3}	5
~~{1,4}~~	~~2~~
{1,5}	5
~~{1,6}~~	~~2~~
{2,3}	4
~~{2,4}~~	~~3~~
{2,5}	6
~~{2,6}~~	~~3~~
~~{3,4}~~	~~1~~
{3,5}	6
~~{3,6}~~	~~3~~
~~{4,5}~~	~~3~~
~~{4,6}~~	~~3~~
~~{5,6}~~	~~2~~

刪除 Support 太小者
→

L₂

{1,3}	5
{1,5}	5
{2,3}	4
{2,5}	6
{3,5}	6

Generate Candidates C₃
→

C₃				L₃		
{1,3,5}	4	刪除 Support 太小者		{1,3,5}	4	Generate Candidates C₄
{2,3,5}	2	→				→

C₄		L₄	L₄=φ達終止條件
φ	刪除 Support 太小者	φ	→

Large Itemset= L₂ ∪ L₃ ={{1,3},{1,5},{2,3},{2,5},{3,5},{1,3,5}}

步驟 2：用 Step 1 中所找到的大項目集（Large Itemset）來產生所期望的規則。

Large Itemset {1,3}

X→Y	Support(X∪Y)		Support(X)		Support(Y)		Conf	Lift	Surprise
{1}→{3}	5/15=	0.33	6/15=	0.40	9/15=	0.60	0.83	1.39	1.39
{3}→{1}	5/15=	0.33	9/15=	0.60	6/15=	0.40	0.55	1.39	1.39

Large Itemset {1,5}

X→Y	Support(X∪Y)		Support(X)		Support(Y)		Conf	Lift	Surprise
{1}→{5}	5/15=	0.33	6/15=	0.40	10/15=	0.67	0.83	1.25	1.25
{5}→{1}	5/15=	0.33	10/15=	0.67	6/15=	0.40	0.50	1.25	1.67

Large Itemset {2,3}

X→Y	Support(X∪Y)		Support(X)		Support(Y)		Conf	Lift	Surprise
{2}→{3}	4/15=	0.27	9/15=	0.60	9/15=	0.60	0.44	0.74	0.74
{3}→{2}	4/15=	0.27	9/15=	0.60	9/15=	0.60	0.44	0.74	0.74

Large Itemset {2,5}

X→Y	Support(X∪Y)		Support(X)		Support(Y)		Conf	Lift	Surprise
{2}→{5}	6/15=	0.40	9/15=	0.60	10/15=	0.67	0.67	1.00	1.00
{5}→{2}	6/15=	0.40	10/15=	0.67	9/15=	0.60	0.60	1.00	1.00

Large Itemset {3,5}

X→Y	Support(X∪Y)		Support(X)		Support(Y)		Conf	Lift	Surprise
{3}→{5}	6/15=	0.40	9/15=	0.60	10/15=	0.67	0.67	1.00	1.00
{5}→{3}	6/15=	0.40	10/15=	0.67	9/15=	0.60	0.60	1.00	1.00

Large Itemset {1,3,5}

X→Y	Support(X∪Y)		Support(X)		Support(Y)		Conf	Lift	Surprise
{1}→{3,5}	4/15=	0.27	6/15=	0.40	6/15=	0.40	0.67	1.67	1.67
{3}→{1,5}	4/15=	0.27	9/15=	0.60	5/15=	0.33	0.44	1.33	1.67
{5}→{1,3}	4/15=	0.27	10/15=	0.67	5/15=	0.33	0.40	1.20	1.67
{1,3}→{5}	4/15=	0.27	5/15=	0.33	10/15=	0.67	0.80	1.20	1.67
{1,5}→{3}	4/15=	0.27	5/15=	0.33	9/15=	0.60	0.80	1.33	1.67
{3,5}→{1}	4/15=	0.27	6/15=	0.40	6/15=	0.40	0.67	1.67	1.67

假設 Min_Confidence=0.50, Min_Lift=1.50

則得到兩條規則：

X→Y	Support(X∪Y)		Support(X)		Support(Y)		Conf	Lift	Surprise
{1}→{3,5}	4/15=	0.27	6/15=	0.40	6/15=	0.40	0.67	1.67	1.67
{3,5}→{1}	4/15=	0.27	6/15=	0.40	6/15=	0.40	0.67	1.67	1.67

即{鐵錘}→{鐵釘，拔釘器} Confidence=0.67，Lift=1.67；

{鐵釘，拔釘器}→{鐵錘} Confidence=0.67，Lift=1.67。

11-3　實例一：商店購物個案

以例題 11-2 的資料，試用 XLMiner 作關聯探勘。假設採用參數：Minimum Support = 4，Minimum Confidence = 50%。得下列關聯規則（依 Lift Ratio 排序）：

Rule #	Conf. %	Antecedent (a)	Consequent (c)	Support(a)	Support(c)	Support(a ∪ c)	Lift Ratio
1	66.67	3, 5 =>	1	6	6	4	1.667
2	66.67	1 =>	3, 5	6	6	4	1.667
3	83.33	1 =>	3	6	9	5	1.389
4	55.56	3 =>	1	9	6	5	1.389
5	80	1, 5 =>	3	5	9	4	1.333
6	83.33	1 =>	5	6	10	5	1.25
7	50	5 =>	1	10	6	5	1.25
8	80	1, 3 =>	5	5	10	4	1.2
9	66.67	2 =>	5	9	10	6	1
10	66.67	3 =>	5	9	10	6	1
11	60	5 =>	3	10	9	6	1
12	60	5 =>	2	10	9	6	1

這些規則與例題 11-2 不同的原因是：本題未限制 Min_Lift = 1.50（XLMiner 無此功能）。

11-4 實例二：書局行銷個案

在「書局行銷個案」中，取出購買某類書與否的資料如下：

代碼	意義
Child Bks	購買兒童類書（1＝是，0＝否）
Youth Bks	購買青年類書（1＝是，0＝否）
Cook Bks	購買食譜類書（1＝是，0＝否）
DoItY Bks	購買 DIY 類書（1＝是，0＝否）
Ref Bks	購買參考類書（1＝是，0＝否）
Art Bks	購買藝術類書（1＝是，0＝否）

代碼	意義
Geog Bks	購買地理類書（1＝是，0＝否）
ItalCook	購買義大利食譜書（1＝是，0＝否）
ItalHAtlas	購買義大利地圖書（1＝是，0＝否）
ItalArt	購買義大利藝術書（1＝是，0＝否）
Florence	購買 Florence 書（1＝是，0＝否）

假設採用參數：Minimum Support = 20，Minimum Confidence = 50%。得下列關聯規則（依 Lift Ratio 排序）：

Rule #	Conf. %	Antecedent (a)	Consequent (c)	Support (a)	Support (c)	Support (a ∪ c)	Lift Ratio
1	60.61	RefBks=>	ChildBks, CookBks	33	49	20	2.47
2	90.91	ChildBks, RefBks=>	CookBks	22	84	20	2.16
3	57.14	ChildBks, CookBks=>	GeogBks	49	54	28	2.12
4	51.85	GeogBks=>	ChildBks, CookBks	54	49	28	2.12
5	88.46	CookBks, YouthBks=>	ChildBks	26	84	23	2.11
6	86.96	DoItYBks, GeogBks=>	CookBks	23	84	20	2.07
7	57.14	ChildBks, CookBks=>	DoItYBks	49	56	28	2.04
8	50	ArtBks=>	ChildBks, CookBks	44	49	22	2.04
9	50	DoItYBks=>	ChildBks, CookBks	56	49	28	2.04
10	83.33	CookBks, RefBks=>	ChildBks	24	84	20	1.98
11	52.63	CookBks, DoItYBks=>	GeogBks	38	54	20	1.95
12	54.05	CookBks, GeogBks=>	DoItYBks	37	56	20	1.93
13	80	ChildBks, DoItYBks=>	CookBks	35	84	28	1.90
14	78.57	ArtBks, CookBks=>	ChildBks	28	84	22	1.87
15	77.78	ChildBks, GeogBks=>	CookBks	36	84	28	1.85
16	75.68	CookBks, GeogBks=>	ChildBks	37	84	28	1.80
17	73.68	CookBks, DoItYBks=>	ChildBks	38	84	28	1.75
18	73.33	ArtBks, ChildBks=>	CookBks	30	84	22	1.75
19	72.73	RefBks=>	CookBks	33	84	24	1.73
20	71.88	ChildBks, YouthBks=>	CookBks	32	84	23	1.71
21	68.52	GeogBks=>	CookBks	54	84	37	1.63

22	68.18	ArtBks=>	ChildBks	44	84	30	1.62
23	68.09	YouthBks=>	ChildBks	47	84	32	1.62
24	**67.86**	**DoItYBks=>**	**CookBks**	**56**	**84**	**38**	**1.62**
25	66.67	GeogBks=>	ChildBks	54	84	36	1.59
26	66.67	RefBks=>	ChildBks	33	84	22	1.59
27	63.64	ArtBks=>	CookBks	44	84	28	1.52
28	62.5	DoItYBks=>	ChildBks	56	84	35	1.49
30	58.33	ChildBks=>	CookBks	84	84	49	1.39
29	58.33	CookBks=>	ChildBks	84	84	49	1.39
31	55.32	YouthBks=>	CookBks	47	84	26	1.32

以 Rule 24 為例，其意義為：

Rule 24: If item(s) DoItYBks= is / are purchased, then this implies item(s) CookBks
　　　　is / are also purchased. This rule has confidence of 67.86%.

11-5　實例三：人才專長關聯分析

一、研究目的

　　通常一位教授會具有多個專長，本個案的目的是挖掘教授的專長之間的關聯規則，再利用這些規則產生專業書籍或文獻的個人化推薦。在本研究中，每一位教授都被視為一筆「記錄」，每位教授的每個專長視為一個「項目」。為了探討關聯分析產生合理、有用的關聯規則之可能性，本研究以資訊專長教授為研究範圍。

二、研究方法

1. 資料來源與處理

　　首先從國科會網頁中，將具有資訊方面專長的老師其所有專長都整理到 Excel 檔之中。資訊領域專長的教授人數大約有九百多筆，每個人的專長數目差異很大，從一個到十幾個都有，一個人視為一筆資料。由於從網頁上擷取的專長格式並不符合軟體執行所需格式，因此將資料先做過處理。

(1)　由於國科會的網頁上的專長大多數是採中文形式，因此將英文全數改為中文，例如：

(a)　Distributed Computing→分散式處理。

(b)　Computer Vision→電腦視覺。

(c)　Software Engineering→軟體工程。

(2) 此外也將同義不同詞的專長統一，例如：

(a) 「資料採勘」、「資料採礦」或是「資料挖掘」。

(b) 「人機界面」或是「人機介面」。

(c) 「資料庫」或「資料庫系統」。

為了避免其名詞的混亂，因此改成統一的名詞。

(3) 另外還有部分過長名詞或複合的名詞也將分割成獨立的數個名詞，例如：

(a) 「語音網與資訊網服務」→「語音網服務」、「資訊網服務」，

(b) 「文件與網路資料探勘」→「文件探勘」、「網路資料探勘」，

(c) 「電波監測及頻譜管理」→「電波監測」、「頻譜管理」。

由於在軟體執行時只要差一個字就代表不同的關係，所以這部分統一名詞上做起來更重要也更困難，因為做得好不但可增加支持度及信賴度，也更容易找出關聯規則。上述這些工作仍需要一定程度的背景知識。

經過上述處理，一共獲得 925 筆資料，包含 2,552 個項目，這些項目包含 1,460 種不同項目。

2. 關聯探勘參數

根據不同參數得到的關聯規則數如圖 11-2 所示。由圖可知在支持度為 3、信賴度為 50% 下，可獲得 105 條關聯規則數。此數量適中，因此本研究採用此一參數產生的規則來探討「資訊專長研究人材」的「專長關聯」。

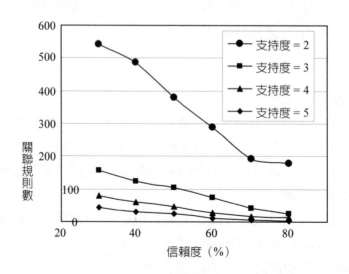

圖 11-2 支持度及信賴度與關聯規則數之關係

三、研究結果

　　為了檢視上述關聯規則，將其繪成如圖 11-3 之「關聯圖」。關聯圖的箭頭是關聯規則的前提指向結果的方向。例如專家系統、知識庫系統的箭頭都指向「人工智慧」，代表有這兩種專長者都同時有人工智慧專長，但箭頭為單向，代表反方向不成立，即人工智慧專長者不一定有這兩種專長。多數箭頭為單向，但也有少數箭頭為雙向。例如工業管理、工業工程兩者箭頭指向對方，代表這兩種專長關係密切。由圖可知，「資訊專長研究人材」的專長可以分成 15 個「社群」：

1. 「資料探勘」社群：包括資料探勘、資料倉儲、機器學習。
2. 「人工智慧」社群：包括人工智慧、專家系統、知識庫系統。
3. 「自然語言處理」社群：包括自然語言處理、資訊檢索。
4. 「類神經網路」社群：包括類神經網路、醫學影像處理。
5. 「模糊理論」社群：包括模糊理論、灰色理論。
6. 「工業管理」社群：包括工業管理、工業工程、資訊管理。
7. 「影像處理」社群：包括影像處理、醫學影像、圖形識別、影像識別、電腦視覺、機器視覺、電腦圖學、電腦繪圖、電腦動畫、虛擬實境、多媒體技術。
8. 「生物資訊」社群：包括生物資訊、資訊擷取、文件分類。
9. 「演算法」社群：包括演算法、資料結構、連結網路、圖論。
10. 「軟體工程」社群：包括軟體工程、軟體測試、物件導向技術、資料工程、資料庫、資訊系統、資訊安全、資訊隱藏、密碼學。
11. 「電腦網路」社群：包括電腦網路、分散式多媒體系統。
12. 「無線網路」社群：包括無線網路、行動通訊。
13. 「嵌入式系統」社群：包括嵌入式系統、即時系統。
14. 「平行處理」社群：包括平行處理、分散式處理。
15. 「資訊工程」社群：包括資訊工程、電機工程、電信工程、醫學工程、網路工程、資訊科學教育、通訊工程、數學、微電工程。

　　檢視這 15 個社群內的專長，發現它們都彼此相關，可見關聯探勘可以自動產生合理的「資訊專長研究人材」的「專長關聯」。

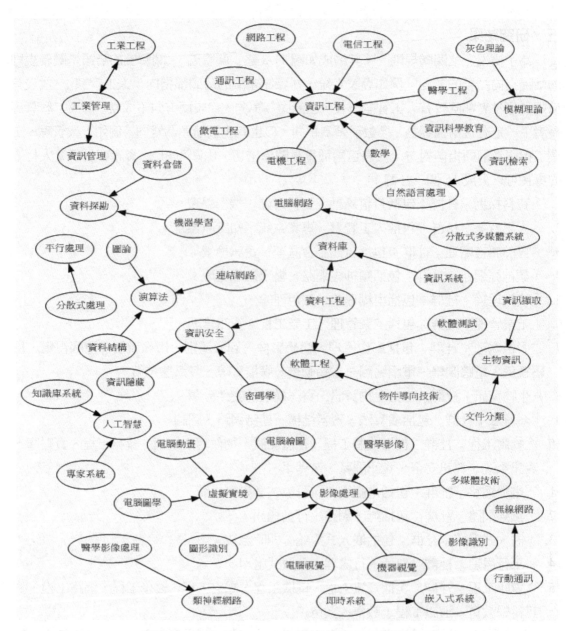

圖 11-3　SQL Server 2005 相依性網路圖執行結果

11-6　實例四：證券漲跌關聯分析

一、研究目的

本研究旨在利用關聯探勘來進行台灣股市股價漲跌的關聯分析。

二、研究方法

本研究的進行步驟如下：

1. 建立漲跌資料：以台灣證券交易所公布的上市公司股價之每日收盤價作為分析資料，並將此資料存成一矩陣表格。以適當的漲跌幅度作為參數，將所收集的資料進行轉換，以建立一包含每日哪些漲或跌之個股資料表，並整理成適當之格式。

2. 建立關聯規則：根據所收集的資料量大小，設定適當的關聯探勘參數，包含支持度、信賴度。透過關聯探勘產生隱含在漲跌資料中的關聯規則。

3. 分析關聯規則：分析所產生的關聯規則中所隱含的上下游、競爭、同盟等產業關聯。

(一) 建立漲跌資料

技術面分析中所使用的資料大多與股價相關，而觀察一家公司營運的趨勢，最容易使用的資料即為其每日收盤價之漲跌。因此我們在此收集台灣證券交易所內所有上市公司的原始股價資料，收集的時間範圍為 2005 年全年度每日收盤價。而由所收集的資料顯示，2005 年一共有 246 個交易日。

在獲得原始股價資料後，接著決定每日之漲跌門檻，做為當日屬於漲或跌的依據。因為如果只將股價變化分成上漲及下跌二種，可能會造成不易建立正確的關聯規則，例如某股上漲 0.1% 與另股上漲 0.1% 根本不存在關聯性，如二者都被視為「上漲」反而對找到真正的關聯而言是一種雜訊。必須是強烈的上漲或下跌才是有意義的樣本。反之，被視為「上漲」或「下跌」的樣本太少，對找到真正的關聯而言也是一種障礙。因此，漲跌門檻的定義以能達到各公司平均一年之中出現上漲及下跌的比例各 1/4 左右為原則。實驗過後所得數據如表 11-3，由此可知，漲跌門檻以 1% 較為適宜，此門檻可使每家公司平均一年出現上漲的次數為 56.6 次（23%），下跌的次數為 64.1 次（26%），持平的次數為 120.3 次（51%）。

表 11-3　漲跌幅與項目數比較

漲跌幅（%）	±0	±0.5	±1	±1.5	±2
平均上漲數目	99.7	78.7	56.6	41.9	31.5
平均下跌數目	111.6	89.5	64.1	45.1	32
持平數目	29.9	72.9	120.3	154.0	177.5
上漲出現比例	41%	32%	23%	17%	13%
下跌出現比例	45%	36%	26%	18%	13%

當一天之中有超過 50% 的上市公司皆超過我們所設定的漲跌幅時，很可能是由其他外在的重大利空、利多衝擊造成的。為了降低此因素影響關聯規則的正確性，我們將當日上

漲與下跌的股票總和超過所有股票總數一半的資料刪除，因此交易日由 246 日減少為 218 日，樣本數為 218 乘以上市股票個數。

(二) 建立關聯規則

首先，調整支持度門檻與頻集內的最大項目數門檻，並將信賴度門檻設為 60%，藉此來觀察關聯規則數目的變化。結果如圖 11-4 所示，可知當頻集內最大項目數門檻定為 4 以上時，所得到的關聯規則數目不會改變。因為頻集內的最大項目數與信賴度門檻無關，而與支持度門檻有關，支持度門檻愈低，頻集內的最大項目數愈高。由於頻集內的最大項目數門檻大於 4 時與等於 4 時有相同數量的關聯規則，可見其門檻值定為 4 就足夠。因此，以下將頻集內最大項目個數設定為 4，接著進行下一個實驗。

接著，調整支持度門檻與信賴度門檻，以期獲得適當數量的關聯規則供使用者進行分析。原則上，支持度門檻愈低，產生的頻集愈多，因此會有一些支持度不算太高的頻集也因通過門檻而產生，由這些頻集所產生的關聯規則可靠度就不足。其次，信賴度門檻愈低，產生的關聯規則愈多，因此會有一些信賴度不算太高的關聯規則也因通過門檻而產生，這些關聯規則因信賴度不高，用處不大。在關聯分析中，並不存在一個決定多少條關聯規則是最佳的理論，而是視關聯規則的使用目的而定。由於在本研究中關聯規則的使用目的在於預測股價漲跌，支持度太低可能會造成產生的關聯規則可靠度低，故支持度門檻不宜太低，但由圖 11-5 可知，支持度門檻設定為 19 以上時，關聯規則的數目急速下降；而關聯規則太少會造成無法對各公司股價間的關聯作全面性的分析。此外，信賴度低的關聯規則對預測股價漲跌的價值低。故本研究支持度門檻設定為 18，信賴度門檻設定為 60%，此時獲得 168 條關聯規則。

(三) 分析關聯規則

表 11-4 為頻集「國碩跌、利碟跌、精碟跌」所產生的關聯規則。此頻集的支持度為 20，一共產生三組關聯規則。分別為：

1. 「利碟跌，精碟跌→國碩跌」，信賴度為 0.87，表示當股票市場發生利碟和精碟同時下跌，則有 87% 國碩也會一併下跌。

2. 「國碩跌，精碟跌→利碟跌」，信賴度為 0.769，表示當國碩與精碟同時下跌時，利碟有 76.9% 的機率會一起下跌。

3. 「國碩跌，利碟跌→精碟跌」，信賴度為 0.833，表示當國碩和利碟同一天下跌時，精碟也會在同一天下跌的機率有 83.3%。

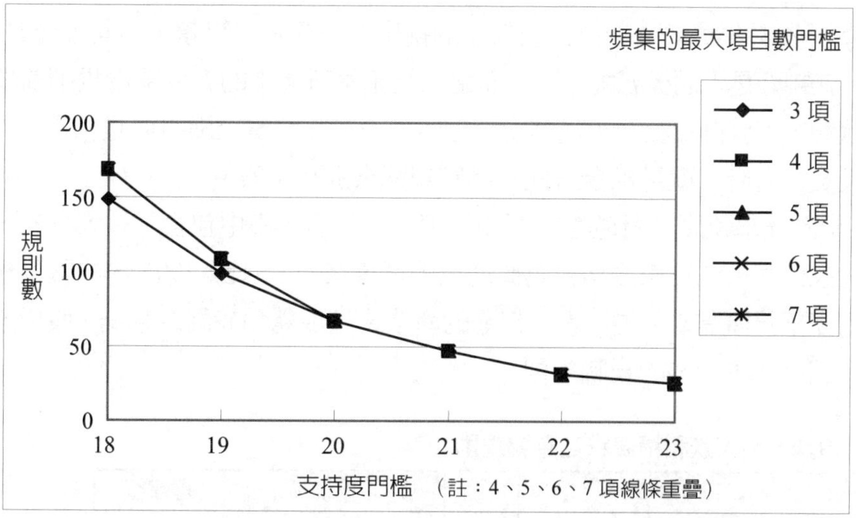

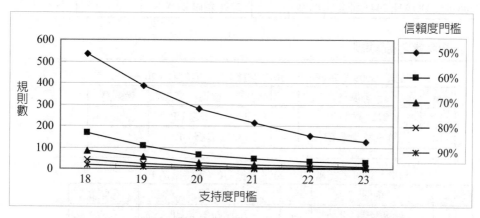

圖 11-4　最大項目數門檻與支持度門檻變化產生關聯規則數量圖

圖 11-5　信賴度門檻與支持度門檻變化產生關聯規則數量圖

　　此頻集中三家上市公司皆為光碟片生產廠商，其所產生的關聯皆為發生同時下跌。在同業的競爭下，可能發生的情況有四種：(1) 甲廠商有獲得大筆訂單的利多消息，股價上漲；其他廠商則因沒搶到訂單，造成市場看空，股價下跌。(2) 整體產業前景看好，投資者看好此一產業，造成此產業的股票同時上漲。(3) 整體產業景氣低迷，投資者不看好此一產業，造成此產業的股價同時下跌。(4) 彼此雖然為競爭同業，但是彼此客戶群穩定，生產能力也不足以吃下整個市場，此時彼此的股價並沒有明顯的互相影響。因為在資料期間，光碟片生產的利潤過低，擁有智財的公司索取過高的權利金，導致光碟片產業股價下滑，屬於上述的第三種情況，因此產生此組頻集甚為合理。

　　表 11-5 是將頻集屬於「液晶面板業」的挑出，一共有三組頻集，其中僅缺少「彩晶」這家公司，就剛好是「面板五虎」了。而這三組頻集所產生的五條關聯規則前項與後項皆為上漲的狀態，可以得知在面板產業上，這四家公司在股價上漲方面是相當一致的。投資者在進行投資行為時，就可以參考此一關聯規則來進行決策。

　　表 11-6 為光學鏡頭業所產生之關聯規則。此兩組頻集中包含了「大立光、亞光、今國光」等三家公司，此三家公司皆為此產業的領導廠商。且因 2005 年的數位相機與照相手機使用的光學鏡頭需求大增，因此相關的產業皆呈現蓬勃發展的趨勢，股價的表現也相當的理想。因此產生同漲的關聯規則。

表 11-4　國碩跌、利碟跌和精碟跌之關聯規則

No.	前項		後項	信賴度
104	2443 利碟 DOWN; 2396 精碟 DOWN	→	2406 國碩 DOWN	0.87
105	2406 國碩 DOWN; 2396 精碟 DOWN	→	2443 利碟 DOWN	0.769
106	2406 國碩 DOWN; 2443 利碟 DOWN	→	2396 精碟 DOWN	0.833

表 11-5　面板產業之關聯規則

頻集：3009 奇美電 UP；3012 廣輝 UP（支持度為 20）

No.	前項		後項	信賴度
17	3012 廣輝 UP	→	3009 奇美電 UP	0.625
18	3009 奇美電 UP	→	3012 廣輝 UP	0.606

頻集：3009 奇美電 UP；2409 友達 UP（支持度為 19）

No.	前項		後項	信賴度
14	2409 友達 UP	→	3009 奇美電 UP	0.679

頻集：3012 廣輝 UP；2475 華映 UP（支持度為 20）

No.	前項		後項	信賴度
17	2475 華映 UP	→	3012 廣輝 UP	0.69
18	3012 廣輝 UP	→	2475 華映 UP	0.625

表 11-6　光學鏡頭業之關聯規則

頻集：3008 大立光 UP；3019 亞光 UP（支持度為 22）

No.	前項		後項	信賴度
17	3019 亞光 UP	→	3008 大立光 UP	0.647

頻集：3019 亞光 UP；6209 今國光 UP（支持度為 21）

No.	前項		後項	信賴度
14	3019 亞光 UP	→	6209 今國光 UP	0.618

(四) 關聯規則與產業結構之關係──關聯圖之應用

　　為了讓投資者能較清楚的瞭解關聯規則中產業的關聯性，此節以 SQL Server 2005 繪製本章所產生的 168 條關聯規則之關聯圖。結果如圖 11-6 所示。可發現相同產業的公司股價常常發生同漲或同跌的情況，並被關聯圖繪在一起，形成化工、光學鏡頭、光碟、IC 設計、IC 測試、石英元件、液晶面板、飯店娛樂、鋼鐵、營建等產業群聚。例如圖中可發現到鋼鐵業同漲的公司與同跌的公司各形成一小部分關聯圖，可判斷鋼鐵業在股價漲跌表現很容易與同產業的公司相似，因此分別形成上漲與下跌的關聯圖。而在鋼鐵業附近可以看到營建業的關聯圖，此兩種產業在營運上又有相當的影響，營建業往往需要大量的鋼材來建築房子或各種公共建設，當某一產業的股價發生波動時，另一個產業就很容易受到波及，造成彼此股價的影響。

問題與討論

1. 假設您得到下列交易清單，試以關聯分析找出規則。

Transaction ID	Items Purchased
1	Butter, Bread, Milk, Beer, Diaper
2	Bread, Milk, Beer, Egg
3	Coke, Film, Bread, Butter, Milk
4	Butter, Bread, Milk, Beer, Diaper, Coke, Film
5	Butter, Bread, Milk, Beer, Diaper, Egg
6	Butter, Milk, Beer, Diaper
7	Milk, Beer, Egg
8	Coke, Film, Bread, Butter, Milk, Egg
9	Bread, Milk, Beer
10	Butter, Milk, Beer, Diaper
11	Bread, Milk, Beer, Diaper
12	Butter, Bread, Beer, Diaper

2. 假設超商中的資料庫有如下交易，試以關聯分析找出規則。

Item	名稱
1	鐵錘
2	鋸子
3	鐵釘
4	美工刀
5	拔釘器
6	強力膠
7	老虎鉗
8	瞬間膠
9	捲尺
10	鐵絲

交易	Items
1	2 5 7
2	1 3 4 6
3	2 6 7
4	2 4 5
5	3 6
6	2 4 6
7	1 4 5
8	1 3 5
9	2 3 5
10	1 3 5
11	1 3 5 6
12	2 3 5
13	2 4 5 6
14	1 2 3 5
15	2 3 7 10

交易	Items
16	1 2 9 10
17	1 2 5 9
18	1 2 9
19	1 2 3 9
20	1 3 6 8
21	6 7 10
22	1 2 9
23	6 8 9
24	3 6 8
25	1 2 3 9
26	2 7 10
27	6 8
28	1 2 5 9
29	7 10
30	1 2 5 9

3. 您看到下列關聯規則：

(1) 50% 購買「全球型基金」的顧客，3 個月內也會再購買「高科技基金」。

(2) 信用卡郵購戶中，購買「Notebook」的顧客有 60%會在 1 個月內購買「噴墨印表機」。

(3) 在過去一個月上餐館用信用卡消費平均超過兩萬元的女性，有 30% 會在兩個月內用信用卡購買機票。

您可以試著舉出還有怎樣類似的關聯規則嗎？

參考文獻

1. 葉怡成、劉謹豪、侯宏儒（2008），「以關聯規則分析資訊專長的關聯」，2008 服務創新與應用研討會，台北科技大學，台北市。

2. 葉怡成、林文盟（2007），「上市公司間股價漲跌之關聯與預測－關聯探勘之研究」，商管科技季刊，第八卷，第一期，第 29-48 頁。

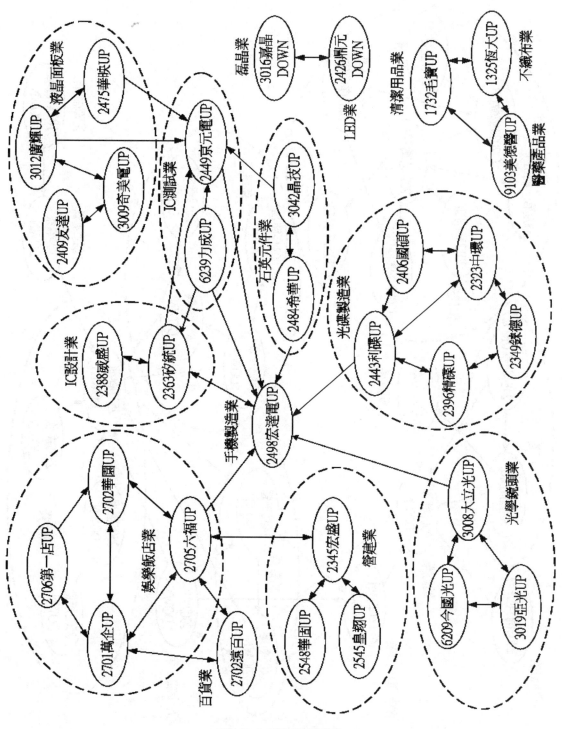

圖 11-6　整體關聯圖

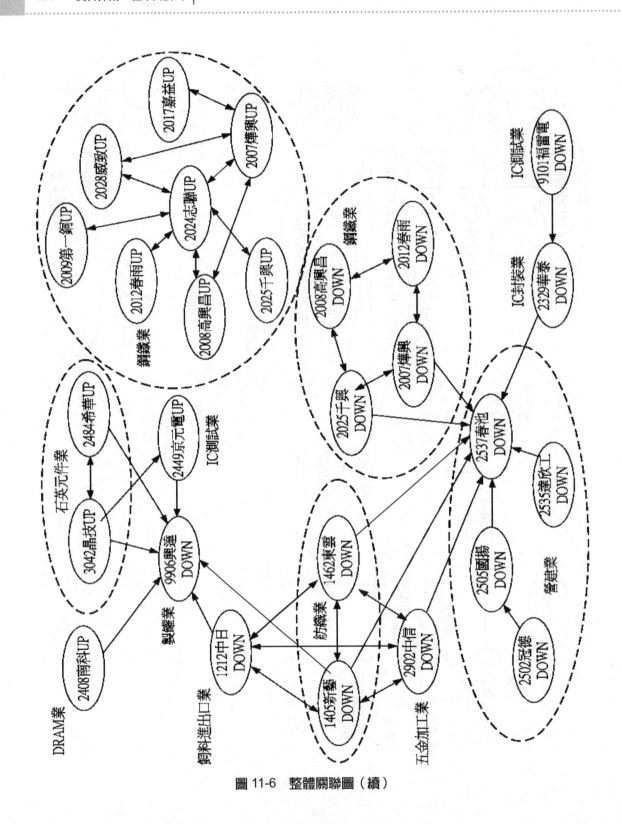

圖 11-6 整體關聯圖（續）

第 **3** 篇

實作篇

第 **12** 章

個案集（一）：聚類探勘

典型的企業中有百分之八十的利潤是百分之二十的顧客所創造出來的。——
Customer Retention Practice 1998

章前提示：休旅車的潛在顧客之市場區隔

　　一家休旅車廠商為了對潛在顧客作市場區隔，作了一個問卷調查，共回收 400 份，調查項目包括 31 項，問卷填寫以 1 表完全不同意，9 表完全同意。問卷前 30 題詢問消費者一些生活態度，例如：「我想要看起來有一點與其他人不同」、「生命太短以至於不能不採取一些冒險」、「我不關注臭氧層」。問卷的最後一題詢問「我會考慮買 Land Rover 製造的發現者」。以填寫 5 以上（含）者視為潛在顧客，再以聚類分析作市場區隔，結果發現這些潛在顧客可以區隔成「保守」、「富裕」、「環保」、「冒險」四大族群（詳情參考個案 2）。

12-1　前言

　　為使讀者能融會貫通資料探勘的程序與模式，以下四章將介紹聚類、分類、迴歸、關聯探勘的個案研究。

　　本書介紹兩種聚類分析方法：均值聚類分析（KM）、階層聚類分析（HCA），兩者的聚類結果基本上相似，其優缺點比較如下：

1. 均值聚類分析（KM）：優點是計算快速、易於用 Excel 實現，缺點是必須決定預設聚類數目，分析多個預設聚類數目後再決定最佳數目。但一般而言，4~8 個聚類已足夠發現聚類。

2. 階層聚類分析（HCA）：優點是可以產生階層化的樹狀結構，可以幫助決定最合理的聚類數目。缺點是計算慢、不易用 Excel 實現。

　　因為均值聚類分析（KM）易於用 Excel 實現，因此本書提供了「書局行銷個案」均值聚類分析範例，此範例有 15 個變數，2,000 筆 Data，並且分成 4 個、6 個、8 個聚類等三個版本，讀者可以先複製範例檔案，再修改變數與 Data 的數目來做聚類分析。詳細步驟請參考「實作單元 A: Excel 資料探勘系統——均值聚類分析」。

　　本章大部分個案採用 XLMiner 標準版軟體解析，它是一個架構在 Excel 上的資料探勘軟體，可以執行聚類、分類、迴歸、關聯等分析，軟體的功能與使用請參考光碟內的附錄 10 XLMiner 使用簡介。

XLMiner 可執行本書介紹的兩種聚類分析方法。雖然讀者沒有此軟體，但這個軟體的執行結果可視為參考答案。讀者用本書的均值聚類分析試算表得到的結果可與 XLMiner 的結果比較，應該可以發現相似的結論。除了有特別聲明外，本章以 XLMiner 做聚類分析時，使用的參數如圖 12-1。

均值聚類分析（KM）

Parameters/Options	
# Clusters	4
Start Option	Fixed Start
# Iterations	10
Show data summary	Yes
Show distance from each cluster	Yes

階層聚類分析（HCA）

Parameters/Options	
Draw dendrogram	Yes
Show cluster membership	Yes
# Clusters	4
Selected Similarity measure	Raw data
Selected clustering method	Ward's method

圖 12-1　XLMiner 做聚類分析參數

由於 XLMiner 軟體無「變數聚類」功能，本章的「變數聚類」是先用 Excel 算出變數間的距離矩陣，再以 XLMiner 處理。

本章介紹數個聚類探勘個案，個案基本資料如表 12-1。

表 12-1　個案基本資料

編號	個案名稱	變數數目	記錄數目	樣本聚類	變數聚類
1	個案 1：暖氣系統市場聚類分析	14	433	是	
2	個案 2：休旅車市場聚類分析	30	400	是	是
3	個案 3：汽車保險市場聚類分析	7	700	是	
4	個案 4：健身俱樂部會員聚類分析	15	128	是	
5	個案 5：在職班學生滿意度聚類分析	14	97	是	
6	個案 6：公民對公共事務意見聚類分析	20	340	是	是
7	個案 7：上市公司的信用評等聚類分析	10	611	是	
8	個案 8：台灣上市股票基本面聚類分析	15	19990	是	是
9	個案 9：台灣上市股票技術面聚類分析	48	498	是	
10	個案 10：企業貸款違約風險聚類分析	51	2466		是
11	個案 11：農會信用部風險聚類分析	21	60		是

12-2 個案 1：暖氣系統市場聚類分析

北美地區暖氣廠商為瞭解顧客對暖氣系統的市場區隔，作了一個問卷調查（433 份），調查項目包括下列 14 項（問卷填寫以 0 表不重要，7 表極重要）：

X1= 系統的故障可靠度。

X2= 系統的地板空間需求。

X3= 系統的操作潔淨度。

X4= 無油煙和氣味。

X5= 專業服務的可用性。

X6= 系統的安全性。

X7= 系統的防護保證。

X8= 燃料的供應可用性。

X9= 燃料的熱轉換效率。

X10= 系統轉換的容易性。

X11= 系統操作無污染。

X12= 系統操作無噪音。

X13= 系統的初始購買成本。

X14= 系統的每年運作成本。

為瞭解顧客是否有聚類，使用 XLMiner 軟體進行聚類分析，結果如下：

一、均值聚類分析

各聚類形心如表 12-2，利用各聚類形心計算各聚類間距離如表 12-3。由表可知，Cluster-2 與 Cluster-4 的聚類間距離很小，故二聚類十分相似。Cluster-1 與其他 Cluster 的聚類間距離很大，故它是一個較獨特的聚類。

各聚類的個體（顧客）數與聚類內平均距離如表 12-4。由表可知，Cluster-4 的平均距離很小，故聚類內的成員十分相似。Cluster-1 的平均距離很大，故聚類內的成員較不相似。

表 12-2 各聚類形心（均值聚類分析）

Cluster	X1	X2	X3	X4	X5	X6	X7	X8	X9	X10	X11	X12	X13	X14
Cluster-1	5.96	2.96	4.84	5.92	4.68	5.16	4.48	5.76	4.60	4.64	3.84	2.76	4.20	3.92
Cluster-2	6.76	4.20	6.17	6.59	6.14	6.73	6.39	6.87	6.50	6.57	6.04	5.10	5.76	6.01
Cluster-3	6.83	4.90	5.57	6.07	4.86	5.90	5.40	6.74	5.38	6.43	6.14	3.60	5.38	5.05
Cluster-4	6.97	6.13	6.84	6.83	6.29	6.83	6.71	6.98	6.65	6.87	6.86	6.30	6.75	6.76

表 12-3　各聚類間距離

Distance between cluster centers	Cluster-1	Cluster-2	Cluster-3	Cluster-4
Cluster-1	0	6.191	4.469	8.550
Cluster-2	6.191	0	3.010	2.858
Cluster-3	4.469	3.010	0	4.775
Cluster-4	8.550	2.858	4.775	0

表 12-4　各聚類的個體(顧客)數與聚類內距離

Cluster	#Obs	Average distance in cluster
Cluster-1	25	5.672
Cluster-2	67	3.361
Cluster-3	42	4.210
Cluster-4	66	2.388
Overall	200	3.507

二、階層聚類分析

聚類圖如圖 12-2,可以看出有四個聚類。各聚類形心如表 12-5。

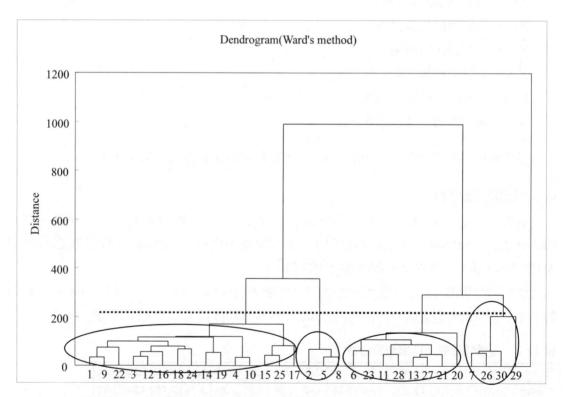

圖 12-2　樣本聚類樹(圖中編號為次聚類編號,每一次聚類含一個或多個樣本,橢圓形框內次聚類組成一個 Cluster,其編號由左至右分別為 Cluster-1~Cluster4,本章其他聚類樹的表現法均與本圖相同)

表 12-5　各聚類形心（階層聚類分析）

Cluster	X1	X2	X3	X4	X5	X6	X7	X8	X9	X10	X11	X12	X13	X14
Cluster-1	6.76	4.59	6.03	6.28	5.55	6.65	6.10	6.84	6.04	6.54	6.08	4.80	5.66	5.76
Cluster-2	6.97	5.92	6.71	6.94	6.59	6.89	6.79	7.00	6.87	6.90	6.89	6.11	6.68	6.56
Cluster-3	6.47	3.00	5.47	6.40	3.93	5.87	4.73	5.67	4.20	4.93	5.00	2.73	4.13	4.53
Cluster-4	6.00	4.57	5.14	7.00	6.29	0.00	2.86	7.00	5.29	5.86	4.57	3.57	5.43	4.86

三、均值 vs. 階層聚類分析

為比較均值聚類分析與階層聚類分析所得聚類間的關係，計算其聚類形心間距離如表 12-6，可知二種方法所得聚類間的關係如表 12-7。

表 12-6　均值聚類分析與階層聚類分析所得聚類形心間距離

KM HCA	KM Cluster-1	KM Cluster-2	KM Cluster-3	KM Cluster-4
Cluster-1	5.66	1.04	2.09	3.14
Cluster-2	8.47	2.64	4.73	0.55
Cluster-3	2.00	5.60	3.72	7.88
Cluster-4	6.54	8.22	6.93	9.42

表 12-7　均值聚類分析與階層聚類分析所得聚類關係

Cluster in KM	Cluster in HCA	族群特性
Cluster-1	Cluster-3	有大空間族群
Cluster-2	Cluster-1	中品質族群
Cluster-3	Cluster-1	中品質族群
Cluster-4	Cluster-2	高品質族群

為比較均值聚類分析與階層聚類分析所得聚類間的關係，將其聚類形心以雷達圖表現如圖 12-3 與圖 12-4。由雷達圖知各族群特性如下：

1. 均值聚類分析的 Cluster-1（或階層聚類分析的 Cluster-3）是對各項暖氣系統要求較低的族群，特別是 X2（系統的地板空間需求）、X10（系統轉換的容易性）、X11（系統操作無污染）、與 X12（系統操作無噪音）的要求較低，但仍十分重視 X1（系統的故障可靠度）。這個聚類可能擁有較大的居家空間，可以稱之為「有大空間族群」。

2. 均值聚類分析的 Cluster-4（或階層聚類分析的 Cluster-2）是對各項暖氣系統要求較高的族群，幾乎每項都很重視。這個聚類可以稱之為「高品質族群」。

3. 均值聚類分析的 Cluster-2 與 Cluster-3（或階層聚類分析的 Cluster-1）是對各項暖氣系統要求較平均的族群。這個聚類可以稱之為「中品質族群」。

各變數中，以 X2（系統的地板空間需求）、X10（系統轉換的容易性）、X11（系統操作無污染）、與 X12（系統操作無噪音）的差異最大，可以做為區隔市場的變數。

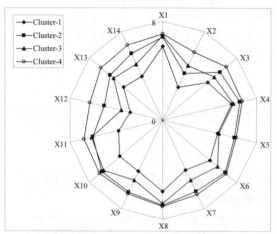

圖 12-3　均值聚類分析之雷達圖　　　圖 12-4　階層聚類分析之雷達圖

12-3　個案 2：休旅車市場聚類分析

一家休旅車廠商為瞭解顧客對休旅車的市場區隔，作了一個問卷調查，共回收 400 份，調查項目包括 31 項（問卷填寫以 1 表完全不同意，9 表完全同意），問卷內容如下：

X1 =我的生理情況非常好。

X2 =若要在穿戴時尚或舒適二者之間選擇，我會選擇時尚。

X3 =我比大多數我的朋友有更加時髦的衣裳。

X4 =我想要看起來有一點與其他人不同。

X5 =生命太短以至於不能不採取一些冒險。

X6 =我不關注臭氧層。

X7 =我認為政府對於控制污染做得太多。

X8 =基本上，現今社會是好的。

X9 =我沒有時間為慈善做義工。

X10 =我們的家庭現今的債務不是太沉重。

X11 =我喜歡對一切我買的付現金。

X16 =我比大多數我的朋友更有自信。

X17 =我喜歡被認為是領導者。

X18 =其他人經常要求我幫助他們弄出果醬。

X19 =孩子是在婚姻中最重要的東西。

X20 =比起出去宴會我寧可在家度過一個安靜的晚上。

X21 =外國製造的汽車無法和美國製造的汽車相比。

X22 =政府應該限制來自日本的產品的進口。

X23 =美國人應該總是設法買美國產品。

X24 =我希望去全世界旅行。

X25 =我願我能離開現今的生活並做完全不同的事。

X26 =我通常是嘗試一項新產品的最早的人之一。

X27 =我喜歡努力工作和努力玩樂。

X12 =我喜歡在今天花費而讓明天隨它去。

X13 =我使用信用卡因為我可以慢慢地支付票據。

X14 =當我購物時我很少使用優惠券。

X15 =利率是低到足以讓我買我想要的。

Y =我會考慮買 Land Rover 製造的「發現者」。

X28 =多疑的預言通常是錯誤的。

X29 =我能做任何我決心做的事。

X30 =從現在起五年我的收入比現在多很多。

一、變數聚類分析

為瞭解自變數本身是否有聚類，使用 Minitab 軟體進行自變數的「階層聚類分析」，變數之間的距離矩陣採用 $D = 1 - r^2$，其中 r = 相關係數。結果如圖 12-5。可見這 30 個問卷題目可以分成八類（圖 12-5 由左而右），如表 12-8 所示。其中，經濟態度變數群是相當獨立的一群變數，與其他變數群有很大的不同。

表 12-8 變數聚類

經濟態度變數群：	活躍態度變數群：
X10= 我們的家庭現今的債務不是太沉重。 X11= 我喜歡對一切我買的付現金。 X12= 我喜歡在今天花費而讓明天隨它去。 X13= 我使用信用卡因為我可以慢慢地支付票據。 X14= 當我購物時我很少使用優惠券。 X15= 利率是低到足以讓我買我想要的。	X1=我的生理情況非常好。 X2=若要在穿戴時尚或舒適二者之間選擇，我會選擇時尚。 X3=我比大多數我的朋友有更加時髦的衣裳。 X4=我想要看起來有一點與其他人不同。
環保態度變數群：	家庭態度變數群：
X6= 我不關注臭氧層。 X7= 我認為政府對於控制污染做得太多。 X8= 基本上，現今社會是好的。 X9= 我沒有時間為慈善做義工。	X19=孩子是在婚姻中最重要的東西。 X20=比起出去宴會我寧可在家度過一個安靜的晚上。
自信態度變數群：	人生態度變數群：
X16= 我比大多數我的朋友更有自信。 X17= 我喜歡被認為是領導者。 X18= 其他人經常要求我幫助他們弄出果醬。	X5=生命太短以至於不能不採取一些冒險。 X24=我希望去全世界旅行。 X25=我願我能離開現今的生活並做完全不同的事。 X26=我通常是嘗試一項新產品的最早的人之一。 X27=我喜歡努力工作和努力玩樂。
愛國態度變數群：	樂觀態度變數群：
X21= 外國製造的汽車無法和美國製造的汽車相比。 X22= 政府應該限制來自日本的產品的進口。 X23= 美國人應該總是設法買美國產品。	X28=多疑的預言通常是錯誤的。 X29=我能做任何我決心做的事。 X30=從現在起五年我的收入比現在多很多。

Linkage Method: Average, Distance Measure: Absolute Correlation.

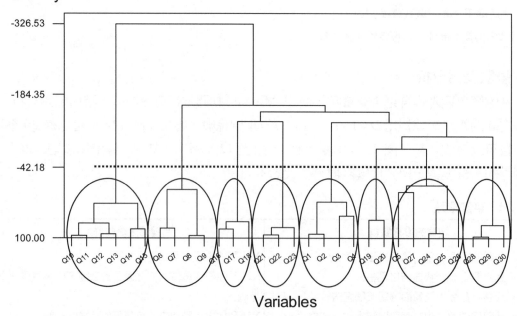

圖 12-5 變數聚類樹（圖中編號為變數編號，橢圓形框內變數組成一個聚類）

二、顧客聚類分析

為瞭解對買車有興趣的顧客（選擇 Y > 5 者）是否有聚類，使用 XLMiner 軟體進行聚類分析。結果如下：

1. 均值聚類分析

各聚類形心如表 12-9。

表 12-9 各聚類形心（均值聚類分析）

Cluster	Q1	Q2	Q3	Q4	Q5	Q6	Q7	Q8	Q9	Q10	Q11	Q12	Q13	Q14	Q15	Q16	Q17	Q18	Q19	Q20
Cluster-1	4.1	4.1	4.4	5.1	5.6	5.1	5.1	4.6	4.7	2.8	2.9	2.6	3.3	3.2	3.7	4.4	5.1	4.9	4.5	6.0
Cluster-2	4.2	4.3	4.6	4.9	5.1	5.1	5.4	4.9	5.1	6.1	6.2	5.6	6.3	5.4	5.4	4.7	5.6	5.0	4.5	5.4
Cluster-3	5.4	5.4	5.3	5.0	5.8	6.0	6.2	5.6	5.7	3.8	3.7	3.5	4.3	3.8	4.2	5.4	6.2	5.7	4.6	5.6
Cluster-4	5.6	5.6	5.8	5.4	5.8	5.5	5.6	5.2	5.2	6.1	6.1	5.5	6.4	5.3	5.5	5.5	6.0	5.4	4.3	5.6

Cluster	Q21	Q22	Q23	Q24	Q25	Q26	Q27	Q28	Q29	Q30
Cluster-1	5.1	4.8	5.3	4.9	5.0	5.1	4.9	4.2	4.3	4.4
Cluster-2	4.4	4.3	4.8	4.4	4.6	4.8	5.4	4.4	4.5	4.7
Cluster-3	5.7	5.5	5.9	5.1	5.2	5.3	5.9	5.9	6.1	6.1
Cluster-4	6.0	6.1	6.2	5.3	5.7	5.3	5.8	5.0	5.2	5.2

2. 階層聚類分析

　　聚類圖如圖 12-6，可以看出有四個聚類。各聚類形心如表 12-10。

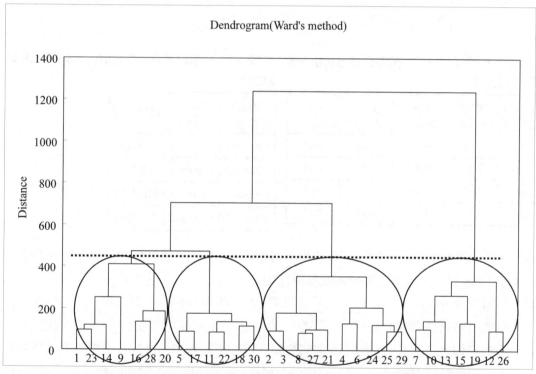

圖 12-6　樣本聚類樹（橢圓形框內次聚類組成一個 Cluster，其編號由左至右分別為 Cluster-1~Cluster4）

表 12-10　各聚類形心（階層聚類分析）

Cluster	Q1	Q2	Q3	Q4	Q5	Q6	Q7	Q8	Q9	Q10	Q11	Q12	Q13	Q14	Q15	Q16	Q17	Q18	Q19	Q20
Cluster-1	5.6	5.7	5.5	5.4	5.1	5.3	5.4	4.9	4.9	4.8	4.8	4.4	5.0	4.4	4.5	5.1	6.0	5.6	4.3	5.1
Cluster-2	4.1	4.2	4.8	4.8	5.5	4.9	5.1	4.5	4.5	6.2	6.3	5.7	6.5	5.5	5.8	5.7	6.5	5.7	4.3	5.6
Cluster-3	5.0	5.1	5.5	5.2	5.8	6.1	6.3	5.9	6.1	6.3	6.4	5.7	6.5	5.4	5.4	4.1	4.6	4.1	4.6	5.6
Cluster-4	4.4	4.5	4.5	4.9	5.9	5.5	5.6	5.2	5.4	3.1	3.0	2.9	3.7	3.4	3.8	4.9	5.6	5.3	4.6	6.0

Cluster	Q21	Q22	Q23	Q24	Q25	Q26	Q27	Q28	Q29	Q30
Cluster-1	4.8	4.7	5.3	4.6	4.8	4.7	4.9	3.7	3.8	4.2
Cluster-2	5.3	5.5	5.7	5.3	5.6	5.4	5.6	5.8	5.9	5.7
Cluster-3	5.0	4.7	5.2	4.3	4.5	4.9	6.1	4.4	4.5	4.5
Cluster-4	5.9	5.7	5.8	5.1	5.3	5.3	5.8	5.6	5.8	5.8

3. 均值 vs.階層聚類分析

為比較均值聚類分析與階層聚類分析所得聚類間的關係，計算其聚類形心之間距離如表 12-11，可知兩種方法所得聚類之間的關係如表 12-12。

表 12-11　均值聚類分析與階層聚類分析所得聚類形心間距離

KM HCA	KM Cluster-1	KM Cluster-2	KM Cluster-3	KM Cluster-4
Cluster-1	0.93	0.75	0.90	0.85
Cluster-2	1.48	0.67	1.11	0.59
Cluster-3	1.47	0.57	1.21	0.75
Cluster-4	0.61	1.31	0.46	1.25

表 12-12　均值聚類分析與階層聚類分析所得聚類關係

Cluster In KM	Cluster In HCA	族群特性
Cluster-1	Cluster-4	保守族群
Cluster-2	Cluster-3	富裕族群
Cluster-3	Cluster-4	環保族群
Cluster-4	Cluster-2	冒險族群

為比較均值聚類分析與階層聚類分析所得聚類間的關係，將其聚類形心以雷達圖表現如圖 12-7 與圖 12-8。由雷達圖知各族群特性如下：

(1) 均值聚類分析的 Cluster-1（或階層聚類分析的 Cluster-4）是對各項經濟、活躍、樂觀態度變數群內的變數持「不同意」態度者。這個族群可命名為「保守族群」。

(2) 均值聚類分析的 Cluster-2（或階層聚類分析的 Cluster-3）是對各項經濟態度變數群內的變數持同意態度者，但在活躍、樂觀、愛國態度變數群內的變數持「不同意」態度者。這個族群可命名為「富裕族群」。

(3) 均值聚類分析的 Cluster-3（或階層聚類分析的 Cluster-4）是對各項活躍、環保、自信、樂觀態度變數群內的變數持「同意」態度者。這個族群可命名為「環保族群」。

(4) 均值聚類分析的 Cluster-4（或階層聚類分析的 Cluster-2）是對各項活躍、人生態度變數群內的變數持「同意」態度者。這個族群可命名為「冒險族群」。

各變數群中，以經濟態度變數群的差異最大，以家庭態度變數群的差異最小，例如 X19（孩子是在婚姻中最重要的東西）各族群的得分均為 4.5 分左右。

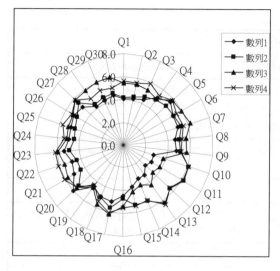

圖 12-7　均值聚類分析之雷達圖

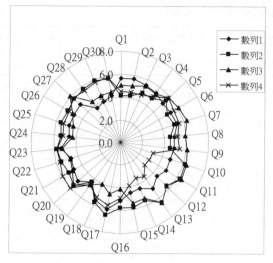

圖 12-8　階層聚類分析之雷達圖

問題與討論

請用本書提供的均值聚類分析試算表（模板）分析下列個案的「樣本聚類」：

1. 個案 1：暖氣系統市場，聚類數目取 4。

2. 個案 2：休旅車市場，聚類數目取 4。但取所有樣本，不再只限於對買車有興趣的顧客（Y > 5 者）。

3. 個案 3：汽車保險市場，聚類數目取 5。

4. 個案 4：健身俱樂部會員，聚類數目取 5。

5. 個案 5：在職班學生滿意度，聚類數目取 5。

6. 個案 6：公民對公共事務意見，聚類數目取 4。

7. 個案 7：上市公司的信用評等，聚類數目取 5。

8. 個案 8：台灣上市股票基本面，聚類數目取 5。本個案的樣本數很大，可隨機取樣 2000 筆來代替原資料集。

9. 個案 9：台灣上市股票技術面，聚類數目取 4。

個案參考文獻

個案 1：暖氣系統市場聚類分析	連哲輝教授提供資料
個案 2：休旅車市場聚類分析	PolyAnalyst 軟體例題，http://www.megaputer.com/
個案 3：汽車保險市場聚類分析	http://kdd.ics.uci.edu/summary.task.type.html The Insurance Company Benchmark (COIL 2000)
個案 4：健身俱樂部會員聚類分析	文少宣，中華大學土木工程學系，碩士班論文（93）
個案 5：在職班學生滿意度聚類分析	胡其彬、葉怡成，「在職班學生滿意分析」，2004 下商業智慧期末報告
個案 6：公民對公共事務意見聚類分析	作者整理
個案 7：上市公司的信用評等聚類分析	林靜婉、葉怡成，「四種資料探勘方法在信用評級之比較」，2005 年第十一屆資訊管理暨實務研討會（IMP2005）
個案 8：台灣上市股票基本面聚類分析	作者整理
個案 9：台灣上市股票技術面聚類分析	作者整理
個案 10：企業貸款違約風險聚類分析	作者整理
個案 11：農會信用部風險聚類分析	施孟隆，「農會信用部經營危機預警模式之研究」，中興大學農業經濟研究所博士論文，民國 87 年

第

13 章

個案集（二）：分類探勘

顧客關係管理所累積出來的經驗與法則就是商業智慧；而商業智慧的累積可以跟
客戶作更近一步的互動。──佚名

章前提示：休旅車的潛在顧客開發

　　一家休旅車廠商為瞭解消費者是否對他們的休旅車有興趣，作了一個問卷調查，共回收 400 份，調查項目包括 31 項，問卷填寫以 1 表完全不同意，9 表完全同意。問卷前 30 題詢問消費者一些生活態度，例如「我想要看起來有一點與其他人不同」、「生命太短以至於不能不採取一些冒險」、「我不關注臭氧層」。問卷的最後一題詢問「我會考慮買 Land Rover 製造的發現者」。以填寫 5 以上（含）者視為潛在顧客（分類值為 1）；反之，視為非潛在顧客（分類值為 0）。結果發現，顧客的特徵是追求流行、勇於冒險、喜歡助人、愛好旅遊、天性樂觀的人。這些結果將有助於發現潛在顧客（詳情參考個案 1）。

13-1　前言

　　本書介紹四種分類分析方法：最近鄰居分類（kNNC）、邏輯迴歸（LA）、神經網路分類（NNC）、分類樹（CT），其優缺點比較如下：

1. 最近鄰居分類（kNNC）：優點是計算原理十分直覺易懂，缺點是計算費時、樣本少雜訊高時準確性低。
2. 邏輯迴歸（LA）：優點是計算快速、不易產生過度學習，缺點是對非線性問題準確性度、或者使用者需自行將變數進行非線性變換以提高準確度。
3. 神經網路分類（NNC）：優點是對非線性問題準確性高、使用者不需自行將變數進行非線性變換，缺點是計算費時、容易產生過度學習。
4. 分類樹（CT）：優點是可以產生簡明易懂的樹狀知識結構，缺點是準確性較差、計算費時、使用者需嘗試多種分段數目或修剪樹狀結構以達到最佳化。

　　本書提供了上述四種分類方法的試算表範例，讀者可以先複製試算表模板（範例檔案），再貼上自己的資料（訓練範例、驗證範例）在規定儲存格，並小幅調整一些儲存格內的公式，即可建立自己的模型。這些「模板」試算表的規格如下：

分類方法	最大訓練範例數目	最大自變數數目	建模（最佳化）原理	Excel 執行建模
最近鄰居分類	1000	23	非線性規劃	規劃求解
邏輯迴歸	1000	23	非線性規劃	規劃求解
神經網路分類	1000	23	非線性規劃	規劃求解
分類樹	1000	23	離散最佳化	VB 巨集

　　理論上這些試算表系統的適用範圍受到 Excel 的最大欄數、最大列數的限制，但更重要的是會受到「規劃求解」中最大變數數目的限制，因此問題的尺度仍有其限制。本書前面的範例顯示，23 個以下的自變數、1,000 筆以下的訓練範例都可應付自如。在滿足這些限制下，只要複製試算表模板（範例檔案），再貼上自己的資料（訓練範例、驗證範例）在規定儲存格，並小幅調整一些儲存格內的公式，即可分析自己的資料，建立自己的模型。詳細過程請參考前面各章的「實作單元」中「修改系統」一節的說明。

　　如果訓練範例數目超過這個範圍（23 個以上的自變數，1,000 筆以上的訓練範例），只要在放置訓練範例的最下端位置向下插入列來放置更多的範例，在放置自變數的最右端位置向右插入欄來放置更多的自變數，並複製、調整相應的公式，也可以適用。不過這種作法仍會受到「規劃求解」中最大變數數目的限制。處理這種問題的更簡單的方式是：

1. 1,000 筆以上的訓練範例時：建議先從所有訓練範例數中隨機取樣 1,000 筆。因為實務上，對大多數自變數不超過 23 個的分類問題而言，1,000 筆數據已經足夠，更多的訓練範例對提高準確度的貢獻不大。

2. 23 個以上的自變數時：建議先從所有自變數中刪除不具重要性與代表性的的自變數，使自變數不超過 23 個。因為自變數超過 23 個時，需擴大放置自變數的欄數，修改「模板」會較困難；此外，實務上，對大多數的分類問題而言，23 個自變數已經足夠，更多的自變數對提高準確度的貢獻不大，甚至會導致過度學習，反而降低模型的準確度。

　　本章個案大多數採用 XLMiner 標準版軟體解析，少數例題使用 PCNeuron 神經網路軟體與 XpertRule 決策樹軟體。XLMiner 是一個架構在 Excel 上的軟體，可執行上述四種分類方法外，還可執行貝氏分類與判別分析，這兩種方法的原理可參考本書附錄 4 與附錄 5。雖然讀者可能沒有此軟體，但這個軟體的執行結果可視為參考答案。讀者用本書的試算表得到的結果可與 XLMiner 的結果比較，應該可以發現相似的結論。除了有特別聲明外，本章以 XLMiner 做迴歸分析時，使用的參數如下：

最近鄰居

Parameters/Options	
# Nearest neighbors	20

邏輯迴歸

Parameters/Options	
# Iterations	50
Marquardt overshoot factor	1
Initial cutoff probability value	0.5
Confidence Level %	95

神經網路

Parameters/Options	
# Hidden layers	1
# Nodes in HiddenLayer-1	5
Cost Functions	Squared error
Hidden layer sigmoid	Standard
Output layer sigmoid	Standard
# Epochs	600
Step size for gradient descent	0.1
Weight change momentum	0.6
Error tolerance	0.01
Weight decay	0

分類樹

Parameters/Options	
Early stopping of tree growth required	Yes
Minimum # records in a terminal node	10
Is pruning done	Yes
Max # levels displayed in tree drawing	5
Draw full tree	Yes
Draw best pruned tree	Yes

貝氏分類

Prior class probabilities
Equal prior probabilities

判別分析

Prior class probabilities
Equal prior probabilities

本章介紹十多個分類探勘個案，個案基本資料如表 13-1。

表 13-1 個案基本資料

個案名稱	變數數目	分類數目	記錄數目	訓練範例	驗證範例
個案 1：休旅車的潛在顧客開發	30	2	400	200	200
個案 2：汽車保險潛在顧客開發	7	2	700	352	348
個案 3：健身俱樂部會員開發	15	2	1228	800	428
個案 4：通信業潛在顧客開發	8	2	13062	200	400
個案 5：ERP 系統潛在顧客開發	11	2	498	299	199
個案 6：軟體維護合約續約顧客開發	14	2	657	394	263
個案 7：賽馬比賽勝負預測	14	2	399	198	201
個案 8：在職班學生的滿意度評估	14	2	97	58	39
個案 9：上市公司的信用評等	15	2	2049	1231	820
個案 10：企業貸款違約風險預測	9	2	2466	1480	986
個案 11：房屋貸款違約風險預測	16	2	3000	180	420
個案 12：信用卡逾期風險預測	18	2	11058	1000	1000
個案 13：農會信用部風險評估	21	2	60	30	30
個案 14：台灣上市股票報酬率預測（基本面）	15	2	19990	11434	8556
個案 15：網購退貨顧客偵測（DMC 2004）	29	3	14690	8814	5876
個案 16：網購詐欺顧客偵測（DMC 2005）	30	2	3492	2095	1397
個案 17：捐血者捐血預測	5	2	595	357	238

13-2 個案：休旅車的潛在顧客開發

一家休旅車廠商為發掘潛在顧客，作了一個問卷調查，調查項目包括 31 項（問卷填寫以 1 表完全不同意，9 表完全同意），問卷內容請參考前一章。為瞭解怎樣的人對買車有興趣，在此在問卷的最後一題「我會考慮買 Land Rover 製造的發現者」填寫 5 以上（含）者視為潛在顧客（分類值為 1）；反之，視為非潛在顧客（分類值為 0）。使用 XLMiner 軟體進行分類分析。結果如下：

一、方法一：最近鄰居

其混亂矩陣的結果如下：

	Predicted Class	
Actual Class	1	0
1	60	30
0	19	91

訓練範例

	Predicted Class	
Actual Class	1	0
1	62	24
0	21	93

驗證範例

二、方法二：邏輯迴歸

首先，採用全部變數進行邏輯迴歸，其混亂矩陣的結果如下：

	Predicted Class	
Actual Class	1	0
1	69	21
0	19	91

訓練範例

	Predicted Class	
Actual Class	1	0
1	67	19
0	32	82

驗證範例

其次，採用逐步邏輯迴歸，發現下列五個變數可以得到最佳模型：

Input variables		Coefficient	Std. Error	p-value
Constant term		-10.628	1.591	0.000
X2	若要在穿戴時尚或舒適二者之間選擇，我會選擇時尚。	0.314	0.130	0.016
X5	生命太短以至於不能不採取一些冒險。	0.706	0.149	0.000
X18	其他人經常要求我幫助他們弄出果醬。	0.360	0.126	0.004
X24	我希望去全世界旅行。	0.503	0.151	0.001
X28	多疑的預言通常是錯誤的。	0.416	0.118	0.000

由迴歸模型的迴歸係數都為正數可知，顧客的特徵是追求流行、勇於冒險、喜歡助人、愛好旅遊、天性樂觀的人。由 t 統計的觀點來看，X5（生命太短以至於不能不採取一些冒險）是最重要的變數。其混亂矩陣的結果如下：

Actual Class	Predicted Class	
	1	0
1	66	24
0	22	88

訓練範例

Actual Class	Predicted Class	
	1	0
1	66	20
0	24	90

驗證範例

全部變數邏輯迴歸與逐步邏輯迴歸的訓練範例誤判率分別為 20.0% 與 23.0%，但驗證範例誤判率分別為 25.5% 與 22.0%，顯示全部變數邏輯迴歸有較嚴重的過度學習現象，而逐步邏輯迴歸找出少數重要的變數可以建構更準確的分類模型。

三、方法三：類神經網路

全部變數與部分變數（採用逐步邏輯迴歸選出的五個重要變數）其訓練範例誤判率分別為 1.0% 與 9.5%，但驗證範例誤判率分別為 30.0% 與 29.5%，顯示類神經網路在全部變數下有很嚴重的過度學習現象，而在部分變數下因過度學習現象較輕微，可建立更準確的分類模型。。

四、方法四：分類樹

其結果見表 13-3。其完全樹與修剪樹如圖 13-1 與圖 13-2。由修剪樹來看，X5（生命太短以至於不能不採取一些冒險）是最重要的變數，這和邏輯迴歸的結論是相同的。

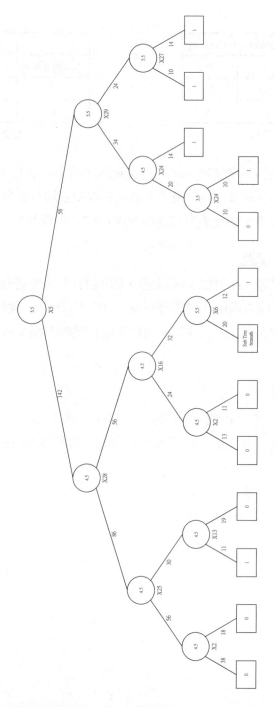

圖 13-1　完全樹（圓形內為變數分界值，其下方為變數名稱，左分枝為變數小於等於分界值的分枝，右分枝為變數大於分界值的分枝，分枝旁數字為樣本數，矩形內為分枝內樣本的預測分類）

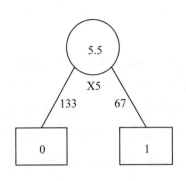

圖 13-2　修剪樹

五、方法五：貝氏分類

訓練、驗證範例誤判率分別為 12% 與 28%。

六、方法六：判別分析

因為在邏輯迴歸中已發掘五個重要變數，因此在此只用這些變數來建立判別分析模型。由判別分析模型的分類函數係數中，歸屬為「1」（潛在顧客）的係數都大於歸屬為「0」（非潛在顧客）的係數，可知顧客的特徵是追求流行、勇於冒險、喜歡助人、愛好旅遊、天性樂觀的人，這個結論與邏輯迴歸相同。其結果見表 13-2。

表 13-2　判別分析分類函數

Variables	Classification Function	
	1	0
Constant	-27.983	-18.207
X2	2.060	1.783
X5	2.276	1.632
X18	2.681	2.353
X24	2.146	1.678
X28	1.551	1.155

表 13-3　資料探勘結果

資料探勘方法	訓練範例誤判率	驗證範例誤判率
最近鄰居	24.5	22.5
邏輯迴歸	20	25.5
邏輯迴歸（部分變數）	23	22
神經網路	1	30
神經網路（部分變數）	9.5	29.5
分類樹（Pruned Tree）	16.5	27.5
分類樹（Full Tree）	16.5	27.5
貝氏分類	12	28
判別分析	21	24
判別分析（部分變數）	22.5	22

七、方法比較

綜合上述六種方法，比較如表 13-3。各方法的提升圖如圖 13-3。結論：

1. 逐步邏輯迴歸找出少數重要的變數可以建構更準確的分類模型。各種分類方法採用少數重要的變數可以降低過度學習現象，建構更準確的分類模型。

2. 線性的邏輯迴歸（部分變數）是最準確的方法。本個案無明顯的非線性現象。

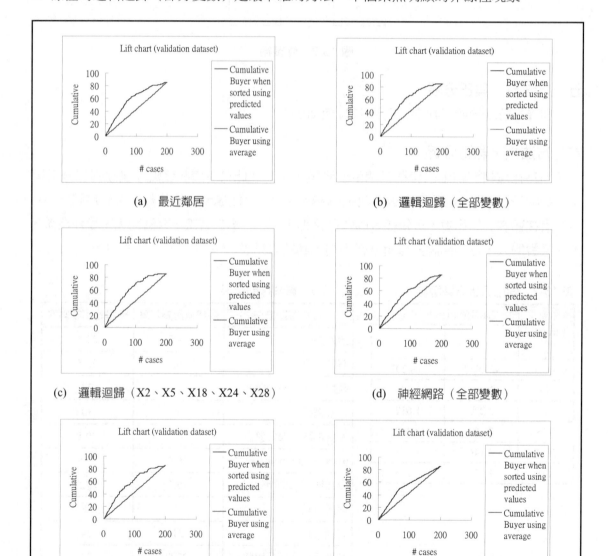

(a) 最近鄰居

(b) 邏輯迴歸（全部變數）

(c) 邏輯迴歸（X2、X5、X18、X24、X28）

(d) 神經網路（全部變數）

(e) 神經網路（X2、X5、X18、X24、X28）

(f) 分類樹（Pruned Tree）

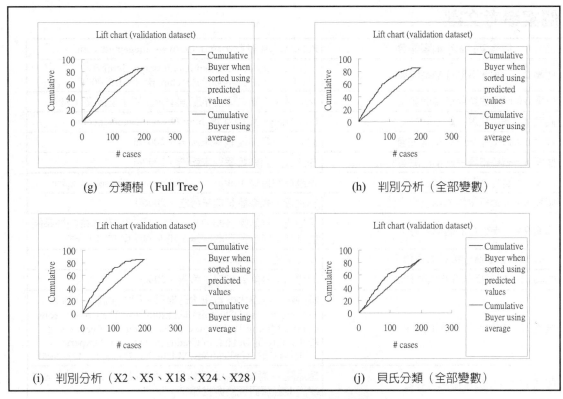

圖 13-3 各分類模型提升圖

問題與討論

請用本書提供的最近鄰居、邏輯迴歸、神經網路、分類樹試算表（模板）建立本章個案的分類模型，方法如下：

1. 如果自變數數目＞23 個，則自行參考本章的結果選擇 23 個以下的自變數。
2. 如果記錄數目＞2,000 筆，則隨機選取 2,000 筆。
3. 訓練範例、驗證範例的數目各隨機選取 1/2。

個案參考文獻

個案 1：休旅車的潛在顧客開發	PolyAnalyst 軟體例題, http://www.megaputer.com/
個案 2：汽車保險潛在顧客開發	http://kdd.ics.uci.edu/summary.task.type.html The Insurance Company Benchmark (COIL 2000)
個案 3：健身俱樂部會員開發	文少宣，中華大學土木工程學系，碩士班論文（93）
個案 4：通信業潛在顧客開發	PolyAnalyst 軟體例題, http://www.megaputer.com/
個案 5：ERP 系統潛在顧客開發	曾秀珠，商業智慧期末報告，2007/6
個案 6：軟體維護合約續約顧客開發	陳文銓，商業智慧期末報告，2007/6
個案 7：賽馬比賽勝負預測	香港賽馬協會：http://www.hkjc.com/chinese/index.asp
個案 8：在職班學生的滿意度評估	林建煌，商業智慧期末報告，2006/1
個案 9：上市公司的信用評等	葉怡成、林靜婉（2007），上市公司之財務危機的機率能估計嗎？統計與資訊評論，第 9 卷，第 77-102 頁
個案 10：企業貸款違約風險預測	作者整理
個案 11：房屋貸款違約風險預測	鄭國瑞，商業智慧期末報告，2006/1
個案 12：信用卡逾期風險預測	林靜婉，中華大學資訊管理學系，碩士班論文（94） I-Cheng Yeh and Che-hui Lien (2009/3). "The Comparisons of Data Mining Techniques for the Predictive Accuracy of Probability of Default of Credit Card Clients," Expert Systems with Applications, Vol.36, No.2, Part 1, 2473-2480
個案 13：農會信用部風險評估	施孟隆，「農會信用部經營危機預警模式之研究」，中興大學農業經濟研究所博士論文，1997
個案 14：台灣上市股票報酬率預測（基本面）	作者整理
個案 15：網購退貨顧客偵測（DMC 2004）	張惟成，商業智慧期末報告，2006/1
個案 16：網購詐欺顧客偵測（DMC 2005）	林玉娟，商業智慧期末報告，2006/1 I-Cheng Yeh, King-Jang Yang, and Tao-Ming Ting (2009/4). "Knowledge Discovery on RFM model Using Bernoulli Sequence," Expert Systems with Applications, Vol. 36, No.3, Part 2, 5866-5871

第 **14** 章

個案集（三）：迴歸探勘

章前個案：在職班學生滿意度分析

　　近年來因大學校院增加，出生率日益下降，錄取率逐年攀高，包括甄選及考試分發入學，幾乎是有考就上。因此，在日間部學生日漸招收困難情況之下，在職進修學生成為另一個極力招收的對象。一般而言，滿意度高的學生會降低其輟學率，並提高其的績讀率。同時滿意度高的學生也較願意將學校推薦給其他人，畢業後也較願意捐款給學校。因此，學校如何提供高教學品質、學術聲望、行政績效，來滿足其顧客（學生），是維持其在教育市場競爭力的關鍵因素。某大學分析學生的人口特性（如性別、年齡、學制、年級、成績）與態度特性（如「老師們的教學態度認真」之評價），對於「對學校整體的滿意程度」之影響，以提供學校當局改進的參考。發現 (1)「教學態度認真」、「圖書館設備和服務」是最重要變數，「停車空間」是第三重要的變數。將資源投入這些項目，提高學生的滿意度，可以有效提高學生對學校整體的滿意程度。(2) 性別方面，女生比男生更覺得不滿。(3) 年齡方面，年齡愈大者愈感到不滿意（詳情參考個案 2）。

14-1　前言

　　本書介紹四種迴歸分析方法：最近鄰居迴歸（kNNR）、迴歸分析（RA）、神經網路迴歸（NNR）、迴歸樹（RT），其優缺點比較如下：

1. 最近鄰居迴歸（kNNR）：優點是計算原理十分直覺易懂，缺點是計算費時、樣本少、雜訊高時準確性低。

2. 迴歸分析（RA）：　優點是計算快速、不易產生過度學習，缺點是對非線性問題準確性低，或者使用者需自行將變數進行非線性變換以提高準確度。

3. 神經網路迴歸（NNR）：優點是對非線性問題準確性高、使用者不需自行將變數進行非線性變換，缺點是計算費時、容易產生過度學習。

4. 迴歸樹（RT）：優點是可以產生簡明易懂的樹狀知識結構，缺點是準確性較差、計算費時、使用者需嘗試多種分段數目或修剪樹狀結構以達到最佳化。

　　本書提供了上述四種分類方法的試算表範例，讀者可以先複製試算表模板（範例檔案），再貼上自己的資料（訓練範例、驗證範例）在規定儲存格，並小幅調整一些儲存格內的公式，即可建立自己的模型。這些「模板」試算表的規格如下：

迴歸方法	最大訓練範例數目	最大自變數數目	建模（最佳化）原理	Excel 執行建模
最近鄰居迴歸	1000	23	非線性規劃	規劃求解
迴歸分析	1000	23	非線性規劃	規劃求解
神經網路迴歸	1000	23	非線性規劃	規劃求解
迴歸樹	1000	23	離散最佳化	VB 巨集

　　理論上這些試算表系統的適用範圍受到 Excel 的最大欄數、最大列數的限制，但更重要的是會受到「規劃求解」中最大變數數目的限制，因此問題的尺度仍有其限制。本書前面的範例顯示，23 個以下的自變數，1,000 筆以下的訓練範例都可應付自如。在滿足這些限制下，只要複製試算表模板（範例檔案），再貼上自己的資料（訓練範例、驗證範例）在規定儲存格，並小幅調整一些儲存格內的公式，即可分析自己的資料，建立自己的模型。詳細過程請參考前面各章的「實作單元」的「修改系統」一節的說明。

　　如果訓練範例數目超過這個範圍（23 個以上的自變數，1,000 筆以上的訓練範例），只要在放置訓練範例的最下端位置向下插入列來放置更多的範例，在放置自變數的最右端位置向右插入欄來放置更多的自變數，並複製、調整相應的公式，也可以適用。不過這種作法仍會受到「規劃求解」中最大變數數目的限制。

　　但更簡單的方式是：

1. 1,000 筆以上的訓練範例時：建議先從所有訓練範例數中隨機取樣 1,000 筆。
2. 23 個以上的自變數時：建議先從所有自變數中刪除不具重要性與代表性的的自變數，使自變數不超過 23 個。

　　本章個案大多數採用 XLMiner 標準版軟體解析，此軟體是一個架構在 Excel 上軟體，可執行上述四種迴歸方法。雖然讀者沒有此軟體，但這個軟體的執行結果可視為參考答案。讀者用本書的試算表得到的結果可與 XLMiner 的結果比較，應該可以發現相似的結論。除了有特別聲明外，本章以 XLMiner 做迴歸分析時，使用的參數如下：

最近鄰居

Parameters/Options	
# Nearest neighbors	20

迴歸分析

無

神經網路

Parameters/Options	
# Hidden layers	1
# Nodes in HiddenLayer-1	5
# Epochs	10000
Step size for gradient descent	0.1
Weight change momentum	0.6
Error tolerance	0.01
Weight decay	0

迴歸樹

Parameters/Options	
Minimum # records in a terminal node	20
Max # split for input variable	20
Max # levels displayed in tree drawing	5
Draw full tree	Yes
Draw pruned tree	Yes

本章介紹數個迴歸探勘個案，個案基本資料如表 14-1。

表 14-1　個案基本資料

編號	個案名稱	變數數目	輸出數目	記錄數目	訓練範例	驗證範例
1	個案 1：休旅車市場潛在顧客開發	30	1	400	200	200
2	個案 2：在職班學生滿意度分析	14	1	97	58	39
3	個案 3：上市公司的信用評等	10	1	611	367	244
4	個案 4：選擇權價格預測	4	1	166	100	66
5	個案 5：法拍屋拍賣價預測	8	1	601	200	400
6	個案 6：台灣上市股票報酬率預測	15	1	19990	11434	8556
7	個案 7：晶圓不良率預測	8	1	291	175	116

14-2　個案 1：休旅車市場潛在顧客開發

一家休旅車廠商為發掘潛在顧客，作了一個問卷調查，調查項目包括 31 項（問卷填寫以 1 表完全不同意，9 表完全同意），問卷內容請參考前一章。為瞭解怎樣的人對買車有興趣，在此以問卷的最後一題「我會考慮買 Land Rover 製造的發現者」的填寫值做為迴歸的因變數，此值愈高愈有可能是潛在顧客。使用 XLMiner 軟體進行迴歸探勘。結果如下：

一、方法一：最近鄰居

分成全部變數與部分變數兩種，部分變數是指只取以下變數：

X2= 若要在穿戴時尚或舒適二者之間選擇，我會選擇時尚。

X5= 生命太短以至於不能不採取一些冒險。

X24= 我希望去全世界旅行。

X29= 我能做任何我決心做的事。

結果見表 14-2。部分變數比全部變數更準確。

二、方法二：迴歸分析

分成全部變數與採用逐步迴歸兩種，發現下列四個變數可以得到最佳模型：

Input Variables	Coefficient	Std. Error	p-value	SS
Constant Term	-3.223	0.5651	0	4950.125
X2	0.278	0.0839	0.0010	103.471
X5	0.662	0.0831	0	425.507
X24	0.562	0.0914	0	134.997
X29	0.365	0.0732	0.0000	74.266

由迴歸模型的迴歸係數都為正數可知，顧客的特徵是追求流行（X2）、勇於冒險（X5）、愛好旅遊（X24）、天性樂觀的人（X29）。由 t 統計的觀點來看，X5 是最重要的變數。此一結論與前章的「分類探勘」結果十分相似。其結果見表 14-2。

三、方法三：類神經網路

分成 30 次、100 次學習循環兩種，其結果見表 14-2。雖然 30 次學習循環的訓練範例誤差較高，但驗證範例誤差較低。

四、方法四：迴歸樹

分成完全樹、修剪樹兩種，其結果見表 14-2。修剪樹如圖 14-1。由修剪樹來看，X5（生命太短以至於不能不採取一些冒險）是最重要的變數，X24（我希望去全世界旅行）、X29（我能做任何我決心做的事）是次重要的變數，這和迴歸分析的結論是十分相似的。

五、方法比較

綜合上述四種方法，比較如表 14-2。各方法的散布圖如圖 14-2。結論為迴歸分析（部分變數）是最準確的方法。

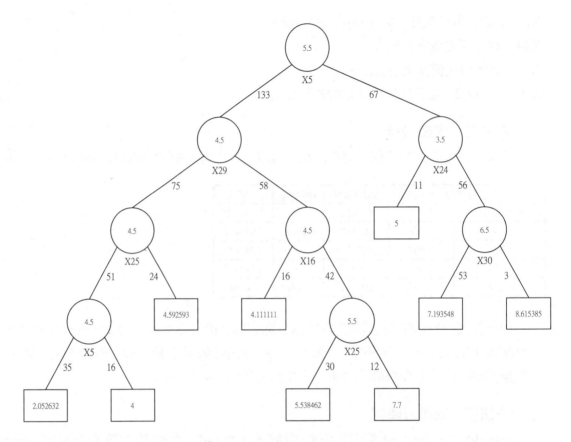

圖 14-1 迴歸樹（圓形內為變數分界值，其下方為變數名稱，左分枝為變數小於等於分界值的分枝，右分枝為變數大於分界值的分枝，分枝旁數字為樣本數，矩形內為分枝內樣本的預測值）

表 14-2 個案 1 之資料探勘結果

資料探勘方法	訓練範例誤差均方根	驗證範例誤差均方根
最近鄰居（全部變數）	0	1.92
最近鄰居（部分變數）	0.68	1.81
迴歸分析（全部變數）	1.63	1.78
迴歸分析（部分變數）	1.71	1.69
神經網路（5,30）	1.64	1.73
神經網路（5,100）	1.47	1.84
迴歸樹（Full Tree）	1.55	2.17
迴歸樹（Pruned Tree）	1.55	2.12

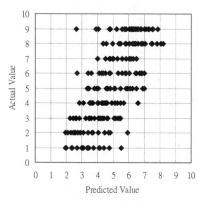

(a) 最近鄰居迴歸

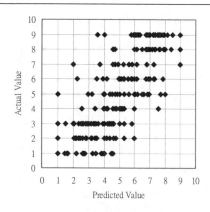

(b) 最近鄰居迴歸（部分變數）

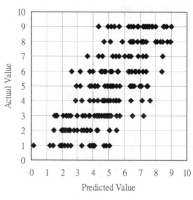

(c) 迴歸分析

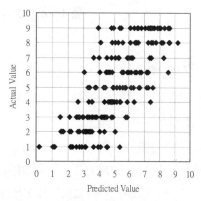

(d) 迴歸分析（部分變數）

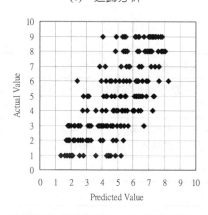

(e) 神經網路（隱藏單元＝ 5，學習循環＝ 30）

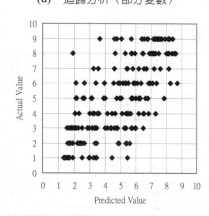

(f) 神經網路（隱藏單元＝ 5，學習循環＝ 100）

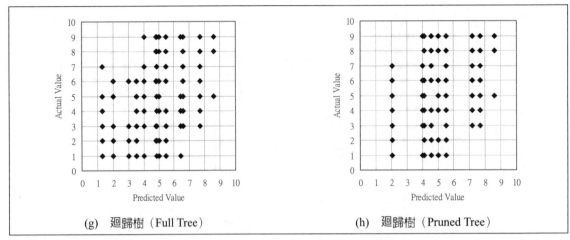

(g) 迴歸樹（Full Tree）　　　　(h) 迴歸樹（Pruned Tree）

圖 14-2　個案 1 各方法的驗證範例散布圖

問題與討論

　　請用本書提供的最近鄰居、迴歸分析、神經網路、迴歸樹試算表（模板）建立本章個案的分類模型，方法如下：

1. 如果自變數數目 > 23 個，則自行參考本章的結果選擇 23 個以下的自變數。
2. 如果紀錄數目 > 2,000 筆，則隨機選取 2,000 筆。
3. 訓練範例、驗證範例的數目各隨機選取 1/2。

個案參考文獻

個案 1：休旅車市場潛在顧客開發	PolyAnalyst 軟體例題，http://www.megaputer.com/
個案 2：在職班學生滿意度分析	胡其彬、葉怡成，「在職班學生滿意度分析」，2004 下商業智慧期末報告
個案 3：上市公司的信用評等	林靜婉、葉怡成，「四種資料探勘方法在信用評級之比較」，2005 年第十一屆資訊管理暨實務研討會（IMP2005）
個案 4：選擇權價格預測	作者整理
個案 5：法拍屋拍賣價預測	作者整理
個案 6：台灣上市股票報酬率預測（基本面）	作者整理
個案 7：晶圓不良率預測	作者整理

第 15 章

個案集（四）：關聯探勘

章前個案：網路書局的精準行銷

　　很多原文書及專業書籍都是網路書局的販賣重點之一，各大學老師是其重要的客源。一般網路書局在行銷上的主要方法是寄發電子郵件廣告，但由於目前電子郵件的氾濫，造成大多數人幾乎是看到廣告郵件就直接刪除，因此如何引起收件者的興趣進而閱讀信件內容是重要課題。一個有效的電子郵件有兩個要點：(1)電子郵件的主旨吸引潛在客戶：針對不同顧客以其有興趣書籍類別做為主旨。(2)電子郵件的內容有益潛在客戶：電子郵件推薦的書單是收件者有興趣的類別。為了達到上述兩個目的，必須能事先知道客戶的資料（專長、興趣）。但由於現在消費者的個人隱私觀念已經相當普遍，要取得客戶的個人資料並不容易。

　　由於現代人的生活幾乎和網路息息相關，很難做到完全脫離的地步，因此在網路上很容易就能找到個人資料。例如分別在 Google 上以「葉怡成」、「神經網路」、「資訊安全」、「葉怡成　神經網路」、「葉怡成　資訊安全」五個關鍵字分別找到 17,600、632,000、7,550,000、11,800、2,360 個網頁，依據下列正規化網頁指標：

$$\frac{(包含專長名詞\,X\,\&\,學者人名\,Y\,的網頁數)}{(包含專長名詞\,X\,的網頁數)\times(包含學者人名\,Y\,的網頁數)}\times100000$$

發現「葉怡成 & 神經網路」與「葉怡成 & 資訊安全」的指標前者為後者的 60 倍。顯然，葉怡成擁有神經網路專長的可能性遠高於資訊安全。這些指標可以進一步地用關聯分析來發現有用的關聯規則，以幫助網路書局執行精準的電子郵件行銷（詳情參考個案 5）。

15-1　前言

　　本章個案採用 XLMiner 標準版軟體或微軟 SQL Server 軟體。

1. XLMiner 使用二種資料格式：矩陣式與串列式。矩陣式只適合項目少於 255 筆的交易資料，串列式較精簡，適用於項目數目多的交易資料多。

2. 微軟 SQL Server 軟體使用二欄式資料格式，即一欄為交易 ID，一欄為商品 ID。

　　本章每個個案只介紹以上述兩種軟體之一所作的結果，但本書光碟有每一個個案的矩陣式或串列式資料格式的資料檔，因此讀者可以使用 XLMiner 來建構關聯模型。

　　本章介紹數個關聯探勘個案，個案基本資料如表 15-1。

表 15-1 個案基本資料（檔案見光碟）

編號	題目	項目數	交易數	格式
1	個案 1：商品銷售──以 FoodMart 2000 資料庫為例	NA	20529	串列
2	個案 2：商品銷售──以化妝品銷售為例	495	1169	串列
3*	個案 3：商品銷售──以資訊類教科書為例	479	902	矩陣
4	個案 4：網頁資訊──以網路書局為例	200	200	矩陣
5	個案 5：網路新聞──以台灣股市為例	NA	2332	串列
6	個案 6：證券投資──以台灣股市基本面為例	32	19990	矩陣
7	個案 7：產品維修──以 VoIP Cable Modem 為例	29	437	矩陣
8	個案 8：產品維修──以印表機為例	145	692	串列
9	個案 9：製程診斷──以導線架為例	18	648	矩陣
10	個案 10：製程診斷──以 Touch Panel 為例	18	122	串列

*表示資料格式為矩陣，但因矩陣太大 XLMiner 無法讀入，需改為「串列」格式。

15-2 個案 1：商品銷售──以 FoodMart 2000 資料庫爲例

一、研究目的

購物籃分析是關聯分析領域的一環，它可以幫助商家做出增加銷售量的合併銷售策略，其原理為：找出可以一起販售的商品組合──它能顯示商品組合的售出率有多高並且形成規則。購物籃分析特長在於能找出「同時」會被購買的商品組合，而且所提供的建議十分明確──「A 和 B 可以或不可以一起賣」，這種分析又稱為「橫向」關聯分析。當消費者的資料可以獲得時，購物籃分析能找出「先後」會被購買的商品組合，這種分析又稱為「縱向」關聯分析，或序列樣式（Sequential Pattern）分析。購物籃分析的應用包括商品擺設、合併銷售、商品推薦、銷售引誘等等。

本個案是做商品銷售的「橫向」關聯分析。研究的目的在於透過各種不同的 Support 及 Confidence 值，從各筆交易單的購買項目找出顧客常常一起購買的項目組合之關聯規則，並嘗試用合理的理由來解釋所找出的規則，及分析其中是否有「新奇」的關聯規則。最後希望能利用這些關聯規則來瞭解顧客的消費習慣，並協助規劃促銷活動，以期能夠提升銷售營業額。

二、研究方法

本個案資料來自微軟 SQL2000 軟體的 FoodMart2000 範例資料庫，並取用其中的銷售交易資料表（表 15-2 與圖 15-1）。本個案以同一顧客在同一時段的購買項目視為一筆「交易」。合計有 20,529 筆交易（含單一項目交易）。本個案將資料轉成串列式，使用 XLMiner 標準版軟體進行分析。

表 15-2　銷售交易資料表統計

資料表	Sales_fact_1997
資料筆數	86,837
Product_id	1,560 種
Time_id	323 個
Customer_id	約 10,000 個

product_id	time_id	customer_id	promotion_id	store_id	store_sales	store_cost	unit_sales
337	371	6280	0	2	NT$1.50	NT$0.51	2
1512	371	6280	0	2	NT$1.62	NT$0.63	3
963	371	4018	0	2	NT$2.40	NT$0.72	1
181	371	4018	0	2	NT$2.79	NT$1.03	3
1383	371	4018	0	2	NT$5.18	NT$2.18	2
1306	371	4018	0	2	NT$7.41	NT$2.74	3
1196	371	1418	0	2	NT$5.84	NT$1.99	2
360	371	1418	0	2	NT$2.62	NT$1.05	2
1242	371	1418	0	2	NT$3.96	NT$1.70	2
154	371	1418	0	2	NT$1.96	NT$0.73	1
483	371	4382	0	2	NT$3.88	NT$1.71	2
77	371	1293	0	2	NT$5.60	NT$2.80	2
533	371	1293	0	2	NT$4.84	NT$2.32	2
310	371	1293	0	2	NT$0.76	NT$0.34	1
1392	371	1293	0	2	NT$0.83	NT$0.37	1
1303	394	9305	0	2	NT$1.36	NT$0.44	2
748	394	9305	0	2	NT$4.40	NT$1.94	2
1270	394	9305	0	2	NT$2.69	NT$1.05	1
311	394	5649	0	2	NT$6.45	NT$2.39	3
194	394	5649	0	2	NT$3.36	NT$1.51	1
544	394	5649	0	2	NT$2.95	NT$1.03	1
610	394	6319	0	2	NT$2.27	NT$0.75	1
854	394	6319	0	2	NT$1.60	NT$0.69	1
538	394	6319	0	2	NT$1.86	NT$0.74	2
72	394	1771	0	2	NT$5.48	NT$2.08	2
182	394	1771	0	2	NT$1.84	NT$0.74	1
265	394	1771	0	2	NT$3.61	NT$1.37	1
15	394	1771	0	2	NT$4.58	NT$1.60	2
764	394	1771	0	2	NT$7.62	NT$2.67	2
335	394	3211	0	2	NT$3.74	NT$1.27	1
924	394	3211	0	2	NT$2.70	NT$0.89	1
302	394	3211	0	2	NT$3.45	NT$1.35	1
1024	394	3211	0	2	NT$7.90	NT$3.56	2

記錄： 5 之 86837

圖 15-1　銷售交易資料表

三、研究結果

取 Support=4，及 Confidence=50%的參數，得到 411 條關聯規則，這些規則以 Lift Ratio 排序。將首尾各十條關聯規則列出如表 15-3，將頭 10 條規則中的產品代碼改為如表 15-4 的英文版，再譯為如表 15-5 的中文版。從這 10 條關聯規則來看，部份規則是有邏輯的，例如：

規則 1：橘子冰棒、法式烘烤咖啡→ 白巧克力棒、牛肉 Jerky。

規則 2：牛肉 Jerky、法式烘烤咖啡→ 白巧克力棒、橘子冰棒。

規則 3.：白巧克力棒、橘子冰棒→ 牛肉 Jerky、法式烘烤咖啡。

但也有些規則是很難理解的，例如：

規則 5：蘋果乾、葡萄果汁捲→200mg 止痛退燒藥、烤雞。

規則 6.：200mg 止痛退燒藥、烤雞→蘋果乾、葡萄果汁捲。

這可能是 Support 值太小所致，但 Support 值改成較大時，產生的關聯規則會太少。歸根究底，本個案雖有 20,529 筆交易，但有 1,560 種項目（商品），每一項目出現的次數均不多，因此當 Support 值改成較大時，產生的「頻集」少，由「頻集」產生的關聯規則自然也會少。

表 15-3　關聯規則（產品代碼版）

Rule #	Conf. %	前提（Antecedent）(a)	結論（Consequent）(c)	Support (a)	Support (c)	Support (a∪c)	Lift Ratio
1	100	83, 915=>	1198, 549	4	4	4	5132.25
2	100	549, 915=>	1198, 83	4	4	4	5132.25
3	100	1198, 83=>	549, 915	4	4	4	5132.25
4	100	341, 730=>	707, 990	4	4	4	5132.25
5	100	554, 558=>	1373, 71	4	4	4	5132.25
6	100	1373, 71=>	554, 558	4	4	4	5132.25
7	100	1097, 887=>	1103, 1546, 454	4	4	4	5132.25
8	100	1103, 1546, 454=>	1097, 887	4	4	4	5132.25
9	100	1373, 554=>	448, 71	4	4	4	5132.25
10	100	1546, 887=>	1097, 1103, 454	4	4	4	5132.25
:							
409	80	120, 1368=>	952	5	89	4	184.53
410	57.14	158, 774=>	485	7	69	4	170.01
411	57.14	1290, 558=>	485	7	69	4	170.01

表 15-4　關聯規則（英文版）

1	Golden Orange Popsicles	BBB Best French Roast Coffee	→	Musial White Chocolate Bar	Fast Beef Jerky	
2	Fast Beef Jerky	BBB Best French Roast Coffee	→	Musial White Chocolate Bar	Golden Orange Popsicles	
3	Musial White Chocolate Bar	Golden Orange Popsicles	→	Fast Beef Jerky	BBB Best French Roast Coffee	
4	Better Canned Tuna in Water	Imagine Frozen Peas	→	Imagine Frozen Pancakes	Even Better Cheese Spread	
5	Fast Dried Apples	Fast Grape Fruit Roll	→	Hilltop 200 MG Ibuprofen	Red Spade Roasted Chicken	
6	Hilltop 200 MG Ibuprofen	Red Spade Roasted Chicken	→	Fast Dried Apples	Fast Grape Fruit Roll	
7	High Quality Copper Pot Scrubber	Monarch Rice Medly	→	Genteel Seasoned Hamburger	CDR Strawberry Jelly	Red Wing Counter Cleaner
8	Genteel Seasoned Hamburger	CDR Strawberry Jelly	Red Wing Counter Cleaner	→	High Quality Copper Pot Scrubber	Monarch Rice Medly
9	Hilltop 200 MG Ibuprofen	Fast Dried Apples	→	Red Wing 100 Watt Lightbulb	Red Spade Roasted Chicken	
10	CDR Strawberry Jelly	Monarch Rice Medly	→	High Quality Copper Pot Scrubber	Genteel Seasoned Hamburger	Red Wing Counter Cleaner

表 15-5　關聯規則（中文版）

前十條規則：

1. 橘子冰棒、法式烘烤咖啡→ 白巧克力棒、牛肉 Jerky
2. 牛肉 Jerky、法式烘烤咖啡→ 白巧克力棒、橘子冰棒
3. 白巧克力棒、橘子冰棒→ 牛肉 Jerky、法式烘烤咖啡
4. 鮪魚罐頭、冷凍碗豆→ 冷凍煎餅、起司片
5. 蘋果乾、葡萄果汁捲→ 200mg 止痛退燒藥、烤雞
6. 200mg 止痛退燒藥、烤雞→ 蘋果乾、葡萄果汁捲
7. 銅罐洗滌器、米 Medly→ 調味漢堡牛排、草莓醬、長桌清潔劑
8. 調味漢堡牛排、草莓醬、長桌清潔劑→ 銅罐洗滌器、米 Medly
9. 200mg 止痛退燒藥、蘋果乾→ 100W 電燈泡、烤雞
10. 草莓醬、米 Medly→ 銅罐洗滌器、調味漢堡牛排、長桌清潔劑

15-3 個案 2：商品銷售——以化妝品銷售為例

一、研究目的

　　台灣地區使用化妝品的年齡層有擴大的現象，上至年長的婦女，下至高中的女生，皆是化妝品的消費者，所以化妝品已由奢侈品漸漸轉為民生必需品。本研究取得台灣地區某美妝保養品專櫃實際的銷售資料建構商品資料庫，試圖找出顧客購買商品之間的關聯性，以利用顧客既有的歷史資料提出適當的行銷方式，提供顧客個人化的商品推薦訊息，來提升行銷效益。

二、研究方法

此商品資料庫說明如下：

1. 資料來源：本研究資料來源為某專櫃，化妝品公司顧客歷史交易資料，截取區間為 95年 6 月 1 日至 95 年 09 月 30 日止，共計四個月。

2. 資料限制：由於商業機密緣故，本研究只得到新竹區某百貨專櫃之四個月化妝品顧客購買資料，因時間正值夏季，故購買商品受季節影響而有所限制。

3. 資料處理：首先將顧客交易資料經由紙本建檔至資料庫，由於購買商品皆由商品代號編碼代表，因此本研究經由人工處理將商品代號轉換為中文商品全名，其變數（商品項）共 495 項，最後再將各重複、缺值的交易紀錄剔除將資料作標準化的動作，合格資料共 1,169 筆。

三、研究結果

　　在關聯規則參數設定中，若將 Support 值提高，則所找出的規則就會減少；相反的，若降低信賴度，則其規則數就會變多。研究結果顯示，支持度、信賴度與關聯規則數之關係見圖 15-2。至於支持度、信賴度的值應該取多少，並無一定法則，將視其所產生之規則的解釋能力和內容合理而定。

　　在網路相依圖中，圖形與箭頭的關係是：A → B，表示當顧客購買 A 這個商品的時候，也常會伴隨購買 B 商品，是單向的關係。如果是 C ↔ D，表示當顧客購買 C 商品的時候，也常一起購買 D 商品，或是當顧客購買 D 商品時，也會伴隨購買 C 商品，兩者是雙向的關係。

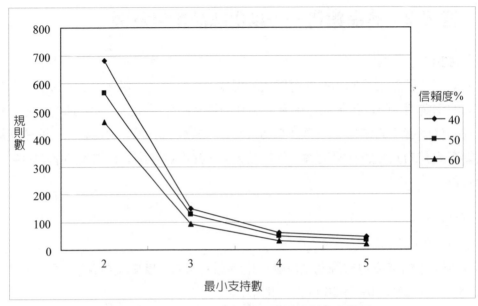

圖 15-2　支持度及信賴度與關聯規則數之關係

　　在參數 Support=3，Confidence=50% 之下，產生 151 條購買商品的關聯規則，利用這些規則可繪出如圖 15-3 的相依性網路圖，並據以區分商品為 16 個社群，舉例介紹幾個社群如下：

1. 除皺美白社群：包含莉薇特麗除皺精露 AA、莉薇特麗美白精華液、時空琉璃精緻乳霜、莉薇特麗調理潤膚皂、莉薇特麗精純敷容蜜、莉薇特麗醒膚按摩霜、莉薇特麗滋潤健膚水、資生堂驅黑淨白露、時空琉璃抗皺眼唇霜、心機曖昧光眼影 GR7、心機眼色 PK243、活顏悅色雙平衡粉霜 I，除了後三項是彩妝商品，以最熱賣的莉薇特麗除皺精露 AA 與資生堂驅黑淨白露為中心點展開關聯，推估此社群顧客對於「美白抗皺」有特別需求，應為較「熟齡」顧客，有時候也會搭配購買彩妝。

2. 腮紅社群：包含莉薇特麗除皺精露 AA、心機頰彩 RS314、心機頰彩 PK313、心機頰彩 RD312、心機頰彩盒，推估此區顧客特別喜愛腮紅類商品，常與同系列腮紅盒一起購買並注重抗皺保養功能。

3. 眼部彩妝社群：包含心機眉筆筆蕊 BR60、心機眉粉粉蕊 BR60、心機眉粉（粉芯）BR、心機眉粉粉蕊 GY90、心機眉筆筆蕊 GY90、心機眼色 WT961、心機雙效眉筆管。推估此社群顧客特別重視眉眼部位的化妝，常將眉筆蕊與眉筆管伴隨購買。

4. 美透白社群：包含美透白活膚乳 N、美透白柔膚水清爽型、美透白冷凝調理露。推估此社群顧客較重視美白功效，常伴隨購買一系列產品。

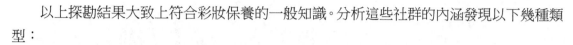

　　以上探勘結果大致上符合彩妝保養的一般知識。分析這些社群的內涵發現以下幾種類型：

1. 同一子品牌的清潔保養順序組合或是類似的彩妝組成之社群：如盼麗風姿社群、心機四色修容社群、心機甲彩社群、莉薇特麗粉餅社群、活顏悅色粉底社群、活顏悅色社群。

2. 類似的保養功能或彩妝訴求組成之社群：如男性保養社群、熟齡肌膚保養社群、彩妝綜合 01~03 社群、日系彩妝社群、眼部彩妝社群等。

3. 包含彩妝品與保養品且不限於相關子品牌組成之社群：如彩妝保養綜合 01~03 社群。這些社群能夠找出一般彩妝保養的一般知識以外，較不易發現的規則。由此可證，利用資料探勘中的關聯分析確實可以自動找出合理的關聯規則。

　　採用 XLMiner 對光碟內 Data（串列式 Format）進行關聯分析，在參數 Support=3，Confidence=50% 之下，產生 198 條購買商品的關聯規則，列出部份如表 15-6。表中商品是以代號表示。

表 15-6　購買商品的關聯規則（部分）

Rule #	Conf. %	Antecedent (a)	Consequent (c)	Support(a)	Support(c)	Support(a ∪ c)	Lift Ratio
1	100	50552=>	50548, 50553	3	3	3	389.67
2	100	3844, 4487=>	3828	3	3	3	389.67
3	100	3828=>	3844, 4487	3	3	3	389.67
4	100	50548, 50553=>	50552	3	3	3	389.67
5	100	50552, 50553=>	50548	3	6	3	194.83
6	100	50552=>	50548	3	6	3	194.83
7	50	50548=>	50552	6	3	3	194.83
8	50	50548=>	50552, 50553	6	3	3	194.83
9	75	50392, 50679=>	50678	4	5	3	175.35
10	60	50678=>	50392, 50679	5	4	3	175.35
:	:	:	:	:	:	:	:
197	50	3462=>	50392	8	136	4	4.30
198	50	4716=>	50392	6	136	3	4.30

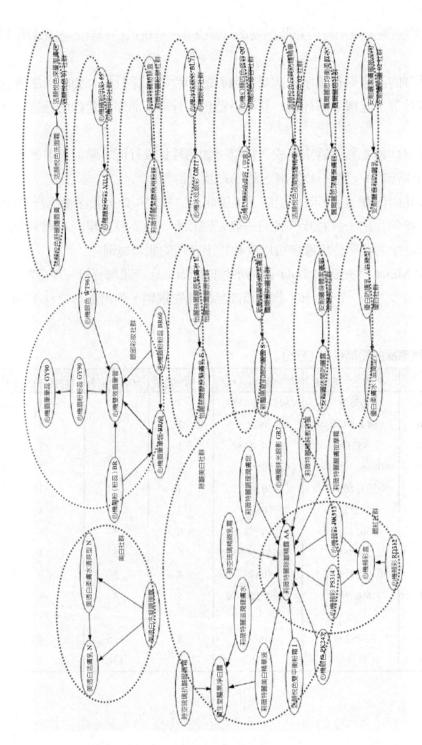

圖 15-3　關聯分析相依性網路圖（Support=3, Confidence=50%）

對照檔案中的「商品對照表」，可將規則以商品名表現，舉例介紹幾個規則如下：

Rule 1: 50552 => 50548, 50553

心機眉粉粉蕊 GY901→ 心機眉筆筆蕊 GY901，心機雙效眉筆管

Rule 2: 3844, 4487 => 3828

活顏悅色舒緩護唇膏，活顏悅色深層潔膚皂→ 活顏悅色洗面霜

Rule 198: 4716=> 50392

莉薇特麗美白精華液→ 莉薇特麗除皺精露 AA

可知 Rule 1 是「眉毛」化妝品關聯；Rule 198 是「皮膚」保養品關聯。

個案參考文獻

個案 1：商品銷售——以 FoodMart 2000 資料庫為例	http://www.microsoft.com/technet/prodtechnol/sql/2000/maintain/anservog.mspx
個案 2：商品銷售——以化妝品銷售為例	王逸芸，關聯分析與關聯推理神經網路在化妝品購買行為之研究，中華大學資訊管理學系，碩士論文
個案 3：商品銷售——以資訊類教科書為例	葉怡成、王逸芸，2006，「以關聯探勘分析資訊類教科書關鍵字之關聯」，2006 年資訊管理暨電子商務經營管理研討會，中華大學，新竹市 葉怡成、杜進明、丁導民、王逸芸、劉謹豪（2008/10），關聯推理神經網路，資訊管理學報，第十五卷，第四期，第 51-78 頁
個案 4：網頁資訊——以網路書局為例	I-Cheng Yeh, Che-hui Lien, Tao-Ming Ting, Chin-Hao Liu, "Applications of Web Mining for Marketing of Online Bookstores," Expert Systems with Applications, Volume 36, Issue 8, October 2009, Pages 11249-11256
個案 5：網路新聞——以台灣股市為例	林文盟、葉怡成，「以關聯探勘從財經新聞中建立產業關聯——以電子業為例」，2005 年第十一屆資訊管理暨實務研討會（IMP2005）
個案 6：證券投資——以台灣股市基本面為例	作者整理
個案 7：產品維修——以 Cable Modem 為例	杜進明，商業智慧期末報告，2006/1
個案 8：產品維修——以印表機為例	許秀月，商業智慧期末報告，2006/1
個案 9：製程診斷——以導線架為例	林育仕，商業智慧期末報告，2006/1
個案 10：製程診斷——以 Touch Panel 為例	金純瑩，商業智慧期末報告，2006/1

第 **16** 章

資料探勘的展望

章前提示：資料探勘的未來
大數據分析和深度學習──華生系統和 AlphaGo 系統

大數據（Big Data）分析和深度學習（Deep Learning）是兩個被高度關注的「數據科學」（Data Science）領域，它們將成為未來資料探勘的成長引擎。

大數據已經變得非常重要，因為許多公共和私人組織已經收集大量的領域特定信息，諸如網絡安全、欺詐檢測、行銷和醫學領域的有用信息。例如 Google 和 Microsoft 等公司正在分析大量數據以進行業務分析和決策。由 IBM 公司開發的華生（Watson）是能夠使用自然語言來回答問題的人工智慧系統。2011 年，華生參加問答競賽的節目《危險邊緣》來測試它的能力，這是該節目有史以來第一次人與機器對決。華生最終打敗了歷年來表現最佳的兩位頂尖高手。華生 4TB 磁碟內，包含 200 萬頁結構化和非結構化的信息，包括維基百科的全文。但在比賽中華生沒有連結到網際網路。

深度學習通過階層學習過程從數據中提取高級、複雜、抽象的概念。深度學習的一個關鍵優勢是能夠分析和學習大量無監督數據（原始數據基本上未標記和未分類），使其成為大數據分析的寶貴工具。由英國倫敦 Google DeepMind 開發的電腦圍棋程式 AlphaGo，在 2016 年 3 月一場五戰三勝制的圍棋比賽中，以 4:1 擊敗可能是當代最強的職業棋手之一的李世乭，造成大轟動。AlphaGo 使用了蒙地卡羅樹狀搜尋與兩個「深度學習」的神經網路相結合方法，其中一個是以估值網路來評估大量的選點，而以走棋網路來選擇落子。在這種設計下，電腦可以結合樹狀圖的長遠推斷，又可像人類的大腦一樣自發學習進行直覺訓練，以提高下棋實力。

華生系統有強大的常識能力、AlphaGo 系統有驚人的專業（圍棋）能力，兩者都擊敗了人類最頂尖高手，資料探勘似乎已能預見廣闊無垠的大未來。

16-1　資料探勘的重要觀念

有四個資料探勘的重要觀念必須牢記在心：

1. 資料質量的好壞對資料探勘的結果有關鍵性的影響。資料探勘系統的投入是資料；產出是知識，因此沒有足夠數量的優質資料，資料探勘無以挖掘出有效的知識。要牢記「垃圾進，垃圾出」、「資料探勘不是萬靈丹！」

2. 資料的處理方法與知識模型的建構演算法同樣重要。資料探勘方法的要素包括知識的原料處理、知識的表現架構、知識的評價函數、知識的優化技術，因此知識的原料——資料——未能適當地處理，就不能產生有效的知識。

3. 知識模型的建構只是資料探勘過程中的一個程序。資料探勘過程的程序包括任務理解、資料理解、資料準備、知識建模、知識評價、知識布署，其中「資料準備」才是最費時也最費心的程序。

4. 知識模型的可理解性與準確性同樣重要。資料探勘成果的評估包括準確性、有用性、解釋性、新奇性，其中「準確性」雖最重要，但並非唯一的標準，對一些應用而言，「解釋性」具有相同重要的地位。

16-2　資料探勘的現況調查

資料探勘的現況調查如下：

一、資料探勘的方法

資料探勘方法	百分比
視覺探勘	7
聚類分析	12
最近鄰居（含分類與迴歸）	5
迴歸分析（含分類與迴歸）	21
神經網路（含分類與迴歸）	9
決策樹（含分類與迴歸）	16
關聯分析	5
其他	25

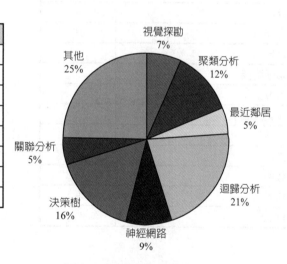

二、資料探勘的資料型態

資料型態	百分比
單表格／檔案	26
多表格／資料庫	24
時間數列	14
文字	5
其他	31

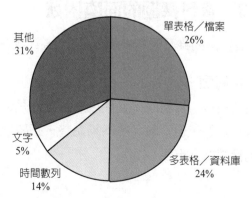

三、資料探勘的方法論

資料探勘方法論	百分比
CRISP-DM	44
SEMMA	10
其他	46

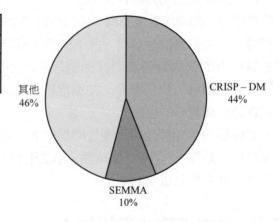

四、資料探勘的應用產業

資料探勘應用產業	百分比
銀行	13
保險	8
直銷	10
零售	6
電子商務	5
詐欺偵測	9
投資／股票	3
通訊	8
生化	10
醫藥	6
科學	9
其他	13

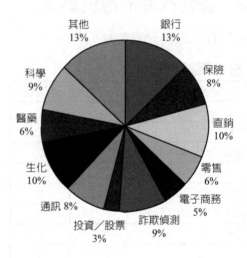

16-3 資料探勘的面臨困難

資料探勘雖然已經普遍應用於企業、政府等機構，但在實務上仍然面臨許多困難：

一、技術面

1. 資料取得：資料的完整性以及正確性是最重要的因素。現在台灣某些產業或許有很多
   客戶資料，但資料大多不夠完整，正確性也不高。因此在執行資料探勘技術前，資料
   的檢視非常重要。

2. 方法選用：每一個案例所用的資料都有其特性，因此並沒有哪一種資料探勘方法是絕對適合的，當經驗不足時，經常需要嘗試多種資料探勘方法，導致專案進行過程耗費一些不必要的資源。

3. 過度學習：有些資料探勘技術很容易產生過度學習模型，例如神經網路。因此要將資料分成訓練集與測試集，以偵測及避免導致過度學習。

4. 黑箱模型：有些資料探勘技術是黑箱模型，例如神經網路，缺少外顯、可觀察的知識模型，導致企業的接受度就會降低。

5. 技術門檻：資料探勘結果的正確應用需要一定的資料探勘技術知識，缺少這些知識的決策者可能無法正確應用這些結果。因為應用資料探勘所需的技術門檻較高，自然影響中小企業使用的意願。

6. 商業模式：資料探勘除了在前端要考量資料擷取是否正確，在過程要考量模型建構是否精確，在後端還要考量商業模式是否合理。由於資料探勘分析大多由技術人員負責，非從商業模式的角度切入，這樣的分析結果很容易導致知識運用發生錯誤。因此背景知識的提供者、知識模型的使用者是否參與資料探勘的過程會影響資料探勘的成功機會。

二、管理面

1. 資料保密：國內的資料探勘市場，如銀行、壽險業傾向於客戶資料保密，讓業者很難踏出資料探勘市場第一步。

2. 成功案例：雖然資料探勘的遠景十分看好，但目前國內效益大的案例不多，也是不爭的事實。雖然可能是企業保密問題，但也影響企業採用的意願。

3. 過高期望：許多願意嘗試應用資料探勘技術的廠商抱有太高的期望，當結果與投資報酬率不理想時，自然望而卻步。

4. 維護諮詢：國外成功的案例花了很多的經費在後續的維護與諮詢，而國內企業卻缺乏在專業顧問費用的投資，因此資料探勘結果與客戶的預期自然產生一段落差。

5. 決策模式：台灣很多業者通常都是靠商業的直覺來下決策，不像美國的企業界那麼喜好用科技解決問題，造成資料探勘技術在台灣市場的侷限性。

6. 商業術語：資料探勘的任務可分成聚類探勘、分類探勘、迴歸探勘、關聯探勘等，但在不同的產業常使用不同的術語，因此在資料探勘過程應該使用各產業的術語來幫助背景知識的提供者、知識模型的使用者瞭解資料探勘，方便溝通協調。例如，在行銷業用市場區隔，而不用聚類探勘；在電信業用流失率分析、銀行業用風險分析、電子

業用良率分析、醫療業用病因診斷，而不用分類探勘；在投資業用信用評等、房產業用房屋鑑價，而不用迴歸探勘；在零售業用購物籃分析，而不用關聯探勘。

7. 商業習慣：有些資料探勘技術的結果是一個可以產生數值或機率值的預測模型，但這些結果與企業熟悉的表達方式不同，導致企業難以接受。例如傳統的信用評等以評分的方式分析，好處是每一項評分項目都會給一個分數，因此評分方式雖然不是最好的方式，但卻是最容易被執行與接受的。如果使用神經網路預測模型，銀行要如何告訴客戶其信用卡被拒絕是因為神經網路模型分析出來的結果顯示其風險太高？這不是單純的科技問題，也包含了商業習慣的問題。

8. 認知障礙：一般企業常認為資料探勘是學術性的演算法，特別是提到邏輯迴歸、神經網路、決策樹這些高等統計、人工智慧演算法，企業的接受度就會降低。一般小型企業相信使用試算表或是線上分析軟體，便足以輔助企業作決策，不一定要使用資料探勘的複雜程序。這些都造成推廣資料探勘技術的障礙。

9. 產學差異：學術界注重預測模型的「預測準確度」，而企業界注重預測模型的「利潤貢獻度」，因此對預測模型的期待便有很大的差異。

　　雖然資料探勘面臨這麼多的困難，但資料探勘也有四個成長動力：

1. 硬體性能不斷成長。
2. 軟體工具不斷進步。
3. 資料數量不斷增加。
4. 商業競爭日趨激烈。

　　在這四個成長動力不斷推動下，相信上述困難將可逐漸克服。因此，資料探勘的遠景仍然十分看好。

16-4　資料探勘的社會衝擊

　　資料探勘對社會衝擊的議題包括：

1. 資料隱私權問題：企業對資料進行探勘，如果資料與顧客的隱私有關時，如何在保護隱私權下給資料探勘足夠的發展空間？
2. 探勘公平性問題：企業對資料進行探勘，雖然可以幫助企業瞭解顧客的行為，提高服務的品質，但對顧客而言是否存有資訊不對稱問題？
3. 知識財產權問題：企業對資料進行探勘，所產生的知識應該歸資料的持有者，還是探勘的執行者？

　　這些議題的爭論仍在持續當中，這些議題的結論對資料探勘的前途有重大的影響。

16-5 資料探勘的研究方向

資料探勘的研究方向包括：

一、資料方面

1. 巨量的資料之資料探勘。
2. 即時的資料之資料探勘。
3. 含雜訊的資料之資料探勘。
4. 多樣化的資料之資料探勘：文字、時間、空間、聲音、影像、網路等資料。

二、方法方面

1. 現有資料探勘演算法的效率與擴展性（Scalability）分析。
2. 平行式（Parallel）資料探勘演算法。
3. 分散式（Distributed）資料探勘演算法。
4. 遞增式（Incremental）資料探勘演算法。
5. 深度學習（Deep Learning）資料探勘演算法。
6. 資料探勘查詢語言標準。
7. 特定領域資料探勘工具。

三、知識方面

1. 知識導入：加入背景知識之資料探勘。
2. 知識融合：整合發現知識與現有知識。
3. 知識展現：展現與視化資料探勘結果。

觀念補充：資料探勘的深入研究之路

1. 資料探勘入口網站（http://www.kdnuggets.com/）：KDnuggets 是一個內容極為豐富的資料探勘的分類式入口網站，例如提供商業、免費軟體、資料探勘測試資料庫等連結。

2. SPSS 的 PASW Modeler 資料探勘軟體（http://www.spss.com.cn/）：是大型商用資料探勘軟體中的領導者之一，提供強大的功能。

3. SAS 的 Enterprise Miner 資料探勘軟體（http://www.sas.com/technologies/ analytics/data-mining/miner/index.html）：是大型商用資料探勘軟體中的領導者之一，提供強大的功能。

4. 微軟 SQL Server 2016 資料庫系統：提供許多資料探勘演算法：聚類、迴歸分析、邏輯迴歸、類神經網路、決策樹、貝氏機率分類、關聯分析、時間數列分析等演算法。

5. 機器學習 Open Source 軟體（http://mloss.org/software/downloads/）：是一個機器學習免費軟體，包括神經網路、決策樹等。

6. Weka 免費資料探勘軟體（http://www.cs.waikato.ac.nz/ml/weka/index.html）：是一個免費資料探勘軟體，幾乎包含所有資料探勘演算法，但使用介面不是很理想。

7. RapidMiner 免費資料探勘軟體（http://rapid-i.com/index.php?lang=en）：是一個免費資料探勘軟體，但另有企業版可選購。

8. UCI KDD 資料探勘檔案庫（http://kdd.ics.uci.edu/）：收集了一些經典的測試資料集。

9. KDD Cup 資料探勘競賽與 Data Sets：自 1997 以來每年舉辦的世界級資料探勘競賽，其 Data Sets 與優勝者的報告具有參考價值。

國家圖書館出版品預行編目資料

資料探勘：程序與模式／葉怡成著. -- 初版.
-- 臺北市：五南, 2017.08
面； 公分
ISBN 978-957-11-9196-6（平裝附光碟片）

1.資料探勘

312.74   106007971

5R23

資料探勘：程序與模式

作　　者 ― 葉怡成

發 行 人 ― 楊榮川

總 經 理 ― 楊士清

總 編 輯 ― 楊秀麗

主　　編 ― 高至廷

責任編輯 ― 許子萱

封面設計 ― 姚孝慈

出 版 者 ― 五南圖書出版股份有限公司

地　　址：106台北市大安區和平東路二段339號4樓

電　　話：(02)2705-5066　　傳　　真：(02)2706-6100

網　　址：http://www.wunan.com.tw

電子郵件：wunan@wunan.com.tw

劃撥帳號：01068953

戶　　名：五南圖書出版股份有限公司

法律顧問　林勝安律師事務所　林勝安律師

出版日期　2017年8月初版一刷
　　　　　2020年9月初版二刷

定　　價　新臺幣650元